Lore Haack-Vörsmann • Mit dem Atem der Welt

»Gottes ist Woge und Wind. Segel aber und Steuer, dass ihr den Hafen gewinnt, sind euer.«

Gorch Fock

– In Erinnerung an meine Eltern –

Lore Haack-Vörsmann

Mit dem Atem der Welt

Auf Großseglern unterwegs – gestern und heute

pietsch

Einbandgestaltung: Anita Ament

Titelbild: Haack-Vörsmann, Lore (Hauptbild)
Fotoarchiv Deutsches Schifffahrtsmuseum Bremerhaven (s/w-Bild)

Bildnachweis:
Archiv Dr. Jürgen Meyer, Bremen: S. 69, 70 l., 76, 87, 93, 94, 96 o., 122 o., 132, 135 o. und u. l., 136, 171; Bildarchiv Altonaer Museum, Hamburg: S. 11, 12, 20, 33, 65, 106, 131, 159; Börkewitz, Volker: S. 7, 9, 13, 38, 42, 62, 70 r., 81, 104, 105, 111, 145, 147 o., 152 o., 153 o., 167, 169, 176, 189, 220; Drews, Werner, Hamburg: S. 8, 128 u.; Fotoarchiv Deutsches Schifffahrtsmuseum Bremerhaven: S. 21, 26, 39, 86, 112, 123 u., 127, 128 o., 133 o., 134, 138, 149, 150, 152 u., 153 u., 166, 219; Haack-Vörsmann, Lore: S. 15, 17, 18, 19, 22, 23, 24, 25 u., 28, 29, 30, 31, 34, 35, 37, 40, 41, 43, 44, 45, 46, 47, 48, 49, 50, 51, 52, 53, 55, 58, 59, 60, 67, 71, 72, 96 u., 108, 115, 117, 121, 122, 124, 125, 129, 130, 133 u., 134 u. r., 141, 147 u., 154, 155, 156, 157, 161, 162, 163, 164 u., 172, 179, 180, 182, 183, 184, 185, 186, 188, 192, 193, 195, 196, 197, 198, 199, 200, 202, 208; Lehner, Dirk: S. 101; Privatsammlung J. D. Wäthjen (Ölbild): S. 201; Smlg. W. Tuleweit, Fotoarchiv DSM Bremerhaven: S. 164 o.; Terheyden K., Bremerhaven, Archiv DSM: S. 54, 107, 114; Vicari, Jürgen: S. 75, 82, 85, 89, 102, 126, 151, 175, 190

ISBN 3-613-50392-1

1. Auflage 2002

Lektorat: Oliver Schwarz
Innengestaltung: Marit Wolff
Reproduktionen: digi bild reinhardt, 73037 Göppingen
Druck: Rung-Druck, 73033 Göppingen
Bindung: E. Riethmüller, 70176 Stuttgart
Printed in Germany.

Inhalts-verzeichnis

Vorwort der Autorin

Zehn Jahre sind vergangen, seit meine *Seemannschaft für Großsegler*, der Vorläufer des vorliegenden Buches, erschienen ist. Seitdem hat sich bei den heute noch fahrenden Windjammer vieles verändert. Ihr Anblick in den Häfen dieser Welt ist wieder selbstverständlicher geworden und die zunehmende Begeisterung für die Schiffe zeigt sich nicht nur in der großen Zahl der Mitsegler, sondern auch in der überwältigenden Resonanz auf Veranstaltungen wie dem *Cutty Sark Tall Ships' Race*. Dennoch: Das aus eigener Anschauung resultierende Wissen über das Leben an Bord dieser Schiffe, als sie noch frachtfahrend waren und auf der Jagd nach schnellen Reisen über die Meere geprügelt wurden, geht mit dem Tod der letzten Segelschiffsleute unwiderruflich verloren.

Dieses Buch soll helfen, die Erinnerung an das Leben, die Menschen und ihre harte Arbeit an Bord der großen Frachtsegler wach zu halten. Es erzählt von den Schiffen, vom entbehrungsreichen Alltag an Bord, vom Essen und Trinken, von den kargen Unterkünften der Matrosen, von der ständig gegenwärtigen Unfall- und Todesgefahr, von der nie endenden Arbeit und tagelangen Stürmen, aber auch von den sorglosen Tagen im Passat und von den Sitten und Bräuchen der Seeleute. Neben diesen Schilderungen über das Leben an Bord der Windjammer, wie es früher war, hat das vorliegende Buch gleichzeitig eine hohe Aktualität. Es schlägt die Brücke zu den noch heute fahrenden Schiffen, indem es auf der Basis der *Seemannschaft für Großsegler* eine große Menge an konkretem Detailwissen über die Schiffe selbst vermittelt. Darüber hinaus wird anschaulich und leicht verständlich erklärt, wie sie in all ihren Manöverabläufen funktionieren. Somit richtet sich das Buch nicht nur an die Liebhaber alter Segelschiffe und ihrer Zeit, sondern auch an alle segelbegeisterten Laien, die mehr sein möchten als nur zahlende Touristen auf der Suche nach Abenteuer und Segelschiffsromantik, wenn sie für eine kurze Zeit auf einem der letzten großen Segelschiffe anheuern. Eingebettet in Schilderungen von Segelschiffsleuten erfährt der Leser eine Fülle interessanter Dinge über die Arbeitsabläufe auf einem Windjammer und kann sich ein Bild machen von einer Seemannschaft, die sich durch jahrhundertelange Herausforderung durch die See gebildet und die bis heute nichts von ihrer Sinnhaftigkeit verloren hat. Die Fülle an Fakten, die den Leser einführen in die Technik und Arbeitsabläufe auf diesen Schiffen werden all denjenigen eine wertvolle Hilfe und Anregung sein, die dem vielfältigen Geschehen an Bord aktiv und mit Verständnis begegnen wollen.

Ich möchte mit meinem Buch die Begeisterung wecken und erhalten für ein System, in dem das Zusammenwirken vieler einzelner Elemente eine perfekte Symbiose aus Funktionalität und Ästhetik bildet, für ein System, das durch die ständige Auseinandersetzung mit der See immer weiter verbessert worden ist, bis es eine Höhe der Entwicklung erreicht hatte, auf der es – wenn auch nur in wenigen Exemplaren rahgetakelter Schulschiffe – fast unverändert bis in die heutige Zeit fortlebt.

Auf meinen Reisen mit der *Sedov*, der *Staatsrad Lehmkuhl* und anderen großen und kleinen Schiffen in alle Teile der Welt hat es mich immer fasziniert, wie langsam auf See die Zeit vergeht und welche große Gelassenheit das Dasein auf einem Schiff gewährt. Das Bordleben mit seinen vielfältigen Arbeiten erscheint auf so wohltuende Weise in sich geschlossen. Joseph Conrad, der selbst als Kapitän auf einem Segelschiff zur See gefahren ist und sich später als

Schriftsteller einen Namen gemacht hat, beschreibt diese Erfahrung so: »Diese Schiffsroutine ist für wunde Herzen und auch für wehe Gedanken eine große Trösterin. Ich habe sie die ungestümsten Geister besänftigen sehen – wenigstens eine Zeitlang. Sie heilt, bringt Frieden und Zufriedenheit mit dem vollbrachten Kreislauf; denn jeder Tag des Lebens an Bord scheint im weiten Ring des Horizontes einen Kreis zu schließen. Die majestätische Monotonie des Meeres verleiht dieser Einförmigkeit der Schiffsroutine einen gewissen inneren Wert, und wer die See liebt, liebt auch sie.«

Ich möchte die Leser meines Buches ermuntern, sich von diesen Empfindungen anstecken zu lassen und vielleicht sogar etwas davon mit in den Alltag hinüberzunehmen und den Leitspruch eines alten Segelschiffsmatrosen zu beherzigen: »Seemann, in der Ruhe liegt die Kraft!«

Mein Dank gilt den Schifffahrtsmuseen Bremerhaven und Rostock, dem Deutschen Museum in München, dem Altonaer Museum, Hamburg, und dem Institut für Marinetechnik, Hamburg, sowie allen Freunden aus gemeinsamen Segeltagen, besonders Volker Börkewitz und Werner Drews. Sie alle haben mir ihre umfangreichen Bildarchive zur Verfügung gestellt. Besonders geehrt hat es mich aber, dass ich im Rahmen meiner Recherchen die Bekanntschaft von Herrn Dr. Jürgen Meyer aus Bremen machen durfte. Ich war beeindruckt von der Liebe zum Detail, von seinem unglaublichen Erinnerungsvermögen für Menschen und von seiner großen Hilfsbereitschaft, die unter anderem darin bestand, eigenhändig Reproduktionen für mich anzufertigen. Herr Dr. Jürgen Meyer ist zusammen mit Kapitän Sven W. Thienemann der Herausgeber und Schriftleiter

Auf dem Weg zum Start des Cutty Sark Tall Ships' Race; im Vordergrund die norwegische *Staatsrad Lehmkuhl*.

Kapitän Alexej Perevozchikov und Kapitän Viktor Mishenev von der Viermastbark *Sedov*.

der Heftreihe »Der Albatros«, des Mitteilungsblattes der Deutschen Cap Horniers. Ich kann allen an Windjammern und ihrer Zeit Interessierten die Lektüre nur empfehlen.

Großer Dank gebührt auch zwei weiteren Freunden: Jürgen Vicari, der mit größter Sorgfalt nicht nur die zahlreichen fachlichen Abbildungen angefertigt hat, sondern sich auch mit lockerer Hand und mit viel Liebe zum Detail und Begeisterung als Marinemaler ausgezeichnet hat, sowie Hartwig Lindemann, der mich, wie auch schon bei der *Seemannschaft für Großsegler,* mit größter Geduld in allen Fragen der Textverarbeitung betreut hat. Ferner danke ich all denjenigen, die kritisch und mit großer Sorgfalt Korrektur gelesen haben und schließlich meiner Familie, die mich während der Arbeit an dem Buch in vielfältiger Weise unterstützt hat. Ich durfte mich glücklich schätzen, nicht allein zu stehen.

Besonderen Dank sage ich den Kapitänen Alexej Perevozchikov und Viktor Mishenev sowie den Matrosen und Offizieren des russischen Schulschiffes *Sedov*. Durch ihre überaus große Herzlichkeit und Gastfreundschaft haben sie mir für viele Jahre etwas wie ein zweites Zuhause gegeben. Sie haben uns Mitseglern vertraut und wir durften so vieles mit ihnen teilen: Ihre Arbeit, ihren Tee – auch noch nachts um halb drei – und die Sorge um ihr Land.

Einleitende Worte

Das Einzigartige der großen Segelschiffe war, dass ein jedes von ihnen, sobald es draußen auf See war, auf sich allein gestellt war, egal, ob Stürme auf es herabbrachen, ob es von Nebel eingehüllt wurde oder ob es regungslos in der Flaute lag. Immer war es auf sich allein gestellt, eine Welt für sich, von Menschen geführt und bedient, die sich in ihren Wünschen und Sehnsüchten, ihrem Streben und Arbeiten sehr ähnlich waren; die von den Schiffen geformt wurden und selbst wieder die Schiffe formten, in gute oder schlechte, in Schiffe, auf denen das Leben die Hölle oder in solche, auf denen zu fahren den Menschen eine Lust war. Was für die Schiffe galt, galt auch für die Menschen. Echte Typen waren sie alle, unverwechselbar und dennoch durch die harte Arbeit zu einem besonderen Menschenschlag geformt. Rund Kap Hoorn zu gehen, womöglich noch im Winter, war viel mehr als nur eine seemännische Herausforderung, es war eine ernste Charakterprobe, die es zu bestehen galt, nicht nur für den Kapitän. Der Dienst auf Segelschiffen war schwer und manch einer brach unter der Last zusammen, wenngleich er auch nicht weglaufen konnte, denn spätestens beim nächsten Manöver musste er doch wieder mit ran und seinen Kameraden zur Seite stehen.

Mittelpunkt dieses Seemannslebens nicht nur zur Zeit der großen rahgetakelten Frachtsegler, sondern auch heute noch, ist das, was man mit dem Begriff »Seemannschaft« umschreibt. Sie ist als Inbegriff all dessen zu verstehen, »was ein tüchtiger Seemann wissen und beherrschen

Großsegler – eine Welt für sich: geschlossen und sich selbst genug.

muss«. Für den gewöhnlichen Seemann, der seinen Dienst vorwiegend an Deck und in den Masten versah, umfasste die Fülle des seemännischen Lehrstoffs in erster Linie das Wissen über die Takelage eines Schiffes sowie über die Arbeit mit den Segeln während der verschiedenen Manöver. Dazu kamen Kenntnisse über das Trimmen des Schiffes, die Handhabung des Ruders, das Tauwerk und Blockwerk, die Knoten, die Ausrüstung und Beladung, die Handhabung der Rettungsboote, Anker und Pumpen, das Segeln bei Sturm und schwerer See und die Maßnahmen bei Havarien und Notfällen. Außerdem waren zahlreiche Arbeitsabläufe zur Ausbesserung und Instandhaltung der verschiedenen Ausrüstungsgegenstände und des Schiffes selbst sowie seemännische Arbeiten wie das Nähen von Segeln und das Scheren von Taljen und noch vieles mehr zu lernen. Die Männer, die mit der eigentlichen Führung des Schiffes betraut waren, mussten sich zusätzlich noch mit terrestrischer und astronomischer Navigation, der Wetter- und Gezeitenkunde, der Gesetzeskunde und den vielfältigen Problemen, die sich mit der Mannschaft und aus der Art der Ladung ergaben, befassen.

Früher wie heute umfasst der Begriff Seemannschaft neben diesem rein fachlichen Wissen auch eine Reihe von ungeschriebenen Gesetzen über das Leben an Bord und das Verhalten untereinander. Denn trotz der zunehmenden Einführung von arbeitserleichternden Einrichtungen, wie den Winschen zur Bedienung der tonnenschweren Rahen und der gewaltigen Segelfläche, ist die Arbeit auf einem Segelschiff wie eh und je nur mit einer Mannschaft zu leisten, in der sich einer auf den anderen unbedingt verlassen kann. Zusammenarbeit und Fairness im Umgang miteinander muss selbstverständlich sein, denn Dienst auf Segelschiffen bedeutet immer, bei jeder Arbeit und an jedem Platz Verantwortung für die Sicherheit des gesamten Schiffes und die der Kameraden zu tragen. Der christliche Grundsatz: »Was du nicht willst, dass man Dir tu', das füg' auch keinem anderen zu«, wird streng befolgt und findet seine Anwendung von der Hängematte oder Koje bis hoch zur Rah, auf der man im Sturm Schulter an Schulter steht, um gemeinsam ein Segel einzubinden: Einer für Alle und Alle für Einen. Auch wenn die letzten der noch fahrenden Großsegler sich nicht mehr mit verrutschenden Ladungen, kaum rechtzeitig zu bergenden Segeln und Winterstürmen vor Kap Hoorn herumschlagen müssen, gilt es immer noch, die Sinne für die Warnungen von Wind und See zu schärfen. Denn ob unter Segeln oder Maschine, ob mit Getreide oder Containern als Ladung, ob als Matrose oder Offizier, Schüler oder Passagier, egal in welcher Mission ein Schiff unterwegs und wie die Aufgabenverteilung an Bord ist: die Gefahren auf See können niemals bezwungen, sondern nur durch Voraussicht und Erfahrung überstanden werden. »Seemännisch« oder »ship shape« muss alles sein, Schiff und Besatzung, Arbeit und Freizeit.

Für die Arbeit auf See gibt es keinen besseren Ausbildungsplatz als einen Großsegler. Jemand, der hier sein Handwerk gelernt hat, hat eine strengere Schule durchlaufen und sein Handwerk besser gelernt als jeder andere Seemann. Die besten und die schlimmsten Seiten, die einer hat, treten dabei zutage; er lernt, Entschlüsse zu fassen und ohne Furcht in die Tat umzusetzen. Ecken und Kanten werden abgeschliffen, von denen manch einer gar nicht ahnt, dass er sie überhaupt hat. Auf diese Weise entsteht der Charakter der Seemänner, echter Seemänner, wie wir sie aus zahlreichen Schilderungen kennen.

»Der Mensch schuf den Hochsee-Rahsegler. In mancher Beziehung war das seine beste, sicher aber seine schönste Schöpfung. Das Rahschiff war ein treuer, ehrlicher und wertvoller Diener. Im besten Fall war es ein Gedicht in Segeln, eine herrliche Symphonie der See. Im schlechtesten war es oft besser als seine Schöpfer es beabsichtigt hatten. Mit ihm entdeckte der neuzeitliche Mensch alles, was von der See aus zu entdecken war, mit ihm eröffnete er die Handelsstraßen der Welt. ... Das Rahschiff züchtete ein Geschlecht unvergleichlicher Seeleute heran – mutige, verlässliche, unerschütterliche Männer. Sie verstanden die Schiffe und kannten die See. Ein späteres Menschengeschlecht hat die Schiffe, die sie liebten, von den Ozeanen vertrieben. ... Was der Mensch schuf, hat er auch vernichtet. Der Verlust trifft ihn, und es mag sein, dass es sogar ein großer Verlust ist. Die Menschen selber waren es, die ihn vernichteten. Die Schiffe waren schon in Ordnung ...« *(Villiers, A.: Rund Kap Hoorn. Wiesbaden 1953).*

1. Rahgetakelte Segelschiffe

Mit den stählernen Schiffen der letzten Ära der Großsegler hatte die Kunst des Segelschiffbaus eine Höhe erreicht, die lange ihresgleichen gesucht hat. Sie waren in ihrer Art vollkommen und segeltechnisch so ausgereift, dass ihre letzten Vertreter fast unverändert noch heute fahren. Dennoch, so elegant, ästhetisch und geradezu graziös diese großen Segler auch aussahen, so darf man doch nicht vergessen, dass sie keine überzüchteten Luxusfahrzeuge, keine Jachten waren, sondern rein ökonomischen Zwecken dienten und dass alles an ihnen diesem Prinzip unterworfen war. Vom Standpunkt des Reeders aus waren sie riesige, höchst funktionelle, schwimmende Laderäume. Keine Maschine, kein Motor stahl kostbaren Platz; Öl- oder Kohlenbunker fielen weg, ihr Antrieb kostete überhaupt nichts, denn den Wind gibt es umsonst. Man musste die Tradition des Segelns pflegen und es musste immer genug Leute geben, um die Schiffe, die für ihre harte Arbeit bekannt waren, zu besetzen. Es trug seinen Teil zum Ende der frachttragenden Windjammer bei, dass man nicht verhindern konnte, dass die Besatzungen über die Jahrzehnte zu den viel bequemeren Dampfschiffen abwanderten. Und damit schwand automatisch die Zahl derer, die einen rahgetakelten Großsegler, einen Square-Rigger, zu führen verstanden – und Freude daran hatten.

Noch eines: Schiffe einer Größe, wie sie seit dem Beginn des Zwanzigsten Jahrhunderts aus wirtschaftlichen Gründen vom Welthandel verlangt werden, konnten mit Hilfe von Segeln nicht mehr regiert werden. Die ideale Größe für Segelschiffe lag bei vielleicht 4000 bis 5000 Ladetonnen. Was darüber hinausgeht, stellte eine Ausnahme dar und war jedenfalls mit der herkömmlichen Technik nicht mehr zu bewältigen. Das mit Maschinenkraft fortbewegte Schiff war Wirklichkeit, es war nicht mehr aus der Welt zu schaffen, denn nichts ist mehr zu tilgen, »wenn die Geschichte ihr Wort gesprochen hat und die großen Veränderungen anheben«. Das ist ein Gesetz, aber da ist noch ein anderes: Erst in der Endphase einer Epoche bewirkt sie noch das Vollkommene, das nicht mehr zu Übertreffende, erlebt sie ihre letzte und schönste Blüte.

Die meisten Arbeiten zur Instandhaltung ihres Schiffes führten die Mannschaften selber aus, etwa das Herrichten einer Reservespiere wie hier an Deck der Viermastbark *Pangani*.

Neben vielen anderen Schiffen war es nicht zuletzt die legendäre *Preußen*, die bis zu ihrem tragischen Ende solch eine Blüte darstellte. Die Leistung dieses Schiffes konnte durchaus einem Vergleich mit einem Dampfer standhalten. Mit einer Besatzung von unter 50 Leuten beförderte sie 8000 Tonnen Ladung – nur unter Segeln wohlgemerkt. Sie tat es mit der Regelmäßigkeit der Trampdampfer jener Zeit, nur mit dem Unterschied, dass sie nur den Wind brauchte, während der Dampfer, um solche Landung zu transportieren, eine Mannschaft gleicher Größe benötigt hätte und zusätzlich eine große Menge Bunkerkohle sowie rentable Frachtsätze. Der Aktionsradius eines Dampfers war außerdem durch die Brennstoffvorräte begrenzt, der des Seglers dagegen war unbegrenzt.

Der Unterhalt eines Seglers wurde zum großen Teil durch die Besatzung gesichert, denn sie konnte seine Takelage überholen und seine Segel zuschneiden, solange ihr Schiff nur gut ausgerüstet war. Die Instandhaltung einer Maschine dagegen erfordert meist die Mitwirkung teurer Techniker von Land. Der Segler machte seine Reisen, solange seine Takelage stark genug war; der Dampfer aber musste aufgeben, wenn seine Maschinen aufgaben oder wenn es keine frische Bunkerkohle gab.

Der echte Segelschiffs-Matrose blieb im Allgemeinen auch dann noch seinem Schiff treu, als es schon ein leichtes war, auf ein Dampfschiff zu wechseln. Er liebte das Segeln und die Seemannsarbeit, im Englischen so treffend mit dem Wort »sailorising« benannt, den Lebensrhythmus an Bord und die Kameraden, mit denen er Schulter an Schulter arbeitete. Das Gefühl, mit der Kraft der eigenen Hände – sei es am Ruder oder bei der Arbeit mit den Segeln – zum Gelingen einer Reise beizutragen, befriedigte ihn. Das Entscheidende war aber vielleicht, dass der Segelschiffsmann zu seinem Schiff ein besonderes Verhältnis entwickelte. Er empfand sein Schiff als Lebewesen.

Joseph Conrad schreibt: »Die alten Segelschiffe hatten ein Geheimnis – das Geheimnis ihres persönlichen Wesens. Sie lebten das Leben einer einmaligen Persönlichkeit, jedes von ihnen. Sie hatten Charakter, das ist das Wort. Sie waren langsam oder wie edle Rennpferde, stumpf oder launenhaft, fest und entschlossen oder triebhaft und impulsiv, gutmütig oder bösartig. … Denn das Schiff war ein lebendiges Wesen, jahrtausendelang. Seine unverwechselbare Persönlichkeit, sein nur ihm eigener Charakter wurde – ohne Wissen derer, die daran teilhatten – während seines Baues, während der Zusammenfügung all dieser

Das Segelschulschiff *Sedov* unter vollen Segeln; Viermastbark, Heimathafen Murmansk, Russland.

Links unten: Der Hamburger Hafen im Jahre 1875. Damals war es noch selbstverständlich, dass Fracht mit Segelschiffen transportiert wurde.

Hölzer und Eisen, all dieser Kupferplatten und metallenen Bleche, all dieser Segeltücher und dieser Unmenge von Tauwerk in das entstehende Gebilde hineingearbeitet, hineingezimmert und hineingehämmert. So wurde es mit einer Individualität, mit Gesinnung und Fehlern begabt – so wurde es ein lebendiges Geschöpf, das ein Mann lieben konnte mit einer Liebe, die groß war und – größer wie die zu einer Frau, und genauso blind.«

Niemals wurde ein Schiff nur wegen des Nutzens geliebt, den es einbrachte. Zwischen den Männern, die es segelten und dem Schiff entwickelte sich im Laufe der Wochen und Monate, die sie unterwegs waren, um gemeinsam den Unbilden des Wetters zu trotzen und in denen das Schiff dem Seemann zur Heimat wurde, ein Verhältnis von Vertrautheit und Treue. »Und er hegte und pflegte, erneuerte, wusch, putzte und strich sein Schiff nicht nur an windstillen Tagen. Und weil auch eine Frau oder seine Liebste sich schmückte, pflegte, anstrich und auftakelte, betrachtete Jan Maat sein Schiff als ein weibliches Wesen. Selbst die eisernen Seeleute unserer Tage tun dies noch, und auch heute wird niemals ein Schiff männlich oder sächlich charakterisiert: man spricht nicht von ihm, sondern immer von ihr«.

Die Entwicklung der Takelage

Segel hat es immer gegeben, sie sind eine der Urerfindungen der Menschheit. Aber zu Beginn der Geschichte der Segelschifffahrt gab es über viele Jahrhunderte nur sehr einfach geriggte Schiffe mit meist nur einem Mast, einem Segel und somit wenig laufendem und stehendem Gut. Sie verließen ihre gewohnten Seeräume nicht und waren allenfalls für die Küstenschifffahrt geeignet. Nur zwei der Seefahrtvölker waren eine Ausnahme, die Wikinger und die Phönizier, doch sind ihre Ansätze zur Bezwingung der Ozeane Einzelfälle geblieben. Erst durch die ständige Auseinandersetzung mit der See und den unterschiedlichsten Wetterbedingungen entstanden aus diesen einfachen Schiffen im Laufe der Jahre die großen Segelschiffe und als ihre Krönung die rahgetakelten Windjammer, die heute noch vereinzelt als Schulschiffe die Meere befahren. Wesentliche Triebfeder für die Weiterentwicklung von Rumpf und Takelage der Schiffe waren dabei technische Fortschritte und natürlich die Tatsache, dass die zunehmende Konkurrenz auf dem Gebiet des Handels immer schnellere und vor allen Dingen seetüchtigere Schiffe erforderte.

So begann man etwa zu Beginn des 15. Jahrhunderts größere Schiffe mit mehreren Masten zu bauen und dementsprechend nahm auch die Zahl der Segel zu. Diese Segel wurden an waagerechten Stangen, den Rahen, gefahren, die mit an Deck geführten Leinen bedient wurden. Das dreieckige Lateinersegel, das man von Fischerbooten und Galeeren des Mittelmeerraumes her kannte, fand sich als Segel am letzten Mast, dem Besanmast, wieder.

Am Ende des 15. Jahrhunderts entwickelte man dann die ersten Schiffe mit vier Masten und die Zahl der Rahsegel an den einzelnen Masten erhöhte sich auf drei. Anfang des 17. Jahrhunderts wurde es üblich, auch am Besanmast rechteckige Segel zu führen. Das erste Vollschiff war geboren. Zur Verbesserung der Manövrierfähigkeit wurde es auch üblich, zusätzlich an den Stagen, den Abspannungen der Masten nach vorn, Segel zu führen. Damit konnte eine eventuelle Luvgierigkeit ausgeglichen und die Schiffe konnten leichter gesteuert werden. Immer häufiger fand man dann auch Stagsegel zwischen den einzelnen Masten. Im Laufe der Jahrzehnte wurde ihre Handhabung immer mehr vereinfacht, so dass sie schließlich zum festen und sinnvollen Bestandteil der Takelage jedes Segelschiffes wurden.

In der zweiten Hälfte des 18. Jahrhunderts wurde nach und nach die lange, beinahe senkrecht stehende Lateinerrah des Besans durch eine Gaffel ersetzt und der Besan wurde vergrößert. Gleichzeitig wurden die Masten, die uns immer noch riesenhaft anmuten, im Vergleich zu denen der Klipper niedriger, aber sie trugen eine Beseglung, die nach den Auswüchsen der Klipperzeit viel harmonischer war. Das Prinzip der Unterteilung, der Aufteilung der Funktionen, wurde auf das letztmögliche Maß verfeinert, desgleichen der Schnitt der Segel. Statt vier großer Segel übereinander trugen die rahgetakelten Masten nun sechs: von oben nach unten das Royal-, das Oberbram- und Unterbram-, das Obermars und Untermars- sowie das Großsegel, das am ersten Mast Fock, am mittleren Mast Großsegel und am dritten, dem Kreuzmast, Bagien heißt. Die Teilung der ursprünglich sehr hohen Rahsegel hatte den Vorteil, dass das langwierige und bei schlechtem Wetter auch gefährliche Reffen fortfiel. Ebenso stark unterteilt wie die Rahen tragenden Masten war der Besanmast mit seiner Gaffeltakelung; er trug jetzt drei wenn auch kleinere Segel. Zur Harmonie des Riggs trugen viel die zahlreichen dreieckigen Stagsegel bei. Die Schönheit dieser Takelage bestand in ihrer Stärke und Verlässlichkeit.

Durch die technische Entwicklung während der ersten industriellen Revolution wurden weitere Verbesserungen an der Takelage möglich. So wurde z. B. beim stehenden Gut wenig strapazierfähiges Tauwerk durch eiserne Bänder oder schweres laufendes Gut wie Fallen und Schoten durch beweglichere Ketten ersetzt. Mitte des 19. Jahrhunderts begann man dann, das stehende Gut der Segelschiffe allgemein aus Draht zu fertigen. Dieser war wesentlich billiger und robuster als die bis dahin üblichen geteerten Hanfseile. Auch wurden die Wanten und Stagen jetzt zunehmend durch Wantenspanner und Spannschrauben und nicht mehr durch Taljen gespannt. Weitere Fortschritte bestanden u. a. im Einbau von mechanischen Winden, beispielsweise für die Brassen und die Rahfallen; und aufgrund der Einführung von rollengelagerten Blöcken und weicherem Tauwerk für das laufende Gut wurde die Arbeit an Bord so weit erleichtert, dass man fortan mit wesentlich kleineren Mannschaften auskam. Um die Segelschiffe konkurrenzfähiger gegenüber den dampfgetriebenen Schiffen zu machen, wurden sie außerdem fast alle mit Hilfsmaschinen ausgerüstet, zum Teil gegen den erbitterten Widerstand ihrer Kapitäne, die – teilweise wohl zu Recht – um die seemännischen Qualitäten ihrer Mannschaften fürchteten.

Ende des 19. Jahrhunderts fand der Stahl als Baumaterial für Segelschiffsrümpfe, aber auch für Masten, zunehmende Verwendung. Sein Vorteil besteht in der hohen Festigkeit bei gleichzeitiger Elastizität in kaltem Zustand. Diese Eigenschaften machten es möglich, Schiffe in nie da gewesenen Abmessungen zu bauen. Hier waren es vor allem deutsche Reedereien und deutsche Werften, die die letzten Sätze in das Buch der Segelschifffahrt schrieben. An der Elbe und an der Weser, bei Blohm & Voß, Tecklenborg, Rickmers, Stülcken entstanden die Schiffe für Reedereien wie Laeisz und Rickmers, Knöhr & Burchard, Bolten, Wachsmuth & Krogmann, Siemers, Vinnen und Wätjen.

Die ständige Vergrößerung der Rümpfe führte auch dazu, dass sich die Zahl der Masten weiter erhöhte. Während die ersten Schiffe der neuen Segelschiff-Generation noch überwiegend Vollschiffe mit Rahsegeln an allen Masten waren, fanden nach und nach auch andere Takelungsarten Verwendung. Dabei machte man sich den Vorteil zunutze, dass ein Schiff, bei dem der letzte Mast statt mit Rahsegeln mit mittschiffs stehenden Gaffelsegeln getakelt war, wendiger und einfacher zu manövrieren war und dennoch fast die gleiche Geschwindigkeit wie ein Vollschiff erreichte. So entstanden die großen Viermast- und Fünfmastbarken, von denen vor allen die Schiffe der Hamburger Reederei Laeisz Berühmtheit erlangten: Diese »P-Liner« – alle ihre Namen fingen mit P an – erzielten nicht nur manchen Geschwindigkeitsrekord, sondern zeichneten sich auch durch eine große Seetüchtigkeit aus.

Der Vorteil der Barken im Vergleich zu den Vollschiffen bestand neben der besseren Manövrierbarkeit zusätzlich darin, dass sie dank ihres leichter zu bedienenden Riggs mit einer wesentlich kleineren Besatzung auskamen und dass sie billiger in der Herstellung ihrer Takelage waren, weil sie mit weniger laufendem Gut auskamen. So wurde dieser Schiffstyp zur Standard-Konstruktion für Windjammer: Im Jahr 1871, zur Zeit der Gründung des Deutschen Reiches, umfasste der Bestand an deutschen Barken fast tausend Schiffe gegenüber ca. hundert Vollschiffen.

Laeisz war die letzte richtige Segelschiffs-Reederei, denn für Ferdinand Laeisz liefen noch die großartigen P-Liner vom Stapel, als der Stern der Windjammer schon längst im Sinken begriffen war.

Sowohl der vollgetakelte Fünfmaster *Preußen* wie auch die Fünfmastbark *Potosi* waren wohl die schönsten Beispiele großer ladungstragender Segelschiffe, die je gebaut wurden. Beide verfügten über gute Segeleigenschaften und eine hohe Wirtschaftlichkeit, denn sie konnten von einer kleinen Besatzung gehandhabt werden und zeichneten sich ganz in der Tradition aller P-Segler durch eine hohe Zuverlässigkeit und Pünktlichkeit aus, wenn sie mit den »Trade Winds«, den Handels-Winden, um die Welt liefen.

Als wertvolle Beförderer wichtiger Handelsgüter waren die großen Schiffe dieser »Flying P-Line« kein altmodischer Anachronismus, die in einer Welt, die keine Verwendung mehr für sie hatte, ein kümmerliches Dasein führten, sondern sie konnten immer noch eine ernstzunehmende Alternative für die Kaufleute sein. »Meine Schiffe können und sollen schnelle Reisen machen«. Dies war der Leitsatz von Ferdinand Laeisz, und er galt für den Hafen genau so wie für die Seereise. Von hervorragenden Kapitänen geführt und hart gesegelt, ausgerüstet mit dem besten Material und natürlich mit solchen Verbesserungen wie den Jarvisschen Brasswinden, kräftig und sicher auch für die wildesten Stürme um Kap Hoorn gebaut, waren seine Schiffe außerdem eine hervorragende Schule für angehende Schiffsoffiziere der deutschen Handelsmarine.

Auch als es mit den Segelschiffen bergab ging, ließ sich die Reederei Laeisz im Gegensatz zu anderen deutschen

Seefahrer-Romantik: Unter den geschwungenen Linien der windgefüllten Segel, die im Rhythmus der Dünung durch wandernde Schatten belebt werden.

Segelschiffsreedereien wie Vinnen und Rickmers nicht dazu verleiten, Hilfsmotoren in ihre Schiffe einzubauen. Sie vertrauten lieber auf ihre eigene Methode, den Anforderungen der Kaufleute auch weiterhin gerecht zu werden, nämlich indem sie ihre ganze Kraft direkt in die Entwicklung besserer reiner Segelschiffe investierte. Ferdinand Laeisz stand auf dem Standpunkt: »Der Motor verdirbt gute Leute genau so wie er die Schiffe verdarb, die ihn zu benutzen versuchten. Der Motor verdirbt die Kapitäne und verdirbt die Besatzungen. War erst einmal Maschinenkraft eingesetzt, konnte man nicht genug davon haben –

man schrie nach neuen und größeren Motoren, und die Seetüchtigkeit und Seemannschaft legte man zu den Akten. Es war von verhängnisvoller Leichtigkeit, den Motor anzuwerfen. Einmal angeworfen, war er nicht mehr zu stoppen.« *(Villiers, A.: Auf blauen Tiefen. Hamburg 1955).*

Der Einbau von Maschinen brachte den Segelschiffen keine Hilfe gegen die Konkurrenz der Maschinenschiffe. Die Vorteile, die man sich durch den Einbau einer Hilfsmaschine erhoffte, erwiesen sich auf langen Reisen als illusorisch, denn die Takelage eines großen Frachtsegelns bot dem Wind einen viel zu großen Widerstand, als dass eine relativ kleine Maschine dagegen etwas ausrichten konnte. Außerdem vergeudete sie Laderaum und erhöhte das investierte Kapital und die Unterhaltskosten.

Die größten aller Frachtsegler wurden auf ihren Reisen durch die entlegensten und stürmischsten Bereiche des Meeres, durch die Zone der Roaring Forties, der Brüllenden Vierziger, dem Gürtel auf etwa 40 Grad Südbreite rings um die Erde, von geradezu lächerlich kleinen Besatzungen geführt – und von meist sehr jungen Kapitänen. Die etwa 700 bis höchstens 1000 Tonnen großen Klipper wurden von durchschnittlich 80 bis 100 Mann bedient, die Square-Rigger von höchstens 25 bis allenfalls 30 Seeleuten. Manche dieser Schiffe gingen mit noch kleinerer Besatzung in See, oft sehr jungen Menschen; auch sie machten Reisen von beinahe sprichwörtlicher Stetigkeit und Zuverlässigkeit. Meile um Meile liefen sie herunter, den Atlantik nach Süden, in die eisigen Regionen um Kap Horn eintauchend, hinauf die Westküste beider Amerika, manchmal bis nach Kanada, von dort hinüber nach Kanton, Bangkok oder Kalkutta, heimwärts durch die Monsune nach Afrika, rund um das Kap der Guten Hoffnung, den Atlantik hinauf zum Kanal – Falmouth for orders.

Dennoch: Die Konkurrenz zur ständig größer werdenden Flotte an maschinengetriebenen Schiffen zwang die Segelschiffsreeder zu immer größerer Einsparung an Mannschafts- und Ausrüstungskosten. Das führte zum Bau von Schiffstypen, die noch mehr Gaffelsegel als die Barken tragen konnten. So entstanden z. B. Barkentinen und Brigantinen. Der Bestand an solchen Schiffen blieb jedoch relativ gering.

Trotz aller technischer Weiterentwicklungen und Verbesserungen der Arbeits- und Lebensbedingungen an Bord waren die Segelschiffe doch auf die Dauer im Wettbewerb mit den neuzeitlichen maschinengetriebenen Schiffe unterlegen. Sie stellten große Ansprüche an Segel und Ausrüstung, auch erforderten sie große Summen, um sie in gutem Zustand zu erhalten. Sie konnten sich nur dann bezahlt machen, wenn sie ihren Anteil an der Stückgutladung erhielten, die höhere Frachten einbrachte als Massenladungen wie Koks oder Kohle. Spätesten als der Panama-Kanal eröffnet wurde, näherte sich das endgültige Ende der großen rahgetakelten Frachtsegler. Er brachte den Dampfern einen riesigen Vorteil gegenüber den Seglern im Handel mit Peru und Chile, denn für Segler war der Kanal nutzlos: Auf seiner Pazifikseite liegt eine große Zone, in der vorwiegend Windstille herrscht.

Immer mehr dieser gigantischen Segler verschwanden von den Meeren. Schon der Erste Weltkrieg brachte einen ersten Bruch der Segelschiffstradition, der wenigstens eine Zeitlang doch durch vorausschauende und geschäftstüchtige Leute wie Ferdinand Laeisz in gewissem Grade überwunden werden konnte. Doch spätestens der Zweite Weltkrieg brach sie endgültig. Die Windjammer nahmen das stetig wachsende Übergewicht der Maschinenschiffe als unvermeidbar hin und wehrten sich nicht. Sie waren auf den zweiten Platz gerückt und waren im Begriff, auch die letzte Position zu verlieren. Alle Hoffnung auf Stückgutladungen, auf Passagiere, auf jede Art von Linienfahrt hatten sie aufgegeben. Trotz der Anstrengungen einer kleinen Zahl weitschauender Männer überließ man die Rahsegler dem Niedergang. Man hatte die Tradition einmal zu viel gebrochen, und diesmal ist es wohl endgültig. Nur wenige dieser Wunderwerke von Funktionalität und Ästhetik haben dem so genannten Fortschritt standhalten können. Sie fahren heute fast alle als Schulschiffe und finden zu Recht in allen Häfen, die sie auf ihren Ausbildungsreisen anlaufen, große Beachtung.

Verschiedene Typen rahgetakelter Schiffe

Die Klassifizierung der rahgetakelten Segelschiffe erfolgt nach der Anzahl der Masten und nach der Art der Segel, die sie an den einzelnen Masten tragen. So unterscheidet man im wesentlichen Vollschiffe, Barken, Briggs, Brigantinen und Barkentinen. Daneben gibt es noch ein Reihe von Mischtypen, vorwiegend zwischen Schonern und Rahseglern, aber auch zwischen Bark und Vollschiff, Pink genannt. Eine Pink ist ein dreimastiges Schiff von der Größe und Bemastung einer Bark; ihre Ähnlichkeit mit einem Vollschiff entsteht dadurch, dass sie am Besanmast zusätzlich ein Toppsegel und oft auch ein Bramsegel führt.

Die Bezeichnung »Windjammer«, aus dem Englischen abgeleitet von »to jam« (heftig drücken, pressen), wurde Anfang des 20. Jahrhunderts für vielmastige Segelschiffe üblich. Heute ist das Wort mehr eine Ehrenbezeichnung, ursprünglich aber war es wohl spöttisch gemeint: Die Seeleute, die auf den zahlenmäßig immer mehr zunehmenden Dampfern fuhren, waren der Ansicht, ein Segelschiff könne nur Fahrt machen, wenn es mit hart angebrassten Rahen an den Wind »gepresst« würde. Die wenigen Segler, die sich aus der großen Zeit der Windjammer bis in unsere Tage retten konnten, fahren heute als Schulschiffe für den seemännischen Nachwuchs oder im Freizeitbereich, genau wie die wenigen Neubauten, die in den letzten Jahren nach dem Vorbild ihrer großartigen Ahnen entstanden sind.

Schiffe, die außer Vor- und Stagsegeln an allen Masten Rahsegel fahren, nennt man Vollschiffe. Am letzten Mast, auf Vollschiffen Kreuzmast genannt, findet man bei diesem Schiffstyp oft zusätzlich als erstes Segel über Deck ein Gaffelsegel, genannt Besan. Im Sprachgebrauch unterscheidet man Fünfmastvollschiffe, Viermastvollschiffe und (dreimastige) Vollschiffe (Grafik 1). Es sind nicht viele von den alten Vollschiffen aus der großen Zeit der Windjammer übriggeblieben.

Das 1931 vom Stapel gelaufene Ausbildungsschiff der italienischen Marineakademie Amerigo Vespucci ist das wohl prächtigste dreimastige Vollschiff, das heute noch im Dienst ist. Es ist mit zahlreichen vergoldeten Verzierungen an Bug und Heck und eleganter Innenausstattung versehen. Die Rumpfform der Amerigo Vespucci erinnert mit ihrem hochgezogenen Freibord an die großen Fregatten des 19. Jahrhunderts, den Kriegsschiffen unter Segeln.

Das polnische Vollschiff mit dem Namen Dar Pomorza wurde 1910 vom Deutschen Schulschiff-Verein als Prinzess Eitel Friedrich in Dienst gestellt und fuhr bis zum Ende des Ersten Weltkrieges als Ausbildungsschiff. Danach musste es an Frankreich abgeliefert werden. 1929 wurde das Schiff an Polen verkauft und diente mit Unterbrechung durch den Zweiten Weltkrieg, in dem es in Schweden lag, wieder als Schulschiff. Seit 1982 liegt die Dar Pomorza als Museumsschiff in Gdynia. An ihre Stelle ist das 1981 vom Stapel gelaufene Vollschiff Dar Mlodziezy getreten.

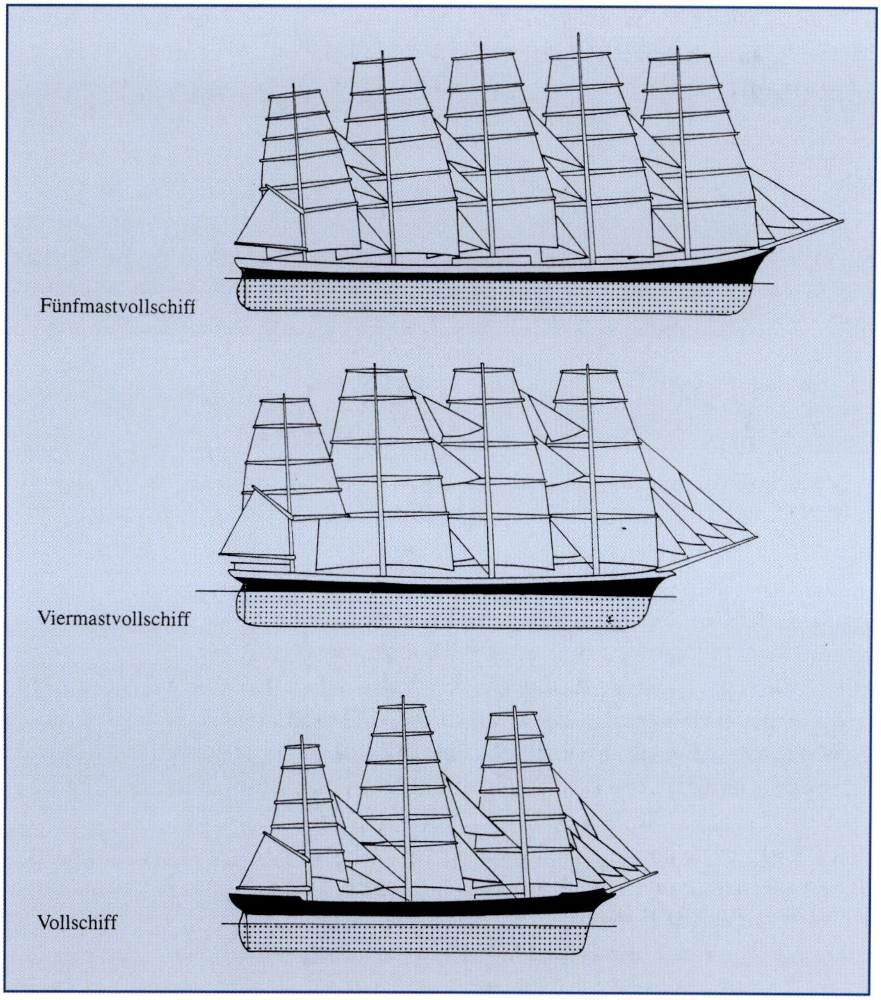

Grafik 1: Vollschiffe

Der Inbegriff des Segelns: ein Klipper unter Vollzeug.

Die *Dar Mlodziezy* gehört zu einer neuen Generation von Schulschiffen, die alle erst in den letzten zehn Jahren gebaut worden sind. Ihre Schwesterschiffe sind die russischen Vollschiffe *Druzhba*, *Mir*, *Pallada* und *Khersones*.

Auch das norwegische Schulschiff *Christian Radich* ist ein Vollschiff. Es wurde 1937 gebaut und 1940 nach nur wenigen Reisen von den deutschen Truppen beschlagnahmt. Bei Kriegsende lag die *Christian Radich* halb gesunken und ohne Rigg in Flensburg. Das Schiff wurde von den Alliierten gehoben und an Norwegen zurückgegeben. Nach umfassenden Reparaturarbeiten ist es seit 1947 wieder in Fahrt. Ein anderes vollgetakeltes, norwegisches Schulschiff ist die *Sörlandet*. 1927 gebaut, unternahm sie bis zur Übernahme durch die deutschen Besatzungstruppen einige Reisen als Ausbildungsschiff. Während des Krieges wurde sie so stark beschädigt, dass sie sank. Nach der Hebung durch die Deutschen diente sie bis zum Ende des Krieges als U-Boot-Depotschiff. Danach wurde sie an Norwegen zurückgegeben und endgültig instand gesetzt. Seit 1947 fährt die *Sörlandet* wieder als Schulschiff.

Weitere vollgetakelte Schulschiffe sind die im Besitz der argentinischen Marine befindliche *Libertat*, die erst im Jahr 1963 ihre Jungfernfahrt machte, sowie die dänischen Vollschiffe *Georg Stage* und *Danmark*. Die letzteren wurden 1935 bzw. 1932 gebaut und fahren für die Handelsflotte. Während des Krieges wurde die *Danmark* der amerikanischen Regierung zur Verfügung gestellt und von der U.S. Coast Guard als Schulschiff benutzt.

Das Vollschiff *Schulschiff Deutschland* dient heute als stationäres Ausbildungsschiff der Seefahrtsschule Bremen. Es wurde 1927 auf der Tecklenborgwerft in Bremerhaven gebaut. Während des Zweiten Weltkrieges war es unter anderem Lazarettschiff, bis es 1952 seiner heutigen Bestimmung übergeben wurde.

Auch die klassischen *Klipper*, die Rennpferde unter den Segelschiffen, waren meist dreimastige Vollschiffe, seltener auch Barken, Briggs oder Brigantinen. Sie zeichneten sich durch einen besonders schnittigen, eleganten Rumpf und gewaltige, durch zahlreiche Beisegel ergänzte Segelflächen aus. Daraus ergab sich eine Besatzungszahl, die viermal so groß war wie auf gleich großen stählernen Frachtseglern. Sie waren für große Belastungen gebaut und wurden gewöhnlich mit gnadenloser Härte geführt, denn ihre Kapitäne hatten vor allem eines im Sinn: Sie wollten auf ihren Fahrten einen neuen Rekord aufstellen. Dennoch hat kein anderer Schiffstyp die Seeleute jemals so begeistert wie die Klipper. Der Stolz und die Überschwänglichkeit der Schiffsführer kannte oft keine Grenzen. Ein Kapitän sagte einmal über sein Schiff, es könne alles außer sprechen. In den vierziger Jahren des 19. Jahrhunderts schufen amerikanische Schiffbauer die ersten Schiffe dieser Klasse. Sie waren mit ihrem schlanken Rumpf, ihrem scharf geschnittenen Bug, ihren geneigten Masten und der Unzahl an Segeln die schönsten aus Holz gebauten Segelschiffe, die es je gegeben hatte. Die Briten, die über die Leistungen der Klipper staunten, folgten mit eigenen Formen diesem Typ. Ein Klipper, der auf seinem Wettlauf über die Weltmeere das windgepeitschte Meer durchschnitt, war der Inbegriff des Segelns. Wenn andere Kapitäne bei zunehmendem Wind die Segel kürzten, setzten Klipperkapitäne erst recht jeden Fetzen Segeltuch. Die Klipper schmückten sich außerdem noch mit Segeln, die sogar noch oberhalb der Royalsegel der großen Barken und Vollschiffe angeordnet waren. Himmelssegel oder Mondschraper wurden sie genannt. Für den Antrieb hatten sie trotzdem keine große Bedeutung, sondern sie waren eher von moralischem Wert, der Stolz geltungssüchtiger Kapitäne, eine Quelle des Staunens für eventuelle Betrachter und – natürlich – ein Fluch für die Mannschaft, die sich in schwindelerregender Höhe mit ihnen abmühen musste. Wie Meeresvögel jagten die Klipper mit Geschwindigkeiten von bis zu 21 Knoten vor den Stürmen dahin. Sie schafften etwa 350 Seemeilen pro Tag und stellten Rekorde auf, die niemals gebrochen werden sollten *(Whipple, A. B. C.: Die Klipper. Amsterdam 1987)*.

Kein anderer Klipper der Geschichte wurde so berühmt wie die *Cutty Sark* aus England. Sie lief im Jahr 1869 vom Stapel. In den ersten Jahren fuhr dieses Vollschiff fast ausschließlich als Teeklipper in der China-Fahrt und ersegelte dabei wiederholt Rekordreisen mit legendären Durchschnittsgeschwindigkeiten. Auch wenn die beiden riesigen Laderäume mit insgesamt 1,15 Millionen Pfund voll beladen waren, vermochte der Klipper noch mit seiner Höchstgeschwindigkeit von 17,5 Knoten über die See zu jagen, und seine turmhohe, dreimastige Takelage mit Rahsegeln konnte eine Antriebskraft von mehr als 3000 Pferdestärken aus dem Wind herausholen. Waren alle Leesegel gesetzt, trug die *Cutty Sark* in der ursprünglichen Betakelung rund 3000 Quadratmeter Tuch. Ihr Rumpf bestand halb aus Holz, halb aus Eisen und wog 963 Tonnen. Um ihn möglichst stabil zu machen, nahm man zum Bau 15 cm dicke Teakholzplanken. Diese Außenhaut wurde mit eisernen Spanten doppelt verbolzt und diese wiederum waren mit eisernen Verstärkungen abgesichert. Alle Eisenteile konnten einer Belastung von drei Tonnen pro Quadratzentimeter standhalten. Für die Planken nahm man nur bestes astfreies Holz. Das Unterwasserschiff wurde mit Bleiweiß und Talg gestrichen, und darüber nagelte man Kupferbleche, um einen Bewuchs mit den gefürchteten Muscheln zu verhindern. Alle unzugänglichen Hohlräume füllte man mit Beton, um dort das Faulen zu verhindern. So perfekt gebaut und konserviert, segelte die *Cutty Sark* über 50 Jahre, ohne ein größeres Leck zu bekommen. Bis zum Jahr 1922 diente sie unter wechselnden Eignern als Frachtschiff und wurde danach als stationäres Schulschiff

Man kann sich nicht satt sehen an diesen Majestäten der Weltmeere.

eingesetzt. Seit 1954 liegt die *Cutty Sark* als Museumsschiff im Trockendock in Greenwich.

Der legendenumwobenste Vertreter der dreimastigen Vollschiffe ist wohl die *Bounty*. Auf diesem Schiff fand am 28. April des Jahres 1789 die berühmte Meuterei des Offiziers Fletcher Christian gegen seinen Kapitän William Bligh statt, Stoff für viele Geschichten und Filme. Anlass des Aufstandes war die unmenschliche Behandlung der Besatzung seitens des Kapitäns. Fletcher Christian setzte Bligh und einen Teil der Mannschaft in einem Beiboot aus und erreichte mit der *Bounty* die unbewohnte Insel Pitcairn. Dort verbrannte er das Schiff. Erst viele Jahre später wurden die wenigen Überlebende aus Zufall auf der Insel entdeckt. Umgeben von Hunderten von Meilen freier See leben ihre Nachfahren dort noch immer in einer kleinen intakten Gemeinde. Im Jahr 1960 wurde die *Bounty* für den Film *Meuterei auf der Bounty* anhand der Originalpläne nachgebaut. Diese *Bounty II* machte einige Reisen und liegt heute als Museumsschiff in Florida.

Das Fünfmastvollschiff *Preußen* der Reederei Laeisz war mit seiner Gesamtsegelfläche von 5560 qm der größte je gebaute Rahsegler. 8000 Tonnen Fracht konnte die *Preußen* befördern.

Das einzige noch existierende Exemplar zahlreicher Viermastvollschiffe ist die 1878 in Glasgow gebaute *Falls of Clyde*, die heute als Museumsschiff in Honolulu liegt. Von ihr existiert noch eine Ausrüstungsliste, die einen interessanten Einblick in die Gepflogenheiten der Lime-Juicer bietet. So gab es z.B. ein Paar sechsschüssige Revolver mit 100 Schuss und 2 Pfund Pulver in kupfernen Behältern. Das ist so weit noch erklärlich. Aber welche Erwartungen hatte der Kapitän in seine Mannschaft, wenn er allein 12 Paar Handschellen an Bord führte?

Während der vielen Jahrzehnte, in denen Großsegler die Meere befuhren, hat es nur ein einziges fünfmastiges Vollschiff gegeben: die 1902 auf der Tecklenborg-Werft vom Stapel gelaufene, legendäre *Preußen*, die »Königin der Meere«, wie sie genannt wurde. »Sie war ein Überschiff, eine leichtfüßige Riesin unter den Seglern, der vollendetste Ausdruck der Kunst des Großseglerbaus«, schreibt A. Villiers. Trotz der euphorischen Worte, mit denen das Schiff üblicherweise beschrieben wurde, gab es nicht wenige Fachleute, die der Meinung waren, dass das riesige Fünfmastvollschiff »irgendwie das natürliche Maß sprengte«. Einige Kapitäne wollten nichts mit ihr zu tun haben und sie hätten eher die Reederei gewechselt, als das Kommando auf der *Preußen* zu übernehmen. Als Flaggschiff der Reederei Laeisz war sie das größte Vollsegelschiff der

Am 8. November 1910 findet die legendäre *Preußen*, der Stolz einer ganzen Nation, ihr tragisches Ende. Gestrandet und zerschlagen liegt sie vor der Steilküste von Dover.

Welt. Sie trug insgesamt 48 Segel mit einer Fläche von fast 5600 Quadratmetern, die Großrah war über 30 Meter lang. Die Segel waren ihr einziger Antrieb, denn maschinelle Kraft gab es an Bord nur zum Arbeiten mit der Ladung und zum Ankerhieven. Ihre Länge betrug über 124 Meter und bei einer Wasserverdrängung von 11.000 Tonnen konnte sie 8000 Tonnen Ladung aufnehmen. Schleppmodellversuche, die man einige Zeit nach ihrem tragischen Ende durchführte, zeigten, dass die Segel über 6000 PS entwickeln mussten, um diese Ladung mit 17 Knoten Fahrt durch das Wasser zu ziehen. Die ganze Konstruktion des Schiffes war für schweres Geschirr ausgelegt.

Die *Preußen* war ein starkes Schiff, stark in jeder Hinsicht, mit stählernen Masten und Rahen, mit Drahttauwerk und Ketten in der Takelage, mit einem stählernen Rumpf, der sogar noch verstärkt war, um jedem Druck der Takelage und der See standzuhalten. Aber trotz der Stärke war die *Preußen* und besonders ihre riesige Segelfläche gut handhabbar. Der ganze gewaltige Bau ihrer Takelage wurde von einer Beatzung von nur 47 Leuten bedient! Mit Ausnahme des Stewards, des Kajütsjungen und der beiden Köche war jeder Einzelne ein hervorragender Seemann. Der Kapitän war erfahren, ausgebildet auf der *Potosi* unter dem genialen Robert Hilgendorf.

Die *Preußen* war ein »Drei-Insel-Schiff«, d. h. sie besaß mittschiffs ein Aufbaudeck von beträchtlicher Länge, das die Kraft der Seen auf dem Mitteldeck brach und verhinderte, dass das Schiff gefährlich große Mengen tonnenschweren Wassers an Deck bekam. Segelschiffe älteren Typs hatten diesen Aufbau nicht. Sie schlugen oft von Reling zu Reling voll mit grünem Wasser, wenn sie vor dem Sturm abliefen oder zu hart gesegelt wurden, und ihre hohe Verschanzung machte das Mitteldeck zu einem lebensgefährlichen Arbeitsplatz, weil sie verhinderte, dass das Wasser schnell wieder ablief. Der lange Mittschiffsaufbau schützte Schiffe wie die *Preußen* vor dieser Gefahr und bewahrte manch einen Seemann vor dem Tod.

Die *Preußen* wurde hauptsächlich auf der Route Europa–Chile in der Salpeterfahrt eingesetzt. Mit großer Regelmäßigkeit machte sie hervorragende Reisen. Für die Umrundung des sturmgepeitschten Kap Hoorn, Schrecken aller Segelschiffe auf ihrer Reise zu den Salpeterhäfen Südamerikas, benötigte sie im Durchschnitt weniger als acht Tage! Die Reeder schätzten die *Preußen*, weil sie aufgrund ihrer Geschwindigkeit und Zuverlässigkeit zwei Rundreisen pro Jahr statt der üblichen drei in zwei Jahren bewältigte und so eine höhere Frachteinnahme garantierte. Die Offiziere und Mannschaften waren von einem

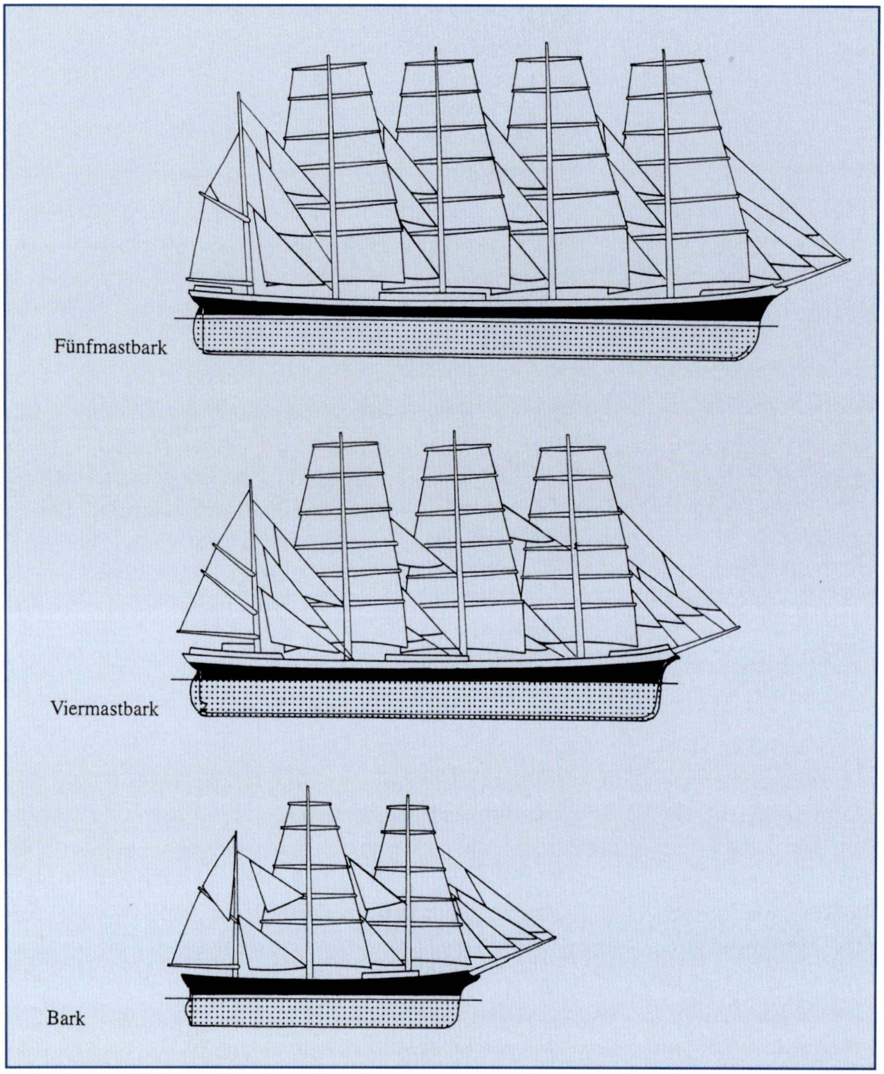

Grafik 2: Barken

Die *Preußen* war nur acht Jahre im Einsatz, bis sie im Jahr 1910 im englischen Kanal von einem Dampfer gerammt und stark beschädigt wurde: Sie war auf ihrer 14. Ausreise zur Westküste Südamerikas, als ihr das Fährschiff *Brighton* vor den Bug lief. Es war kurz vor Mitternacht, auf dem »Tölpel von einem Dampfer« hatte man die Geschwindigkeit des Fünfmastvollschiffes unterschätzt und ihm die Vorfahrt genommen. Der Segler lief vierkant in den Dampfer hinein, der Klüverbaum brach und das Vorgeschirr wurde beschädigt. Als Kapitän Nissen mit Hilfe dreier Schlepper den Hafen von Dover zu erreichen versuchte, um dort die notwendigen Reparaturen durchführen zu lassen, riss bei zunehmendem Seegang eine der Schlepptrossen. Der riesige Fünfmaster trieb ab und stieß auf einen Felsen unter Wasser. Alle Versuche, sich trotzdem von der Legerwallküste freizukreuzen, misslangen. Die *Preußen* trieb schließlich auf den Strand von Dover und wurde dort vom mittlerweile wütenden Sturm zerschlagen. Schweren Herzens verließ die Mannschaft schließlich das zerbrechende Schiff. Die *Preußen*, dieses Meisterwerk der Schiffsbaukunst, das einzige Fünfmastvollschiff der Seefahrtsgeschichte, der »Stolz einer ganzen Nation«, ging durch Unaufmerksamkeit und Gedankenlosigkeit zugrunde. »Es war einer jener Unfälle, die man wohl an Land mit einem 'Entschuldigen Sie bitte' hinterher abtun kann. Wobei man das weitere den Versicherungen überlässt, die aber auf See unabsehbare Folgen nach sich ziehen und sich nie wieder gutmachen lassen.« *(Brustat-Naval, F.: Die Kap Hoorn Saga. Göttingen 1975).*

100 Jahre Seefahrtsgeschichte trennen die *Preußen* von der jüngst vom Stapel gelaufenen *Royal Clipper*. Gebaut

glühenden Stolz auf ihr Schiff erfüllt und empfanden ihre Leistung als ihren eigenen Triumph. »Qualität schuf Qualität: je bessere Reisen dem Schiff gelangen, desto rascher suchten sie es zu segeln.« *(Villiers, A.: Auf blauen Tiefen. Hamburg 1955).*

Kapitän Boye Petersen stellte mit der *Preußen* einen neuen Rekord auf, der nie übertroffen worden ist. In nur 57 Tagen segelte er vom Ausgang des Kanals nach Iquique in Chile. Im August 1907 wurde Kapitän Boye Petersen wegen seiner schnellen Reise mit der *Preußen* der Kronenorden verliehen. Obwohl er auf Ehrungen dieser Art keinen besonderen Wert legte, empfand er diese als »allerhöchste Anerkennung friesischer Seeleute.«

allein für Kreuzfahrten vom Allerfeinsten, ist der Neubau nur von den Dimensionen und der vollgetakelten Masten ein Schwesterschiff der *Preußen*. Mit 133 Metern Länge hat sie der *Sedov* den Rang als größtes Segelschiff der Welt abgelaufen. 5050 Quadratmeter Segelfläche drücken den gigantischen Rahsegler bei günstigen Winden mit einer Geschwindigkeit von 17 Knoten über die Meere. Aber mit dem harten Leben der Seeleute früherer Zeiten hat der Dienst an Bord der *Royal Clipper* nichts, aber auch gar nichts gemeinsam: So werden die Rahsegel mit einem hydraulisch angetriebenen Rollsystem bedient. 5000 PS starke Maschinen helfen über die Windstillen hinweg und wo bei der *Preußen* Salpeter lagerte, befinden sich die Luxussuiten für die finanzstarken Urlauber. Es gibt eben viele Möglichkeiten, sich seine Träume zu erfüllen. Für den schwedischen Reeder Mikael Krafft, ausgestattet mit einer gehörigen Portion Mut, Phantasie und Erfahrung, war es die Wiedergeburt der *Preußen*.

Rahgetakelte Schiffe mit mindestens drei Masten, die im Gegensatz zu den Vollschiffen am Besanmast keine Rahsegel, sondern Gaffelsegel fahren, heißen *Barken*. Zwischen den Masten führen sie zusätzlich Stagsegel. Bei mehr als drei Masten erfolgt die Benennung nach der Mastzahl. Sprachlich unterscheidet man also Fünfmastbarken, Viermastbarken und Barken (Grafik 2).

Die größte noch segelnde Bark ist die dreimastige *Statsraad Lehmkuhl*. Sie wurde 1914 auf der Tecklenborg-Werft in Bremerhaven gebaut und erhielt den Namen *Großherzog Friedrich August*. Nach dem Ersten Weltkrieg kam die Bark als Reparationsleistung nach England, wurde später an Norwegen verkauft und diente dort als Ausbildungsschiff. 1940 wurde sie von den deutschen Truppen beschlagnahmt und unter dem Namen *Westwärts* als Depotschiff eingesetzt. Nach dem Krieg wurde sie an Norwegen zurückgegeben und erhielt wieder ihren norwegischen Namen. Mit einigen Jahren Unterbrechung, in denen sie als stationäres Ausbildungsschiff diente bzw. aus Geldmangel stillgelegt war, fährt die *Statsraad Lehmkuhl* seitdem als Schulschiff für interessierte Laien. Eigner ist seit 1979 eine norwegische Stiftung mit Sitz in Bergen.

Auch die ehemals sowjetische *Towarischtsch* ist eine dreimastige Bark. Sie wurde 1933 unter dem Namen *Gorch Fock I* als Schulschiff für die deutsche Reichsmarine gebaut. Sie war die Nachfolgerin des Schulschiffes *Niobe*, das 1932 in einer Gewitterbö im Fehmarn-Belt verloren gegangen war. Im Jahr 1945 wurde die *Gorch Fock I* vor Stralsund versenkt, drei Jahre später auf Veranlassung der Sowjetunion gehoben und nach umfangreichen Reparaturarbeiten, die bis 1951 dauerten, erneut als Ausbildungsschiff in Dienst gestellt. Ihr momentaner Heimathafen ist Cherson in der Ukraine.

Die leicht an den großen roten Kreuzen auf den Rahsegeln zu erkennende portugiesische Bark *Sagres II* wurde 1937 als Segelschulschiff der ehemaligen deutschen Reichsmarine unter dem Namen *Albert Leo Schlageter* gebaut. Sie wurde nach Kriegsende an Amerika übergeben, fuhr zwischendurch für Brasilien und kam 1961 nach Portugal, wo sie seitdem der Marine als Schulschiff dient.

Die rumänische Bark *Mircea* wurde 1938 nach dem gleichen Muster wie die *Gorch Fock I*, die jetzige *Towarischtsch*, bei Blohm und Voss in Hamburg gebaut. Auch die amerikanische *Eagle* stammt aus dieser Baureihe. Dieses Schiff wurde 1936 als *Horst Wessel* vom Stapel gelassen, kam bei Kriegsende als Reparationsleistung nach Amerika und fährt heute für die U. S. Coast Guard.

Weitere dreimastige Barken sind die im Dienst von Marineakademien stehenden Ausbildungsschiffe *Gloria* aus Kolumbien, *Simon Bolivar* aus Venezuela und *Guayas* aus

Segelschiffe sind als Kulturgut einer Nation ein beliebtes Motiv auch auf Wertzeichen, hier die *France* und die *Antoinette*.

Die Bark *Alexander von Humboldt* diente vor ihrem Umbau zum Segelschiff als Feuerschiff in der Deutschen Bucht.

Ecuador. Alle drei sind erst in den letzten fünfundzwanzig Jahren gebaut worden.

Die deutsche Bark *Gorch Fock II* bekam ihren Namen nach dem Schriftsteller Rudolf Kinau, der unter diesem Namen schrieb. Das Schiff wurde 1958 nach dem Vorbild der Segelschulschiffe der ehemaligen Kriegsmarine bei Blohm und Voss in Hamburg gebaut. Die *Gorch Fock II* macht jedes Jahr mehrere lange Ausbildungsreisen ins Ausland. Sie ist ein Schiff der deutschen Bundesmarine.

Zu den dreimastigen Barken gehört auch die *Alexander von Humboldt*, benannt nach dem von 1769 bis 1859 lebenden Naturforscher und Begründer der physikalischen Geographie. Sie lag früher als Feuerschiff auf vielen Stationen in der Nord- und Ostsee, zuletzt in der Deutschen Bucht. Nach der Ausmusterung im Jahre 1986 wurde sie in Bremerhaven zum Schulschiff umgebaut. Eigner dieser kurz »Alex« genannten Bark ist die Deutsche Stiftung Sail Training (DSST).

Die ursprünglich als Vollschiff getakelte Bark *Rickmer Rickmers* liegt nach mehrjähriger Restaurierung als Museumsschiff und Hafenwahrzeichen in Hamburg. Sie wurde 1896 gebaut und als Handelsschiff in der Ostasienfahrt, später unter dem Namen *Max* auch in der Salpeterfahrt eingesetzt. Im Ersten Weltkrieg wurde sie von Portugal aufgebracht und fuhr seit 1924 unter dem Namen *Sagres* als Schulschiff für die portugiesische Marine. Im Jahr 1983 gelang es dem Verein »Windjammer für Hamburg« die Bark zu erwerben.

Der einzige noch existierende französische Großsegler ist die Bark *Belem*. Sie wurde im Jahr 1896 gebaut und fuhr anfangs als Frachtschiff, später unter verschiedenen Eignern auch als seegehende Yacht. Im Jahr 1979 wurde die *Belem* von Frankreich gekauft und dient seitdem als Schulschiff.

Erwähnenswert ist die erst 1985 auf Kiel gelegte Dreimastbark *Lord Nelson* aus Großbritannien. Sie wurde speziell für körperbehinderte Jugendliche konzipiert. So ist der Bugspriet z. B. so breit gebaut, dass er mit Rollstühlen befahrbar ist. Die sehr hohen Baukosten wurden zum Teil durch Spenden der britischen Bevölkerung getragen.

Mit einer Länge von fast 120 Metern sind die Viermastbarken *Sedov* und *Kruzenshtern* zur Zeit die größten noch fahrenden Schulschiffe der Welt. Die *Sedov* wurde 1921 auf der Germania-Werft in Kiel für die Reederei Vinnen gebaut und erhielt den Namen *Magdalene Vinnen*. Auch dieses Schiff war als frachtfahrendes Schulschiff konzipiert und holte vorwiegend Salpeter aus Südamerika, später auch Weizen aus Australien. 1936 wurde die Viermastbark an den Norddeutschen Lloyd verkauft und in *Kommodore Johnsen* umbenannt. Nach dem Krieg musste sie an die ehemalige Sowjetunion abgegeben werden. Ihren jetzigen Namen erhielt das Schiff nach dem russischen Polarforscher Georgij Sedov, der 1914 bei dem Versuch, den Nordpol zu erreichen, ums Leben gekommen war. Unter sowjetischer Flagge in Riga beheimatet, ist die *Sedov* seit dem Herbst 1991 in Murmansk zuhause und fährt von dort aus als Ausbildungsschiff für russische Kadetten. Um ihre finanzielle Situation zu verbessern, nimmt die *Sedov* zahlende Mitsegler an Bord.

Einen ähnlichen Lebenslauf wie die *Sedov* hat auch die nach einem russischen Seemann und Forscher benannte *Kruzenshtern*. Sie wurde 1926 als einer der legendären »Flying P-Liner« unter dem Namen *Padua* als kombiniertes Fracht- und Schulschiff für die Hamburger Reederei F. Laeisz gebaut und fuhr wie die meisten der Laeisz-Segler hauptsächlich in der Salpeterfahrt. Sie sollte der letzte richtige Kap Hoorner der Welt sein. Hermann Piening übernahm sie als Kapitän, nachdem er zwei Jahre die *Peking*, ein anderes Schiff der Flying P-Line geführt hatte. Mit der *Padua* setzte er von Anfang an die Tradition der Schiffe der Reederei Laeisz mit ihren Aufsehen erregenden Kap-Hoorn-Reisen fort. Sie war ein hervorragendes Stahlschiff mit einem Fassungsvermögen von nahezu 5000 Tonnen und einer Segelfläche von 5130 Quadratmetern. Mit

Oben rechts: 1991 auf dem Weg nach Murmansk, ein historischer Tag für die *Sedov*: Fortan fährt sie nicht mehr unter sowjetischer, sondern unter russischer Flagge. Ihre erste neue Nationalflagge wurde von der Autorin direkt an Bord genäht und hier zur Probe gesetzt.

Die Viermastbark *Kruzenshtern*, ex *Padua*, 1992 beim Start zum Columbus-Race über den Atlantik.

dem Schwesterschiff, der *Priwall*, die Blohm & Voss 1918 baute, blieb die *Padua* bis zum Kriegsausbruch 1939 in Fahrt. Die *Priwall* ging unter chilenischer Flagge, genau wie vor ihr die *Potosi*, durch Feuer verloren. Die *Padua* wurde nach dem Krieg als Reparation an die Russen abgeliefert. Heimathafen der *Kruzenshtern* ist derzeit Kaliningrad, das ehemalige Königsberg. Sie fährt heute als Schulschiff mit Hilfsmaschine für Kadetten verschiedener Marineschulen und nimmt genau wie die *Sedov* Freizeitsegler mit.

Auch die anderen berühmten P-Liner des Hamburger Reeders Ferdinand Laeisz, wie z. B. die *Pommern*, die *Passat*, die *Peking*, waren zum größten Teil Viermastbarken. Die *Passat* wurde 1911 auf Kiel gelegt, der Stapellauf war am 15. November. Für 680.000 Goldmark lieferte die Hamburger Werft Blohm und Voss die Passat an die Reederei Laeisz. Sie maß 115 Meter in der Länge und 14,3 Meter in der Breite, vermaß 3181 Bruttoregistertonnen und konnte bei einem Tiefgang von 7 Metern rund 4200 Tonnen Ladung tragen Das Schiff hatte keinen Hilfsmotor und es gab auch keinen elektrischen Strom an Bord. Abgesehen von einigen Petroleummotoren für das Ladegeschirr war die 36-köpfige Besatzung auf Menschenkräfte angewiesen; das Setzen und Trimmen von 4600 Quadratmetern Leinwand an 56 Meter hohen Masten erfolgte mit Hilfe von Brass-, Fall- und Schotwinden ausschließlich per Hand! Konzipiert als schneller Segler, wie alle Schiffe der Reederei, fuhr die *Passat* lange Zeit als Frachtsegler in der weltweiten Getreide-, Salpeter- und Stückgutfahrt, bevor sie während des Krieges viele Jahre in Mariehamn lag. Nur mit Mühe konnte verhindert werden, dass die *Passat* abgewrackt wurde. Nach einer gründlichen Überholung und Modernisierung machte das Schiff in den fünfziger Jahren noch einige Frachtreisen, bevor es nach dem tragischen Untergang ihres Schwesterschiffes *Pamir* im Jahre 1957 endgültig stillgelegt wurde und als Ausbildungsstätte für seemännischen Nachwuchs in Travemünde diente. Heute steht die *Passat* für Lehrgänge zur Verfügung und beheimatet das kleine Gustaf-Erikson-Museum. In letzter Zeit gibt es allerdings Überlegungen, die *Passat* wieder unter Segel zu setzen.

Seit der berühmten Reportage des Gerhart-Hauptmann-Preisträgers Heinrich Hauser über das Leben an Bord eines alten Tiefwasserseglers ist die *Pamir* das wohl bekannteste rahgetakelte Segelschiff geworden. Blohm und Voß hatte das Stahlschiff 1905 im Auftrag der Reederei Laeisz für fast eine Million Goldmark gebaut. In ihren Abmessungen entsprach sie den anderen P-Linern: 105 Meter Länge bei einer Breite von 14 Metern. Die Masten waren 60 Meter hoch, die Segelfläche betrug 4600 Quadratmeter. Sie verdrängte 3125 Bruttoregistertonnen und hatte eine Hilfsmaschine von 900 PS. Nach dem Zweiten Weltkrieg kaufte der Lübecker Reeder Schliewen die Schwesterschiffe *Pamir* und *Passat* aus finnischem Besitz zurück. Bis zu ihrem tragischen Untergang am 21. September

Die Viermastbark *Pamir* unter vollen Segeln. Warum sie am 21. September 1957 im Atlantik versank, ist bis heute umstritten.

1957 lief die *Pamir* in der Frachtfahrt, allerdings ohne großen Gewinn einzufahren. Vielmehr waren die Geschäfte des Reeders gekennzeichnet von Pfändungen, Versteigerungen und schließlich seinem Konkurs. Erst nachdem eine Reedergruppe 1956 die Stiftung »Pamir und Passat« gegründet hatte, fuhren die beiden Tiefwassersegler wieder, jetzt allerdings nicht mehr als Frachtsegler – diese Zeit war endgültig vorbei – sondern als Schulschiffe für die Handelsmarine. Am 1. Juni 1957 läuft die *Pamir* zu ihrer letzten Reise aus. Am 23. September druckt das Hamburger Abendblatt die dramatische Schlagzeile: »Kein Lebenszeichen von der *Pamir*, Segelschulschiff seit Sonnabend Nachmittag überfällig – Millionen bangen um 87 deutsche Seeleute«. Hauser berichtet: »Sie war schon auf dem Rückweg von Argentinien, mit 3800 Tonnen Gerste an Bord, davon nur ein verschwindend kleiner Teil in Säcken, als sie von einem Sturm mit Windgeschwindigkeiten von hundert Knoten und mit zwölf Meter hohen Seen praktisch überrascht wurde. Der Rahsegler war der durch übergehende Ladung (die alten Frachtkapitäne hassten loses Getreide wie die Pest) und zuviel Segelfläche verursachten Schlagseite nicht gewachsen. Er kenterte nach Backbord und sank. Die Rettungsmittel erwiesen sich als unzureichend. 72 Stunden später wurde mit dem Leichtmatrosen Haselbach der letzte der nur sechs Überlebenden geborgen. Die Stammbesatzung von 35 Mann, Kapitän Diebitsch und 45 Kadetten hatten ihr nasses Grab gefunden. Am 6. Januar 1958 fällte das Seeamt Lübeck nach viermonatiger Verhandlung seinen auf fünfhundert Seiten begründeten Spruch: Falsche Segelführung, verrutschte Ladung, nicht gefluteter Tieftank, nicht überall verschlossene Aufbauten waren die Hauptursachen für die Kenterung. Eine Schuldzuweisung erfolgte nicht, von den Verantwortlichen hatte keiner überlebt; andererseits wurde höhere Gewalt als Ursache verneint: ein Spruch, der angefochten, später jedoch vom Oberseeamt bestätigt wurde« *(Hauser, H.: Pamir, Die letzten Segelschiffe, Eine Reportage. Frankfurt 1984)*.

Wie die *Passat* nach dem tragischen Ende ihres Schwesterschiffes, so ist auch die *Pommern* ein Museumsschiff geworden. Sie liegt in Mariehamn auf den Ålandsinseln. 1903 in Glasgow gebaut, wurde sie 1907 von der Reederei Laeisz übernommen und fuhr bis zum Ersten Weltkrieg als Frachtschiff hauptsächlich für Salpeter. Danach ging sie als Reparationsleistung nach Griechenland und fuhr später unter einem neuen Eigner, dem Reeder Erikson aus Mariehamn, bis zum Zweiten Weltkrieg in der Getreidefahrt. 1952 schenkte Erikson das Schiff dem Seefahrtsmuseum der Stadt Mariehamn. Auch die »Peking« ist heute ein Museumsschiff. Nach vielen Jahren in der Frachtschifffahrt wurde sie von Laeisz nach England verkauft, wo sie als Ausbildungsschiff genutzt wurde. Als die Unterhaltung schließlich nicht mehr zu finanzieren war, wurde die *Peking* an das Schifffahrtsmuseum in New York übergeben.

Eine weitere bekannte Viermastbark ist die *Sea Cloud*. Das Bemerkenswerte an diesem Schiff ist, dass es von Anfang an als reine Yacht konzipiert war. Der ganze Bau war dementsprechend auf Eleganz und Komfort ausgelegt. Das Schiff wurde im Jahr 1931 in Kiel als *Hussar II* für einen gewissen Mister Hutton aus New York auf Kiel gelegt. Nach dem Krieg erwarb es der damalige amerikanische Botschafter in Russland, um es in Leningrad als schwimmenden Palast zu nutzen. Später überließ er es der U. S. Coast Guard. Es folgten noch weitere Eigner, u. a. der Präsident der Dominikanischen Republik, die das Schiff aber ausschließlich privat nutzten. Seit einer gründlichen Renovierung fährt die Bark unter dem Namen *Sea Cloud* in der Charterfahrt.

Auch die 1930 gebauten japanischen Schulschiffe *Nippon Maru I* und *Kaiwo Maru I* sind Viermastbarken. Auf ihnen werden angehende Offiziere der Handelsmarine ausgebildet. 1984 wurde die *Nippon Maru I* stationäres Ausbildungsschiff und statt ihrer die 1984 gebaute *Nippon Maru II* in Fahrt gesetzt. Seit 1989 gibt es auch eine *Kaiwo Maru II*.

Bekannte Fünfmastbarken waren z. B. die verlorengegangenen Schiffe *France*, die *R. C. Rickmers* und die *Maria Rickmers*. Auch der P-Liner *Potosi* des Hamburger Reeders Laeisz hatte fünf Masten ebenso wie die gesunkene dänische Bark *Kobenhavn*.

Die *Potosi* war als Fünfmastbark ein logischer Schritt in der Geschichte der Laeiszschen Kap-Hoorn-Segler. So wie Barken und Vollschiffe sich zu Viermastbarken entwickeln mussten, als die Segler größer wurden, genauso wuchsen die Viermaster sich zu Fünfmastern aus. Die *Potosi* war nicht die erste deutsche Fünfmastbark, denn fünf Jahre zuvor gab es bereits die *Maria Rickmers*. Die *Potosi* war breiter und tiefer als die *Maria Rickmers*, obgleich sie nicht so lang war. Sie konnte etwas mehr als 6000 Tonnen laden, und ihr Rumpf war wie alle Flying-P-Liner so gebaut, dass er allen Beanspruchungen durch die See bei Kap Hoorn, die enorme Salpeterladung und die gewaltige Fläche ihrer großen Segel standhalten konnte. Alles laufende Gut,

Die als Privatjacht ganz auf Eleganz und Komfort ausgelegte *Sea Cloud*. Die Viermastbark war 1931 als *Hussar II* von der Kieler Germania-Werft für einen Amerikaner gebaut worden.

Wohlleben pur: Suite Nr. 1 auf der *Sea Cloud*.

Oben links: Auf goldene Wasserhähne, geschweige denn eine Badewanne, wie hier auf der *Sea Cloud*, mussten die einfachen Seeleute auf den Frachtseglern verzichten. Wenn überhaupt Wasser zum Waschen da war, schöpften sie es vielleicht in eine leere Dose.

ausgenommen die notwendigen Taljenläufer aus Hanf oder Manila, war aus Ketten oder Drahttauwerk. Sogar ihre Royals – die obersten Segel, die stets zuerst weggenommen werden – waren aus Kap-Hoorn-Tuch doppelter Stärke. Sie hatte mittschiffs ein langes Aufbaudeck, in dem ihre Besatzung untergebracht war. Wie bei vielen anderen so genannten »Drei-Insel-Schiffen« war dieses Hochdeck nicht nur ein fester Aufbau zur Einrichtung angemessen trockener Wohnräume, es wurde der Mannschaft auch zum sicheren Arbeitsdeck und für die Offiziere zur ungefährdeten Kommandobrücke. Es lag hoch über der See, und bei echtem Kap-Hoorn-Wetter konnten seine Türen zum Hauptdeck verschlossen werden, sodass nur noch Zugänge durch Einstiegsluken von oben blieben. So blieben die schweren Brecher draußen und die Wohnräume und die Arbeitsräume von Segelmacher und Zimmermann blieben trocken.

Barkentinen, die auch als Schonerbarken bezeichnet werden, haben mehr als zwei Masten, fahren aber wie die Brigantine nur am vorderen Mast Rahsegel. Alle anderen Masten sind gaffelgetakelt. Über den Gaffelsegeln befinden sich meist zusätzlich Toppsegel, die Stagen tragen Stagsegel (Grafik 3). Entsprechend der Varianten der Brigantine gibt es auch bei der Barkentine die so genannte Marssegelbarkentine und die Bramsegelbarkentine.

Die chilenische *Esmeralda* ist eine Viermastbarkentine. Sie wurde 1946 für die spanische Marine auf Kiel gelegt. Aufgrund eines Feuers während der Bauzeit konnte das Schiff erst sechs Jahre später vom Stapel gelassen werden. 1954 wurde es von der chilenischen Marine übernommen und segelt heute als Schulschiff der Marineakademie von Valparaiso. Eine andere Viermastbarkentine ist die 1927 als Luxusyacht gebaute *Fantome II*, die heute als Charterschiff in den Gewässern der Bahamas fährt.

Die 1984 in Danzig als Ausbildungsschiff gebaute bulgarische *Kaliakra* ist eine Dreimast-Barkentine, ebenso die *Iskra II*. Diese wurde 1982 in Dienst gestellt und fährt als Schulschiff für die polnische Marine. Weitere als Barkentine getakelte Schulschiffe sind die neuseeländische *Spirit of New Zealand*, die russischen Schiffe *Alpha* und *Horisont* und die *Gazela of Philadelphia* aus den USA.

Das ehemalige Feuerschiff *Elbe II* fährt seit 1985 als Barkentine *Atlantis* mit Passagieren. Der Heimathafen ist Valletta auf Malta.

Im Jahr 1896 wurde die unter amerikanischer Flagge segelnde Barkentine *Barba Negra* gebaut. Sie fuhr anfangs als Walfänger, später als Fischtransporter im Küstenhandel. Heute ist sie in Privatbesitz und dient u. a. als schwimmendes Labor für biologische Forschungen zum Schutz der Meere. Auch die 1908 gebaute Barkentine *Regina Maris* aus den USA ist ein Forschungsschiff für meeresbiologische Beobachtungen.

Die *Brigantine* hat zwei Masten. Im Gegensatz zur Brigg ist aber nur der Fockmast voll- d.h. rahgetakelt, während der Großmast ein Gaffel- und ein Toppsegel trägt. Eine Brigantine wird auch als Schonerbrigg bezeichnet (Grafik 4). Varianten der Brigantine sind die Bram- und die Marsbrigantine, die am Großmast zusätzlich zum Gaffelsegel statt des Toppsegels ein Bram- bzw. ein Bram- und ein Marsrahsegel führen.

Es gibt eine ganze Reihe von kleinen Brigantinen, die erst in den letzten Jahrzehnten gebaut wurden und als Schulschiffe fahren. Dazu gehört zum Beispiel die unter irischer Flagge segelnde *Asgard II*, die *St. Lawrence II* aus Kanada, die *Black Pearl* und die *Young America* aus den USA sowie die erst 1987 vom Stapel gelaufene *Young Endeavour*, die unter der Flagge von Australien segelt und ihr

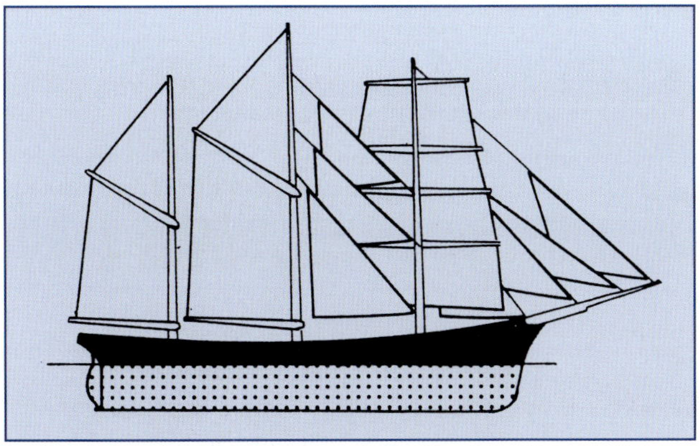

Grafik 3: Barkentine oder Schonerbark

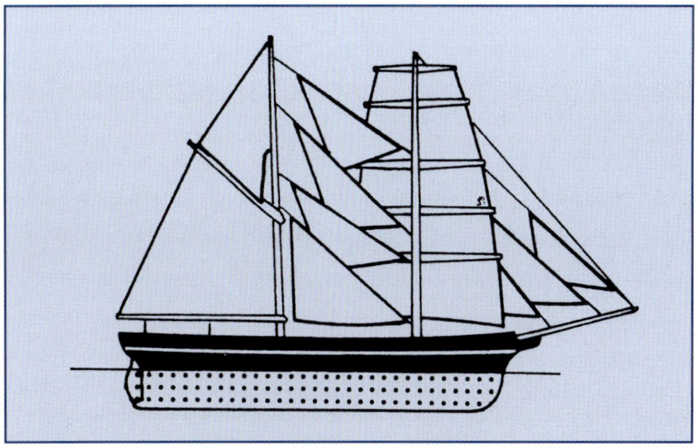

Grafik 4: Brigantine oder Schonerbrigg

Schwesterschiff, die *Tunas Samudera* aus Malaysia. Auch das aus Holz gebaute Jugendsegelschiff *Falado* mit dem Heimathafen Kiel ist eine Brigantine, ebenso die deutsche *Outlaw*, die einem sozialpädagogischen Erziehungsprogramm für Jugendliche dient, außerdem das Charter- und Schulschiff *Eye of the Wind* aus Großbritannien. Eine andere Brigantine, die nur 18 Meter lange, erst zehn Jahre alte *Breeze* aus Neuseeland, wurde nach dem Vorbild der Schiffe gebaut, die bis zum Ende des neunzehnten Jahrhunderts in Neuseeland für Frachtfahrten benutzt wurden. Auch sie fährt heute als Schulschiff.

Aus der ehemaligen Deutschen Demokratischen Republik stammt die Brigantine *Wilhelm Piek*, benannt nach dem ersten Präsidenten der DDR. Dieses Schiff ist die letzte Brigantine, die gebaut wurde; erst 1951 war die Kiellegung. Die *Wilhelm Piek* fährt heute unter dem Namen *Greif* als Schulschiff für segelbegeisterte Laien.

Auch eine *Brigg* hat nur zwei Masten. Beide sind vollgetakelt, d. h. sowohl Fock- als auch Großmast tragen Rahsegel; der Großmast kann zusätzlich ein Gaffelsegel haben. Außerdem fährt eine Brigg genauso wie die Barkentine und die Brigantine Stagsegel. Sinngemäß ist eine Brigg ein verkürztes Vollschiff (Grafik 5).

Die nur 23 Meter lange englische *Royalist* ist eine Brigg. Sie lief im Jahre 1971 vom Stapel und gehört dem Sea Cadet Corps. Sie unternimmt Fahrten für junge Menschen, die sich für die Seefahrt interessieren. Bekannt wurde die kleine *Royalist* dadurch, dass sie den Preis der Klassifikationsgesellschaft Lloyd Register für die am besten geplante und gebaute Jacht des Jahres bekam. Schwesterschiff der *Royalist* ist das Ausbildungsschiff *Varuna* der indischen Marine: Auch die *Lady Nelson* aus Tasmanien, ein 1987 in Dienst gestelltes kleines Schulschiff für die Jugend und die *Unicorn* aus den USA sind als Brigg getakelt, ebenso die *Astrid* aus Großbritannien, die ursprünglich als Frachtschiff fuhr und jetzt als Charter- und Schulschiff dient.

Grafik 5: Brigg

Die älteste Brigg, die heute noch in Fahrt ist, ist die 1858 in Spanien gebaute *Maria Asumpta*. Ursprünglich war sie als Frachtsegler hauptsächlich zwischen Spanien und Südamerika eingesetzt. Heute fährt sie als Charterschiff und wird für Werbezwecke genutzt.

Rumpf und Aufbauten

Ein Segelschiff besteht im Wesentlichen aus dem Schiffskörper und der Takelage. Dazu kommen dann noch Dinge wie die Ruderanlage, die Einrichtungen für die Rettungsboote, die Ladebäume, die Ankervorrichtung und vieles mehr, damit es allen Anforderungen genügt, die die Elemente und die Mannschaft stellen und das Schiff erst seetüchtig machen. Der eigentliche Schiffskörper wird vom Rumpf und seinen Aufbauten gebildet, die Takelage umfasst das gesamte stehende und laufende Gut sowie die Segel.

Über die Anforderungen an die Rumpfform eines Großseglers schreibt der Seemann und Schriftsteller Alan Villiers in seinem Buch »Auf blauen Tiefen«: »Segelschiffe brauchen Rümpfe, die das Wasser leicht schneiden, ihm einen möglichst geringen Widerstand entgegensetzen, zur selben Zeit aber das Wasser gut fassen, damit das Schiff gut am Wind läuft. Daher hat das Segelschiff einen größeren Tiefgang als das Maschinenschiff gleicher Größe und der Boden ist nicht so flach. Die Breite ergibt sich daraus, dass das enorme Gewicht der Takelage getragen und das stehende Gut ausreichend gespreizt werden muss; die Länge, um auch bei schlechtestem Wetter gut zu laufen. Hohe Verschanzungen sind nötig, um der Mannschaft bei ihrer oft lebensgefährlichen Arbeit an Deck genügend Schutz zu bieten. Bug und Heck müssen gerade so scharf geschnitten sein, dass das Schiff bei seiner Fahrt durchs Wasser keine bremsenden Wirbel erzeugt und trotzdem nicht zu nass segelt, d.h. weder mit dem Bug unterschneidet noch von Heckseen überrollt wird. – Und die Rümpfe mussten noch einen anderen Vorzug haben: sie mussten

Grafik 6: Aufbau eines Schiffsrumpfes

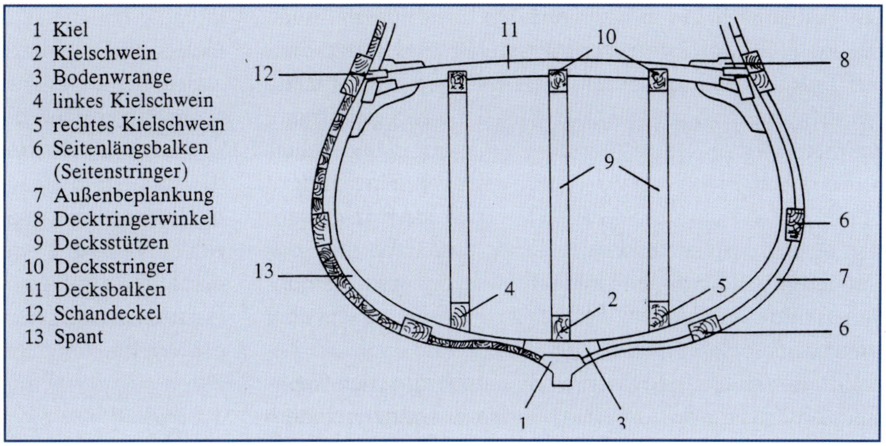

eine große Menge Ladung aufnehmen können und mussten dabei alle Anstrengungen vertragen, denen ein langer Schiffsrumpf mit Stampfen und Rollen und hartem Segeln im höchsten und gefährlichsten Seegang der Welt ausgesetzt war.« Soweit Alan Villiers zur Form eines Segelschiffrumpfes, dessen Konstruktion auch heute noch ein so kompliziertes Problem darstellt, dass man sich meist auf die nüchterne Beschreibung der konstruktiven Elemente beschränkt. Der Rumpf eines Schiffes, wie Villiers ihn so perfekt für einen Großsegler beschrieben hat, bezeichnet den Schiffskörper ohne die Decksaufbauten und ohne die Takelage. Der im Wasser liegende Teil des Schiffskörpers heißt Unterwasserschiff. Seine Form beeinflusst u. a. die Geschwindigkeit des Schiffes, seinen Widerstand gegen seitliche Abtrift und seine Tragfähigkeit. Bei der herkömmlichen Bauweise besteht der Rumpf aus konstruktiven Elementen in Längs- und Querrichtung, die gleichsam das Gerippe des Schiffes darstellen (Grafik 6).

Die Bauelemente in Querrichtung bestehen aus den mit dem Kiel, der untersten Längsverbindung, verbundenen Bodenwrangen, an die sich nach oben hin die Spanten anschließen. Die Spanten sind quasi die Rippen des Rumpfes. Sie stellen das Gerüst für die Seitenwände, die Borde, dar. Dabei ist die linke Schiffsseite in Fahrtrichtung gesehen das Backbord, die rechte das Steuerbord. Die Enden der Spanten werden paarweise quer über das Schiff durch Decksbalken miteinander verbunden. Diese werden vertikal von Pfählen gestützt.

Die hauptsächlichen Bauelemente in Längsrichtung sind ganz unten im Schiff der Kiel und das Kielschwein, sowie an den Bordwänden Seitenlängsbalken, so genannte Seitenstringer, und Balkweger. Das Kielschwein ist ein Balken, der auf die Innenseiten der Bodenwrangen gelegt wird und vorn und hinten bis auf die Aufklotzungen in den Steven reicht. Wie man sich denken kann, hat das Wort Kielschwein mit einem Schwein nichts zu tun. Es leitet sich vielmehr ab von dem niederdeutschen Wort »Swyn«, was so viel wie »geschwind« heißt und ursprünglich nicht »schnell«, sondern »stark« bedeutete. »Swyn« ist also eine Verstärkung des Kiels.

Der Vorsteven ist die Begrenzung des Rumpfes nach vorn. Er besteht aus einem Krummholz oder aus aneinander geschweißten Eisenstangen und wird auf das vordere Ende des Kiels gestellt. Dabei wird er meist etwas vornüber geneigt; diese Neigung aus der Senkrechten bezeichnet man als den Stevenfall. Der Begriff Fall stand ursprünglich als Bezeichnung für das Überhängen eines Bauteils, später bekam der »Fall« die Bedeutung Neigung, z. B. eines Mastes. Der Achtersteven ist eine Konstruktion aus Holz oder Metall, die die Begrenzung des Schiffskörpers nach hinten bildet. Sie wird mit dem hinteren Ende des Kielbalkens verbunden. Am Achtersteven befindet sich die Aufhängung des Ruders (Grafik 7).

Zur Verstärkung des Spantensystems werden zusätzliche Längsbalken eingezogen. Außerdem werden alle oberen Spantenenden jeder Seite miteinander durch den sog. Balkweger verbunden. Dieses ist eine besonders dicke Planke, auf der quer die Decksbalken aufgelegt werden; diese werden in Längsrichtung von Unterzügen, den

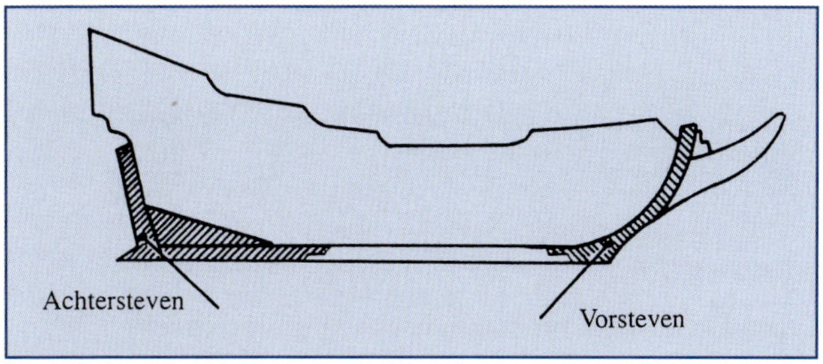

Grafik 7: Steven eines Schiffes

Decksstringern, unterstützt. Auf den Decksbalken liegen Planken, die das obere Deck bilden. Sie sind traditionell aus Teakholz. Dieses ist ein hartes, ausgesprochen strapazierfähiges Tropenholz, das durch Feuchtigkeit nicht schwarz wird und nicht verrottet. Es braucht also deshalb nicht durch Farbe, die bei Nässe leicht gefährlich glatt würde, konserviert zu werden. Der äußerste Plankengang des Decks wird oft besonders breit und stark gemacht. Dieser so genannte Schandeckel liegt dann zwischen der senkrechten Beplankung der Bordwand und der darüber ansetzenden Reling. Auf diesen Schandeckel kann zur Abdichtung zusätzlich ein längs verlaufender Decksstringerwinkel aufgesetzt werden. Die Nähte zwischen den einzelnen Decksplanken werden wasserdicht abgedichtet, indem man sie kalfatert, d.h. Werg oder Baumwollfäden hineintreibt und mit Marineglue, einer Art Teer, ausgießt. Die Seeleute halten das Kalfatern für eine Kunst, was es in der Tat auch ist, und sie achten darauf, dass nur besonders tüchtige Matrosen dabei helfen dürfen, denn zu leicht kann es passieren, dass die Nähte kaputt gehauen werden, wenn einer keine Ahnung von dieser Arbeit hat.

Auf das Gerippe von Längs- und Querverbänden wird die Beplankung nach außen angebracht. Sie besteht bei hölzernen Schiffen aus Brettern, die an die Spanten genagelt oder genietet sind. Stoßen diese längsseitig stumpf aneinander, sodass die Außenhaut glatt ist, spricht man von einer Kraweel-Beplankung, lappen sie dachziegelartig übereinander, hat man eine Klinkerbeplankung. Bei Stahlschiffen besteht die Außenhaut aus vernieteten oder geschweißten Stahlplatten. Um die Gefahr des Wassereinbruchs nach einer Kollision zu vermindern, wird an die Innenseite der Spanten ebenfalls eine wasserdichte Wand angebracht und es wird ein doppelter Boden eingebaut. Der gesamte Schiffsrumpf ist außerdem durch so genannte Schotten in Quer- und Längsrichtung geteilt. Sie stehen auf dem Schiffsboden und reichen bis über die Wasserlinie. Durch Schließen dieser Schotten erhält man eine Anzahl wasserdicht voneinander getrennter Räume. Auf diese Weise wird durch ein Leck einströmendes Wasser auf einen kleinen Teil des Schiffes beschränkt. Die Schotten tragen außerdem wesentlich zur Festigkeit des Rumpfes bei, indem sie die Längs- und Querverbände verstärken. Bevor es zur Bauvorschrift wurde, dass alle Schiffe mit Schotten ausgerüstet sein mussten, hatte eine verrutschende Ladung manch ein Schiff zum Kentern und Sinken gebracht. Wenn das Schiff während eines Sturmes oder in schwerer Dünung überholte, kamen lose gestautes Getreide oder einfach in die Laderäume geschüttete Kohlen unweigerlich ins Rutschen, der Alptraum jedes Kapitäns! Wenn dies passierte, bestand die Gefahr, dass sich das Schiff durch die gewaltige Gewichtsverlagerung so weit überlegte, dass die Rahnocken ins Wasser eintauchten. Richtete sich das Schiff dann nicht sofort wieder auf, konnte durch die Lukenbezüge Wasser eindringen und es zum Sinken bringen. Die erste Maßnahme bestand meist darin, in fliegender Hast die oberen Segel zu bergen, oft indem die Seeleute einfach die Wanten und Stagen kappten. Auf der Viermastbark *Bengairn* ging auf einer Fahrt vor der australischen Küste auf diese Weise die ganze Topptakelage über Bord. Es war die einzige Möglichkeit, den Schwerpunkt so weit nach unten zu verlagern, dass sich das Schiff wenigstens so weit aufrichtete, dass die Mannschaft beginnen konnte, die Kohle wieder zurückzuschaufeln. Tag und Nacht arbeiteten die Männer in pechschwarzer, staubiger und schwankender Dunkelheit, um die Kohle umzuschaufeln, während die Pumpen ohne Unterbrechung versuchten, das eingedrungene Wasser aus den Laderäumen zu schaffen.

Das berühmteste Bespiel für die tragischen Folgen einer verrutschenden Ladung ist wohl der Untergang der großen Viermastbark *Pamir* der Reederei Laeisz. Sie war auf dem Rückweg nach Deutschland mit knapp 4000 Tonnen Gerste an Bord, davon der größte Teil als Bulkladung – also einfach in die Räume geschüttet – als sie von einem Sturm mit einer Windgeschwindigkeit von 100 Knoten und mit 12 Meter hohen Wellen regelrecht überfallen wurde. Der Rahsegler war der durch übergehende Ladung und zuviel Segelfläche verursachten Schlagseite nicht gewachsen. Er kenterte und sank. Nur sechs Leute überlebten das Desaster. Bevor man viel zu spät die Konsequenzen aus der Gefahr zog, die aus einem Verrutschen der Ladung entstand, und den Einbau von noch mehr Quer- und Längsschotten vorschrieb, verloren Hunderte von Seeleuten ihr Leben beim Untergang ihrer gekenterten Schiffe.

Alle freiliegenden Decks werden durch ein Geländer, die so genannte Reling, begrenzt. Da, wo das Deck besonders vor überkommenden Seen geschützt werden soll, sind die Stützen, auf denen die Reling ruht, mit dem so genannten Schanzkleid verkleidet. Es stellt quasi die Verlängerung der Außenhaut nach oben hin dar. Das Schanzkleid ist in Höhe des Decks in regelmäßigen Abständen mit länglichen Löchern versehen, den Speigatten, durch die übergekommenes Wasser ablaufen kann.

Die Linie, bis zu der das Schiff aufgrund seines Gewichts im Wasser liegt, heißt Wasserlinie. Sie ist durch Gewichtsverlagerungen veränderbar, man sagt dann, das Schiff wird getrimmt. Die Trimmlage hat einen großen Einfluss auf das Verhalten des Schiffes im Seegang und unter Segeln und muss deshalb z. B. beim Beladen des Schiffes kontrolliert werden. Dabei ist zu berücksichtigen, dass einige Schiffe kopflastig, einige hecklastig gefahren werden wollen, um besser zu laufen. »Weck Schäp willen up'n Kopp liggen, weck int Gat«, sagte der Seemann und meinte mit Gat das Heck des Schiffes. Auch Räume an Bord, die so klein waren, dass sie eher wie Löcher waren, wurden »Gat« genannt, z. B. das Hellegat, ganz vorn in der Spitze des Bugs, in dem Tauwerk lagerte oder in dem die Arrestzelle untergebracht war – bei schwerem Seegang ohne Frage ein passender Raum für einen Übeltäter, um ihn gehörig büßen zu lassen!

Die Fläche der Seitenwände von der Wasserlinie bis zum Schandeckel heißt das Freibord. Um Überladung zu vermeiden, die neben allgemeiner Seeuntüchtigkeit manch eines Schiffes die Hauptursache für Schiffbrüche war, wurde es Ende des 19. Jahrhunderts Pflicht, eine so genannte Freibordmarke anzubringen. Das Anbringen dieser Ladelinie an der Außenseite der Bordwand, die die höchstzulässige Ladetiefe angab, sagte den »schwimmenden Särgen« auf See den Kampf an. Bis es allerdings zu einer verbindlichen gesetzlichen Bestimmung kam, musste manch mühsamer Kampf gegen gewinnsüchtige Reeder und untätige Regierungen gefochten werden.

Der über der Wasserlinie liegende Teil des Rumpfes ist das Überwasserschiff, das spitz zulaufende Hinterteil des Rumpfes heißt Heck, das Vorderteil Bug. »Achtern« ist alles, was hinter der Mitte des Schiffes liegt. Auch Räume oder Bauteile werden, wenn sie im hinteren Teil des Schiffes angeordnet sind, mit dem Zusatz »Achter« versehen, z. B. Achterdeck für das hintere Deck, Achtergeschirr für die hinteren Segel mit dem dazugehörigen Tauwerk, achterlastig ist ein Schiff, wenn es mit dem Heck tiefer im Wasser liegt als vorn.

Am Bug sind bei vielen Schiffen außenbords Kranbalken befestigt. Das sind sehr starke Balken, die das Gewicht des Ankers beim Fallenlassen und Hieven aufnehmen.

Der richtige Abschluss für einen Schiffsbug ist die Galionsfigur. Die Zahl der Galionsfiguren ist groß, und außer Tieren und Gottheiten findet man Meerfrauen und Nixen, aber auch Ritter, Krieger und andere verwegene Gestalten. Besonders beliebt war das Bildnis einer Frau, manchmal kraftvoll, manchmal zart, aber immer schön, »denn ein Windschiff ist eine Amazone, eine Schildmaid, oder eine Valkyre mit Kraft und Gewandtheit für den Kampf, und es besitzt zudem die meisten Eigenschaften einer Frau, vor allem Anmut und Schönheit«, sagte einmal ein Seemann, der es ja schließlich wissen musste. »Der Kapitän betrachtete die Galionsfigur in sehr persönlicher Weise, er verband sie in seinen Gedanken mit dem Schicksal seines Schiffes und mit seinem eigenen«, schrieb Joseph Conrad in seinem Roman »Das Lächeln Fortunas«. Aber auch die Mannschaft sah die Galionsfigur als Schutzpatronin, als Talisman an. Von ihr hing das Gelingen einer Reise ab. Den

Frauenbildnisse als Galionsfiguren symbolisieren den weiblichen Charakter der Windschiffe – formell zumindest. Ob sie auch etwas über die Sehnsüchte der Matrosen aussagen, ist eine andere Frage. »Leda mit zwei Schwänen« aus dem Jahr 1840.

Die Schiffsglocke der Viermastbark *Sedov*.

Galionsfiguren wurde Aufmerksamkeit und Liebe entgegengebracht, ihre Beschädigung oder Zerstörung war ein böses Omen und beschwor großes Unglück. Starb der Kapitän oder der Reeder, wurde die Galionsfigur blau angemalt, denn blau war die Farbe der Trauer.

Jedes Schiff hat verschiedene obere Deckebenen. Sie werden nach Aufgabe und Anordnung unterteilt: So ist z. B. das Haupt-Deck das oberste, über das gesamte Schiff laufende Deck; das Freibord-Deck, auch Schottendeck genannt, ist das Deck, bis zu dem die Schotten hochgezogen sind und auf das das Freibord bezogen wird, das Quarter-Deck ist ein im hinteren Schiffsteil um halbe Deck-Höhe erhöhtes Hauptdeck. Auf die oberen Decks, die Wetterdecks, richteten die Kapitäne ihr besonderes Augenmerk. Sie sind vor allem ihre Visitenkarte, wenn der Lotse, die Offiziellen der Hafenbehörde oder einheimische Gäste an Bord kommen. Die Kapitäne repräsentieren ja nicht nur sich selbst. Der Eindruck, den ihr Schiff hinterlässt, ist gleichermaßen dem Ansehen ihres Heimatlandes förderlich oder abträglich. Für die Matrosen ist es eine nicht enden wollende Arbeit, die Decks unter Verwendung von Sand und Steinen so lange zu scheuern, bis sie naturholzfarben hell schimmern und dem strengen Auge des Kapitäns genügen.

Das Innere des Schiffsrumpfes, in dem außer dem Ballast noch etliche Tonnen Wasser, Lebensmittel und Ausrüstungsgegenstände aller Art in speziell dafür vorgesehenen Räumen, der Last, aufbewahrt werden müssen, und wo dennoch genügend Platz für zahlreiche Besatzungsmitglieder zum Wohnen und Arbeiten vorhanden sein muss, wird durch so genannte Zwischendecks in mehrere Etagen aufgeteilt. Zusätzlicher Raum entsteht außerdem durch die Aufbauten. Damit bezeichnet man alle Bauten oberhalb des Freibord-Decks. Sie reichen entweder in Form von hochgezogenen Bordwänden von Bord zu Bord oder sie haben eingezogene Seitenwände bis maximal 4% der Schiffsbreite. Im Unterschied dazu sind die Seitenwände von sog. Deckshäusern um mehr als 4% eingerückt. Aufbauten sind z. B. die Back auf dem Vorschiff, unter der auf vielen Schiffen Werkstatt- und Lagerräume zu finden sind und die Poop auf dem Achterschiff, nach oben abgeschlossen durch das Poop-Deck. Die Back hat ihren Namen wahrscheinlich deshalb erhalten, weil die Schiffsbauer die Decksbalken und damit auch das Deck mit einer Wölbung versahen, damit überkommendes Wasser schneller ablaufen konnte. Das Deck bekam also die Form eines Rückens, eben einer »Back«. In dieser lagen auf den alten Schiffen die Wohnräume der Matrosen, der Seeleute »vor dem Mast«. Wie die Back so erhöht auch die Poop die Seetüchtigkeit des Schiffes und bildet zusätzlichen Raum für Unterkünfte etc. Sie ist teilweise bis zur Schiffsmitte vorgezogen. Die Brücke, das »Herz« des Schiffes, wird entweder als Aufbau oder als Deckshaus so gebaut, dass sie gute Sicht über das ganze Schiff bietet. Sie ist durch das Hoch-Deck abgeschlossen. Hier sind die Navigationsgeräte, Seekarten und andere für die Führung des Schiffes wichtige technische Einrichtungen und Gegenstände untergebracht. Auch der Funkraum zählt im weiteren Sinne zur Brücke.

Bisweilen wird nach der Lage der Aufbauten auch der Schiffstyp bezeichnet. So ist z. B. ein sog. Dreiinselschiff ein Schiff mit erhöhter Back, erhöhtem Mittelschiff und erhöhter Poop und Brücke. Diese Konstruktion diente dazu, auf dem Mitteldeck, dem hauptsächlichen Arbeitsdeck der Matrosen während der Bedienung der Segel, die Gewalt der überkommenden Seen zu brechen und damit die Gefahr zu vermindern, dass sie über Bord gewaschen oder zumindest über Deck geschleudert wurden. Die russische *Kruzenshtern* ist ein Dreiinselschiff, ebenso die *Peking*, eine weitere Vertreterin der Flotte der P-Liner, die jetzt als Museumsschiff in den USA liegt. Die Bauweise der Dreiinselschiffe bewährte sich und deshalb wurden immer mehr Großsegler in dieser Weise gebaut.

Stehendes Gut

Die Ausstrahlung eines Windjammers geht von der eigentümlichen Ästhetik seiner gewaltigen Takelage aus und jeder, der sensibel für diese Art von Empfindungen ist, wird nicht müde, an Deck zu liegen und in das Spinnennetz aus Leinen über sich zu blicken. In der Schrift »Die Marine. Eine gemeinfassliche Darstellung des gesamten Seewesens für die Gebildeten aller Stände« aus dem Jahr 1878 heißt es: »Über dem Schiffskörper, aus dem Rumpfe emporwachsend bis in schwindelnde Höhe, erhebt sich in ideatem Aufschwunge die prächtige Takelung. ... Jeder Mast mit seinen Tauen stellt sich ... dem Auge als eine mächtige Pyramide dar, mit breiter Basis und feiner Spitze, im Eindrucke dem Bau eines gothischen Münsterthurmes ähnlich mit seiner zarten durchbrochenen Arbeit. Innerhalb dieser Pyramide aber zeigt sich wieder eine wohlthuende Mannigfaltigkeit, da jede Stenge, jede Mastverlängerung mit ihren Halttauen in sich wieder eine kleinere, innere Pyra-

Die Takelage – eine mächtige Pyramide aus Stagen, Wanten und Pardunen.

mide bildet, die nur dazu vorhanden zu sein scheint, den durchsichtigen Körper des Ganzen auf das wirksamste zu beleben. ... Wie ein wirres und doch streng regelmäßig geflochtenes Netzwerk, zart und überaus kunstvoll, zeichnen sich in den weiten Zwischenräumen der Masten die verbindenden Taue derselben, die Brassen und Stage, als feine schwarze Linien gegen den Himmel ab, und schaffen so einen gewissermaßen künstlerischen Schluss der Kette, zwischen den pyramidalen, in vollendetem Ebenmaße der Erscheinung aufstrebenden Massen der einzelnen Masten mit ihrer Zurüstung.«

Soweit zur ästhetischen Wirkung der Takelage eines Windjammers, deren Betrachtung wohl zwangsläufig den Wunsch entstehen lässt, mehr über die Aufgabe und den Sinn dieser vielen Einzelheiten zu erfahren, die sich so perfekt zu einer harmonischen Einheit aus Symmetrie, Geordnetheit, höchster Funktionalität und Zweckmäßigkeit zusammenfügen, wie man sie heute nur noch selten bei Mensch-Maschine-Systemen findet. Das Zusammenspiel aller Kräfte des stehenden und laufenden Gutes mit den Segeln und ihre Wirkung auf den Schiffskörper kann nicht nur das Werk nüchterner mathematischer Berechnung gewesen sein, es war wohl auch ein großes Maß an Intuition dabei, dieses »nicht in Formeln zu pressende Gefühl für das Natürliche, Angemessene und Erreichbare«. Im Schnitt und im Zueinanderfügen der Segel, in der genialen Einfachheit des stehenden und laufenden Gutes zeigt sich die Macht der Erfahrung, mit der Menschen ein Bauwerk geschaffen haben, das zugleich so fest und so elastisch ist. Diese letzten Vertreter der Ära der Großsegler waren vollkommen, sie waren bis ins letzte ausgereift. Trotzdem: So elegant diese großen Schiffe auch aussahen, man darf nicht vergessen, dass sie letztlich zu nichts anderem konzipiert waren, als riesige schwimmende Laderäume zu sein. Vielleicht hatten die Seeleute früher nicht so viel Sinn für Romantik, wenn sie ins Rigg schauten, wie wir heute; ihnen saß schließlich die ständige schwere Arbeit im Nacken. Aber jeder, der in die Takelage aufentert, wird erkennen, dass erst der Blick aus dieser Höhe die richtige Vorstellung von dem unglaublichen Mut vermittelt, mit dem die Menschen es wagten, solch eine hohe und weitausladende Konstruktion über einem verhältnismäßig schlanken Körper zu errichten. So war z. B. die *Pamir* bei einer Länge von 105 Metern, gemessen vom äußersten Ende des Klüverbaumes bis zum Heck, in der Mitte nur 14 Meter breit. Erst von oben begreift man, wie schlank und grazil der für die Aufnahme schwerster Lasten bestimmte Rumpf der *Pamir* war. Über ihm erhoben sich die vier Masten aus Stahl, deren drei erste – die rahgetakelten – mit 60 Metern so hoch wie ein ansehnlicher Kirchturm waren. An diesen Masten waren schwenkbar die stählernen Rahen befestigt, deren unterste bei der *Pamir* jeweils 15 Meter zu beiden Seiten über die Bordwände hinausragten. Über diesen untersten Rahen türmten sich weitere fünf, die Unterbram- und die Oberbram-, Untermars- und die Obermars- sowie die Royalrah. Zusammen mit dem hintersten Mast, dem gaffelgetakelten Besan, und dem Klüverbaum trugen sie auf der *Pamir* die Last von 4600 Quadratmetern Segel samt deren Zubehör, den Blöcken, Zeisingen und den Hunderten von Tauen.

Die stählerne Takelage sorgte für ungewohnte Geräusche an Bord. W. L. A. Derby hat dies wie folgt beschrieben: »Spannung und Stärke der Takelage aus Stahl und Draht lassen bei schlechtem Wetter ein Konzert erklingen, wie man es nirgendwo sonst zu hören bekommt als an Bord eines großen, schwer beladenen Seglers. Das Schiff wird gewissermaßen zu einer riesigen Orgel, gespielt von den schweren Händen des Windes und der See. Heftige Windstöße zupfen an den straffen Wanten und schwirrenden Stagen wie Finger an Harfensaiten. Während manche Trossen einen tiefen, dröhnenden Ton erzeugen, summen andere unter der Belastung schrill wie Telegraphendrähte. Fallen klirren wie Banjosaiten, und ein unaufhörliches dumpfes Ächzen kommt von den Spannschrauben. Der Sturm fährt heulend durch das schlaffere laufende Gut, dessen schwere Blöcke einen irrwitzigen Trommelwirbel auf den stählernen Spieren entfesseln. Während das Schiff rollt und sich überlegt, schlagen die stählernen Klappen der Speigatte lärmend hin und her, und die ganze Zeit über jagen die mächtigen Seen längsseit vorbei oder kommen an Deck über, um strudelnd und schäumend vom Achterdeck bis zum Vorschiff zu schwappen, an die Türen des Deckshauses zu krachen und an den Lukenbezügen zu zerren. Jede Planke, jeder Spant des stampfenden Rumpfes ächzt unter dem Anprall der Wogen, und das dumpfe Dröhnen der Sturzseen und das Stakkato der Hagelschauer tragen das Ihre zu dieser schier unbeschreiblichen Kakophonie bei – dem Gesang eines windgetriebenen Segelschiffs.« *(Allen, O. E.: Die Windjammer. Amsterdam 1980).*

Grafik 8: Spieren einer Viermastbark

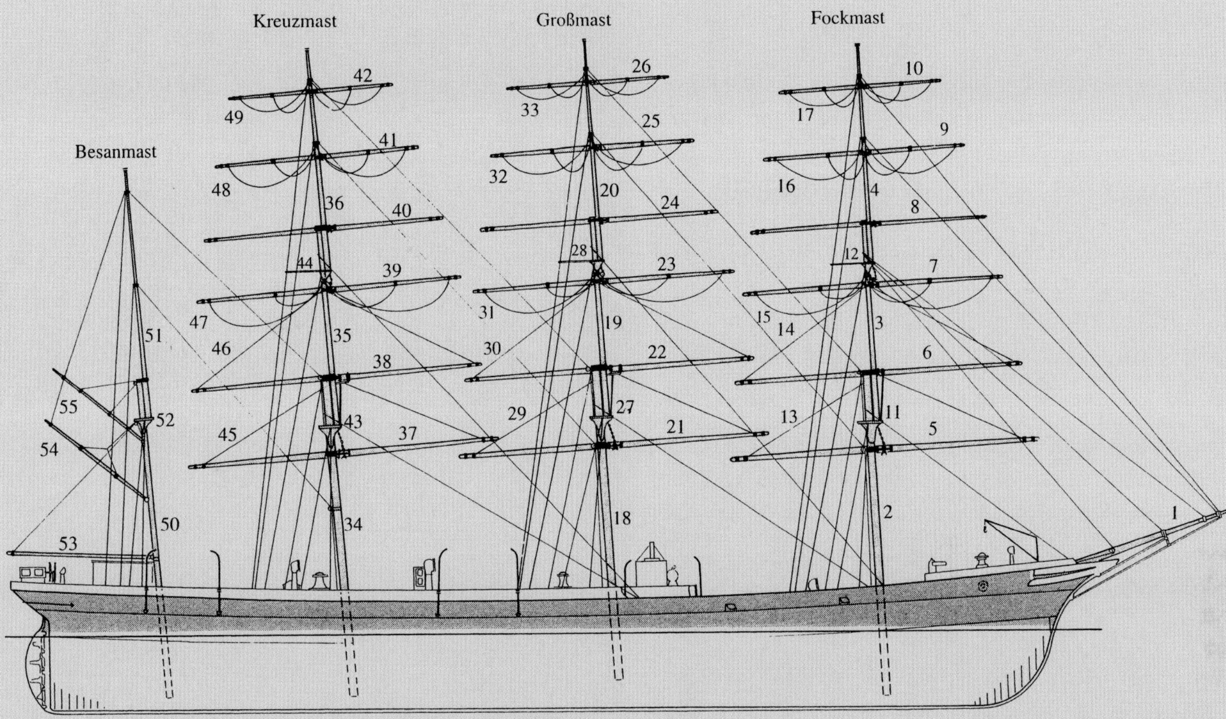

1 Bugspriet und Klüverbaum

Fockmast
2 Vor-Untermast
3 Vor-Marsstenge
4 Vor-Bramstenge
5 Fockrah
6 Vor-Untermarsrah
7 Vor-Obermarsrah, vorgeheißt
8 Vor-Unterbramrah
9 Vor-Oberbramrah, vorgeheißt
10 Vor-Royalrah, vorgeheißt
11 Vor-Marssaling
12 Vor-Bramsaling
13 Toppnant der Fockrah
14 Toppnant der Vor-Untermarsrah
15 Toppnant der Vor-Obermarsrah
16 Toppnant der Vor-Oberbramrah
17 Toppnant der Vor-Royalrah

Großmast
18 Groß-Untermast
19 Groß-Marsstenge
20 Groß-Bramstenge
21 Großrah
22 Groß-Untermarsrah
23 Groß-Obermarsrah, vorgeheißt
24 Groß-Unterbramrah
25 Groß-Oberbramrah, vorgeheißt
26 Groß-Royalrah, vorgeheißt
27 Groß-Marssaling
28 Groß-Bramsaling
29 Toppnant der Großrah
30 Toppnant der Groß-Untermarsrah
31 Toppnant der Groß-Obermarsrah
32 Toppnant der Groß-Oberbramrah
33 Toppnant der Groß-Royalrah

Kreuzmast
34 Kreuz-Untermast
35 Kreuz-Marsstenge
36 Kreuz-Bramstenge
37 Bagienrah
38 Kreuz-Untermarsrah
39 Kreuz-Obermarsrah, vorgeheißt
40 Kreuz-Unterbramrah
41 Kreuz-Oberbramrah, vorgeheißt
42 Kreuz-Royalrah, vorgeheißt
43 Kreuz-Marssaling
44 Kreuz-Bramsaling
45 Toppnant der Bagienrah
46 Toppnant der Kreuz-Untermarsrah
47 Toppnant der Kreuz-Obermarsrah
48 Toppnant der Kreuz-Oberbramrah
49 Toppnant der Kreuz-Royalrah

Besanmast
50 Besan-Untermast
51 Besanstenge
52 Besansaling
53 Besanbaum
54 Besan-Untergaffel
55 Besan-Obergaffel

Die *Takelage* eines Segelschiffes wird unterteilt in stehendes und laufendes Gut und die Segel. Zum stehenden Gut gehören alle Spieren und die dazugehörigen Abspannungen, Wanten, Stagen und Pardunen. Als Spieren bezeichnet man alle Rundhölzer oder Stahlrohre, die oberhalb und außerhalb des Schiffskörpers zur Führung der Segel und Befestigung der Takelage dienen. Dazu gehören alle Masten, Rahen, Gaffeln und der Besanbaum sowie der schräg aus dem Bug herausragende Klüverbaum mit seiner Verlängerung, dem Bugspriet (Grafik 8). Alles stehende Gut bleibt normalerweise unveränderlich an seiner Stelle, während das laufende Gut für die verschiedenen Manöver gebraucht wird. Zum laufenden Gut gehört alles durch Blöcke geschorene Tauwerk zur Bedienung der Rahen, Bäume und Segel, sowie die Blöcke und Beschläge.

Die *Masten* der Segelschiffe tragen die Rahen und Segel. Sie stehen senkrecht oder leicht nach hinten geneigt in der Mittschiffslinie. Diese Neigung bezeichnet man als den Fall. In den Decksdurchführungen sind die Masten verkeilt und mit einem Kragen aus starkem Segeltuch wasserdicht abgeschlossen. Das untere Ende eines Mastes, der Mastfuß, steht auf dem Kielschwein bzw. bei kleineren Masten auf einer Spur in einer der Zwischendecks. Früher war es Sitte, dass man in die Höhlung der Mastspur als Opfergabe ein Goldstück legte, um böse Geister abzuwenden. »Tief unter der Wasserlinie im Herzen des Bodengebälks ruhte dann der Goldfuchs, behütet vom gewaltigen Druck des Mastes und von jenen Unbenannten, die noch keiner sah und die doch so mancher Seemann spürte, wenn er in sturmbrausender Nacht das Ruder umklammerte. Dann hörte er sie deutlich rumoren in den Planken und Stringern des Schiffes, das sich rollend über die steilen Brecher des winterlichen Nordatlantik hinwegschwang oder durch die langen graurückigen Roller am Kap der Stürme.« *(Schmidt, F.: Von den Bräuchen der Seeleute. Hamburg 1962).*

Auf mehrmastigen Schiffen heißt der erste Mast von vorn Fockmast. Dann folgt der Großmast. Bei dreimastigen Barken und Barkentinen folgt als dritter Mast der Besanmast; er trägt Gaffelsegel. Bei dreimastigen Vollschiffen heißt er Kreuzmast und ist rahgetakelt. Bei Vier- und Fünfmastbarken ist der Kreuzmast der letzte vollgetakelte, also der vorletzte Mast; dahinter folgt dann wieder der Besanmast. Auf Fünfmastschiffen heißt der mittlere Mast Mittelmast. Die kompletten Masten mit stehendem und laufendem Gut sowie den Segeln werden in Verbindung mit dem Namen des jeweiligen Mastes auch als »Topp« bezeichnet, also z. B. Vortopp, Großtopp, Kreuztopp usw. Alles was an Segeln, Tauen und dgl. an Bord mehrfach, nämlich für jeden Mast vorhanden ist, wird außerdem nach dem Mast benannt, zu dem es gehört, indem der Name des betreffenden Mastes davor gesetzt wird.

Hart im Nehmen waren sie früher allesamt. Hatten die Matrosen die Rah erreicht, deren Segel gepackt werden sollte, schwangen sie sich ins Fußpferd, egal ob es Tag war oder Nacht, ob es stürmte oder die Sonne schien. Ihnen war es gleich.

Sind die Masten nicht aus einem Stück, bestehen sie aus den Untermasten, d. h. den eigentlichen Masten, sowie den Stengen, den angesetzten Verlängerungen der Untermasten. Von Deck aus betrachtet unterscheidet man von unten nach oben: Marsstenge, Bramstenge und soweit vorhanden Royal- oder Mondstenge. Die Masten und Stengen sind heute meist aus Stahl, früher auch aus besonderem Holz. Der Kopf des Untermastes bzw. der unteren Stenge wird mit der nächst höheren Stenge durch das sog. Eselshaupt verbunden, einem hölzernen oder eisernen Klotz mit einem viereckigen und einem runden Loch, durch das die entsprechenden Mastteile passen. Um den Topp des unteren Mastteils herum und am Fuß der Stenge sitzt als Verbindung außerdem die Saling, ein Gerüst aus Längs- und Querhölzern. An ihrer Außenkante sind die Stengewanten befestigt. Auf der Saling wiederum liegt die Mars, eine halbkreisförmige Plattform. Sie hat die Aufgabe, die Stengewanten zu spreizen. Für die Stengewanten ist es notwendig, einen Halt nach unten anzubringen. Dies geschieht durch die sog. Püttingswanten, Ketten oder Eisenstäbe, die vom Rand der Saling schräg nach unten zum Mast laufen. Die oberste Stenge wird mit einer runden Platte, dem Mastkopf, abgeschlossen. Er bietet z. B. Platz für Antennen, Blitzableiter und Windsack.

Die *Wanten* geben dem Mast und seinen Stengen den seitlichen Halt. Sie werden paarweise gefertigt, sodass ihre Bucht um den Topp des Mastes läuft; je zwei zusammengehörende Wanttaue werden als ein Spann-Want bezeichnet. Die Wanten des Untermastes nennt man Unterwanten, das vorderste Wanttau jedes Mastes wird als Hoftau bezeichnet. Die Unterwanten, Stengewanten und meist auch die Püttingswanten werden in gleichmäßigen Abständen »ausgewebt«, d. h. durch sog. Webeleinen verbunden,

Jungfern mit Taljereep.

um die Möglichkeit des Aufenterns ins Rigg zu schaffen. An das vorderste und achterste Wanttau werden die einzelnen Webeleinen mit einem Auge angenäht, um die übrigen liegen sie gewöhnlich nur mit einem Webeleinenstek. Starke Drahtseile laufen außerdem vom Hoftau in Abständen von ca. 2 m zum Mast, um der Mannschaft das Arbeiten an den Stagsegeln zu ermöglichen. Um den Rahen soviel Raum wie möglich zum freien Herumschwingen zu geben, sitzt das stehende Gut nie vor dem Mast, ausgenommen natürlich die Stagen, von denen es aber nur wenige gibt. So führt das schwere Hoftau auf beiden Seiten direkt neben dem Mittelpunkt des Mastes hinab zur Bordwand und alle anderen Verspannungen sitzen in einer Reihe dahinter. Auf diese Weise können die Rahen so weit herumschwingen, dass das Schiff noch etwa 60 Grad am Wind segeln kann.

Die *Pardunen*, auch Backstagen genannt, sind die Hauptstützen der Maststengen nach achtern. Sie nehmen den Hauptdruck der Segel auf. Die Pardunen sitzen unmittelbar hinter den Wanten des Untermastes; das letzte Pardun läuft dabei so weit achterlich, wie es die Rüsten erlauben. Dieses sind außerhalb des Rumpfes an der Bordwand angebrachte Verstärkungen, oft in Form von starken Bohlen.

Die Fußpunkte der Wanten und Pardunen sind an den Augen von Püttings befestigt. Das sind kräftige Flacheisen, die direkt an der Außenhaut oder an den Rüsten befestigt sind und bis über das obere Deck reichen. Die Verspannung der Wanten mit den Püttings erfolgte früher mit Hilfe von Jungfern, durch die ein Taljereep geschoren wurde; heute nimmt man stattdessen Spannschrauben. Jungfern sind runde Holzscheiben mit meist drei Löchern, die an ihrer flachen Seite eine Keep zum Einlegen von Tauwerk haben. Je zwei dieser Jungfern wurden zum Steifsetzen von Wanten und Pardunen benutzt. Die Verbindung zwischen beiden Jungfern stellte das Taljereep her, eine Leine, die wie in einem Flaschenzug wechselnd von einem Loch der oberen Jungfer zu einem Loch der unteren Jungfer und zurück mit großer Kraft geschoren wurde. So wurden die Pardunen und Wanten steifgesetzt. Mit einem Knoten wurde das fertig geschorene Reep gesichert.

Die *Stage* verspannen die Masten und Stengen nach vorn. Jeder Untermast und jede Stenge hat mindestens ein Stag; es läuft um den Topp des jeweiligen Mastteils und von da zum Fuß des nächstvorderen Mastes oder der nächstvorderen Stenge, beim Vortopp auf den Bugspriet bzw. den Klüverbaum. Im Vergleich zu den Abspannungen der Masten nach achtern und zur Seite gibt es nur wenige Stage. Deshalb ist es gefährlich und kann das Schiff die Masten kosten, wenn in schwerem Wetter die Segel backschlagen und der gewaltige Winddruck von vorn auf das Rigg wirkt. Die Stage dienen nicht nur als Stütze der segeltragenden Masten und Stengen nach vorn, sie tragen auch selber Segel, die sog. dreieckigen Stagsegel.

Die Benennung der Wanten, Stage und Pardunen erfolgt nach dem Mastteil, den sie stützen (Grafik 9).

Da die Verspannungen die Masten gegen die enorme Kraft des Windes auf die Segel stützen müssen, bestehen sie aus starkem Drahttauwerk, Ketten und vereinzelt auch aus Eisenstangen. Die Teile des stehenden Guts, bei denen die Gefahr des Schamfilens, d. h. des Scheuerns, besteht, werden mit Tauwerk oder Segeltuch umwickelt; sie werden bekleedet, wie man traditionell sagt. Das kann z. B. bei den Hoftauen der Fall sein, da die Schoten und Halsen von Fock und Großsegel daran scheuern und sich hart angebrasst die Rahen daran lehnen. Außerdem wird Drahttauwerk da bekleedet, wo man mit den Händen anfasst; also z. B. die Unterwanten im Bereich der Webeleinen.

Rahen sind die horizontal an den Masten und Stengen mit Racken befestigten Spieren. Sie tragen die Rahsegel. Die unteren beiden Rahen sind meist fest, die höheren zum Teil laufend, d. h. sie können aus Gründen der Verlagerung des Schwerpunktes und zur Erleichterung des Segelsetzens und -bergens mittels eines Falls geheißt und gefiert werden. Die Rahen werden horizontal durch die Brassen bewegt, ihr Winkel zum Deck kann durch die Toppnanten verändert werden.

Unterhalb der Rahen laufen starke Drahttaue, sog. Fußpferde, auf denen man bei der Arbeit an den Segeln steht. Sie sind an den Rahnocken befestigt. Um zu gewähr-

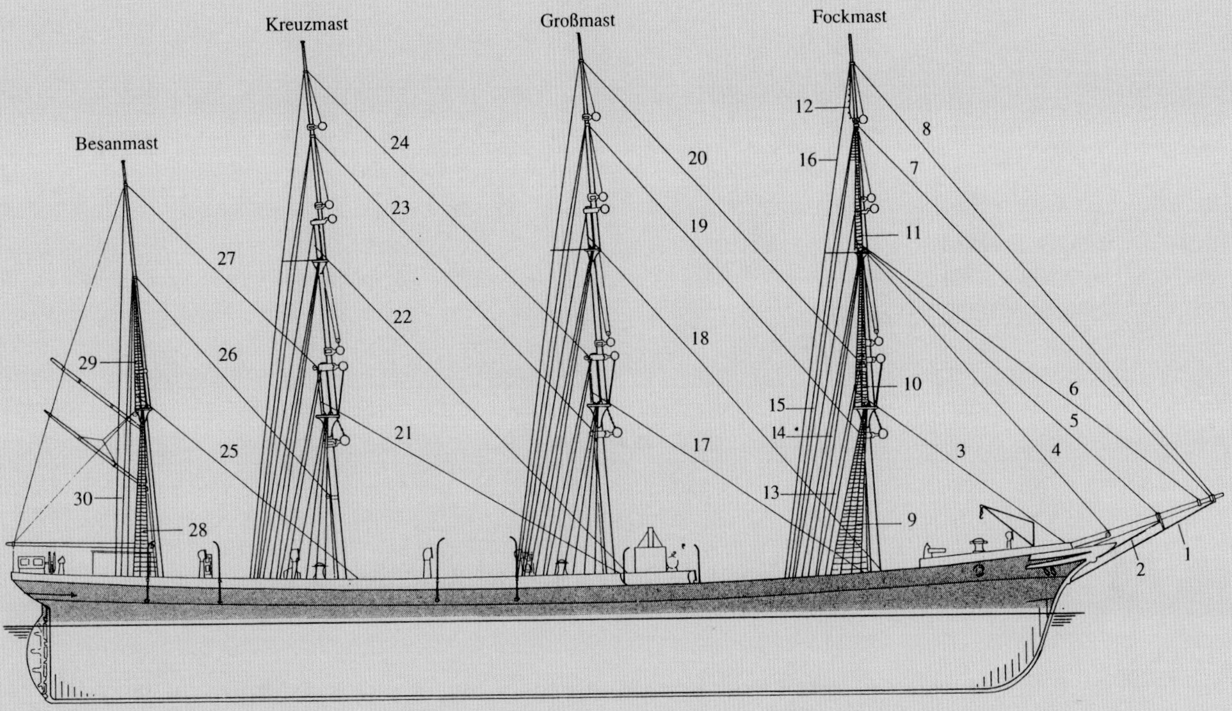

Bugspriet und Klüverbaum

1 Stampfstag
2 Wasserstag

Fockmast

3 Fockstag
4 Vorstengestag
5 Innenklüverleiter
6 Außenklüverleiter
7 Vor-Bramstag
8 Vor-Royalstag
9 Fockwanten, ausgewebt
10 Vor-Stengewanten, ausgewebt
11 Vor-Bramstengewanten, ausgewebt
12 Vor-Jacobsleiter
13 Vor-Toppardunen oder Focktoppardunen
14 Vor-Stengepardunen
15 Vor-Brampardunen
16 Vor-Royalpardune

Großmast

17 Großstag
18 Groß-Stengestag
19 Groß-Bramstag
20 Groß-Royalstag

Kreuzmast

21 Kreuzstag
22 Kreuz-Stengestag
23 Kreuz-Bramstag
24 Kreuz-Royalstag

Besanmast

25 Besanstag
26 Besan-Stengestag
27 Besan-Bramstag
28 Besanwanten, ausgewebt
29 Besan-Stengewanten
30 Besan-Stengepardunen

Grafik 9: Stehendes Gut einer Viermastbark

Der Bugspriet – ein luftiger Arbeitsplatz.

leisten, dass die Fußpferde einen gleichmäßigen Abstand zur Rah behalten, auch wenn einzelne Matrosen darauf treten, sind in bestimmten Abständen sog. Springstroppen aus Drahttauwerk an der Rah befestigt. Sie hängen senkrecht von der Rah herab und haben an ihrem unteren Ende Augen, durch die das Fußpferd läuft. An den Nocken jeder Rah findet man zusätzlich Nockpferde. Bei den nicht aufheißbaren Rahen gibt es oft zusätzliche Fußpferde zum Überwechseln von den Webeleinen der Wanten auf die Rah. Zum Einhaken der Sicherheitsleine während des Auslegens laufen außerdem an jeder Rah vom Mast zur Nock sog. Back- oder Rückenpferde.

An der Oberseite der Rahen sind Augbolzen eingeschraubt, durch die zwei Rundeisenstangen, das Jackstag und das Handstag, laufen. Am Jackstag wird das Oberliek des Rahsegels befestigt. Das Handstag dient zum Einklinken der Sicherheitsleine und zum Belegen der Beschlagzeisinge, die das Segel in gepacktem Zustand auf der Rah festhalten. Zur Befestigung von Beschlägen und des Segels ist über jede Rahnock ein stabiler Metallring, der Nockbund, gezogen.

Der *Bugspriet* und seine Verlängerung, der *Klüverbaum*, werden mit dem sog. Wasserstag zum Vorsteven hin verspannt. Es besteht meist aus einer kräftigen Kette, da ein Teil des nach achtern gerichteten Zugs der Takelage sich durch die Stagen auf den Bugspriet und den Klüverbaum überträgt. Eine zusätzliche Abspannung nach schräg unten erfolgt durch die Stampfstagen. Sie werden durch den Stampfstock, ein senkrecht vom Ende des Bugspriets nach unten stehender Stock, gespreizt. Dieser hat also die gleiche Funktion wie die Saling bei der Verspannung der Stengen. Die sog. Backstagen oder Seitenstagen dienen zur seitlichen Stütze von Bugspriet und Klüverbaum. Sie werden am Bug des Schiffes in der Nähe der Kranbalken oder an ihnen angesetzt. Alle Stagen sind sehr wichtig, denn von ihnen hängt nicht allein die Sicherheit des Bugspriets, sondern auch die des Fockmastes und von diesem die der Großstenge ab. Auf beiden Seiten des Klüverbaums laufen Fußpferde, auch Laufstage genannt, auf denen man beim Arbeiten mit den Vorsegeln steht.

Der *Besanbaum* ist ein Rundholz, an das das achtere Gaffelsegel mit seiner unteren Kante, dem Unterliek, angeschlagen ist. Er ist in einem Zapfenlager an der Rückseite des Besan- bzw. Kreuzmastes befestigt. Am Ende des Baumes sind die Beschläge für das laufende Gut zur Bedienung von Besansegel und -baum angebracht.

Gaffeln sind Spieren, die mit einer Art Gabel beweglich um die Rückseite des Mastes schwenken. Sie befinden sich oberhalb des Besanbaums. An den Gaffeln werden die Gaffelsegel gesetzt.

Segel und ihr laufendes Gut

Ein Segel ist definiert als ein aus mehreren Bahnen von starker Leinwand oder von Baumwollstoff zusammengenähtes Tuch, das in den Masten, Rahen, Gaffeln, Stagen und Spieren eines Schiffes ausgespannt wird, um den Wind einzufangen und so das Schiff in Bewegung zu setzen. Ein Segel hat entweder nach seiner Gestalt und Einrichtung oder nach der Stelle, wo es angebracht ist, seinen Namen, der es von anderen Segeln unterscheidet. Die erste Erfinderin des Segels war wie so oft, wenn sich Menschen sich etwas Neues ausdenken, die Not. Es ist darum kein Wunder, dass sie, sobald sie anfingen, »sich über den Naturzustand« zu erheben, indem sie zum Beispiel Handel trieben, auf ein Fortbewegungsmittel verfielen, das die Natur ihnen kostenlos anbot. Vermutlich ist das Segel in verschiedenen Gegenden der Welt unabhängig voneinander erfunden worden, immer und überall war seine Erfindung gewissermaßen »eine frühe Gnade der Götter«: »Der Gedanke des Segels ist wohl von Gott eingegeben, es ist eine der Urerfindungen, die aus einer Zeit stammen, als sich Religion und Vernunft noch im Einklang befanden. Es ist eine der Erfindungen, die, wie das Rad, der Pflug und die Töpferscheibe, das Gesicht unserer Erde und unser Denken stärker verändert haben als vieles, was danach kam. Nichts ist darin von der glatten, makellosen Perfektion später Technik, das Segel ist vollkommene Natur und bedient sich auf vollkommene Weise der natürlichen Mächte, es vergewaltigt sie nicht. Luzifer ist noch nicht darin.« *(Andersch, R.: Die weißen Schwingen. Tübingen 1958).*

Der Anblick der gigantischen Türme aus Leinwand auf einem rahgetakelten Großsegler ist ungeheuer und vermittelt das Gefühl eines unwiderstehlichen Zuges, mit dem die Segel das Schiff vorwärts ziehen. Die Masten mit den Rahen sind eine Welt voller ästhetischer Formen und unglaublicher Schattierungen, je nachdem, unter welchem Himmel das Schiff seinen Weg nimmt. Die Farben der Segel gehen von dumpfem Grau bis zu durchscheinend orangefarbenem Gelb. Das Alter, der Gebrauch und die Stellung der Segel zum Licht bestimmen den Farbton. Obwohl der Schnitt immer dem gleichen Muster folgt, hat doch jedes Segel seine besondere Form. Die Rahsegel bilden weitgeschwungene Bögen an ihrem unteren Rand unter den vom Wind geblähten Bäuchen, die Stagsegel bilden gekurvte Dreiecke und sind in ihrer Staffelung zwischen Fockmast und Klüver von perfekter Eleganz. Ein Schiff unter Segeln scheint sein Wesen zu verändern. Während vorher der Rumpf die Masten zu tragen zu schien, so tragen die Masten jetzt den Rumpf, stützen ihn mit ihren Segeln gegen die anlaufenden Seen und tragen ihn vorwärts. Eine Insel der Winde …

Wohl kaum einer hat die Arbeit, die die zahlreichen Segel eines großen Windjammers leisten, treffender beschrieben als Joseph Conrad in seinem Buch »Der Spiegel der See«, dem wohl schönsten Buch, das je über das Segeln geschrieben worden ist: »(Es ist) ein Triebwerk, das seine Arbeit in vollkommener Stille mit regungsloser Anmut verrichtet und in dem eine launenhafte, nicht immer zu zügelnde Kraft verborgen ist, die nichts von den stofflichen Vorräten der Erde verbraucht. Jenes Triebwerk

Segel und Schatten.

Die Sonne verzaubert die Segel in allen Farbschattierungen von Grau bis zum warmen Orange-Gelb. Das Alter und die Stellung der Segel zum Licht bestimmen den Farbton.

gewinnt seine Kraft aus dem eigentlichen Innern der Welt.« In nüchternen Zahlen ausgedrückt bedeutete das z. B. für die *Preußen*, dem Flaggschiff der Reederei Laeisz und »letzten Wort im Segelschiffsbau«, dass ihre Segelfläche von über 5600 Quadratmetern – wie weiter vorne schon gesagt – eine Kraft von mehr als 6000 PS entwickelte, wenn sie bei voller Beladung die Höchstgeschwindigkeit von 17 Knoten erreichte. Diese Zahl wurde – wie gesagt – in Schleppmodellversuchen ermittelt, die man lange Zeit nach ihrer nur kurzen Fahrenszeit von acht Jahren anstellte. Die *Preußen* gilt als das größte reine Segelschiff der Welt. Ihre Segel an den fünf vollgetakelten Masten zogen eine Ladung von rund 8000 Tonnen Ladung über die Weltmeere – und das mit einer Besatzung von wenig über 40 Mann!

Auf allen rahgetakelten Segelschiffen findet man zwei grundsätzliche Typen von Segeln: Rahsegel und Schratsegel, letztere werden unterteilt in Stagsegel, Gaffelsegel und Gaffeltoppsegel, alle neben ihrem Anteil am Vortrieb vorzüglich dazu geeignet, das Schiff zu drehen. Das zu jedem Segel gehörende laufende Gut dient zum Segelsetzen und -bergen, sowie zum Trimmen der Segel zum Wind. Es ist meist als Talje geschoren.

Alle Segel werden aus einzeln zugeschnittenen breiten Streifen mit doppeltem Saum zusammengenäht. Dabei wird das Segeltuch in verschiedene Stärken eingeteilt; aus den stärkeren Sorten werden die Segel gefertigt, die auch bei härterem Wetter gefahren werden. Um den Schwerpunkt des Schiffes bei Sturm möglichst tief zu legen und damit die Krängung so gering wie möglich zu halten, sind das im Allgemeinen die Segel, die näher zum Deck hin sitzen, wie z. B. die Untermarssegel, das Vorstengestagsegel, das Besanstagsegel und der Sturmbesan. Die Bramsegel und die höher gefahrenen Stagsegel sind aus leichterem Tuch gearbeitet. An den Stellen, an denen das Segeltuch besonders beansprucht wird oder mit laufendem Tauwerk in Berührung kommt, liegt es doppelt oder sogar dreifach. Dabei werden die Verstärkungen meist aus dem nächst schwächeren Tuch gefertigt.

Rahsegel und ihr laufendes Gut

Alle Rahsegel sind in ihrem Aufbau und mit ihrem laufenden Gut im Wesentlichen gleich (Grafik 10), lediglich der Segelschnitt variiert geringfügig. So sind z. B. bei den Marssegeln die Unterlieken bedeutend länger als die Rah- oder Oberlieken, sodass sie trapezförmig sind. Im Gegensatz

Grafik 10: Unterrah mit Rahsegel

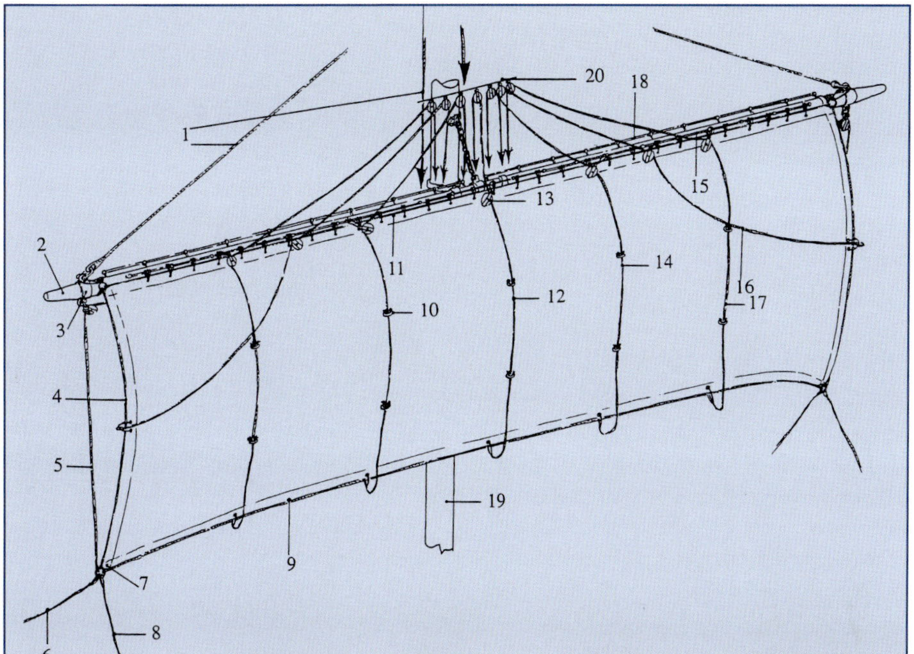

1 Toppnant
2 Rahnock
3 Nockbund
4 Seitenliek
5 Geitau
6 Schot
7 Schothorn
8 Hals
9 Unterliek
10 Leitklote
11 Oberliek
12 Innengording
13 Leitblock
14 Mittelgording
15 Jackstag
16 Nockgording
17 Außengording
18 Handstag
19 Mast
20 Marssaling

dazu sind das Groß- und das Focksegel fast rechteckig. Bei diesen sog. Untersegeln, d. h. den ersten Rahsegeln über Deck, ist außerdem der Fuß des Segels weiter ausgebaucht, damit das Unterliek frei von den Aufbauten fahren kann.

Um der Segeltuchfläche mehr Festigkeit zu geben und die Seitenränder zu verstärken, wird das Segel mit einer Taueinfassung, den sog. Lieken, versehen. Man unterscheidet das Ober- oder Rahliek, das stehende oder Seitenliek und das Unter- oder Fußliek. Dieses ist am stärksten gearbeitet, weil auf das Unterliek die größte Belastung wirkt. Am Oberliek der Rahsegel werden eine Reihe Löcher eingenäht, durch die die Rahbändsel gehen, mit denen die Segel an das Jackstag gebunden werden. Dieses ist eine dünne Rundeisenstange, die oben auf der Rah entlang läuft.

Der obere Teil des Segels heißt Kopf, die beiden oberen Ecken nennt man die Nocken, den unteren Teil des Segels den Fuß und die beiden unteren Ecken die Schothörner. Jedes Schothorn bildet ein Auge mit einer Kausch. In diese werden Schot und Geitau eingeschäkelt, bei den Untersegeln zusätzlich der Hals.

Die Rahsegel erhalten ihren Namen nach den Masten und Rahen, an denen sie gefahren werden (Grafik 11).

Die *Schoten der Rahsegel* dienen zum Ausholen von Unterliek und Seitenliek an die jeweils nächstuntere Rah. Sie laufen von den Schothörnern durch bewegliche Blöcke an den Nocken dieser Rah zum Mast, werden von dort an die Nagelbank am Mast geführt und dort belegt.

Die Untersegel wie Großsegel und Fock haben ein loses Unterliek und benötigen deshalb zum Festsetzen neben den Schoten auch Halsen. Die Halsen dienen zum Durchsetzen der Schothörner nach vorn, die Schoten der Untersegel holen die Schothörner achteraus. Des Wortes »holen« bedient sich der Seemann übrigens statt »ziehen«, für den Begriff »nachlassen« gebraucht er das Wort »fieren«.

Halsen und Schoten der Untersegel sind wegen der Größe der Segel und des gewaltigen Winddrucks, der sich in ihnen aufbaut, meist doppelt geschoren. Sie laufen von Deck aus über Scheiben in der Bordwand außenbords, von dort durch Blöcke an den Schothörnern und zurück zur Außenhaut, wo ihre stehenden Parten festgeschäkelt sind. Wegen der großen Last, die auf ihnen steht, werden die Schoten und Halsen gewöhnlich an starke Spille geführt, damit man sie leichter bedienen kann.

Die *Geitaue* dienen zum Bergen der Rahsegel. Beim sog. »Aufgeien«, holen die Geitaue die Schothörner an die zugehörige Rah. Sie sind quasi die Gegenstücke zu den Schoten. Die Geitaue sind mit einem Schäkel am Schothorn befestigt und laufen von da zu einem Block an der Nock der oberen Rah, weiter zum Mast und an die Nagelbank. Je nach Größe des Segels sind die Geitaue doppelt oder einfach geschoren.

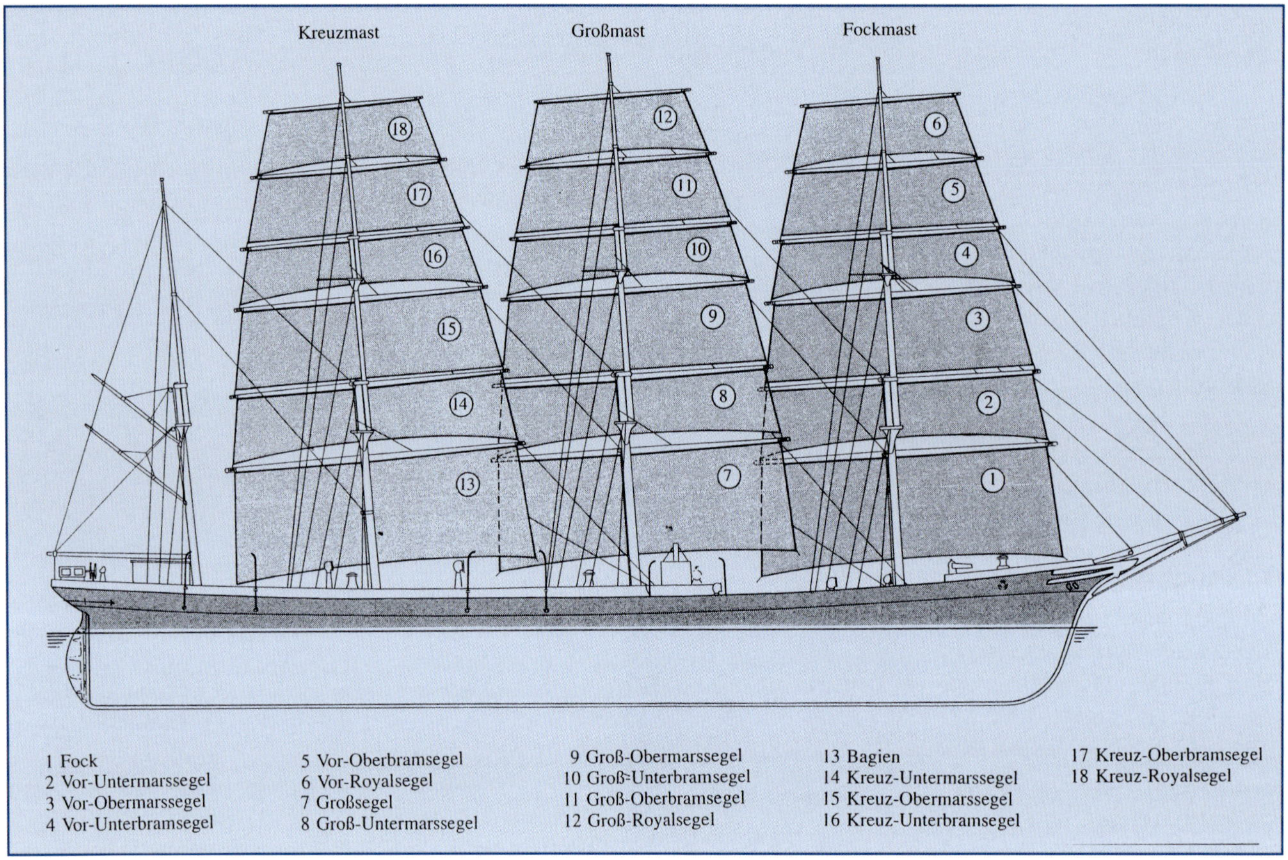

Grafik 11: Rahsegel einer Viermastbark

Bei den Rahen, die zum Bergen der Segel gefiert werden, können die Geitaue die Funktion von *Rah-Niederholern* übernehmen.

Gordinge, abgeleitet von dem Wort Gürtung oder Gürtel, dienen dem Bergen der Rahsegel. Sie holen das Unter- und Seitenliek sowie das lose Tuch des Segels so weit an die Rah, dass es dort von den Matrosen mit den Händen gerafft und festgemacht werden kann. Je nach Größe des Segels variiert die Anzahl der Gordinge zwischen vier und eins je Rahseite. Man unterscheidet Bug- (»Bauch«-) und Nockgordinge. Ohne diese Gordinge müssten sich die Matrosen beim Festmachen mit einem Segel, groß wie ein »halbes Zirkuszelt« und wild im Winde schlagend, herumbalgen. Die Gefahr wäre groß, dass sie dabei aus der Takelage geschlagen würden und das Segel in kürzester Zeit nur noch in Fetzen an der Rah hängen würde.

Die *Buggordinge* oder Bauchgordinge sind am Unterliek befestigt und laufen durch Leitkloten an der Vorderseite des Segels hoch zur Rah. Sie holen den Bauch des Segels auf; nach ihrer Lage unterteilt man sie näher in Innen-, Mittel- und Außengordinge.

Die *Nockgordinge* führen jeweils von der Mitte des Seitenlieks hoch an die Rah. Sie erleichtern das Bergen der Segel wesentlich, da sie die langen und schwer zu beherrschenden Seitenlieken »halbieren«.

Die *Rahfallen* dienen zum Heißen und Fieren der laufenden Rahen. Namentlich das Fall der Marsrah wird auch als Drehreep bezeichnet. Der Grund, einige Rahen in vertikaler Richtung beweglich zu machen, liegt zum einen darin, dass sich der Schwerpunkt der Takelage nach unten verlagert, wenn diese Rahen gefiert sind. Dadurch liegt das Schiff bei Seegang ruhiger im Wasser und eine unnötige Belastung der Masten wird vermieden. Außerdem sind ja die meisten Windjammer, die heute als Schulschiffe fahren, ursprünglich als Frachtsegler gebaut worden und es ist

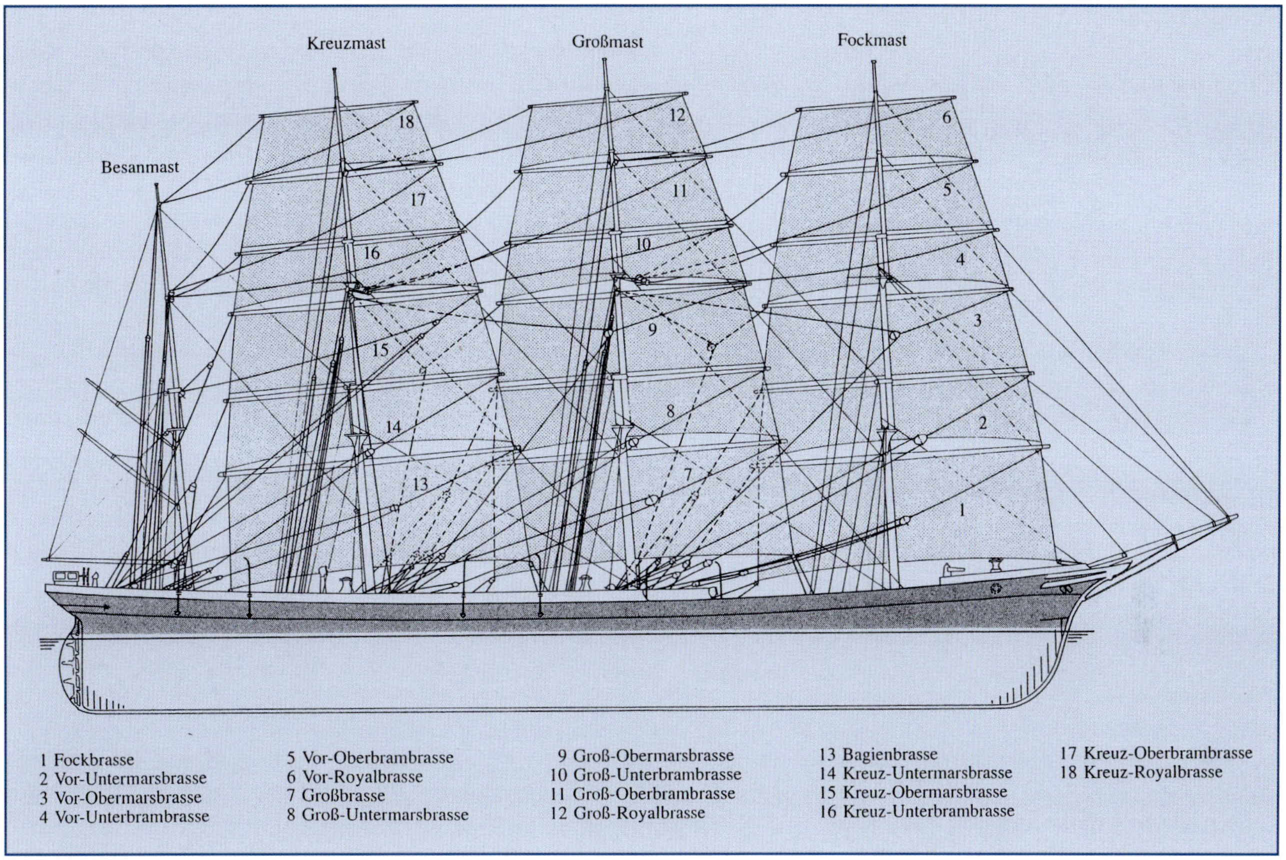

Grafik 12: Verlauf der Brassen einer Viermastbark

nicht nur einmal passiert, dass Schiffe an der Pier gekentert sind, weil nach dem Entladen der Schwerpunkt zu weit oben lag. Dieser Gefahr versuchte man durch das Fieren von Rahen zu begegnen. Ein Vorteil beweglicher Rahen liegt außerdem darin, dass es viel einfacher ist, ein Rahsegel an einer beweglichen Rah zu setzen, da sich das Segel beim Holen der Schoten, dem »Vorschoten«, an die relativ nahe untere Rah noch nicht mit Wind füllen kann. Erst durch Heißen der Rah mit dem im Vergleich zu den Schoten viel strapazierfähigeren Fall wird das Segel dann vollständig aufgespannt, »gestreckt«, wie man sagt und das Kommando dafür lautete folgerichtig: »Stretch die Marssegel«. Auch war die Arbeit für die Seeleute an einer gefierten und gut festgesetzten Rah viel einfacher.

Die *Brassen* sind an den Rahnocken befestigt und ermöglichen eine Drehung der Rahen in horizontaler Richtung. Sie dienen damit dem Anstellen der Rahen zum Wind. Die Bedienung der unteren Rahen erfolgt auf manchen Schiffen mit Hilfe von mittschiffs hinter oder vor den Masten aufgestellten Brasswinschen, ansonsten über Taljen (Grafik 12).

Die *Toppnanten* greifen an der Oberseite der Rahen in der Nähe der Nocken an und laufen von dort zum Mast oder zur Stenge. Sie halten zum einen das Gewicht der Rahen und ermöglichen zum anderen ihre vertikale Ausrichtung zum Trimmen. Je nach Anzahl der Rahen übereinander sind meist nur die Toppnanten der Unterrahen oder zusätzlich die der Untermarsrahen beweglich, d. h. veränderbar. Die darüber liegenden Rahen haben feste Toppnanten und werden über die Schoten, bei gesetzten Segeln auch über die Seitenlieken mitbewegt, so dass alle Rahen ein zusammenhängendes System bilden. Die Toppnanten der laufenden Rahen sind grundsätzlich fest und hängen im Bogen unter den Rahen, wenn diese aufgeheißt sind. Im gefierten Zustand nehmen sie das Gewicht der Rahen auf.

Schratsegel und ihr laufendes Gut

Schratsegel sind alle mittschiffs gefahrenen Segel. Zu ihnen gehören die Stagsegel sowohl auf dem Bugspriet und dem Klüverbaum als auch zwischen den Masten sowie die Gaffelsegel. Wie die Rahsegel sind die Schratsegel mit Lieken eingefasst; sie liegen gewöhnlich an der Backbordseite des Segels. Die Bezeichnung der Schratsegel erfolgt nach den Masten und Stengen, an denen sie gefahren werden (Grafik 13).

Stagsegel heißen alle Segel, die an Stagen gefahren werden. Sie haben die Form eines Dreiecks (Grafik 14).

Bei Stagsegeln unterscheidet man das Unterliek, das stehende oder Vorliek und das Achterliek. Am Vorliek sind spezielle Beschläge, sog. Stagreiter oder Legel, befestigt, mit denen das Segel beim Setzen und Bergen am Stag entlang fährt. Die obere Spitze eines Stagsegels heißt Kopf, der untere Teil ist der Fuß; dieser wird weiter unterteilt in Hals und Schothorn. An den Ecken der Stagsegel befinden sich Kauschen zur Befestigung des laufenden Gutes.

Die *Schoten* dienen zum Dichtholen und Fieren der Stagsegel. Sie sind am Schothorn befestigt. Die Stagsegel haben gewöhnlich zwei Schoten, eine an Steuerbord, eine an Backbord. Um die Unfallgefahr durch schlagende Blöcke zu vermindern, sind die Schoten üblicherweise durch Blöcke mit abgerundeten Backen, sog. Klumpblöcke, geschoren. Damit beim Dichtholen der Vorsegel das Achterliek genügend gestreckt werden kann, werden die Schoten gewöhnlich durch einen Block oder ein Auge an Deck geführt, bevor sie belegt werden.

Stagsegel haben keine beweglichen Halsen, sondern feste Halsstander, mit denen sie am Bugspriet oder Klüverbaum bzw. am zugehörigen Mast befestigt sind.

Grafik 13: Schratsegel einer Viermastbark

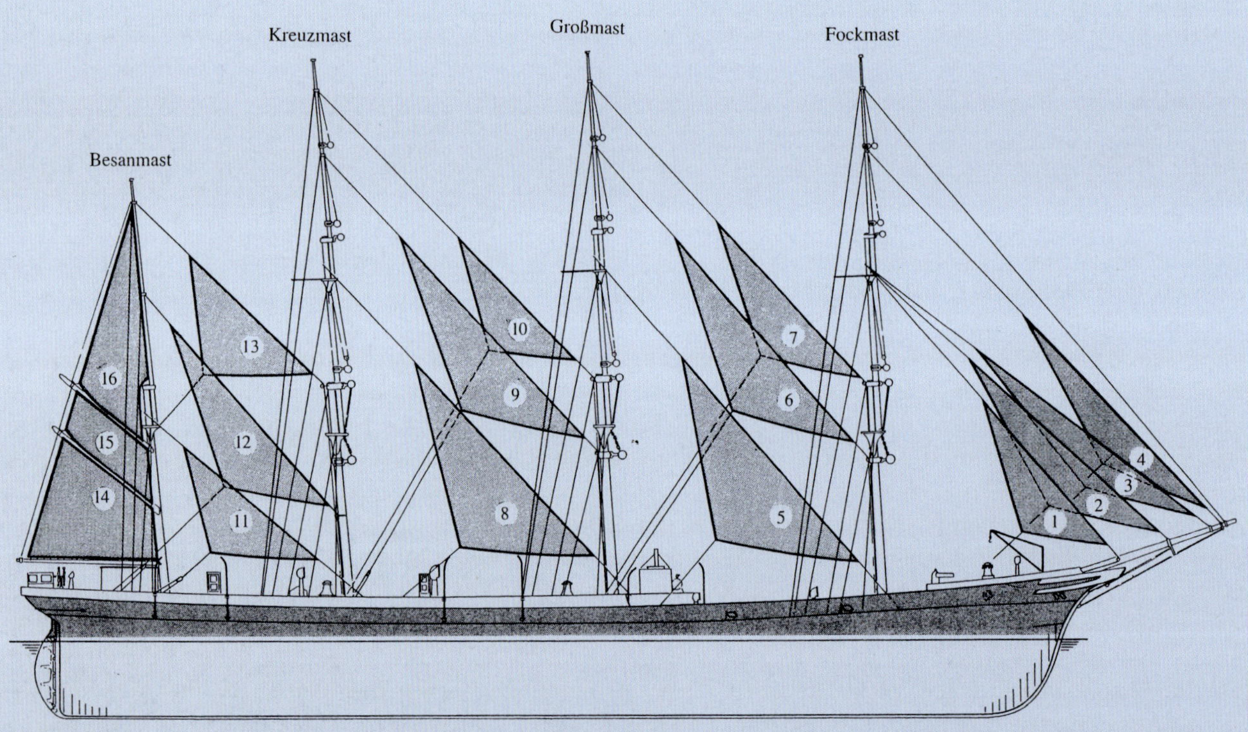

1 Vorstengestagsegel
2 Innenklüver
3 Außenklüver
4 Flieger
5 Groß-Stengestagsegel
6 Groß-Bramstagsegel
7 Groß-Royalstagsegel
8 Kreuz-Stengestagsegel
9 Kreuz-Bramstagsegel
10 Kreuz-Royalstagsegel
11 Besan-Stagsegel
12 Besan-Stengestagsegel
13 Besan-Bramstagsegel
14 Unter-Besan
15 Ober-Besan
16 Gaffeltoppsegel

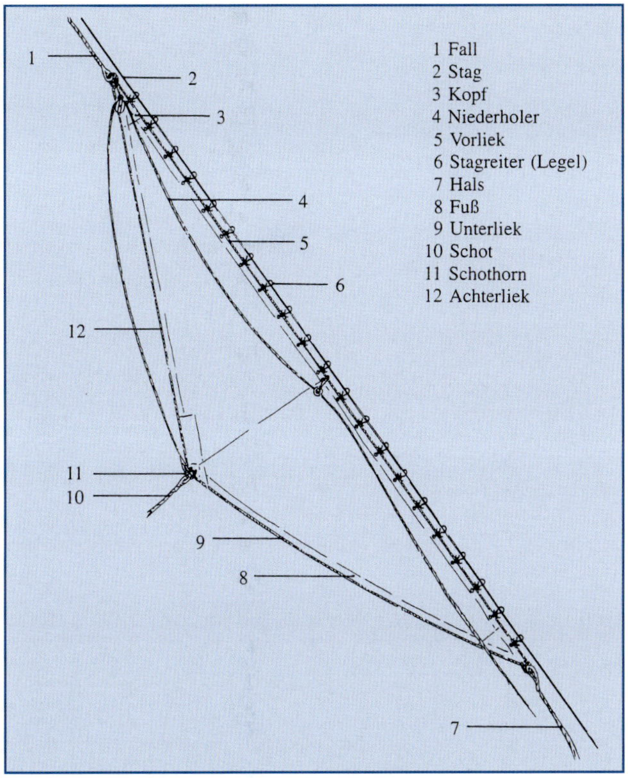

Grafik 14: Stagsegel und laufendes Gut

Die *Fallen* zum Setzen der Stagsegel sind am jeweiligen Kopf befestigt, laufen am zugehörigen Stag zu einem Block am Mast hoch und von dort an Deck.

Die *Niederholer* der Stagsegel dienen zum schnellen Einholen der Segel. Sie laufen vom Kopf des Segels durch eine Leitklote am Vorliek zu einem Block neben dem Hals und von da zur Nagelbank. Oft wird der Niederholer auch am Schothorn befestigt und von dort hoch zum Kopf des Segels geführt. Diese Leinenführung hat den Vorteil, dass das Schothorn beim Bergen des Segels an den Kopf gezogen wird. Dadurch wird der Wind aus dem Segel genommen, das Schlagen verringert sich und das Segel kann als Ganzes niedergeholt werden.

Ein *Gaffelsegel*, wie z. B. das Besansegel am letzten Mast von Barken und Vollschiffen, hat die Form eines unregelmäßigen Vierecks (Grafik 15). Am Kopf des Segels unterscheidet man die Klau und die Piek. Erstere wird am vorderen Ende, letztere am achteren Ende der Gaffel befestigt. Am Fuß des Segels findet man achtern das Schothorn und vorn den Hals. Das Gaffelsegel läuft mit seinem Unterliek am einem Baum und mit seinem Oberliek an einer Gaffel entlang. Dazu sind an den Lieken Legel befestigt. Das Unterliek wird auch Baumliek, das Oberliek auch Gaffelliek genannt.

Auf manchen Schiffen ist das Besansegel, kurz Besan genannt, in den Unter- und den Oberbesan geteilt. Die Benennungen der Teile und die Funktionen des laufenden Guts sind in diesem Fall für beide Segel im wesentlichen gleich.

Stellvertretend für alle Gaffelsegel wird hier das laufende Gut des Besansegels beschrieben: Die *Besanausholer* holen beim Segelsetzen das Schothorn (Fußausholer oder Springschot) und die Piek (Piekausholer) an das Ende von

Stagreiter, sog. Legel, der Stagsegel.

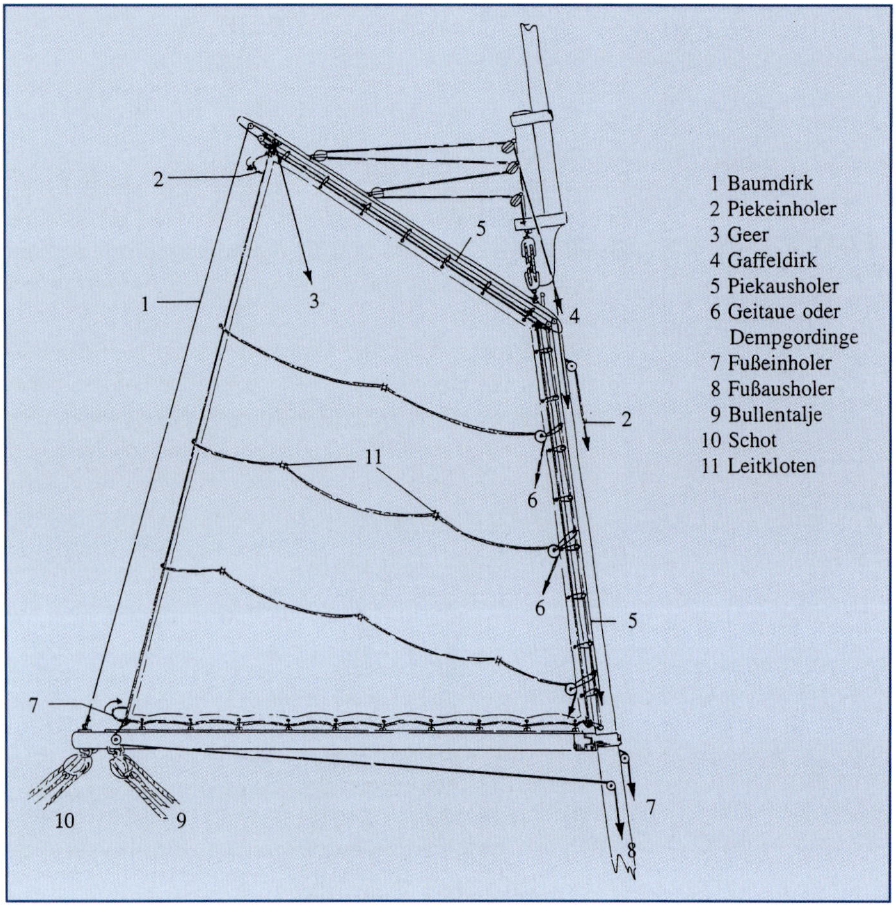

Grafik 15: Besansegel und laufendes Gut

Achterliek durch die Schot kontrolliert. Die Geeren werden dann nur zum Trimmen benutzt.

Die *Besandirk* oder Baumdirk, manchmal auch Besantoppnant genannt, dient zum Auftoppen, d. h. zum In-die-Höhe-Ziehen der Nock des Besanbaumes. Auf manchen Schiffen hängt der Baum auch in einer festen Dirk. Ist das Besansegel nicht gesetzt, wird er entweder mittschiffs fixiert oder er ruht in einer Baumstütze und ist dort festgesetzt, damit er nicht schlagen kann.

Die *Besanschoten* sind in der Regel mehrfach geschorene Taljen, die mit ihren Läufern an der Baumnock angreifen und dann durch Blöcke an Deck laufen. Sie sitzen also nicht direkt am Segel, wie bei den Stagsegeln und den Rahsegeln, sondern bewegen den Besanbaum bzw. Gaffel. Sie entsprechen damit in ihrer Funktion den Schoten der Rahsegel. Die Besaneinholer holen beim Segelbergen Schothorn (Fußeinholer oder Kontraschot) und Piek (Piekeinholer) an den Besanmast; sie haben damit die gleiche Aufgabe wie die Geitaue der Rahsegel.

Die *Geitaue* des Besans, auch Dempgordinge genannt, entsprechen in ihrer Funktion den Bauchgordingen der Rahsegel. Sie dienen beim Segelbergen dazu, die Tuchfülle des Segels an den Mast zu holen, damit es dort gepackt werden kann. Damit der Besan unabhängig von dem Bug, auf dem gesegelt wird, geborgen werden kann, laufen die Dempgordinge auf beiden Seiten des Segels entlang.

Die beiden *Besan-* oder *Gaffelgeeren* zum Bewegen von Besanbaum und Gaffel laufen von der Nock der Gaffel backbord und steuerbord an Deck und sind dort belegt. Wenn das Segel nicht gesetzt ist, halten die Geeren die Gaffel mittschiffs; steht das Segel, wird die Gaffel über das Besanbaum. Als Gegenstücke zu den Schoten sind am Ende des Besanbaumes *Bullen-* oder *Bulltaljen*, auch Stützschoten genannt, befestigt. Sie sind seitlich auf dem Achterschiff an Deck belegt und sollen ein Zurückschlagen des Baumes verhindern, wenn das Segel back kommt. Die gewaltige Kraft, die auf das gesamte Gut des Besanmastes bei einer ungeplanten Halse wirkt, kann sonst leicht das Segel zerstören oder sogar den Baum vom Mast reißen. Die Bullentaljen sind über mehrere Blöcke meist so geschoren, dass sich die Kraft auf das letzte Drittel des Baumes verteilt. Auf vielen Schiffen gibt es nur eine Bullentalje, so dass diese vor dem Setzen des Besans jeweils nach Lee geriggt werden muss.

Das *Gaffeltoppsegel* ist dreieckig und seine Ecken tragen dieselben Bezeichnungen wie die Stagsegel: Kopf, Hals und Schothorn (Grafik 16). Es ist zwischen Mast und Gaffel aufgespannt. Die Schot des Gaffeltoppsegels ist am Schothorn befestigt; sie spannt Unterliek und Achterliek zur Nock der Gaffel hin aus. Das *Fall* ist am Kopf des Segels

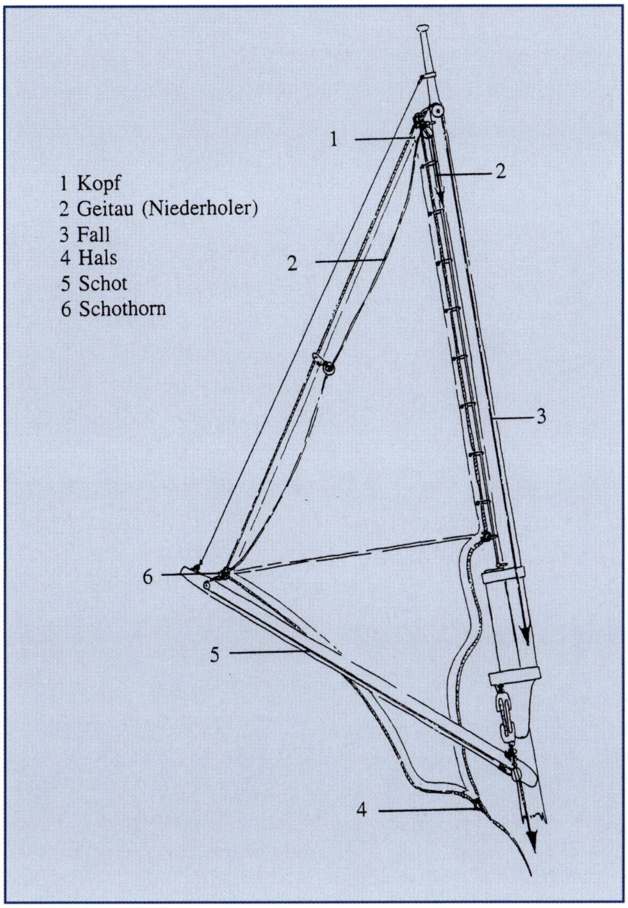

Grafik 16: Gaffeltoppsegel und laufendes Gut

angeschlagen und dient dem Segelsetzen. Wie bei den Rahsegeln ist das *Geitau* das Gegenstück zur Schot: Es holt das Schothorn beim Segelbergen an den Mast. Das Geitau entspricht gleichzeitig dem Niederholer bei den Stagsegeln, indem es vom Schothorn durch ein Auge am Achterliek zum Kopf und von dort zum Mast und weiter an Deck führt und das Einholen des Gaffeltoppsegels als Ganzes ermöglicht. Das Geitau wird entsprechend seiner Funktion auch oft Kontraschot oder Niederholer genannt. Die *Halsen* des Gaffeltoppsegels dienen zum Trimmen von Vor- und Unterliek. Auf jeder Seite der Gaffel läuft meist ein Hals, sodass das Segel geschiftet werden kann, ohne dass man vorher aufentern muss. Somit vereinfacht sich die Bedienung des Gaffeltoppsegels während der Segelmanöver.

Anordnung der Leinen an Deck

Das Auffälligste an einem Großsegler ist wohl die verwirrende Anzahl und Vielfalt an Leinen und es erscheint dem Neuling schier unmöglich, ihre Funktion und ihre Lage auf den Nagelbänken einzuordnen und zu behalten. Aber die Anordnung der Leinen folgt ganz bestimmten Prinzipien und wenn man sich einige wenige »Schlüssel«-Leinen merkt, ist es nicht schwer, anhand dieser die Lage und Funktion der übrigen herzuleiten. In seinem Buch »Auf blauen Tiefen« schreibt Alain Villiers dazu: »Jeder, der mit der Arbeit des Schiffes zu tun hatte, wohnte auch an Bord. ... Sie übten ihren Beruf aus und lebten in Traditionen, die sie seit ihrer Kindheit eingesogen hatten. Sie wussten genau, wo jedes Tau des laufenden Gutes saß, wozu es diente, wie es lief, und sie konnten es in der wildesten, schwärzesten Nacht finden. Abgesehen von kleineren Varianten waren alle großen Rahsegler in gleicher Weise getakelt, und die Varianten wurden von allen spielend beherrscht, die an solche Dinge gewöhnt waren. Jeder einzelne Draht, jede Kette, jedes Tau hatte seine Aufgabe, seinen Namen und seinen Platz ... und nur diesen einen Platz, der allen bekannt war, die damit zu tun hatten.«

Jeder, der die beängstigenden Geschichten über die endlosen Kämpfe der Windjammer gegen Wind und Seegang liest, kann sich leicht vorstellen, dass verheerendes Unglück für das Schiff und die Menschen, die auf ihm arbeiten, eintreten kann, wenn die feste und in höchstem Maße sinnvolle Ordnung der Leinen nicht eingehalten wird: Aus Unachtsamkeit, Panik oder Hektik, in Dunkelheit und Sturm oder weil ein Ende nicht an seinem Platz hängt, kann eine verkehrte Leine gegriffen werden. Wirft ein Seemann z. B. aus Versehen das Fall einer laufenden Rah los, wird mit großer Wahrscheinlichkeit das darüber liegende Segel reißen, das gewaltige Gewicht der Rah wird die Toppnanten, an denen sie hängt, brechen lassen und die Rah wird an Deck stürzend alles mitreißen, was ihr im Wege ist. Auch der sichere und reibungslose Ablauf aller Manöver hängt davon ab, dass jeder die Position und Funktion aller Leinen genau kennt und auch weiß, für welche Leine er selber zuständig ist.

Das laufende Gut zum Bedienen der Rahen, der Gaffeln, des Baumes und natürlich der Segel wurde im Laufe der Entwicklung immer weiter verbessert, so dass jedes

Tau seine Aufgabe erfüllt, ohne andere zu behindern, sich selbst zu reiben oder das richtige Setzen der Segel zu stören. So wird beim Scheren der Leinen immer darauf geachtet, dass folgende Regeln eingehalten werden: Jedes Ende muss so geleitet werden, dass es möglichst leicht, d. h. ohne Reibung, geholt werden kann, denn das Schamfilen an einem anderen Tau oder an stehendem Gut strapaziert das Tau und vermindert seine Haltbarkeit. Außerdem muss die Kraft, die auf die stehende Part und die Blöcke eines Endes kommt, auf genügend viele und haltbare Punkte der Takelage übertragen werden. Die holenden Parten der einzelnen Enden müssen so laufen, dass ausreichend Platz zu ihrer Bedienung bleibt und die Mannschaft sich nicht gegenseitig behindert. Leinen, die hinsichtlich ihrer Funktion zusammengehören, sind so nah beieinander angeordnet, dass die Matrosen zu ihrer Bedienung keine langen und bei schwerem Wetter gefährlichen Wege über Deck zurücklegen müssen. Werden Leinen gleichzeitig geholt, wie z. B. oft die Vorsegelfallen, dann werden sie abwechselnd Steuerbord und Backbord angeordnet, so dass die Seeleute sich nicht gegenseitig behindern. Auf diese Weise wird außerdem bei der traditionellen Einteilung der Mannschaft in eine Steuerbordwache und eine Backbordwache die Arbeit gleichmäßig verteilt.

Das Sich-Auskennen in dem verwirrenden Spinnennetz der

Leinen, die symmetrisch an Backbord und Steuerbord angeordnet sind, wie z. B. Schoten, Geitaue und Gordinge der Rahsegel, Schoten der Stagesegel, Toppnanten und Brassen der Rahen, sind aus Gründen der Übersichtlichkeit nur an einer Seite dargestellt.

Back

1 Niederholer Vorstengestagsegel
2 Niederholer Innenklüver
3 Niederholer Außenklüver
4 Niederholer Flieger
5 Hals Fock
6 Schot Vorstengestagsegel
7 Schot Innenklüver
8 Schot Außenklüver
9 Schot Flieger

Fockmast

10 Geitau Fock
11 Innengording Fock
12 Mittelgording Fock
13 Außengording Fock
14 Nockgording Fock
15 Geitau Fock Vor-Untermarssegel
16 Innengording Vor-Untermarssegel
17 Mittelgording Vor-Untermarssegel
18 Außengording Vor-Untermarssegel
19 Nockgording Vor-Untermarssegel
20 Geitau Vor-Obermarssegel
21 Innengording Vor-Obermarssegel
22 Mittelgording Vor-Obermarssegel
23 Außengording Vor-Obermarssegel
24 Nockgording Vor-Obermarssegel
25 Geitau Vor-Unterbramsegel
26 Innengording Vor-Unterbramsegel
27 Mittelgording Vor-Unterbramsegel
28 Außengording Vor-Unterbramsegel
29 Nockgording Vor-Unterbramsegel
30 Geitau Vor-Oberbramsegel
31 Innengording Vor-Oberbramsegel
32 Mittelgording Vor-Oberbramsegel
33 Außengording Vor-Oberbramsegel
34 Nockgording Vor-Oberbramsegel
35 Geitau Vor-Royalsegel
36 Innengording Vor-Royalsegel
37 Außengording Vor-Royalsegel
38 Nockgording Vor-Royalsegel
39 Fall Außenklüver
40 Fall Flieger
41 Fall Vor-Royalrah
42 Hals Großsegel

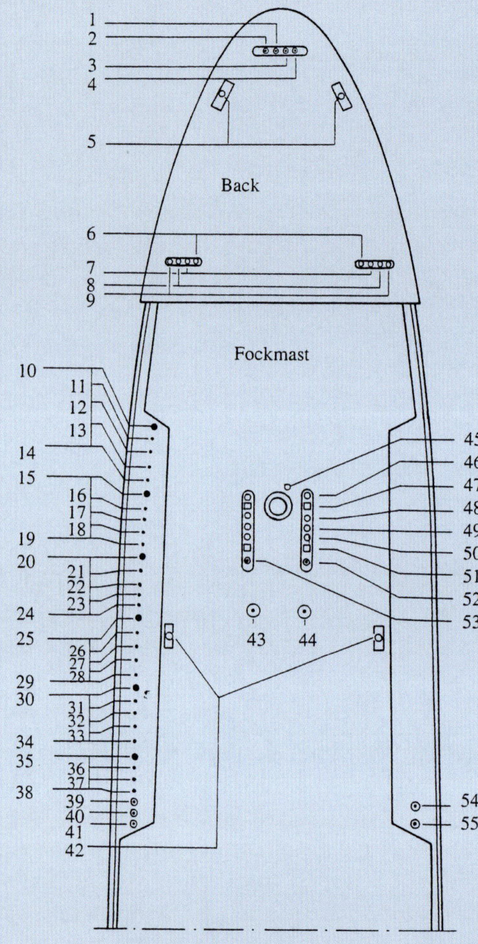

43 Fall Vor-Oberbramrah
44 Fall Vor-Obermarsrah
45 Schot Vor-Untermarssegel
46 Schot Vor-Obermarssegel
47 Toppnant Fockrah
48 Schot Vor-Unterbramsegel
49 Schot Vor-Oberbramsegel
50 Schot Vor-Royalsegel
51 Topnant Vor-Untermarsrah
52 Niederholer Groß-Stengestagsegel
53 Niederholer Groß-Bramstagsegel
54 Fall Vorstengestagsegel
55 Fall Innenklüfer

Grafik 17: Anordnung der Leinen an Deck der Viermastbark *Sedov*.

Leinen eines Großseglers wird auch für »Seeleute auf Zeit« einfach, wenn man weiß, dass das gesamte laufende Gut beim Auftakeln gewöhnlich nach folgenden Prinzipien geschoren wird: Je höher ein Segel am Mast sitzt, desto weiter achtern sind die dazugehörigen Leinen belegt. Dieses erklärt sich aus dem »Fall« der Masten, ihrer leichten Neigung nach achtern. Alle doppelt vorhandenen Leinen sind symmetrisch für Backbord und Steuerbord und jeweils direkt gegenüber an den Nagelbänken angeordnet. Ausnahmen sind die Fallen, Niederholer und die Leinen für den Besan und das Gaffeltoppsegel. Außerdem sind die Leinen für alle Rahsegel gleich.

Nach ihrer Aufgabe und ihrer Zugehörigkeit zu den einzelnen Segeln lassen sich die meisten Leinen in Gruppen zusammenfassen, die im Wesentlichen auf allen Schiffen ähnlich angeordnet sind. Als Beispiel ist auf der vorigen Seite der vereinfachte Belegplan der russischen Viermastbark *Sedov* beschrieben (Grafik 17); es ist nur das laufende Gut der Segel und Rahen aufgeführt.

Jeder einzelne Draht, jede Kette, jedes Tau hatte seine Aufgabe, seinen Namen und seinen Platz, und nur diesen einen Platz, der allen bekannt sein muss, die damit zu tun haben. Nagelbank für die Gordinge und Geitaue.

Laufendes Gut der Rahsegel

Die größte Anzahl der Leinen stellt das laufende Gut zum Setzen und Bergen der Rahsegel. Direkt unter dem jeweiligen Mast und symmetrisch an Steuerbord und Backbord sind an den seitlichen Nagelbänken die *Geitaue und Gordinge* der zugehörigen Rahsegel belegt. Nach dem Prinzip: »Je höher das Segel über Deck, desto weiter achtern die entsprechenden Leinen«, kommt als erstes das Geitau der Fock, gefolgt von den Gordingen. Letztere sind nach dem Prinzip: »Je weiter innen zum Mast hin am Segel, desto weiter vorne die Leine«, geschoren, d. h. nach dem Geitau folgt die Innengording der Fock, die Mittelgording, die Außengording und schließlich die Nockgording. Dann folgt das Geitau vom Untermarssegel und seine Gordinge in gleicher Reihenfolge wie bei der Fock; das Geitau und die Gordinge des Obermarssegels, das Geitau und die Gordinge des Unterbramsegels, das Geitau und die Gordinge des Oberbramsegels und schließlich des Royalsegels. Diese Anordnung ist im Prinzip für alle Masten gleich.

In der Regel sind alle Geitaue leicht daran zu erkennen, dass sie durch einen Fußblock an Deck laufen. Bedenkt man, dass sie beim Segelbergen die schweren Schothörner an die Rahnocken ziehen müssen, wird die Notwendigkeit dieser zusätzlichen Übersetzung verständlich. Auf manchen Schiffen sind die Geitaue außerdem an metallenen oder anderweitig besonders kenntlich gemachten Nägeln belegt, so dass man sie schnell herausfinden kann. Hinter dem Geitau folgen immer die zu dem jeweiligen Segel gehörenden Gordinge. Ihre Anzahl richtet sich nach der Größe des Rahsegels: Je größer das Segel, desto mehr Gordinge sind nötig, um die Tuchmenge zu bändigen und an die Rah zu holen, damit das Segel gepackt werden kann.

Mit Ausnahme der Untersegel sind die Schoten der Rahsegel am Mastgarten, der Nagelbank um den Mast, belegt – wieder nach dem Grundsatz: »Je höher das Segel, desto weiter achtern die Schot«. Die Untermarsschoten finden sich auch oft direkt an Klampen an der Vorderseite der Masten. Auf manchen Schiffen bestehen diese Schoten noch ganz oder zumindest bis auf das letzte Ende aus strapazierfähigen Ketten, erklärlich aus der Tatsache, dass das Untermarssegel gewöhnlich als Sturmsegel gesetzt wird, weil es als erstes Segel über Deck zwischen zwei Rahen aufgespannt ist und auch bei weitem nicht so viel Quadratmeter Segelfläche hat wie die Untersegel.

Die *Schoten und Halsen der Untersegel* sind nicht zum Mastgarten, sondern meist direkt zu Pollern seitlich an Deck geführt. Ihr Verlauf lässt sich leicht verfolgen. Bei gesetzten Segeln laufen Halsen und Schoten zu den Schothörnern; sind sie nicht gesetzt, laufen sie zu den Nocken der Rahen. Die Halsen der Fock sind gewöhnlich auf der Back belegt.

Zwischen den Schoten der Rahsegel findet man die beweglichen *Toppnanten*. Sie sind leicht daran zu erkennen und von den Schoten zu unterscheiden, dass sie wegen des Gewichts der Rahen stärkere Blöcke haben. Gibt es mehrere bewegliche Toppnanten, ist der von der tieferen Rah weiter vorn, der von der höheren Rah weiter achtern belegt.

Die *Rahfallen* sind unter jedem Mast nach achtern zu entweder seitlich an den Nagelbänken oder an Deck an schweren Pollern belegt. Bei einem Blick nach oben ins Rigg kann man sie leicht anhand ihrer gewaltigen, mehrscheibigen Blöcke aus den übrigen Leinen herausfinden. Dieses erklärt sich wie bei den Toppnanten aus dem großen Gewicht der Rahen. Je länger und dicker die Rah ist, desto größer ist die notwendige Übersetzung der Talje. Wenn beim gleichzeitigen Auslaufen der Rahfallen an allen Masten die Gefahr einer gegenseitigen Behinderung besteht, sind die Fallen abwechselnd steuerbord und backbord angeordnet.

Die *Brassen* der unteren Rahen sind leicht auszumachen. Sie bestehen aus starken Drähten mit Taljen, deren holende Part von der jeweiligen Rahnock über Leitblöcke auf der Verschanzung nach binnenbords zu großen Belegnägeln geführt werden. Aus der Notwendigkeit eines

Im Sturm war das Bedienen der Brassen eine der gefährlichsten Arbeiten – vor allem wenn das Schiff beim Überholen Wasser über die Verschanzung an Deck nahm. Dann sprangen die Männer an den Brassen um ihr Leben und nicht selten ging einer über Bord.

wirkungsvollen Winkels beim Holen der Brassen ergibt sich, dass sie viel weiter achtern belegt werden als der zugehörige Mast. Um auch für die oberen Rahen eine effektive horizontale Bewegung zu erzielen, laufen ihre Brassen nicht direkt an Deck, sondern quer zum dahinterstehenden Mast und von dort erst abwärts. Belegt sind diese Leinen entweder am Mastgarten oder an den seitlichen Nagelbänken. Wie u. a. bei den Geitauen, Gordingen und Schoten gilt auch bei den Brassen: Je tiefer die Rah über Deck, desto weiter vorn die Brassen.

Auf den meisten rahgetakelten Schiffen findet man heute für die unteren Brassen die von dem schottischen Kapitän J. C. Jarvis entwickelten *Brasswinden*. Bevor es diese Winden gab, waren mit Ausnahme der Untersegel, deren Schoten und Halsen zu Spills an Deck geführt wurden, sämtliche Segel über die Nocken der unter ihnen liegenden Rahen geschotet und wurden durch das Trimmen der Rahen mit Hilfe der Brassen eingestellt. Segelschiffe mussten auch dann noch Segel führen, wenn es bereits in Orkanstärke wehte, auch wenn es nur wenige waren. Sie konnten ihre Segel nicht einfach aufrollen und wegpacken wie ein Zelt. Ausgenommen auf Schiffen, die von ängstlichen, übervorsichtigen Kapitänen geführt wurden, mussten die Seeleute auch unter den schlimmsten Bedingungen die Segel bedienen. Und je schwerer der Sturm war, desto zuverlässiger mussten sie die Arbeiten ausführen, die man von ihnen erwartete, um das Schiff vor dem Ärgsten zu bewahren. Die Arbeit des Brassens vollzog sich auf dem häufig am meisten gefährdeten Teil des Schiffes, vor allen Dingen, wenn das Schiff beim Überholen Wasser über die Verschanzung an Deck nahm. Dann sprangen die Männer an den Brassen um ihr Leben und oft passierte es, dass einer über Bord ging. Manchmal mühte sich eine Handvoll Leute die ganze Nacht ab in dem Versuch, die Rahen an den Wind zu holen. Fast ständig unter Wasser, überspült von den langen grauen Seen, gelang es ihnen oft nicht, an die Brassen zu kommen. Oft kam es auch vor, dass die Leute die Brassen losließen, wenn eine schwere See überkam. Dann schlugen die Rahen unkontrolliert hin und her und stellten eine erhebliche Gefahr für die Takelage und das ganze Schiff dar. Aber es dauerte viele Jahre, bis jemand kam, der dieser Arbeit durch eine grandiose Idee ihren Schrecken nehmen sollte.

Viele Kapitäne standen Veränderungen in der Takelage eher misstrauisch gegenüber. Konservativ, wie die meisten von ihnen waren, hatten sie sich an die Dinge eben gewöhnt, auch wenn die Arbeit für die Mannschaft oft unsäglich schwer war. Eine Ausnahme war Kapitän J. C. B. Jarvis. Er war einer der Wenigen, die ständig daran dachten, wie man die Bedienung der Takelage verbessern konnte. Dabei war das Geheimnis relativ einfach zu lösen: Gutes und reichliches laufendes Gut, das noch dazu richtig geleitet wurde.

Die von dem schottischen Kapitän J. C. Jarvis entwickelten Brasswinden sparten Arbeit und verhinderten manch tödlichen Unfall.

Kapitän Jarvis hatte mehr als 30 Jahre Rahsegler geführt und »verließ sie nicht, wie er sie vorgefunden hatte«. Im Gegensatz zu den meisten anderen Reedereien wurden Jarvis' Ideen von der Reederei Laeisz beachtet und übernommen. Ihre Kapitäne erkannten den wirklichen Wert seiner Verbesserungen, so dass einige seiner Ideen konsequent auf den P-Linern verwirklicht wurden und mit zu deren herausragenden Reisen beitrugen. Vor allen Dingen die Jarvis-Brasswinden wurden später auf allen deutschen Schiffen eine ständige Einrichtung. Sie verringerten beim Brassen nicht nur die Gefährdung, sondern vor allen Dingen die Knochenarbeit für die Mannschaft. Mit der Winde konnten drei bis vier Männer und Jungen ebensoviel schaffen wie sonst eine ganze Wache oder gar beide Wachen. Mit anderen Worten: Die Brasswinden verhinderten manchen tödlichen Unfall und sparten darüber hinaus Arbeit, Zeit, Material und Unterhaltskosten.

Sie bestanden aus einer Vorrichtung von sechs stählernen geriffelten Walzen. Diese Walzen, die man heute auf fast allen Windjammern findet, sind konisch und in ihre Riefen passen genau die Stahlseile der Brassen. Alle sechs Walzen werden durch einfache Kammräder gekoppelt und können von wenigen Männern durch Windenkurbeln betrieben werden. So werden die besonders schweren unteren drei Rahen gleichzeitig gebrasst. Die langen Drahtbrassen – auch das ein Teil des Jarvis-Patents – laufen in genau durchdachtem Winkel von den Nocken jeder Mars- und Unterrah zu dem dahinterstehendem Mast und von da aus auf die Sechstrommelwinde. Diese ist so ausgelegt, dass die eine Trommel genau so viel Lose ausgibt, wie die andere einholt, wenn ein paar Mann an den Winschkurbeln drehen. Auf diese Weise sind diese Rahen in jeder Position festgehalten und können nicht außer Kontrolle geraten. Vor dem Brassen werden an der Verschanzung angebrachte Jolltaue losgeworfen und erst zum Schluss angesetzt, um den Rahen den letzten Feintrimm zu geben. Das schnelle Brassen der Rahen während einer Wende geschieht durch Auskuppeln der Trommeln; eine Bandbremse ermöglicht es, die Bewegung nach Belieben zu hemmen.

Die Brasswinden werden mittschiffs unmittelbar vor oder hinter den Nagelbänken der jeweiligen Masten aufgestellt, also an einem Platz, der auch bei schlechtem Wetter relativ sicher vor überkommenden Seen ist. Die Winden für die Rahen des Vortopps befinden sich also am Großtopp, die des Großtopps am Kreuztopp usw.

Laufendes Gut der Schratsegel

Die *Niederholer* für die Vorsegel werden mittschiffs vorn auf der Back an einer kleinen Nagelbank belegt. Ihre Position ist einsichtig aus ihrer Funktion und ihrer Führung: Sie kommen vom Kopf der Vorsegel und laufen an den Stagen entlang zum Hals und von dort längs des Klüverbaums und Bugspriets nach achtern.

Die *Schoten der Vorsegel* laufen zu steuerbord und backbord oft querschiffs liegenden Nagelbänken an der Achterkante der Back oder an der Vorkante des Halbdecks.

Die *Fallen der Vorsegel* sind meist abwechselnd steuerbord und backbord ungefähr auf gleicher Höhe wie die Rahfallen an den seitlichen Nagelbänken des Fockmastes belegt.

Die *Niederholer der Stagsegel* zwischen den Masten befinden sich an der Achterkante des Mastes, an dem sie mit ihrem Hals befestigt sind, also am nächst vorderen Mast. Sie werden dort am Mastgarten belegt.

Wie die Fallen der Vorsegel sind die *Fallen der Stagsegel* meist abwechselnd steuerbord und backbord in der Nähe der Rahfallen des zugehörigen Mastes angeordnet. Manchmal sind Niederholer und Fall eines Stagsegels auf unterschiedlichen Seiten belegt, um der Gefahr zu begegnen, dass beim Holen des Falls in den zum Auslaufen an Deck liegenden Niederholer getreten wird.

Die *Schoten der Stagsegel* führen durch Leitblöcke zu den Nagelbänken oder an Deck.

Für das gesamte laufende Gut der Segel des Besanmastes, also Besan und Gaffeltoppsegel, gibt es außer den genannten allgemeinen Prinzipien wenig feste Regeln. Besanschoten, Bullentaljen und Gaffelgeeren sind leicht an ihrem Verlauf zu erkennen und meist an Pollern an Deck belegt, alle übrigen Leinen, so z. B. Geitaue und Ein- und Ausholer, am Mastgarten oder an den seitlichen Nagelbänken.

Tauwerk und Blockwerk

Ein Segelschiff wird erst durch einige Kilometer Tauwerk und viele hundert Beschläge zum Leben erweckt. So wurden für die *Passat* des Hamburger Reeders Ferdinand Laeisz allein 16,4 km Stahldraht zusammen für das laufende und stehende Gut und 200 m Ketten gebraucht. Dazu kamen 6,4 km Hanf- und Manilaleinen. Um sie zu bedienen waren allein 709 Blöcke, davon 78 zwei- und mehrscheibig, und 808 Schäkel notwendig. Die fachmännische Behandlung von Tauwerk und Blockwerk nahm einen großen Teil der praktischen Seemannschaft der Seeleute ein und ein gut geführtes Schiff konnte man unter anderem daran erkennen, dass diese Dinge in tadellosem Zustand waren.

Das *Tauwerk*, also alle Leinen, wird verwendet als stehendes oder laufendes Gut und natürlich als Festmacher-, Verhol- und Schleppleinen.

Neben den modernen Leinen aus Kunstfasern findet man auf Segelschiffen immer noch Leinen aus Hanf, Manila oder Sisal, vereinzelt auch aus Kokosfasern oder Flachs und natürlich aus Draht.

Hanftauwerk wird seit altersher in der Seefahrt verwendet. Es wird aus den Fasern des Hanfes hergestellt, einer bis zu 4 m hohen Pflanze. Hanf gehört zu den strapazierfähigsten Naturfasern, obwohl er relativ witterungsanfällig ist. Wo das Tauwerk dauernd Wind und Wasser ausgesetzt ist und nur wenig durch Blöcke läuft, wird es geteert; es verliert aber dadurch an Geschmeidigkeit oder »Lehnigkeit«. Ungeteert findet Hanftauwerk z. B. Verwendung in der Takelage, als Lot- und Logleine, als Liektauwerk, als Schiemannsgarn zum Bekleeden von stehendem und laufendem Gut, als Takelgarn und für verschiedene Bändsel.

Manila ist wie Hanf eine Naturfaser. Sie wird aus den Blattscheiden der Faser-Banane gewonnen, kann bis zu 1,5 m lang werden und eignet sich gut zum Herstellen von Seilen, Netzen usw. Neues Manilatauwerk ist gelb, altes silbergrau. Gegenüber Hanf ist die Bruchfestigkeit ca. 20 % geringer, trotzdem wird es oft dem Hanf vorgezogen, weil die Witterungsbeständigkeit höher ist; Manila gibt es außerdem in größeren Stärken als Hanf. Ein weiterer Vorteil gegenüber Hanf ist, dass es einige Zeit auf dem Wasser schwimmt, was es für Verhol- oder Schleppleinen geeignet macht. Außerdem ist es weniger empfindlich gegenüber Schamfilen. Neues Manilatauwerk knarrt bei Beanspruchung, solange es trocken ist.

Sisaltauwerk wird aus den Blattfasern der Sisalagave hergestellt. Es zeichnet sich durch hohe Festigkeit und Geschmeidigkeit aus; ansonsten ist es in seinen Eigenschaften dem Manilatauwerk vergleichbar.

Seit es *Kunstfasern* gibt, geht die Verwendung von Tauwerk aus Naturfasern stark zurück. Tauwerk aus den verschiedenen Kunstfasern zeichnet sich insgesamt durch Eigenschaften aus, die es sehr geeignet für den Gebrauch in der Seefahrt macht. Alle Leinen sind praktisch unempfindlich gegen Regen- und Seewasser und rotten auch in feuchten Laderäumen nicht. Außerdem ist die Bruchfestigkeit meist höher. Einige haben eine sehr geringe Dehnbarkeit, was sie geeignet macht für den Gebrauch als Schot oder Fall.

Drahttauwerk hat gegenüber Natur- oder Kunstfasertauwerk den Vorteil, dass es bei geringerem Umfang eine größere Festigkeit und Haltbarkeit hat. Da auch die Dehnbarkeit geringer ist, ist es besonders geeignet für das stehende Gut. Nachteilig ist die Neigung zur Kinkenbildung, das höhere Gewicht und die geringe Handlichkeit, so dass nur dünnes Drahttauwerk als laufendes Gut geeignet ist.

Alle Arten von Tauwerk – Taue, Leinen, Trossen, Garne, Bändsel – wurden früher von dem »Reeper« oder Reepschläger auf der »Reeperbahn« gefertigt, einer langen, geraden Bahn oder einem Gang, in dem genügend Platz war, um das Tauwerk in großer Länge aufzuspannen und zu schlagen. Der Reeper musste auf höchste Qualität seiner Schnüre, Seile, Leinen und Trossen achten, denn oft hing die Sicherheit des Schiffes und ihrer Mannschaften von ihr ab. Die Auswahl der Rohstoffe und ihre Verarbeitung war von großer Bedeutung. Zweitklassiges oder gar nasses und verdorbenes Garn durfte entsprechend der Zunftvorschrift nicht verwendet werden und Garn, das man durch Aufdrehen von altem Schiffstauwerk gewonnen hatte, eignete sich bestenfalls noch als Werg. Die Arbeit des Reepschlägers war das »Schlagen« der Seile, daher sein Name. Auch jedes noch so lange Seil besteht naturgemäß nur aus einem halben bis eineinhalb Meter langen Pflanzenfasern, zusammengehalten nur durch den Reibungswiderstand, der sich aufgrund tausender von Verschlingungen der Fasern bildet. Für die Belastbarkeit eines Seils ist es dabei wichtig, dass die Fasern zunächst in dünnen Fäden aneinander Halt finden und dass diese dann Schritt für Schritt zu dickeren Faserbündeln zusammengefügt werden. Damit dieses gelingt, musste der Reepschläger die Eigenschaften der jeweiligen Fasern, ihre gründliche Vorbereitung für die Weiterverarbeitung, die Herstellung zunächst des einzelnen Fadens und dann schließlich des Seils einschließlich seiner Nachbehandlung, die sich nach dem Verwendungszweck richtet, genau kennen. Es war eine arbeitsintensive und platzaufwändige Produktion. So musste eine Reeperbahn, wollte sie Trossen bis zu 250 Metern Länge herstellen, 350 Meter lang sein.

Mit dem Niedergang der Segelschifffahrt ist auch das Ende der Reepschlägerei gekommen. Vorbei ist die große Zeit dieser echten Handwerkskunst, denn das meiste Tauwerk wird heute aus Kunstfasern auf modernen Maschinen hergestellt.

Die Festigkeit und Haltbarkeit von Tauwerk aus Naturfasern beruht in erster Linie auf der Güte des verwendeten Materials, in zweiter Linie auf der gleichmäßigen Spannung der einzelnen Fasern im Garn, der Garne in den Kardeelen und der Kardeele im Tau. Im Idealfall ist die Bruchfestigkeit eines Taues so groß wie die Summe der Bruchfestigkeiten aller im Tau enthaltenen Garne. Tatsächlich bleibt die Festigkeit aber erheblich hinter diesem theoretischen Wert zurück, weil das Tau durch das Drehen geschwächt wird. Meistens ist es auch nicht möglich ist, eine vollkommen gleiche Spannung aller Garne zu erreichen.

Tauwerk aus Pflanzen- oder Kunstfasern wird gewöhnlich angefertigt, indem die Fasern von links nach rechts zu Kabelgarnen gesponnen werden. Diese werden in entgegengesetzter Richtung zu Kardeelen zusammengedreht. Drei oder vier Kardeele werden wiederum von links nach rechts zu Leinen oder Trossen geschlagen. Man spricht dann von rechtsgeschlagenem Tauwerk. Bei linksgeschlagenem Tauwerk ist der Ablauf genau umgekehrt. An Bord findet man fast ausschließlich rechtsgeschlagenes Tauwerk. Rechtsgeschlagenes Tauwerk muss auch immer rechtsherum aufgeschossen, d. h. in runde, übereinanderlaufende Buchten gelegt werden, weil sich sonst leicht Kinken bilden, die sich in die Blöcke ziehen und das Tau am Laufen hindern können.

Hat das Tauwerk eine Funktion zu übernehmen, bei der eine starke Dehnung unzulässig ist, z. B. bei Verwendung für stehendes Gut oder für Enden, die bekleedet werden, wird es vorher ausgereckt und mindestens 12 Stunden auf Reck gehalten. Auch Liektauwerk und Webeleinengut wird vor der Verarbeitung auf Reck gesetzt. Tauwerk für laufendes Gut wird gewöhnlich nicht vorher gereckt. Damit sie sich nicht aufdrehen und dadurch unbrauchbar werden, umwickelt man die Tampen aller holenden Parten am Ende mit einem dünnen Garn, man versieht sie mit einem Takling.

Tauwerk aus Naturfasern muss vor Nässe geschützt werden. Es wird immer so aufgeschossen und an den Belegnagel gehängt, dass es frei vom Deck und von der Bordwand hängt; vor dem Verstauen werden die Leinen an der frischen Luft getrocknet. Tauwerk, das ständig an Deck liegt, lagert auf Grätings. Auch direktes Sonnenlicht schadet dem Material. Deswegen werden Leinen oft bekleedet, d. h. eng mit Schiemannsgarn umwickelt. Leinen, die über scharfe Kanten laufen, werden durch Segeltuchumwicklungen oder durch untergelegte Matten geschützt.

Bei der Herstellung von Drahttauwerk werden die Kardeele meist um eine mit Teer und Öl durchtränkte Hanfseele oder um eine Seele aus geglühtem Eisendraht geschlagen. Die einzelnen Drähte eines Drahttaues werden gleichmäßig mit einer dünnen, seewasserbeständigen Metallschicht , z. B. aus Zink, überzogen.

Drahttauwerk wird meist in Achtform aufgeschossen und um Doppelpoller belegt, damit es nicht zur Bildung von Kinken kommt. Stark verkinkte Leinen werden in »englischen Buchten«, d. h. so wie die Leine von selbst fällt, aufgeschossen. Auch die Art und Weise, wie Drahttauwerk gefiert wird, hat Einfluss auf die Kinkenbildung: Wird das Tau um einen einzelnen Poller eine längere Strecke unter Last gefiert, so zeigt sich nach dem Abnehmen des Taus, dass seine Buchten, dem Umfang des Pollers entsprechend, wie eine Spiralfeder aufeinander fallen. Beim erneuten Ausfahren eines solchen Taus kann es zur Bildung von Kinken kommen. Um dem vorzubeugen wird Drahttauwerk nur in Achtform um Doppelpoller gefiert. Infolge der rechts und links liegenden Törns wird dann die Neigung zur Spiralbildung aufgehoben.

Sind so starke Kinken entstanden, dass die Kardeele dadurch auseinandergedreht werden und die Deckdrähte hohl stehen, muss die Leine gekappt und gespleißt werden. Sie verliert aber selbst bei einem perfekt ausgeführten Spleiß etwa ein Fünftel ihrer Festigkeit. Bei dünnen Leinen kann man versuchen, die Kinken durch Nachschleppen bei hoher Geschwindigkeit zu beseitigen.

Drahttauwerk darf genau wie Tauwerk aus Naturfasern nur trocken verstaut werden. Von Zeit zu Zeit wird es mit Frischwasser und z. B. Petroleum gereinigt, damit es nicht rostet. Drahttauwerk muss vor Schamfilungen geschützt werden, da sonst die Verzinkung abscheuert und die Leine rostet. Beschädigte Stellen werden bekleedet und geteert.

Mit dem Wort *Blockwerk* oder Takelwerk fasst der Seemann alle Blöcke, Rollen, Scheiben etc. zusammen, die er für die Bedienung der Leinen benötigt. Tauwerk und Takelwerk zusammen ergeben die Taljen, auch Gien oder Takel genannt, geschaffen, um die schwere Arbeit wenigstens ein bisschen zu vereinfachen. Die zahlreichen Blöcke an Bord führen das Tauwerk und ändern die Zugrichtung der über das Tauwerk wirkenden Kräfte.

Das Gehäuse eines Blockes besteht meist aus Holz oder Metall. Die Außenseiten eines

Leitblöcke für die Brassen

Grafik 18: Verbindungen zwischen Tauwerk und Blockwerk

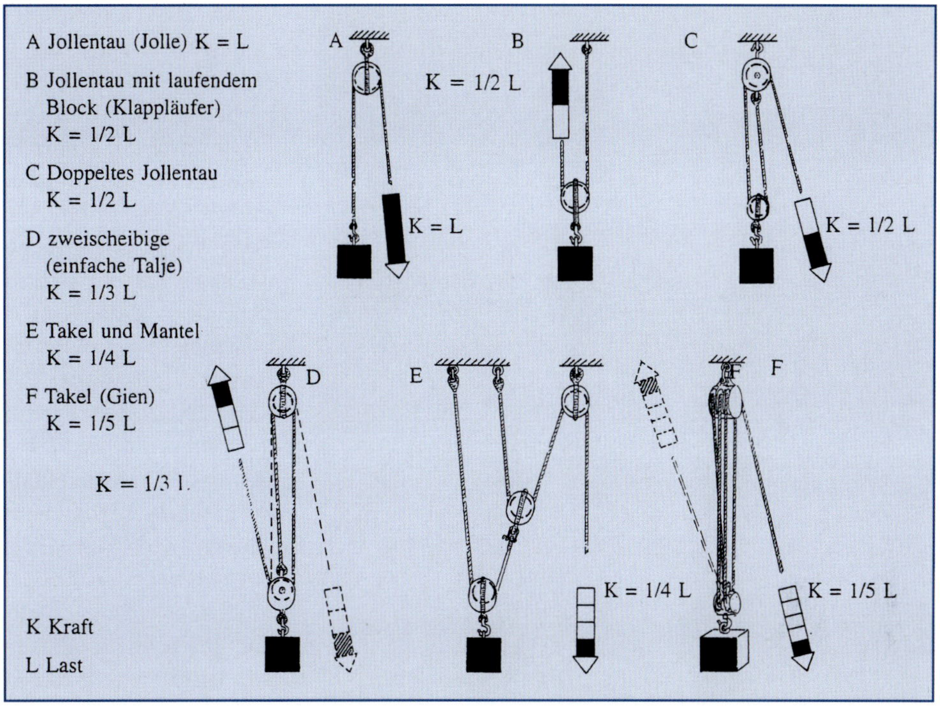

Blocks heißen Backen oder Wände; sie werden durch sog. Dämme verbunden. Die große Längsöffnung ist das Scheibegatt; sie dient zur Aufnahme der Scheibe. Die Querbohrung zur Aufnahme des Bolzens, der die Scheibe festhält, nennt man Bolzengatt. Die Scheibe eines Blocks ist entweder aus Holz oder Metall; Holzscheiben haben innen eine Metallbuchse als Lager zur Verminderung der Reibung mit dem Bolzen. Die Außenkante der Scheibe ist ausgekehlt, um das Tauwerk aufzunehmen. Bei Blöcken, die eine Kette aufnehmen sollen, ist die Scheibe entsprechend der Form der Kettenglieder gearbeitet. Je größer die Scheibe, desto leichter lässt sich das Tauwerk über den Block holen.

Es gibt viele verschiedene Blockarten: Ein *Fußblock* ist z. B. ein großer Holz- oder Eisenblock mit einer aufklappbaren Backe, durch die eine Leine gelegt werden kann. Er findet Verwendung als Leitblock.

Ein *Klumpblock* ist ein Holzblock mit starken, halbrunden Backen und relativ kleiner Scheibe. Er wird in der Takelage für Funktionen verwendet, bei denen es auf eine große Kraftaufnahme ankommt, die große Reibung, die aufgrund des kleinen Scheibendurchmessers entsteht, aber keine Rolle spielt, wie z. B. bei den Stagsegelschoten.

Ein *Herzblock* hat zwei nebeneinanderliegende Scheiben. Er wird dort verwendet, wo zwei aus entgegengesetzter Richtung kommende Tampen in eine dritte Richtung weitergeleitet werden sollen, wie z. B. bei den Mars- und Bramschoten.

Ein *Violinblock* hat zwei übereinanderliegende Scheiben. Die obere Scheibe verteilt die Kraft auf zwei Tampen, die an einer gemeinsamen Last angreifen.

An Bord eines großen Segelschiffes spielen die Blöcke eine wichtige Rolle für den buchstäblich »reibungslosen« Ablauf der Manöver und damit letztlich auch für die Sicherheit. Aus diesem Grund werden zumindest die Blöcke, die noch aus der »guten alten Zeit« stammen und weniger wartungsfrei sind als moderne Blöcke, von Zeit zu Zeit auseinander genommen und gepflegt. Dabei werden die Bolzen gefettet, die Scheiben geglättet und traditionell mit Pottlot, einer Mischung aus Graphit und Essig, versehen. Auch das Zubehör wird regelmäßig gewartet.

Tau- und Blockwerk wird zu Flaschenzügen der verschiedensten Art verbunden (Grafik 18). Sie werden allgemein Taljen oder spezieller Takel, Gien usw. genannt. Das Tau einer Talje nennt man den Läufer; der Teil des Läufers, an dem die Kraft angreift, heißt »holende Part«, das andere Ende wird »feste Part« genannt, es greift an der Last, einem festen Block oder festen Punkt an.

Will man wissen, wie die Verbindung zwischen Tau- und Blockwerk beschaffen sein muss, mit der bei einer gegebenen Kraft eine gegebene Last gehoben werden kann, so muss man das Gewicht der Last durch die Größe der zur Verfügung stehenden Kraft dividieren. Der Quotient ergibt die Anzahl der Parten, die sich an dem beweglichen Block befinden müssen, um den Gleichgewichtszustand herbeizuführen. Auf diese Weise kann man theoretisch mit einer gegebenen Kraft beliebige Lasten bewältigen. In der

Die Talje mit dem gewaltigen dreischeibigen Block dient zum Heißen einer tonnenschweren Rah.

Praxis wird jedoch dieser Möglichkeit durch die mit der Scheibenzahl schnell zunehmende Reibung sowie durch die Biegungswiderstände aufgrund der Steifigkeit des Tauwerks eine Grenze gesetzt. Reibung entsteht an den Auflegestellen der Bolzen in den Bolzengatts der Scheiben. Die Reibung kann durch Glätten und Konservieren der Bolzen und des Bolzengatts vermindert werden. Die Seilsteifigkeit ist bei gebrauchtem Tauwerk geringer als bei neuem. Ihre Größe ist abhängig von dem Material, der Dicke und Härte des Tauwerks. Die beschriebenen Reibungswiderstände nehmen bei mehr als dreischeibigen Taljen schnell soweit zu, dass der Kraftgewinn nur noch sehr gering ist.

Die Entscheidung darüber, welche Art von *Verbindung zwischen Blockwerk und Tauwerk* jeweils für eine spezielle Aufgabe geschoren werden muss, setzt eine große Portion Erfahrung und praktisches Wissen voraus.

Die einfachste Verbindung zwischen Blockwerk und Tauwerk nennt man *Jollentau* oder Jolle (A). Sie entsteht, wenn man ein Ende durch einen einscheibigen, an einem festen Punkt angebrachten Block schert. Der Block hat in diesem Fall nur den Zweck, dem Tau eine geeignetere Richtung zu geben. Eine Kraftersparnis tritt nicht ein.

Ist der Block, durch den man das Ende geschoren hat, beweglich, d. h. an der Last befestigt, so hängt diese gleichmäßig an beiden Parten und jede dieser Parten trägt demgemäß nur die Hälfte der Last. Befestigt man die eine Part an einem festen Punkt, so erhält man eine Verbindung, die Jollentau mit laufendem Block oder *Klappläufer* (B) genannt wird. Hier wird die Wirkung der an der holenden Part angreifenden Kraft verdoppelt.

Schert man die holende Part eines Klappläufers noch über die Scheibe eines festen Blocks, um dieser eine andere Richtung zu geben, so erhält man eine Verbindung, die *doppeltes Jollentau* (C) genannt wird.

Eine zweischeibige oder *einfache Talje* (D) besteht ebenfalls aus dem Läufer und zwei einscheibigen Blöcken. Sie unterscheidet sich von dem doppelten Jollentau lediglich dadurch, dass die stehende Part des Läufers am beweglichen Block, also an der Last angreift.

Die Verbindung zwischen einem Ende und einem einscheibigen sowie einem zweischeibigen Block wird eine *dreischeibige Talje* genannt, diejenige zwischen einem Ende und zwei zweischeibigen Blöcken eine vierscheibige oder *doppelte Talje*.

Befestigt man an der holenden Part eines Klappläufers bzw. eines doppelten Jollentaues den Block eines zweiten derartigen Jollentaues bzw. den einen Block einer Talje oder eines Takels, so erhält man eine Verbindung, die *Takel und Mantel* (E) genannt wird. Ein Takel und Mantel bietet einen erheblich größeren Kraftgewinn als eine Talje oder ein Takel von gleicher Scheibenzahl und kann deshalb als die vorteilhafteste Verbindung von Tauwerk und Blockwerk bezeichnet werden. Die Verbindung zwischen einem Ende und einem zweischeibigen und einem dreischeibigen Block sowie zwischen einem Ende und zwei dreischeibigen Blöcken heißt *Takel oder Gien* (F). Sie unterscheidet sich von den Taljen in der Regel zusätzlich durch die Größe und Schwere der Blöcke und die Stärke der Läufer.

2. Die Menschen an Bord

In seinem Buch *Die Marine. Eine gemeinfassliche Darstellung des gesammten Seewesens für die gebildeten aller Stände* schreibt der Konteradmiral R. Brommy: »... bevor wir das Leben und Treiben des Seemannes näher betrachten ... halten wir es für nothwendig, uns überhaupt mit dieser eigenen Rasse zu befreunden, die so verschieden von allen Klassen der menschlichen Gesellschaft dasteht, und daher ein Recht hat auf eine specielle Schilderung.« »Die Mannigfaltigkeit und das Erhabene der natürlichen und der zu erwerbenden Eigenschaften und Kenntnisse« müssten sich in einem Menschen vereinigen, damit er ein tüchtiger Seemann werde, meint Brommy, und es gäbe keinen Beruf, der allen natürlichen Bedingungen des Lebens so vollständig widerstreite wie das Seeleben: Herausgerissen aus allen materiellen und moralischen Beziehungen, an die er von Jugend an gewöhnt sei, sähe sich der Seemann von Gefahren aller Art umringt, gegen die er unaufhörlich kämpfen müsse. So beweise der Seemann, dass der Mensch »in Fällen der Dringlichkeit und bei Ereignissen von hoher Bedeutung einen ungewöhnlichen Mut und eine erstaunliche Körper- und Seelenstärke zu entwickeln im Stande ist, die am besten die Größe des menschlichen Vermögens bekunden«. Die ganze Existenz des Seemann sei somit eine Reihe von Gefahren und Aufopferungen – eine Schlacht, die er den Elementen liefere. Kurz: Sein ganzes Leben ist Lebensregeln und Normen unterworfen, für die nur die Richtschnur des Seemannslebens zählt, da sie aus völlig anderen Notwendigkeiten entstanden sind, als es die Verhältnisse an Land getan hätten.

Gerade weil diese Worte in der heutigen Zeit, in der die Menschen das Schiff eher als ein Mittel zu ihrem Fortkommen denn wie früher als ihren Lebensinhalt betrachten, ihre Bedeutung weitgehend verloren haben, lohnt es sich, einen Blick auf die Leute zu werfen, die zur Blütezeit der Tiefwassersegler auf diesen Schiffen gefahren sind. Wer waren sie, die dieses für uns unvorstellbar harte Leben wählten, »die von einem Segelschiff aufs andere stiegen und darüber alt wurden, geplagt von Rheuma und Arthrose? Die zu Hause niemand mehr kannte, weil sie das Schreiben eingestellt hatten und das Wiederkommen. ... Die vielleicht in irgendeinem Pestloch am Gelben Fieber starben und dort namenlos begraben wurden, weil niemand die Leiche haben wollte. ... Die über Bord fielen und in kluger Voraussicht nie schwimmen gelernt hatten, um nicht ihre Qualen zu verlängern, wenn es einmal soweit war?« *(Brustat-Naval, F.: Die Kap Hoorn Saga. Göttingen 1975)*. Was für Menschen zog die See heran? Und was hat sie verbunden? »Die Männer an den Häfen unserer schönen Erde, die sind sich nie ganz fremd gewesen. Das Band der See verknüpft sie, der Hauch des Meeres umwittert sie, wo sie auch sind. Sie erkennen sich als ihresgleichen an etwas, weniger faßbar als der Teerduft, der ihre Schiffe umgibt, doch ihren Sinnen leichter erkennbar. Und in diesem hallenden Gruß über den glitzernden Strom hinweg fühlten sie lebendig die Schicksalsgemeinschaft der unruhigen Bruderschaft des Wanderns, zu der sie gehörten.« *(Schmidt, F.: Von den Bräuchen der Seeleute. Hamburg 1962)*. Wie der Glaube der Seeleute, so war auch ihre Begeisterung für ihre Schiffe eher schweigsam. Man musste sie lange suchen und fand sie höchstens in der Nüchternheit, mit der die Männer an die Arbeit gingen, in einem halblauten Gespräch über das Schiff, in einer Nacht unter den Sternen. »Diese Begeisterung trägt, und das Gesetz der Gemeinsamkeit trägt mit, und so werden Seeleute erzogen«, schreibt Karlsson.

Der echte Segelschiffsmatrose liebte das Segeln und die Seemannsarbeit, den Lebensrhythmus an Bord und die Kameraden, mit denen er Schulter an Schulter arbeitete, sowie das Gefühl mit der Kraft der eigenen Hände zum Gelingen einer Reise beizutragen.

Die Mannschaft

Nicht jeder Matrose war in den Augen der Seeleute ein »richtiger Seemann«. Einer, der zwölf lange Jahre auf verschiedenen Schiffen gefahren war und es wissen musste, urteilte darüber so: »Wenn jemand Arbeiten zu verrichten hat, zu denen gar keine besondere seemännische Ausbildung gehört, dann kann man ihn unmöglich einen Seemann nennen, sie sind bestenfalls 'Scheuerfrauen und Messingputzer', denn alle ihre Schiffe haben ja keine Takelage mit Rahen und Segeln. ... Nein, richtige Seeleute, das sind die, die auf großen Segelschiffen in andere Weltteile fahren, die monatelang nicht an Land kommen, denen die See ihre Heimat und ihr Lebenselement ist ...« *(Herjett, C.: Durch Passate und Taifune. Kassel 1983).*

Diese »richtigen Seeleute« waren Männer, die über die Härte ihres Alltags voller tödlicher Gefahren wenig nachdachten, obwohl jeder Tag für sie der letzte sein konnte, selbst in den friedlichen, warmen Tagen des Passats. Sie waren anspruchslos, weil sie keine andere Wahl hatten, stellten keine Forderungen und waren bereit, alles zu geben, wenn es darum ging, ihr Schiff aus bedrohlichen Situationen zu retten. Sie hatten schwerste Arbeit im Übermaß und mussten Härten über sich ergehen lassen, die man sich heute, in einer Zeit, in der man gewöhnlich in aller Bequemlichkeit zur See fährt, kaum noch vorstellen kann. Das Wort Erschöpfung kam ihnen erst sehr spät in den Sinn, gejammert wurde nicht, es brachte ja auch nichts ein. Ohne Angst arbeiteten sie Stunde um Stunde in der Takelage und an Deck, wenn das Wetter es erforderte. »Eine Kap-Horn-Reise ohne Kleider und Kojenzeug anzutreten, bedeutete ihnen genau so wenig, wie einmal in die Wanten zu jumpen und als erster oben zu sein, um ein zerrissenes Segel zu bergen.« *(Villiers, A.: Auf blauen Tiefen. Hamburg 1955).* Und weil sie durch das ständige Training hart wie Stahl waren, kamen sie noch nicht mal außer Atem dabei. Trotzdem: Seeleute altern früh; Sorge, körperliche und seelische Belastung, die Schwere der Verantwortung für die Menschenleben und das anvertraute große Gut, drängen sich in kurze, aufreibende Zeiten zusammen und nehmen im Verein mit dem beständigen Klimawechsel die Konstitution mit.

Ihr Besitz beschränkte sich oft genug auf einen Seesack mit den nötigsten Kleidungsstücken und ihrem persönlichen Werkzeug: eine Fidd, ein Segelhandschuh, ein paar

Segelnadeln und natürlich noch ein gutes scharfes Messer, unentbehrlich für einen richtigen Seemann und bis in die heutigen Tage so etwas wie ein Erkennungszeichen der Matrosen. Sie schätzten die Verbindung von Disziplin und Freiheit auf einem gut geleiteten Schiff und kannten den Wert und die Notwendigkeit enger Zusammenarbeit. Ein »anständiger Schiffskamerad« war ein Freund fürs Leben, den die Seeleute nicht vergaßen, auch wenn sie ihn nie wieder sahen. Auf gute Schiffe – und das schloss auch immer die Schiffsführung mit ein – schworen sie, die schlechten verfluchten sie. Für die Seeleute von damals ergab sich nicht die Frage, ob sich der meist knochenharte Einsatz an Bord eines Tiefwasserseglers für eine oft lumpige und von Hafen zu Hafen zusammengesuchte Ladung lohnte. Ihre hohe Berufsauffassung und Charakterstärke, eine gute Portion »Vertrauen in Gott und in ein gnädiges Schicksal« und hin und wieder nach einem besonders harten Manöver ein Schluck aus der Flasche ließen sie Verhältnisse in Kauf nehmen, über die man heute nur noch ungläubig und verständnislos staunt oder lächelt. Ein übertriebenes Gefühl für Männlichkeit ist für Seeleute charakteristisch. Es ist so stark ausgeprägt, dass es oft als Härte erscheint. Fällt ein Mann von oben und kommt ohne ernstere Verletzungen davon, dann werden darüber derbe Witze gerissen. Kleinere Verletzungen, wie Quetschungen und Schnitte werden gar nicht erst beachtet. Beachtung oder gar Mitleid zu zeigen gilt selbst in ernsteren Fällen als unmännlich. Zartere Gefühlsregungen werden an Bord unterdrückt. Wer zartbesaitet und empfindlich ist, gehört nicht auf See. Der Seemann weiß zu genau, dass sein Leben oft nur an einem Faden hängt. Er möchte nicht immer wieder daran erinnert werden. Dem natürlichen Gefühl für Familie und Heimat widmet der Matrose nur kurze Zeit, dann ist er wieder der raue Seemann.

Was machte denn nun einen guten Seemann auf einem Windjammer aus? Es war nicht allein große körperliche Kraft. Mindestens ebenso wichtig waren Behändigkeit, Zähigkeit, Ausdauer und die Gabe, auch schlechtestes Wetter und harte Schläge zu ertragen. Obwohl es vielleicht paradox erscheint, dass bei einer Tätigkeit, die ungeheuerliche physische Anstrengungen verlangte, Körperkraft nicht der wichtigste Faktor gewesen sein soll, war ohne Zweifel die Fähigkeit, allen Widrigkeiten unerschrocken und ohne zu hadern entgegenzutreten, auch wenn das eigene Bedürfnis nach Ruhe, Aufschub, Rückzug oder Sicherheit noch so groß war, viel wichtiger. Der Aufruhr der Elemente hatte immer schon verheerende Folgen für Menschen. Das Peitschen und Prasseln von Regen und die kalten Finger des Seewindes dringen durch die dicksten Kleider, das Donnern der bewegten See und der Schrei des Windes greift die Nerven an. Dazu kommt der furchterregende Anblick des Schiffes, wie es stoßend und schwankend durch die Wellen taumelt. Wohl dem Segelschiff, das dann Matrosen hatte, die sich nicht abschrecken, denen im Gegenteil diese »Erlebnisse urwüchsiger Gewalt« zusätzliche Kräfte wachsen ließen. »Einen guten Seemann erkennt man im Sturm«, sagte man und wusste, dass solche Männer unersetzlich waren in einer Mannschaft, um die anderen mitzureißen, damit sie alles hergaben, was sie an Willensstärke und Körperkraft besaßen. Ein Kapitän sagte einmal zu einem seiner Leute angesichts einer fast nicht durchzuführenden Aufgabe: »Junge, halte das in deinem dicken Schädel fest: Nichts ist unmöglich für Gott und einen guten Seemann!« Und die Seeleute hatten noch eine andere Lektion zu lernen: Es nützte nichts, schnell, willig und furchtlos zu sein, wenn man mit Fehlern alles wieder verdarb, weil man zu schnell sein wollte. Nur ein erfahrener Seemann konnte »das Richtige ohne Denken schnell tun«. Und noch eine Eigenschaft musste der Seemann ausbilden, eine Eigenschaft, die wohl noch immer einmalig unter den Berufsständen ist: Die Fähigkeit, zu jeder Stunde aufwachen zu können, und im Vollbesitz seiner Sinne zu sein, sowie – gewissermaßen als Gegengewicht – die Fähigkeit, immer schlafen zu können. Kein Lärm von Wind, Wasser, Segel, Tauen, Holz oder Eisen kann den richtigen Seemann wach halten.

Kurz: Die großen rahgetakelten Segelschiffe, die sich der »Kauffahrtsegelei« verschrieben hatten, brachten Seeleute hervor, wie wir sie heute nur noch selten finden. Es waren mutige und unerschütterliche Männer, auf die man sich verlassen konnte. Sie beherrschten ihre Schiffe und kannten das Meer in allen seinen Spielarten. Und vielleicht gerade deshalb kannten sie in ihrer vielleicht rauen, sicher aber einfachen Art auch Gott, auch wenn sie nicht viel darüber redeten. Meist hatten sie eine tief empfundene Achtung vor der Großartigkeit der Welt, die sich ihnen auf See bot, eingeschlossen auch das Gefühl völliger Ohnmacht vor einer Gewalt, aus der Gott sprach, wenn der Wind tobend und kreischend und die Sinne betäubend über ihr Schiff herfiel. Elis Karlsson, geboren auf den Ålandsinseln und Seemann von Beruf – er diente zum Schluss auf der berühmten Bark *Herzogin Cecilie* – schreibt: »Mit harten, grauen Himmeln und frischen bis starken Winden begrüßte uns die offene See. Glück erfüllte mich, wie immer, wenn das Festland mit seinen Komplikationen hinter mir lag. Hier draußen war alles einfach und vertraut. Jede Anstrengung belohnte sich selbst. Hier war kein Platz für Trug, Schein und unechte Gefühle, diese allzu geläufigen Begleiter des Lebens an Land. Hier in der Einsamkeit des weiten Meeres wohnte Gott, nicht Jehova mit seiner Eifersucht und seiner Günstlingswirtschaft, sondern einer, der unendlich viel größer, unpersönlich, aber immer gegenwärtig ist. Wenn das auch viel eher instinktives Gefühl als bewußter Glaube war, gab es mir doch Ruhe und Sicherheit. Hatte ich nach bestem Vermögen das Schiff und alles, was dazugehörte, betreut, dann legte ich mich hin in der Gewißheit, dass nichts geschehen konnte, was nicht geschehen mußte. Wenn ich einmal in Zeiten der Sorge betete, war es nie ein artikuliertes oder auch nur bewußtes Gebet – eher ein fester Wunsch in Momenten des Zweifelns. Und wenn wir sicher aus einer Prüfung hervorgegangen waren, fühlte ich tiefe Dankbarkeit.« *(Karlsson, E.: Die See Mein Leben. Bielefeld 1965).* Ein Seemann, weniger begabt für große Worte drückte es kurz und prägnant so aus: »Solange der Matrose fluchte, war keine Gefahr, wenn er aber zu beten anfing, dann war der Teufel los und dann ging's schlecht.« Aber egal ob Stoßgebet oder Fluch, die See hörte eh' nicht hin. Ein Kapitän sagte einmal, er glaube der Bibel, »weil sie im Paradies kein Meer erwähnt«. Das Meer sei Mühe und Plage, stöhnte er, und ein Revier des Übels und niemand, der es lang genug befahren hatte, wolle dem doch wohl ernsthaft widersprechen. Auf seinem Schiff gab es sonntags bestimmt keinen Gottesdienst.

Häufig kam es vor, dass ein Schiff, das mit vollständiger Besatzung ausgelaufen war, unterwegs Leute durch Krankheit oder Unfall verlor. Es war dann schwierig, Ersatz zu bekommen und wer immer sich in einem fremden Hafen meldete, wurde der Not gehorchend angenommen. Durch dieses Neuanmustern kam es zu einer internationalen Mischung an Seeleuten und damit wurde auch die Sprache zu einem Gemisch mit schwer zu ziehenden Grenzen. Trotzdem hatte jedes Schiff seinen besonderen »Ton«, den es meist auch bewahrte, selbst wenn Teile der Besatzung sich änderten. Jede Besatzung hatte ihren Schwerpunkt, ihren Akzent. Waren überwiegend Hamburger an Bord, nahm die ganze Besatzung ein »Hamburger Wesen« an, das sich bis auf die Sprache erstreckte. Bei gemischten Crews wurde aber meist Englisch gesprochen, denn wie man sich vorstellen kann, gab es leicht böses Blut und es störte die Kameradschaft, wenn einige sich in einer Sprache unterhielten, die andere nicht verstanden. Die Matrosen lebten meist monatelang zusammen und bei der Arbeit zählte nicht die Zugehörigkeit zu einer Nation, sondern nur die gemeinsame Sorge um das Schiff zum Wohl aller, denen das Schiff für die Dauer der Reise das Zuhause war.

Abenteuerliche Leute aus aller Herren Länder trafen oft zusammen, denn in der großen Zeit der Tiefwassersegler hatte die Bürokratie den Seemann noch lange nicht so fest im Griff, wie es heute der Fall ist. Er konnte überall anheuern, solange er nur sein Fach verstand. Oft hatte er noch nicht mal ein Seefahrtsbuch, geschweige denn einen Pass oder Personalausweis und das Entlassungszeugnis, das er nach einer langen Reise bekam, war für ihn »nur ein Stück Papier«. Draußen in den Häfen der Welt galt: »keine Paßfotos, keine Fingerabdrücke, keine meilenlangen Formulare, keine amtlichen Stempel. Gesucht wurden Seeleute, die tüchtig zupacken konnten und auch anpacken wollten und die keine Angst vor einem nassen Hintern hatten ...« *(Brennecke, J.: Windjammer. Hamburg 1996).* Allan Villiers schreibt: »Ich entsinne mich noch der Aufregung an Bord einer großen britischen Viermastbark bei der Rückkehr nach Europa. Am Ende der Reise wurde uns die Mitteilung gemacht, wir müßten alle repatriiert werden. Repatriiert? Was zum Kuckuck war denn das? Das Schiff hatte vierundzwanzig Vollmatrosen, und ich glaube, wir waren wenigstens aus fünfzehn verschiedenen Ländern. Einige der Älteren wußten gar nicht mehr, zu welcher Nation sie eigentlich rechtmäßig gehörten.« *(Villiers, A.: Auf blauen Tiefen. Hamburg 1955).* Eine Reise nach der anderen, noch dazu meist auf verschiedenen Schiffen, machte die Seeleute zu Heimatlosen. Der Tradition ihrer Väter folgend verließen viele als halbe Kinder ihr Elterhaus und oft kehrten sie nie mehr heim.

Wenn eine Mannschaft neu gemustert an Bord kam, dann wusste jeder, dass er mindestens für die Zeit dieser Reise Kameradschaft halten musste. Jeder wollte erst einmal herausfinden, was die anderen eigentlich für Menschen waren. Er versuchte sich einzufühlen in das Wesen des Schiffes, in den Charakter des Kapitäns, der Steuerleute und der Kameraden. Hatten sie dann ein paar Tage miteinander gearbeitet, und waren die Wachen eingeteilt, dann hatte sich die Mannschaft zusammengefunden. »Jeder

Matrose hat sich seinen 'Macker' gesucht, den Mann, mit dem er an einem Strang zieht. Die Macker helfen sich bei der Arbeit, beim Waschen, verbrauchen gemeinsam ihren Proviant, ihr Seifenwasser. Meist sind sie aus demselben Ort oder schon früher zusammen gefahren, oder sie waren zu verschiedenen Zeiten auf demselben Schiff oder bei derselben Kompanie. Diese Kameradschaft hält eng zusammen, so dass es für einen Matrosen ein großes Unglück bedeutet, wenn sein Macker in eine andere Wache kommt«, schreibt Heinrich Hauser von seiner Reise auf der *Pamir*.

Einzigartig wie das Leben an Bord war, schuf es auch seine eigenen Gesetze. Entstanden aus der allgegenwärtigen Bedrohung durch die Elemente, waren sie aus Notwendigkeit einfach, und »nicht geeignet, geistige Konflikte hervorzurufen«. Obwohl jede seefahrende Nation ihre eigene Tradition in bezug auf die Normen und Gebräuche an Bord ihrer Schiffe hatte, war aber allen gleich, dass sie zu dem einzigen Zweck aufgestellt waren, für »Sicherheit und Wohlbefinden« des Schiffes zu sorgen. Wenn ein Mitglied der Besatzung die Regeln übertrat, wurde normalerweise schnell und hart mit ihm verfahren, weil der »Irrtum« deutlich sichtbar für alle sofort korrigiert werden musste.

Trotz der Notwendigkeit buchstäblich »an einem Strang zu ziehen«, gab es natürlich auch Streit an Bord. Je mehr ein Seemann seinen Beruf und sein Schiff liebte und darin aufging, um so schwerer war es oft für ihn, Abstand zu halten. Über Meinungsverschiedenheiten in seemännischen Dingen, etwa die Art, wie ein Segel gesetzt oder ein Tau geschoren oder ein Ladegeschirr angebracht werden sollte, konnten die Seeleute sich so erhitzen, dass sie sich mit geballten Fäusten gegenüberstanden. Aber schlimmer war es noch, wenn der Streit nicht zum Ausbruch kam. Dann wurden die Dinge in sich hinein gefressen und man fing an sich zu hassen. Gefördert wurde dieses noch dadurch, dass bei dem beschränkten Schiffsraum jeder Einzelne von allen Anderen ständig beobachtet wurde. Im Gegensatz zu den heutigen Schiffen gab es für die Mannschaft ja kaum Rückzugsmöglichkeiten, sodass es auf Dauer unmöglich war, seine Ansichten, Wünsche, Leidenschaften, Eigenheiten und Launen, Schwächen und Stärken zu verbergen. Selbst das normalerweise nie versagende Mittel gegen Langeweile an Bord, nämlich sich gegenseitig endlos lange Seemannsgarne zu erzählen, wirkte irgendwann nicht mehr. Wenn die Matrosen erst wochen- oder monatelang zusammengelebt hatten, wusste einer des anderen Geschichten auswendig. Jeder kannte auch die lückenlose Lebensgeschichte seiner Gefährten. Man hatte sich buchstäblich ausgesprochen und es entstanden leicht Reibereien aus den nichtigsten Gründen heraus. Meist war aber das Band, das Schiff und Mannschaft aneinander verband,

Wer waren die Männer, die dieses für uns unvorstellbar harte Leben wählten, von einem Segelschiff aufs andere stiegen und darüber alt wurden, die zu Hause niemand mehr kannte, weil sie das Schreiben eingestellt hatten und das Wiederkommen? Crew der Bark *Tellus*.

Ein Segelschiff war eine harte und genaue Lehrmeisterin. Narren hatten darauf nichts zu suchen: Ein Narr am Ruder konnte das Schiff in Gefahr bringen oder, kam er zu dicht an den Wind, einen Mann von oben schütteln.

stärker als die Spannungen zwischen den Menschen. Spätestens bei dem nächsten handfesten Sturm fühlten alle, dass das Meer Macht über sie hatte und dass sie vor ihm nicht würden bestehen können, wenn sie sich in kleinlichen Zänkereien verloren. Man wusste, dass man doch beim nächsten Manöver wieder zusammenarbeiten musste und versuchte, den Streit schnell zu schlichten. Nur derjenige, der sich beim Kapitän einzuschmeicheln versuchte, bekam dauerhaft die ganze Verachtung der Mannschaft zu spüren.

Die Männer, die die Seefahrt auf einem Segelschiff zu ihrem Beruf erwählt hatten, waren stolz auf ihre Erfahrung, ihr Können und Wissen, das sich über die Jahrhunderte entwickelt hatte. Sie achteten auf die strikte Bewahrung eines hohen Standards ihrer Leistung und legten hohe Maßstäbe an ihre Arbeit, denn sie wussten, wie oft ihr Leben von guter Zusammenarbeit abhing. Ein Segelschiff war immer ein harter und genauer Lehrherr. Narren hatten auf ihm nichts zu suchen. »Ein Narr am Ruder konnte das Schiff zum Scheitern bringen, oder kam er zu dicht an den Wind, konnte er einen Mann von oben schütteln. Ein Narr in der Takelage brachte sich selbst ums Leben, und dagegen war eigentlich nichts einzuwenden. Aber, schlecht getane Arbeit mußte auch andere töten, das war es.« *(Villiers, A.: Auf blauen Tiefen. Hamburg 1955).*

Auf guten Schiffen, wie es z. B. ohne Ausnahme die Schiffe der Reederei Laeisz waren, wurden die jungen Seeleute gründlich und systematisch ausgebildet und waren vollwertige Seeleute, ehe sie aufsteigen konnten, das heißt, bevor ein Seemann Vollmatrose wurde, musste er bewiesen haben, dass er ein kompetenter und erfahrener Mann war, der auch bereit war, die volle Verantwortung für sich selbst und die Jungs unter sich zu tragen. Befördert wurde man nur auf Grund erprobter Tüchtigkeit und vorbildlicher Führung auf Schiffen auf See. Dabei mussten die Matrosen auf einem großen Frachtsegler einen Beruf in- und auswendig kennen, der fast zwanzig verschiedene Handwerke umfasste. Sie brauchten eine lange Erfahrung, damit sie gute Matrosen oder brauchbare Rudergänger wurden. Das hatte zur Folge, dass die Rolle des Matrosen nie die eines einfachen »Schotenreißers« wurde und seine Arbeit auch nie der anderer Arbeiter an Land glich. Sie lebten ständig so gefährlich und arbeiteten so hart, dass ihnen immer der Hauch des Außergewöhnlichen anhing.

Die Arbeit auf einem Segelschiff wurde gewöhnlich ohne Drill getan, die »Gleichheit des Kommandos« reichte. Jedes Mannschaftsmitglied kannte seinen Platz in der Wache und seine Aufgaben, weil es einfach notwendig war und nicht weil irgendein Dienstplan sie vorgeschrieben hatte. Allein schon aus Kostengründen, die aus der zunehmenden Konkurrenz zu den Dampfern entstanden, gab es überflüssige Männer, die man mit blindem Drill hätte befehligen müssen, um die Arbeit zu organisieren, sowieso nicht auf den großen rahgetakelten Tiefwasserseglern. Bei den Segelmanövern an Bord großer stählerner Segler wäre es sogar gefährlich gewesen, eine zu starre Routine einzuführen, denn der Wind und die See kannten schließlich auch keinen Drill.

Jedes Segelmanöver war immer eine Herausforderung an die Kraft und die Nerven der Seeleute. Oft genug mussten die letzen körperlichen Reserven eingesetzt werden und je besser die Mannschaft behandelt wurde, um so williger setzte sie diese Reserven ein. Bekam sie ein anständiges Essen und eine gerechte Behandlung, gaben sie das Äußerste, aber unter gleichgültigen oder sogar böswilligen Kapitänen litten nicht nur die Menschen, sondern letztlich auch das Schiff, weil die Leute irgendwann nicht mehr bereit und willens waren, die Segel gut zu bedienen, sondern verstockt und widerspenstig wurden. Der Matrose ist an Bord ein Sklave, aber trotzdem hat er viele Gelegenheiten, seinem »Herrn und Meister« Schwierigkeiten zu machen. Sowie er fühlte, dass er für nichts und wieder nichts schikaniert wurde, verstand er es ausgezeichnet, sich mit wenig Arbeit lang zu beschäftigen. Wurde ein Mann ins Kabelgatt geschickt, um einen Block zu holen, so warf er dort erst mal alles durcheinander, ehe er ihn fand, Marlspieker waren nicht zu finden, die Messer mussten erst mal gründlich geschliffen werden. Immer standen drei oder vier Männer gleichzeitig um den Schleifstein. Ging ein

Die Matrosen auf einem großen Schulschiff, hier auf der *Sedov*, brauchen eine gute Anleitung und lange Erfahrung, damit sie brauchbare Rudergänger werden.

Mann nach oben, so kam er bestimmt noch mal langsam herunter, da er irgend etwas vergessen hatte und an den Taljen schafften jetzt sechs Mann noch nicht mal das, was vorher drei geschafft hatten.

Unglücklicherweise gab es in den letzten Tagen der großen Segelschiffe viele Kapitäne, die ihre Mannschaften wie die Hunde behandelten. »Manche Stenge ist verlorengegangen durch den versteckten Widerstand einer schlecht behandelten Crew. Viele Segel flogen davon aus schlecht geschlungenen Zeisingen. Mit einer willigen Mannschaft, die zuspringt und ihr Handwerk versteht, kann ein Schiff seine Royals und Bramsegel bis zum letzten Augenblick stehenlassen. Mit einer verbitterten, mißhandelten, halb verhungerten Crew heißt es immer alles wegnehmen und reffen, sowie das Glas zu fallen beginnt, sonst verliert man Segel und Spieren.« *(Villiers, A.: Auf blauen Tiefen. Hamburg 1955).*

Die Mannschaft an Bord eines großen Tiefwasserseglers war eine recht vielschichtige Gesellschaft. Unter dem Kapitän standen zunächst die seemännischen Offiziere und deren Gehilfen Zimmermann und Segelmacher, meist allesamt erfahrene Seeleute und geprägt von vielen Jahren auf See. Nach ihnen kamen in der unsichtbaren Hierarchie des Schiffes die Bootsmänner. Eine Gruppe für sich waren die Männer, die über »des Leibes Notdurft« wachten: der Koch mit seinen Leuten und auf manchen Schiffen der Steward, und wenn man Glück hatte, ein Arzt. Diese Leute waren der Kern, um sie kreiste das Volk der Decksmannschaft, Matrosen und Schiffsjungen. Die Mehrzahl dieser Leute vorm Mast waren ehrliche und grundsolide Berufsmatrosen, die oft solange auf einem Schiff blieben bis sie quasi »zum Inventar« gehörten. Aber es fand sich auch manch eine verkrachte Existenz unter ihnen und Entwurzelte, die in die Zurückgezogenheit eines Schiffes flüchteten, um vor irgendeiner dummen Geschichte an Land davonzulaufen. So mancher Kehricht trieb an die Küste, um sein Glück auf See zu versuchen.

Die Schiffsjungen

Die Jüngsten an Bord kamen meist aus Familien, in denen es zur Tradition gehörte, dass der männliche Nachwuchs zur See fuhr. Groß geworden an der Küste wuchsen sie schon von Kindesbeinen an in diesen Beruf hinein, sodass für sie nichts anderes in Frage kam, als Schiffsjunge zu werden, trotz der Meinung, die viele Landratten von diesem Beruf hatten, wenn sie sagten: »Alles, was nichts ist auf Erden, kann zuletzt noch Seemann werden.« *(Wossidlo, R.: Reise Quartier in Gottesnaam. Rostock 1988).* Oft gingen die Jungen schon im Alter von zwölf Jahren von zu Hause weg, um zur See zu fahren. Für solch einen »Moses« war es aber gar nicht so einfach, ein Schiff für seine erste Reise zu bekommen, denn das Angebot an Leuten war immer größer als die Nachfrage. Das galt erst recht, wenn er aus dem Binnenland kam, denn selbst ein großer Tiefwassersegler hatte gewöhnlich nur zwei Schiffsjungen und die wurden streng ausgelesen. F. Laeisz hatte zum Beispiel verfügt, dass Schiffsjungen nur auf seine Schiffe kommen konnten, wenn er selbst sie angenommen hatte, und er nahm nur am Wasser aufgewachsene Söhne von Seefahrern mit einer Empfehlung ihres letzten Kapitäns. In einer Zeit, in der sogar die tüchtigen Vollmatrosen der Windjammer durch Stellenvermittler angeheuert wurden, war es für einen unbefahrenen Jungen erst recht schwer auf einen der großen Segler zu kommen, wie es meist sein Wunschtraum war. So blieb ihm oft nichts anderes übrig, als auf kleinen Schiffen anzufangen und erst nach seiner Beförderung zum Leichtmatrosen auf die großen überzusteigen.

Von jeher war es üblich, die Jungen an Bord zu strenger Erfüllung ihrer Pflichten, zu Kameradschaft, Disziplin und Ehrlichkeit zu erziehen. »Die Jungen fühlten, bis sie es eines Tages wußten, was man von ihnen erwartete. Sie sollten, bevor sie es selber wollten, Männer wie die werden, in deren Mitte sie lebten, und denen gegenüber sie Hochachtung empfanden.« *(Brennecke, J.: Windjammer. Hamburg 1996).* Sie mussten sich daran gewöhnen, sich ohne Widerspruch in die Bordgemeinschaft einzufügen. Ihre großen Vorbilder waren die sturmerprobten erfahrenen Matrosen, »diese unerschrockenen Seeleute von vorzüglicher handwerklicher Durchbildung und achtbarem Charakter«, von denen sie in allen seemännischen Arbeiten ausgebildet wurden. So wuchsen Seeleute heran, auf deren Einsatzbereitschaft und Können sich ein guter Kapitän in jeder Situation verlassen konnte.

Die Behandlung der Schiffsjungen, wie überhaupt der ganzen Crew, hing trotz dieser hohen Ansprüche stark vom Charakter des Kapitäns, der Steuerleute und der Matrosen ab. Es gab Schiffe, da wurden sie schlimmer als ein Hund behandelt. Für alles und nichts gab es Schläge, auch wenn der Kapitän selber Schuld an einem Fehler hatte. Da hatten die »Erziehungsmaßnahmen« nichts mit

der notwendigen Disziplin zu tun, der die Jungen sich zu beugen lernen sollten. In der Regel war es auf großen Segelschiffen aber selbstverständlich, sich seiner Verantwortung gegenüber unerfahrenen Jungens in jeder Situation bewusst zu bleiben. Aus diesem Grund schickte man sie auch erst dann bei schwerem Wetter zum Arbeiten ins Rigg, wenn es ihnen in Fleisch und Blut übergegangen war, nach dem altbekannten Leitspruch der Großseglerleute zu handeln: »Eine Hand für dich – eine fürs Schiff«.

Die Schiffsjungen lebten in ihrem Bordalltag unter strengem Regiment nicht nur der Offiziere, sondern auch der Matrosen, die sie im Übrigen immer mit »Sie« anreden mussten. Diese achteten scharf darauf, dass ihre eigenen Privilegien nicht missachtet wurden. So durfte das »Jungvolk« zum Beispiel nicht rauchen oder priemen. Besonders hart war für sie ein anderes Vorrecht, das die Matrosen für sich beanspruchten, nämlich sich außerhalb der Schlafenszeit im Mannschaftslogis aufzuhalten. Während des Wachegehens durften die Schiffsjungen sich nur auf der Leeseite des Schiffes aufhalten. Und es versteht sich fast von allein, dass sie hinter allen Diensthöheren zurückstecken mussten, wenn es um die Erlaubnis zum Landgang ging.

Die Schiffsjungen stammten meist aus Familien, in denen es Tradition war, dass der männliche Nachwuchs zur See fuhr. Hier die Familie Sievers; jeder der hier Abgebildeten erlangte Kapitänswürden.

Zu den üblichen Pflichten des Moses gehörten am Anfang solche unseemännischen Dinge wie das Ausmisten der Schweinekoben, das Reinigen des Decks und das Auf- und Abdecken bei Tisch, »Backschaft machen« genannt. Er musste beim Laden und Löschen der Ladung helfen. Außerdem musste er dem Koch zur Hand gehen und dem Kapitän und den Offizieren zu Diensten sein. Sehr wichtig war das Erlernen der verschiedenen Knoten und Spleiße. Vom Belieben des Kapitäns hing es ab, in welchem Maß die Jungen schon an der Arbeit im Rigg beteiligt wurden. Klugerweise wurden sie erst langsam an das Klettern in der Takelage gewöhnt, ohne sie allerdings über die Maßen zu schonen, denn schließlich sollten sie ja Seeleute werden. Zu den ersten Aufgaben im Rigg gehörte oft das Überholen der Gordinge nach dem Segelsetzen und das Aufbringen des Flögels, des Schiffswimpels, in den Topp des Besanmastes. Erst wenn die Jungen über etwas Routine verfügten, durften sie auch bei kaltem und stürmischem Wetter ins Rigg.

Nach einem Jahr an Bord wurde der Moses zum *Decksjungen* befördert. Diese Position hatte er üblicherweise ein weiteres Jahr inne. Nach diesen zwei Jungenjahren hatte sich gewöhnlich die Spreu vom Weizen getrennt. Wer sich nicht eignete, ging von Bord. Die, die durchhielten und sich die Lust und das Verständnis für den Beruf trotz der Härten erhalten hatten, fuhren nach zwei Jahren als Jungmann, nach einem weiteren Jahr als Leichtmatrose oder Halbmatrose.

Von dort, wo in der Sonne der Passatzone der Segelmacher mit seinen Gehilfen hockte, strömte der Geruch von sonnenwarmem Segeltuch und Tauwerk über Deck – Segelnähen auf der *Pinnas*.

Die Matrosen

Ein *Leichtmatrose* zählte schon zu den »richtigen Seeleuten«. Jetzt kamen solche Aufgaben dazu wie das Deck nach Manövern aufzuklaren und die Rahen und Stengen zu fieren. Da die Reisen oft länger als ein Jahr dauerten, kam häufig unterwegs die Zeit, wo der Leichtmatrose zum *Vollmatrosen* befördert wurde. In diesem Stand blieb die Mehrzahl während ihrer ganzen Fahrenszeit, denn die Aufstiegsmöglichkeiten in den Rang der Offiziere war für die meisten Matrosen nur gering. Als Anerkennung winkte lediglich die Aussicht, einmal zu den *Toppgasten* zu gehören. So bezeichnete man die zuverlässigsten und körperlich gewandtesten Matrosen. Sie hatten die Bramsegel, also die obersten Segel, zu bedienen und damit die gefährlichste Aufgabe im Rigg zu meistern. Auf jeder Wache war ein Toppgast. Die Steuerbord-Wache hatte den Groß- und Besanmast, die Backbord-Wache den Fockmast in Schuss zu halten. Jede Schwachstelle, wie z. B. durchgescheuerte Webleinen oder Fußpferde musste sofort dem Steuermann gemeldet werden, damit sie dann ausgebessert wurde. Zu den Aufgaben eines Vollmatrosen gehörte das Rudergehen, das Ausführen der Segelmanöver, Ausguck gehen und natürlich die vielen Routinearbeiten an Deck und im Rigg, die ständig ausgeführt werden mussten, um die Sicherheit und Funktionsfähigkeit und natürlich nicht zuletzt den Wert des Schiffes zu erhalten.

Der Segelmacher

Berichte über den *Segelmacher* sind nicht sehr häufig, da nur auf großen Schiffen ein hauptamtlicher »Büdelneiher« angeheuert wurde. War keiner an Bord, übernahmen andere geschickte Leute das Segelnähen. Gewöhnlich wurde der Segelmacher zu keiner

Der Segelmacher gehört zu den wichtigsten Leuten an Bord, ist er doch verantwortlich für die »Hauptantriebsanlage« des Schiffes, die Segel.

In der Werkstatt des Segelmachers.

Wache eingeteilt. Wie man sich leicht vorstellen kann, gehörte er zu den wichtigsten Leuten an Bord, denn er war verantwortlich für die Wartung und Instandsetzung der »Hauptantriebsanlage«, der Segel. Besonders wenn auf Schlechtwetter-Reisen ein Segel nach dem anderen in Fetzen davonflog, war er zusammen mit seinen Gehilfen oft Stunde um Stunde im Einsatz. In den Häfen betrieben die Segelmacher ihr Handwerk in Segelmachereien. Auch wenn sich das Bild dieses Handwerks durch die Einführung von modernen Fasern und Maschinen grundlegend gewandelt hat, so findet man doch an der Küste noch manch eine Segelmacherei, deren Ursprünge sich bis in die Zeit der großen Segelschiffe zurückverfolgen lässt.

Der Schiffszimmermann

Eine der unentbehrlichsten Personen auf den Segelschiffen war neben dem Segelmacher auch der *Schiffszimmermann*. Er besaß mit Recht eine gehobene Stellung an Bord, hatte er doch eine zweifache Ausbildung, nämlich als Matrose und als Zimmermann. An der Behandlung war deutlich zu erkennen, dass er eine Vertrauensstelle innehatte, z. B. durfte er achtern zusammen mit den Offizieren essen. Auf größeren Schiffen hatte er genau wie die Bootsmänner eine eigene Kammer. Er war ein bisschen so etwas wie ein »Unteroffizier« oder dritter Steuermann. Auch beim Wachegehen hatte er Vergünstigungen. Auf großen Schiffen war er vom Wachdienst befreit, aber bei schwerem Wetter oder wenn alle Hände voll zu tun war, war es selbstverständlich, dass der Zimmermann bei den Manövern mithalf. Üblicherweise stand er bei der Ein- und Ausfahrt des Schiffes in den Häfen am Ruder. Der Zimmermann hatte an Bord eines großen Segelschiffes einiges zu tun, denn Blöcke und Rollen, Pumpen und all die anderen Gerätschaften, die dauernd im Einsatz waren und immer funktionsfähig sein mussten, gingen ständig zu Bruch und mussten schnell repariert werden. Dazu kamen vielleicht noch Ausbesserungsarbeiten an den Masten und Rahen. Oft half der Schmied ihm bei der täglichen Arbeit. Auf kleineren Schiffen wurde es vielfach zu teuer, einen voll ausgebildeten Zimmermann anzumustern. Da begnügte man sich mit Leuten, die eine gewisse Geschicklichkeit in Holzarbeiten zeigten. Ob der Zimmermann eine eigene Werkstatt hatte, hing von den Raumverhältnissen an Bord ab.

Der Koch

Angesichts der überragenden Rolle, die das Essen für die körperlich hart arbeitenden Matrosen spielte, ist es nicht verwunderlich, dass der *Koch*, oft mit dem Ehrentitel »Smutje« benannt, an Bord im Mittelpunkt stand. Sein Einfluss war so weitreichend, dass man sagte: »Wo ein guter Koch an Bord war, da gab es keinen Streit und Spektakel. Wenn der Koch ein 'Schmierlappen' war, war immer Krach und Randale an Bord«. Schiffskoch war damals kein Lehrberuf, denn es gab ja letztlich nur Hausmannskost an

Der Einfluss des Kochs auf die Stimmung an Bord war so weitreichend, dass man sagte: »Wo ein guter Koch an Bord war, da gab es keinen Streit und Spektakel. Wenn der Koch aber ein 'Schmierlappen' war, herrschten Krach und Randale«.

Bord. Einfache Rezepte, wie Grütze kochen, guckten sich die Jungen ab, da es ja zu ihren Aufgaben gehörte, dem Koch zu helfen. Oft machte auch der Zufall aus einem Matrosen einen Koch, etwa wenn der richtige Koch krank wurde oder so miserabel kochte, dass er ausgewechselt wurde. Aber selbst für einen guten Koch gab es viele Umstände, die ihm die Zubereitung des Essens erschwerten. Vor allem war es mit den Räumlichkeiten schlecht bestellt. Ursprünglich stand der Herd sogar mit im Mannschaftsraum. Aber auch wenn die Kombüse getrennt lag, waren die Kochverhältnisse verglichen mit heute ausgesprochen primitiv. Auf allen Schiffen gab es nur einen offenen Herd, der bei unpassendem Wind nicht zog, sodass der Schornstein immer entsprechend dem Wind mitgedreht werden musste. Besonders schwierig war natürlich das Kochen bei schwerer See. Dann kam nur der große Kessel zum Einsatz, denn aus dem kleinen wäre das Essen beim ersten kräftigen Überholen des Schiffes herausgeschwappt. Und auch der große Kessel musste festgebunden werden, damit er nicht »über Stag« ging. Kein Wunder, dass bei schwerem Sturm der Koch überhaupt kein warmes Essen bereiten mochte, was aber wiederum eine Zumutung für die Mannschaft war, die »selbst angesichts des Todes« nicht auf zünftiges Essen verzichten mochte. Man wollte doch nicht »mit nüchtern Maag na Petrus rupkamen.« *(Wossidlo, R.: Reise Quartier in Gottesnaam. Rostock 1988).*

Da die meisten Schiffe eher unterbemannt waren, half der Koch bei Bedarf bei den Manövern, zum Beispiel bediente er bei einer Wende die Fockschot. Er half auch beim Laden und Löschen und gelegentlich musste er beim Ein- und Auslaufen das Ruder übernehmen, wenn kein Zimmermann an Bord war. Wenn der Koch keinen Decksjungen als Gehilfen hatte, hatte er nachts keine Wache, denn er kam ja tagsüber nicht zum Schlafen. Auf großen Schiffen war der Koch ganz vom Wachdienst befreit.

Der Bootsmann

Der *Bootsmann*, auch kurz Boosn genannt, nahm an Bord eine Mittelstellung ein zwischen den Vormastleuten und den Offizieren. Er schlief meist achtern, zusammen mit dem Kapitän und den Steuerleuten. Der Steuermann oder eben der wachhabende Offizier gab die Arbeit aus, der Bootsmann verteilte sie an seine Matrosen und musste anschließend darüber wachen, dass sie auch ausgeführt wurde. Er war der Vormann bei der Arbeit, d. h. alles, was die Matrosen nicht konnten, musste der Bootsmann vormachen. Er gab auch das Tauwerk und anderes Material aus und wachte über dessen sachgemäßen Gebrauch. Gleichzeitig war er zusammen mit dem Zimmermann so etwas wie die Polizei an Bord.

Der Steuermann

Die *Schiffsoffiziere*, Steuermann und Kapitän, waren durch Rang und Geltung von der Mannschaft streng geschieden. War das Verhältnis zwischen den Offizieren und der Mannschaft unausgewogen, sagte man, das Schiff sei »achterlastig«.

Die Berichte über den Steuermann sind nicht sehr zahlreich – wohl weniger, weil seine Hauptaufgabe, die Navigation, außerhalb des Gesichtskreises vieler Matrosen lag, sondern weil die oberste Gewalt an Bord ganz offensichtlich und täglich vom Kapitän ausging. Auf den großen Barken waren meist zwei Steuerleute, oft »Der Große« und »Der Kleine« genannt, auch wenn Letzterer einen Kopf größer war. Da ihre Heuer meist sehr gering war, verschafften sich die Steuerleute hier und da ein paar Sondereinnahmen. So verkaufen sie z. B. das Korn, das beim Laden oder Löschen in die Bilge gefallen war.

Nicht allen Steuerleuten war es trotz einer langen Fahrenszeit beschieden, Kapitän zu werden, sodass es nicht selten vorkam, dass der Steuermann viel älter als der Kapitän war. Oft hatten es Kapitän und Steuerleute schwer, miteinander auszukommen. Die Reibungsflächen waren groß, weil die Arbeiten sich überschnitten, weil der Ehrgeiz eine Rolle spielte und weil jeder gewisse Rechte und Befugnisse hatte, die er für sich erhalten wollte. Die Gewaltenteilung war so, dass der Kapitän zwar die Befehle ausgab, der Steuermann aber das Kommando über die Ausführung des Befehls hatte.

Nach Staatsgesetz war der Kapitän immer im Recht, d. h. was der Kapitän auch anordnete, musste der Steuermann ausführen. Jeder Widerstand, auch wenn er vielleicht für die anderen an Bord noch so verständlich war, war gegen das Gesetz. Jeder Offizier und auch jeder Matrose wusste: Wenn er die Musterrolle unterschrieb, verpflichtete er sich zu blindem Gehorsam. Vom Obersteuermann bis zum einfachen Seemann war jedem bewusst, dass er seine Stellung nur so lange inne hatte, wie es dem Kapitän gefiel. Schließlich gab es noch keine Gewerkschaft für Seeleute. Ein gutes Verhältnis zwischen Kapitän und Obersteuermann erkannte man darin, dass der Kapitän nur bei »Alle-Mann-Manövern« wie Ankern, Wenden usw. an Deck erschien.

Besonders schwer hatte es der *Zweite Steuermann*. Allan Villiers schreibt: »Auf See hatte er keine Freunde, weil es an Bord nicht seinesgleichen gibt. Traditionsgemäß darf auf Segelschiffen ein Mann seine Freunde nur aus ihm Gleichgestellten wählen. Jeder an Bord steht entweder über oder unter ihm. Die Wache steht unter ihm. Der Koch, der Segelmacher, der Zimmermann und der Steward sind Unteroffiziere, haben also einen niedrigeren Rang. Kapitän und Steuermann stehen turmhoch über ihm, als gehörten sie einer andern Welt an. Bei besonderen Anlässen mag der Kapitän in der Abendwache von sieben bis Mitternacht mit ihm eine oder zwei Stunden auf der Poop spazieren gehen und mit ihm klöhnen. Der Zweite Steuermann hat keine Freunde. Nacht für Nacht, Woche für Woche, Monat für Monat muss er einsam auf der Hütte umherwandern und Gesellschaft nur in seinen eigenen Gedanken suchen.« *(Villiers, A.: Rund Kap Hoorn. Wiesbaden 1953).*

Alle zusammen, die Leute vor dem Mast und die Leute hinter dem Mast, hatten an Bord eine Überfülle schwerster Arbeit zu bewältigen. Man kann sich vorstellen, wie hart die Leute schufteten, wenn man bedenkt, dass eine durchschnittliche Viermastbark von 2000 bis 3000 Registertonnen nur 26 bis 30 Mann Besatzung hatte. Die Klippermannschaften waren im Vergleich dazu viel größer, ihre Stärke betrug oft das Vierfache. Die Verringerung der Mannschaft wurde zum Teil durch technische Neuerungen ermöglicht, zum Beispiel durch das Teilen der Marssegel oder durch die Einführung der Brasswinden, die Kapitän Jarvis entwickelt hatte. Aber trotz dieser Erleichterungen waren die Mannschaften im Allgemeinen immer noch äußerst knapp bemessen. Fielen durch Unfälle, Krankheit oder Tod noch Beatzungsmitglieder aus, konnten oft kaum noch die Segelmanöver gefahren werden und die letzten Männer arbeiteten bis zur Erschöpfung. Zu Recht waren die Matrosen deshalb stolz auf ihre Leistung, wenn sie trotz kleinster Besatzung ihr Schiff heil durch den Sturm nach Hause gebracht hatten und schließlich vielleicht in den Kneipen auf der Reeperbahn in Hamburg angekommen waren. Karlsson schreibt: »Die Leute an den Tischen ringsum beobachteten uns. Vielleicht waren sie neidisch. Wir scherten uns nicht darum, denn wir waren im Augenblick junge Götter, wir waren Übermenschen, die das beste Schiff der Welt um Kap Horn gesegelt hatten, mit nur 19 Mann, der Alte und der Steward eingeschlossen. Vergessen waren die schweren Nächte im fernen Pazifik und sie kamen uns nur in Erinnerung, wenn wir einander anblickten.« *(Karlsson, E.: Die See Mein Leben. Bielefeld 1965).*

Der Kapitän

Alle Gesetze an Bord eines Großseglers waren entstanden aus dem unbedingten Zwang zum Leben, zum Funktionieren und letztlich zum Überleben, egal in welche bedrohliche Situation das Schiff und seine Mannschaft in der Auseinandersetzung mit den Elementen auch geraten mochte. Die aus diesen Gesetzen geborene Hierarchie war so alt wie die Schiffe selber, da auf einem großen, unter Fracht fahrenden Windjammer kein System denkbar war, das ihr an Wirksamkeit gleichkam. Sichtbare Spitze dieser Welt war der Kapitän; seine Stellung war einzigartig, seine Entscheidung allein band. Er bestimmte, was wann getan werden musste. Vom Betrieb her gesehen war er zwar nichts anderes als ein Angestellter seiner Reederei, aber die Fülle der Macht, die ihm durch seine Stellung zufiel, hob ihn doch weit über dieses Verhältnis hinaus. War ein Schiff erst draußen auf See, hatte der Kapitän uneingeschränkte Gewalt, die nur durch die Grundgesetze und die darin eingeräumten Freiheiten und Rechte des Einzelnen beschnitten wurde. Und selbst hier durfte er sich in Notfällen über manche Bindungen hinwegsetzen, wenn es das Wohlergehen seiner Untergebenen oder die Sicherheit von Schiff und Ladung erforderte. Der Kapitän war nicht nur der erste Nautiker eines Schiffes, er hatte auch die Gewalt über Leben und Tod, die Verantwortung für das Schiff, dessen Ladung und das Leben an Bord. Kurz: Er war ein »Master next God«. Und was blieb für die Matrosen? Es hieß immer: »Der Kapitän ist berechtigt …, die Mannschaft ist verpflichtet …«.

Die unanfechtbare Stellung des Kapitäns brachte es mit sich, dass er seine Entscheidungen stets allein fällen musste. Sein Wille allein trug sozusagen das ganze Schiff. Der Zwang, schnelle Reisen herauszuholen, das stete Hoffen auf den richtigen Wind, das oft genug tiefer Enttäuschung wich, lastete auf ihm und machte manch einen über die Jahre wunderlich, in Einzelfällen verrückt.

Zwar konnte er sich mit seinen Offizieren beraten und tat das gewöhnlich auch, aber ihre Ratschläge banden ihn nicht. Aber er konnte natürlich in weitgehendem Maße Macht übertragen, und wenn er klug und fähig war, erkannte er in der Macht, die einem Jüngeren Entscheidungen abverlangte, ein gutes Erziehungsmittel für künftige Schiffsführer. Auf einem Schiff, auf dem Zufriedenheit herrschte, erschien der Kapitän nur noch bei »Alle Mann«-Manövern wie Ankern, Ankerlichten, Wenden usw. Diese Macht wurde vor allem dem jeweiligen Wachoffizier übertragen, der dann für bestimmte Entscheidungen auch die Verantwortung trug, den Kapitän aber zu keiner Stunde von seiner eigenen entband. Der 1. Offizier war für den guten Zustand des Schiffes und das Wohl der Mannschaft verantwortlich, der 1. Ingenieur für die Maschinen im weitesten Sinn. Aufgabe meist des 2. Offiziers war das richtige Stauen der Ladung, egal ob es sich um loses Getreide mit dem verhängnisvollen Hang zum Verrutschen, leicht entzündliche Kohle, die das Schiff leicht zum schwimmenden Ofen machen konnte, oder stinkenden Guano mit seinen alles zersetzenden Dämpfen handelte. Das fachmännische Stauen war ein wichtiger Punkt, denn davon hing, ganz abgesehen von der Sicherheit des Schiffes, zu einem großen Teil der Gewinn der Reederei ab. Alle diese Männer waren des Kapitäns Untergebene, und seine Entscheidungsgewalt gebot ihm, zu seiner Umwelt eine bestimmte Distanz zu halten. Das gute Zusammenleben so vieler verschieden gearteter Menschen auf so engem Raum, wie ihn die Segelschiffe nun eben mal nur boten, hing zum beträchtlichen Teil davon ab, welchen Gebrauch er von dieser ihm auferlegten Distanz macht. Er konnte mit einem behutsamen Wort, ja schon mit einer knappen Geste, verfahrene Dinge einrenken, er konnte aus seinem Schiff ein Paradies oder eine Hölle machen.

Der Kapitän war Standesbeamter, er konnte trauen und durfte taufen, seine Urkunden über den Tod eines Besatzungsmitgliedes oder eines Passagiers waren rechtsgültig. Und wenn der Arbeitsalltag an Bord es erforderte, konnte er sogar den Sonntag verschieben. Gegen Übeltäter konnte er nach den Gesetzen seines Landes vorgehen. Anders als heute, konnte er, wenn es notwendig sein sollte, zu sehr harten Mitteln greifen, um Ungehorsam und Disziplinlosigkeit zu brechen. So konnte er zum Beispiel einen Mann in Eisen legen lassen. Der Kapitän war Staatsanwalt, Richter und Vollstrecker in einer Person. Selbst wenn ein Schiff vom Lotsen in den Hafen geleitet wurde, erlosch seine Verantwortung nur zum Teil. Er war Treuhänder seines Staates und seines Reeders fremden politischen Gewalten gegenüber; er konnte im Auftrag seines Brotgebers rechts-

Sichtbare Spitze in der Hierarchie des Schiffes war der Kapitän; seine Stellung war einzigartig, seine Entscheidung band.

Kapitän Hammer von der *Omega* bekommt Besuch von seiner Frau und hohen Offizieren.

gültige Abmachungen treffen. Seine Befugnisse waren die umfassendsten, die unsere Gesellschaft kennt.

»Die Mannschaft mochte meckern und murren über die miese Navigation, über das schlechte Essen, über alles und jedes, sie besaß doch ein blindes Vertrauen in den Kapitän, der die Verantwortung dafür übernommen hatte, sie gegen alle Gefahren der See wieder in den Hafen zurückzubringen. Alles gehorchte dem 'Großmast', wie man ihn auch nannte – der Wind, der sich auf seine angefeuchtete Fingerspitze setzte, die See, durch die er einen gleichmäßig präzisen Kurs legte, die Segel, die er nach Belieben mit Wind versorgte, wir alle schließlich, unsere Arme, unsere Muskeln, über die er nach freiem Willen zum Ruhm seines Schiffes verfügte.« *(Gulas, S. et al.: Segelschiffe. Hanau 1987).*

Die Regeln, nach denen ein Schiff geführt wird, werden auf den Seefahrtsschulen gelehrt und nach einer langen Fahrenszeit und vielen harten Erfahrungen gehen sie irgendwann in Fleisch und Blut über. Aber es bleibt ein Rest, der nicht zu erlernen ist und auf den in einer kritischen Stunde manchmal alles ankommt. Immer noch braucht man zur Führung eines Segelschiffes nicht nur Wissen, das man durch Lernen und Erfahrung gewonnen hat. Schiffsführung ist mehr, es ist eine Kunst, für die es keine in Worte zu fassende Regeln gibt. Diese Fähigkeit war vor allem bei den Führern der Großsegler bis zur Vollkommenheit ausgebildet, sonst wären die durch Jahrzehnte gleichbleibenden hervorragenden Reisen unerklärlich. Neben den sehr guten fachlichen Kenntnissen braucht man viel Vernunft, Voraussicht – als eine Art »voraussorgende Unruhe« – und »Vorsicht, die sich mit dem Mut zum Wagnis paart, wenn dieses Wagnis der beste Weg ist, eine Gefahr durchzustehen.« *(Andersch, R.: Die weißen Schwingen. Tübingen 1958).*

Zur Zeit der Windjammer gab es noch keine Wetterberichte, keine Voraussagen, geschweige denn Sturmwarnungen. Wetter auf dem Meer – das war damals sozusagen Schicksal. Der Kapitän eines großen Segelschiffes hatte sich ins Ungewisse vorzutasten und oft konnte er sich nur auf seine Eingebung und seine Erfahrung verlassen. Er beobachtete die Wolken, die Zeichen des Himmels und des Meeres und sein meterlanges Quecksilberbarometer, ob es stieg oder fiel. Er brauchte Kombinationsvermögen und die Fähigkeit zur Unterscheidung und vor allen Dingen eine gute Portion Vorstellungskraft. Es gab Kapitäne, die auch ohne meteorologische Ausbildung Stunden vorher schon aus einem untrüglichen Instinkt heraus das Wetter rochen, ihren zweifelnden und irritierten Steuerleuten bei blauem Himmel befahlen, die Obersegel wegzunehmen und stets Recht behielten mit ihrer Vorsicht. Die meisten Schiffe, die dauernd überdurchschnittlich schnelle Reisen machten, taten es, weil sie eben von Kapitänen geführt wurden, die jeden Wind geschickt auszunutzen wussten und die die Fähigkeit besaßen und sich auch die Mühe gaben, ihr Schiff so überlegt »hinzulegen«, dass es aus jeder Winddrehung einen Vorteil zog. Das waren die großen Kapitäne in der Welt der Segelschiffe, die Woodgets, die Hilgendorfs, die Learmonts, die de Cloux'.

Ein guter Kapitän konnte sogar mit einem schlechten Schiff noch überraschend schnelle Reisen machen. Aber es gab auch Narren, die nie eigenes Wissen erwarben, die das beste Schiff verdarben und die vielleicht nur deshalb gute Reisen hinbekamen, weil ihre Schiffe mit Rümpfen gesegnet waren, die auch noch unter den übelsten Umständen willig durchs Wasser schnitten, und weil sie noch dazu Glück mit dem Wind hatten.

Ein Kapitän fasste einmal die Quintessenz dessen, was sich auf seinen Kap-Hoorn-Umrundungen an Wissen und Erfahrung bei ihm angesammelt hatte, so zusammen: »Hauptsache ist, jede Chance, die das Wetter gibt, auszunutzen, Tag und Nacht, nach der altbewährten goldenen Regel für Segelschiffskapitäne: Mach das Beste aus der Lage, wie sie sich bietet«, sagte er. »Ich weiß, das klingt in dieser Kürze natürlich abgedroschen. Es gibt da Abstufungen, für mich in folgender Reihenfolge: 1. Zu jeder Zeit musst Du Dir über die Situation im klaren sein. 2. Sorge dafür, dass Dein Schiff bereit ist, jede Lage, wie sie kommt, auszunutzen. Lass Dich auf keinen Fall von einer Situation überwältigen. 3. Sorge dafür, dass die Besatzung stets auf der Höhe ist. Gute Moral kann es nur geben, wenn Du für Deine Leute sorgst, solange die Reise dauert. 4. Reeder, die ihre Sache verstehen.« *(Villiers, A.: Kap Hoorn. Hamburg 1988).*

So grundverschieden die Kapitäne auch sonst gewesen sein mögen, was sie alle vereinte, war ihr Auffassungsvermögen, ihre Strebsamkeit und ihr Zielbewusstsein. Die meisten von ihnen waren »Treiber«, gingen kalkulierbare Risiken ein, setzten stets so viele Segel, wie sie nur konnten, wendeten lieber, statt zu halsen und drehten nur bei, wenn es gar nicht mehr anders ging. Zu einem guten Kapitän gehörte natürlich zuallererst die Fähigkeit, Menschen zu führen, denn die Lebensordnung eines Großseglers wurde nach Gesetzen und einem Geist geführt, der – bedingt durch die Organisation der Arbeit – auf das Miteinander und Füreinander gerichtet war. In seinem beschränkten Lebensraum an Bord wurde das Leben in einem hohen Maß aus dem Vertrauen gespeist, das Höchste und Geringste zueinander hatten. Es ist erwiesen, dass die menschlichsten Kapitäne auch immer die besten Mannschaften hatten und damit die besten Schiffe. F. Laeisz gab seinen Kapitänen folgenden Rat: »... angesichts der heutigen sozialdemokratischen Neigungen unter den Mannschaften hat der Kapitän sich großer Vorsicht in der Behandlung der Leute zu befleißigen ... Die Disziplin an Bord muss unter allen Umständen aufrecht erhalten werden, aber mit Takt und Ruhe geht das besser als mit roher Gewalt.« Aber: »Was sollte man wohl machen, wenn manche Eltern das Segelschiff als eine Art Besserungsanstalt für ihre ungeratenen Söhne betrachteten, nach der Devise: Alles, was nicht taugt auf Erden, kann noch Seemann werden!« *(Brustat-Naval, F.: Die Kap Hoorn Saga. Göttingen 1975).*

So lagen die Qualitäten eines Segelschiffskapitäns der damaligen Zeit oft notgedrungen in seiner Härte, wenn es eben mit Wohlwollen nicht ging. Unnachgiebig musste er sein, gegen seine Leute und auch gegen sich. »Wenn er hart war und sein Fach verstand, und wenn obendrein noch das Glück ein bisschen nachhalf, dann rissen sich die geschundenen Seeleute sozusagen noch ein Bein aus und gingen mit im durch dick und dünn. Denn sie vertrauten ihm und wussten, dass er sie auf schnellstem Wege aus der Hölle von Kap Hoorn herausholen würde. Er, der Alte, dem sie typische Beinamen gaben wie Robert der Teufel oder Rinaldo Rinaldini!« *(Brustat-Naval, F.: Die Kap Hoorn Saga. Göttingen 1975).* Aber die Härte konnte sich auch ins Gegenteil verkehren, wenn sie in Brutalität umschlug und auf die Mannschaft abfärbte. Vom Charakter des Kapitäns und von der Art seines Benehmens hing in hohem Maße der Charakter des ganzen Schiffes, das Betragen der Offiziere und Mannschaften ab. War er gewöhnlich, ausschweifend oder tyrannisch und unbeherrscht, zeigten sich über kurz oder lang genau die gleichen Eigenschaften mehr oder weniger deutlich auch bei den Offizieren und Mannschaften. Er konnte aus dem Schiff fast alles machen, was er daraus machen wollte, konnte das Leben und den Dienst seiner Offiziere und Leute angenehm und nutzbringend machen, er konnte aber auch Unfrieden, Unbehagen, Widerspenstigkeit hervorrufen und konnte die Umstände an Bord für alle so unbehaglich machen wie nur denkbar. Versagte der Kapitän, versagte die Mannschaft mit ihm. Verstand er sein Handwerk nicht, hatte es keinen Zweck ihm das beste Schiff der Welt zu geben. Wer das Kommando eines Großseglers übernahm, musste die Anlage dazu haben. Wer seine Machtbefugnisse überschritt, dem gehörte eigentlich das Zeugnis entzogen. »Keine Schöpfung des Menschen war je mehr in der Hand eines Mannes als der Langreisesegler in der seines Führers. Er war mehr als des Schiffes Gehirn. Er war sein Charakter, seine Entschlusskraft, seine Hoffnung auf Erfolg« sagte Allan Villiers.

Stellvertretend für viele andere seien an dieser Stelle zwei Kapitäne erwähnt, die für die Segelschifffahrt eine herausragende Bedeutung hatten: J. C. B. Jarvis und Robert Hilgendorf.

Die Entwicklung des Rahschiffes zu solcher Höhe der Vollkommenheit war ein langer und oft mühseliger Prozess; ein Prozess, in dem die große Mehrheit der Seglerkapitäne wenig zu sagen hatten. Anders Kapitän Jarvis, der in die Geschichte als der große Erneuerer eingegangen ist, der sich nicht wie so viele andere Seeleute mit dem Gedanken abfinden wollte, auf einem Großsegler gäbe es keine Möglichkeit mehr, etwas zu verbessern. Er glaubte an seine Ideen und arbeitete beharrlich daran, allerdings ohne mit seinen Vorschlägen auf großes Interesse zu stoßen. Schließlich brachte er 1897 im Selbstverlag seine Broschüre »Winke und Vorschläge für Segelschiffe« heraus.

Als Jarvis noch auf Kap-Hoornern fuhr, von denen er ein halbes Dutzend als Kapitän führte, war es ihm ein besonderes Anliegen, die Arbeit bei der Bedienung der riesigen Segel zu erleichtern. Sein genialster Beitrag war dabei ohne Zweifel die Erfindung und Vervollkommnung der Brasswinden, die wohl manch einem Matrosen das Leben gerettet oder ihn zu mindestens vor Unfällen bewahrt hat. Aber auch im Rigg selber dachte er über Veränderungen nach. Manche Schiffe hatten zum Beispiel Geschirr, das für seine Zwecke viel zu schwer war. Zum Beispiel war es bis zum Ende der großen rahgetakelten Frachtsegler üblich, schwere Ketten als Untermarssegelschoten zu benutzen. Diese Schoten führten bis zum Hauptdeck hinab. Sie waren schwer, unbeholfen und außerordentlich gefährlich. Musste das Segel weggenommen werden, also mit Hilfe der Gordinge zur Rah hin aufgegeit werden, dann mussten diese gewaltigen Ketten ebenfalls weit genug nach oben geholt werden, sodass man auch die Geitaue dicht holen konnte. Untermarssegel waren aus besonders schwerem Tuch, deswegen wurden sie beim Kürzen der Segel üblicherweise als letzte festgemacht. Wenn die Order kam, sie wegzunehmen, dann wehte meist schon ein schwerer Sturm, sodass die Gefahr groß war, dass diese Schotenketten, sobald sie losgeworfen wurden, hin und her schlugen, »einen Schauer von Funken sprühend«, und dabei einem Matrosen, der ihnen zu nahe kam, den Schädel einschlugen, während das Segel oben in wenigen Sekunden zu Fetzen zerriss. Diese allzu schweren Schoten waren eins der ersten Dinge, die Kapitän Jarvis veränderte. Ketten ergaben ohne Zweifel die stärksten Schoten, und sie hielten viel länger als Draht; aber man brauchte die Schoten nicht bis auf Deck herab aus Ketten zu machen. Solange ein Stück Kette durch die eisernen Blöcke auf der Rah lief, würden die Schoten ihre schwere Arbeit jahrelang tun. Der übrige Teil der Schot konnte aus Draht sein, der viel bequemer zu handhaben war.

Auch die Fallen waren oft zu schwer, vor allem die der Obermarssegel. Jarvis entwarf deshalb eine Fallwinde und er erdachte auch bessere Taljen, die die Arbeit des Rahheißens erleichterten.

Es gab noch viele andere Unzulänglichkeiten in der Takelage der Rahsegler und bei der Art, wie man die Segel bearbeitete, die in den Zeiten des leichteren Hanftauwerks erträglich sein mochten, die auf den großen Stahlschiffen aber sehr übel waren und unmöglich wurden, als man die Besatzung immer mehr verringerte. So änderte Jarvis unter anderem auch den Verlauf von Leinen zum Aufgeien der Segel, indem er die Geitaue zu der jeweils höheren Rah führte. Damit verhinderte er das Auswehen der Segel, was eine große Gefahr beim Festmachen der Segel darstellte, denn zurückschlagende Segel konnten die Männer von der Rah fegen und töten.

Seine Kameraden verspotteten alle seine Ideen. Die meisten erzählten von ihm, er habe einen gelinden Knacks weg. Wider besseren Wissens verachteten sie auch die Brasswinden, seine verbesserten Gordings und alle anderen Ideen. Die Brass- und Fallwinschen bezeichneten sie als »Kinkerlitzchen«. Wenn die Segel aus den Zeisingen geweht wurden, dann ließen sie es geschehen. Holten sich die Leute einen Bruch, wenn sie bei Sturm ein widerspenstiges Segel festmachen wollten, oder wurde einer von einer schlagenden Schot aus der Takelage geschleudert, dann war es halt Schicksal und der Preis, den man eben bezahlen musste, wenn man zur See fuhr. Nicht im Traum fiel ihnen ein, man könne etwas dagegen tun. Jarvis selber sagte einmal: »Kein Mensch zeigte Interesse. Ich vermute, dass die Seeleute seit der Arche Noah gegen jede Verbesserung eingestellt waren.« *(Villiers, A.: Kap Hoorn. Hamburg 1988)*. Nur die Deutschen, allen voran F. Laeisz mit seinen erfolgreichen P-Linern, nahmen die Ideen bereitwillig auf und fanden sie bald unbezahlbar. Sie trugen mit zu ihren hervorragenden Reisen bei.

Eine andere herausragende Persönlichkeit und vielleicht der größte unter den großen Segelschiffskapitänen war Robert Hilgendorf, der Meister unter den Kap-Hoorn-Seglern. Geboren 1852 als Sohn eines Schiffers an der pommerschen Ostseeküste stand ihm der Sinn von klein auf nach Segelschiffen. Nach einer beispielhaften Karriere bekam er mit nur 29 Jahren das schwere und verantwortungsvolle Kommando als Kapitän, als »Master next to God«, über einen großen Windjammer: Der Schiffsreeder F. Laeisz vertraute ihm seine Dreimastbark *Parnass* an und wenig später die Bark *Parsifal*, einen anderen P-Liner seiner Reederei. Mit ihr machte Hilgendorf die zweitbeste Hoorn-Umrundung. Er benötigte nur eine Woche. 1896 nahm ihm das Hoorn die *Parsifal*. Dabei hatte er das große Glück, dass er alle seine Leute sicher in die Boote bekam. Eine Photographie zeigt Hilgendorf mit starken Backenknochen und einer Habichtsnase, als einen grimmig blickenden, entschlossenen Mann mit einem festen, harten Mund, weit auseinander stehenden, alles beobachtenden Augen von »härtestem kaltem Blau«, wie Augenzeugen berichten, und einem starken, aber nicht streitsüchtigen Kinn. »Mit dunkler Haut und einem Kopfschmuck von Adlerfedern könnte er einer der großen, alten Indianerhäuptlinge sein. Es könnte ein großer Staatsmann sein oder ein großer Admiral.« *(Villiers, A.: Auf blauen Tiefen. Hamburg 1955)*.

Im Bewusstsein, dass Hilgendorf das Kommando übernehmen würde, unternahm die Reederei Laeisz das Wagnis, die *Potosi* zu bauen, eine große Fünfmastbark von über 4000 BRT, ein »vollendetes Schwerwetterschiff«. Die Reederei vertraute darauf, dass sie unter der führenden Hand von Robert Hilgendorf und vielleicht mit Gottes Hilfe ein Erfolg werden würde. Sie erfüllte all die Erwartungen, die man in sie gesetzt hatte und ging in die Geschichte ein. Praktisch unabhängig von schwerem Wetter zeichnete sie sich durch Reisen aus, die durch ihre Stetigkeit überraschten. Legendäre 66mal hat Robert Hilgendorf mit verschiedenen Schiffen Kap Hoorn gerundet, 50 Reisen davon als Kapitän, wobei keine Umsegelung länger als 10 Tage dauerte. Nur selten kam es vor, dass die Seeleute, die unter Hilgendorf auf einem der P-Liner fuhren, das Schiff wechselten, nicht zuletzt wegen seines Wahlspruchs: »Harte Arbeit, aber gutes Essen«. »Jeder war stolz, unter dem 'Düwel von Hamburg', dem 'Flying German' gefahren zu sein. Unter Hilgendorf gab jeder sein Bestes, von sich aus und ohne dazu angetrieben zu werden.« *(Brennecke, J.: Windjammer. Hamburg 1996)*.

Robert Hilgendorf starb im Februar 1937 im Alter von 85 Jahren. Ihm ist es zu verdanken, dass der Ansturm des Zeitalters der maschinengetriebenen Schiffe einige Jahre aufgehalten wurde und seinen wohl einmaligen Qualitäten als Schiffsführer, Nautiker, Meteorologe – auch im Deuten und Nutzbarmachen des Wetters war er ein Meister seines Faches – und Seemann ist es zu verdanken, dass die großen rahgetakelten Segelschiffe wenigstens noch ein Jahrzehnt in Fahrt blieben.

»Die Vernichtung der Tiefwassersegler fand ihre letzte Ursache in der Blindheit und der Stupidität der Menschen. Es gab Arbeit für beide Arten von Schiffen. Es war närrisch, vorsätzlich eine große Kunst aufzugeben. Hilgendorf hatte mit Recht versucht, die Kunst des Segelns zu erhalten und zu vertiefen. Trotzdem war Hilgendorfs Leben ein großes. In seine Hand wurden großartige Instrumente gelegt, und er wusste sie vollendet zu gebrauchen. Er zeigte, was der Mensch zu vollbringen vermag und weiter vollbringen könnte, wäre ihm nur die Vernunft gegeben, sich seine eigenen Fähigkeiten zu bewahren, anstatt der Illusion einer Herrschaft durch die Maschine nachzujagen.« *(Villiers, A.: Auf blauen Tiefen. Hamburg 1955)*. Und eine andere Stimme: »Robert Hilgendorf steht für alle, für all jene Charaktere, die dieses harte Leben eines Segelschiffskapitäns – in ihrer Alleinstellung während langer Wochen und Monate auf den sieben Ozeanen mit ihrer Weite, mit ihrer Einsamkeit – nur ertrugen aus einem Drang der Berufung, aus einer Verachtung körperlicher und seelischer Leiden, aus absoluter Hingabe an den Beruf, einer Hingabe, die nur noch aus einem vergangenen Zeitalter hergeleitet und verstanden werden kann.« *(Brennecke, J.: Windjammer. Hamburg 1996)*.

3. Das Leben auf See

Auf den großen rahgetakelten Frachtseglern arbeiteten Männer aller Nationen und aller Hautfarben unter außerordentlich harten Bedingungen. Das Leben war bestimmt von permanenter Arbeit, strenger Disziplin und ständiger Anstrengung, die sich oft bis in die Zeit der kurzen Freiwachen erstreckte. Dazu kamen oft noch der Hunger, schlechtes Essen und armselige Löhne. Zuweilen war der Alltag auf diesen nach unseren Maßstäben völlig unterbemannten Schiffen so unerträglich, dass sich in den Endhäfen der langen Reisen das Mannschaftslogis fluchtartig leerte, weil fast die gesamte Besatzung desertierte. Sie hatte einfach genug vom Meer und seinen Entbehrungen und Härten.

An Freuden bot sich dem Seemann damals nicht viel: Nach monatelangen Reisen durch die ungemütlichsten Gegenden der Welt fand sich der Seemann in einem gottverlassenen Salpeterhafen im Westen Südamerikas, in einem trostlosen, langweiligen Dorf an der australischen Küste oder in einem von jeder Zivilisation unberührten kochend heißen Nest in Borneo wieder. Dort musste er vielleicht noch die Schinderei des Ent- und Beladens auf sich nehmen, weil sich niemand an Land für diese knochenbrechende Arbeit in der glühenden Sonne fand. Und für den Abend blieb oft nur Alkohol in seiner konzentriertesten Form und billigste Liebe ohne die Möglichkeit, den Gesichtskreis, etwa durch geselliges Beisammensein mit anderen Menschen, zu erweitern, geschweige denn die Möglichkeit etwas von dem besuchten Land zu sehen.

Nun darf man aber solche Zustände nicht als absolut gültig ansehen; sie waren zwar häufig, jedoch keineswegs typisch für die Zeit der großen Rahsegler, auch wenn sie in zahlreichen Büchern Ehrfurcht erregend für den Leser so geschildert werden. Auf der Mehrzahl der Fracht fahrenden Schiffe wurde der Mensch als oberstes Maß angesehen, dank der Einsicht der Reeder und der Erfahrung von Kapitänen und Offizieren, die sich ja alle selber vom Schiffsjungen hochgedient hatten. Dennoch blieb das Leben noch hart genug, denn bis in die jüngste Zeit fehlten viele der Annehmlichkeiten, die wir heute als selbstverständlich für den Lebensstandard auch an Bord ansehen. Viele dieser Schiffe, deren Eigner gegen die überwältigende Konkurrenz der Dampfschifffahrt nur mit äußerster Sparsamkeit bestehen konnten, hatten z. B. kein elektrisches Licht und keine Funkstation. Motoren oder Dampfmaschinen zur Bedienung der Ladebäume und Anker waren selten, sodass auch die schwerste Arbeit mit der Hand getan werden musste. Dazu kam, dass viele Tiefwassersegler mit sehr knapp bemessener Besatzung fuhren und der Ausfall auch nur eines Mannes durch Krankheit oder Unfall den anderen noch mehr Arbeit von einer Art abverlangte, die in ihrer würgenden Härte für die Leute an Land unvorstellbar war.

Aber trotz der monotonen Tagesabläufe zwischen Schlafen, Essen und Arbeiten war es für viele genau das Leben, das sie wollten, in dem sie sich wohlfühlten und das sie bei weitem dem Leben an Land vorzogen. Karlsson schreibt: »Vielleicht hätte ein solches Leben ein paar Leute, die ich kenne, verrückt gemacht. Ich habe mich nie besser gefühlt, geistig und körperlich. Ich wusste nicht, dass ich überhaupt 'Nerven' hatte, wie man heute von Nerven spricht. Perfekte Zusammenarbeit von Gehirn und Muskeln: Ich konnte ohne Willensanstrengung schnell denken und schnell handeln, was, wie ich glaube, ein Zeichen des Gleichgewichts zwischen geistigen und körperlichen Fähigkeiten ist.« Und weiter: »Ich weiß …, dass dieses Leben mir eine vollkommene Seelenruhe gab. Und das ist eine Seltenheit an Land, wo der Wirbel der Gedanken, der bekannten und unbekannten Ängste, das oft fehlende Vertrauen in irgend etwas die Menschen ständig quält. Wir hatten, so scheint es mir, mit unserem Segeln einen Schritt zurück getan in die Welt des Ursprünglichen, wo der Friede des Geistes regiert. Wir segelten unser Schiff mit Hilfe der Elemente; anders als der Mann am Festland, der täglich das Opfer der eigenwilligen Kräfte ist, die er selbst geschaffen hat. Wenn ich auf diese Tage zurückblicke, wundere ich mich über eines: über dieses Gefühl der Freiheit, das mich an Bord überkam, besonders in den höheren Breiten. Man weiß, dass es so etwas wie absolute Freiheit nicht gibt, und wir an Bord der *Herzogin* waren gewiss nicht frei – im Gegenteil: in harter Disziplin – lediglich durch die Tatsache, dass wir an Bord waren – an den Dienst des Schiffes gebunden. Unsere Fesseln waren unzerreißbar. Aber als Angestellter oder Soldat hatte ich beständig den Eindruck, gebunden, unfrei zu sein. Das ist ein Widerspruch – ich kann ihn aufzulösen nicht einmal versuchen. Ich kann aber eine Parallele erwähnen. Ein Mann setzt die Segel seines Bootes. Wenn der Tag ruhig ist, treibt er langsam hinaus in offenes Wasser – aber es ist nicht dasselbe wie an einem windigen Tag. Das Gefühl zu segeln ist nicht recht da. Erst wenn der Wind bläst, findet er, was er gesucht hat: dieses Gefühl der Erleichterung, auf der Höhe der Situation und ein wirklich freier Mann zu sein. Und doch ist er nicht freier als wir es waren, denn er ist zur gleichen Zeit Diener und Herr seines Bootes. Das ist etwas, was man niemandem befriedigend erklären kann: das Verlangen des Menschen, auf See zu segeln.« *(Karlsson, E.: Die See Mein Leben. Bielefeld 1965).*

Einmal unterwegs, ist das Schiff wie ein geschlossenes Dorf, das auf sich selbst angewiesen ist.

Das Leben auf einem Frachtsegler war aufgespannt zwischen dem Ablegen aus einem Hafen und dem Ankommen in einem anderen meist am entgegengesetzten Ende der Welt. Unterwegs war das Schiff wie ein Dorf, in sich geschlossen, auf sich selbst angewiesen und als »geschlossenes System«, wie man heute sagen würde, »sich selbst genug«. Bevor das Schiff nicht auf See war, konnte sich die tägliche Schiffsroutine nicht einspielen und mit ihr das Gefühl des »In die Ordnung Kommens«, dieses Gefühl, dass sich Schiff, Meer und Mannschaft aufeinander einstellen: Wenn der Wind heult und das Meer laut ist, dann ist auch das Schiff laut: Die Blöcke knarren, und der Rumpf ächzt und alle Befehle müssen laut gerufen werden, um überhaupt durch das Getöse zu dringen, das das Schiff und die Elemente zusammen veranstalten. Wenn aber die See still ist und ein leichter, gleichmäßiger Wind weht, dann gleitet das Schiff fast lautlos dahin und auch die Crew wird ruhig.

Bevor endlich die Leinen losgeworfen wurden, musste das Schiff die ungeordnete Zeit überstehen, die dem Auslaufen vorangeht. Heinrich Hauser schildert diesen Zustand auf seiner Reise mit der *Pamir*: »Ich wollte, ich könnte beschreiben, wie es auf einem Schiff aussieht, das eine Weile im Hafen gelegen hat und jetzt in ein paar Stunden auslaufen soll. Da liegt das Deck noch voll Dreck und Tauwerkresten der Ladestropps. Die Abfälle der Kombüse sind in Haufen in den Winkeln aufgetürmt und ebenso die Asche vom Herd. Das alles darf erst auf See über Bord geworfen werden. Die Besatzung ist noch neu an Bord und findet sich noch nicht zurecht. Die Menschen sind missmutig und verkatert und abschiedsschwer. Alles läuft durcheinander. Es gibt kein Wasser, weil die Tanks noch nicht geöffnet sind. In den Kammern stehen noch die unausgepackten oder leeren Seesäcke; Wäsche, Schuhe und Anzüge sind durcheinander auf die Kojen geworfen. Es ist eiskalt, kein Feuer in den Öfen. Die Petroleumlampen brennen nicht, der Koch hat das Essen nicht zur rechten Zeit fertig. Abschiednehmende Frauen sitzen trostlos mitten in der Verwirrung. Kurz: Es herrscht der Zustand, den man seemännisch »Wuhling« nennt.« *(Hauser, H.: Pamir. Die letzten Segelschiffe. Eine Reportage. Frankfurt 1984).*

Wie vorm Ablegen so war das Schiff auch nach dem Ankommen, im Bewusstsein der Mannschaft meist gleichgesetzt mit dem In-Sicht-Kommen des Hafens, verändert. Die Menschen waren wie verwandelt, in Gedanken nicht mehr an Bord, sondern an Land. Heinrich Hauser schreibt, dass das Schiff vor seinen Augen »gespenstisch« wurde: »Es gab seinen Geist auf.« Eine seltsame Stimmung bemächtigte sich des Schiffes, typisch für das Ende einer Reise: »Schiff und Mannschaft verhalten sich wie Eheleute, die sich getrennt haben und denen der Kummer noch das Herz bedrückt«.

Die Leute an Land konnten sich verständlicherweise nicht vorstellen, was sich für ein Schiff und seine Besatzung zwischen dem Ablegen und dem Ankommen, diesen »Endmarken im rhythmischen Pendelschlag eines Seemannslebens und der Laufbahn eines Schiffes«, wie Joseph Conrad sie nennt, abspielte. Für sie verliefen die meisten Fahrten »ereignislos«, wie eine Zeitung aus Cork kurz nach der Ankunft des finnischen Dreimasters Grace Harwar schrieb. Das heißt, von den oft genug dramatischen Umständen einer Reise drang im Allgemeinen wenig an die Öffentlichkeit, zumal es damals kaum Funk an Bord gab und die Berichterstatter der Zeitungen keinen Anlass sahen an Bord zu kommen, auch nicht, wenn die Schiffe nach zehrenden Monaten mit letzter Kraft den Hafen erreicht hatten. Aber auch die Seeleute hatten sich daran gewöhnt, dass Unfälle und Desaster passierten und fanden es nicht der Rede wert, viel Aufhebens davon zu machen. Das, was die Presse später als »ereignislos« bezeichnete, hatte dann zum Beispiel so ausgesehen, wie es Allan Villiers beschreibt: »Wenn diese Reise 'ereignislos' war, dann, hoffe ich, habe ich nie Gelegenheit, eine Reise vor dem Mast zu machen, die 'ereignisreich' ist. Wenigstens 1000 Meilen kamen wir aus unserm Kurs, als wir durch die Cook-Straße gingen und auf dem Nordatlantik, als wir von 25 Grad auf 40 Grad West versetzt wurden, ganz abgesehen von unserm weiten Schlag auf dem Südatlantik. Einer von uns verunglückte tödlich, ein anderer ging über Bord, ein dritter brach mit den Nerven zusammen. Wir waren knapp an Lebensmitteln, das Schiff leckte und mehr als einmal musste sich das Schiff hart herumschlagen. 138 Tage waren wir von Land zu Land unterwegs. Wir sahen in der Zeit nichts als ein Zipfelchen von Neuseeland, die in der Ferne schimmernden Höhen von Staten Island und ein paar Dampfer. Kurz vor Schluss mussten wir unsern Bestimmungshafen wechseln. Noch in der letzten Nacht hatten wir unsern Kummer. Das war doch bestimmt ereignisreich.« *(Villiers, A.: Rund Kap Hoorn. Wiesbaden 1953).*

Endlich zu Hause: Noch während des Einlaufens werden zum letzten Mal die Segel gepackt.

Aber trotz aller Widrigkeiten, von denen noch zu berichten sein wird, liebte der Segelschiffsmann im Allgemeinen sein Leben und er blieb auch dann noch seinen Schiffen treu, als es schon leicht war, auf einem Dampfer anzuheuern. Ihm gefielen die Freundschaften, ihm gefiel das Leben an Bord und das Gefühl, mit der Kraft seiner Muskeln selbst etwas zur Reise beizutragen und er liebte die Vielfalt der Seemannsarbeiten, die sein Beruf erforderte und die ihm einen Schatz an Erfahrungen einbrachte, die er an Land in dieser Fülle niemals hätte sammeln können.

Zwischen Koje und Seekiste

In den klassischen Segelschiffstagen wohnte die Mehrzahl der Seeleute im Vorderteil des Schiffes, das Heck mit seinen Aufbauten war die Domäne der Offiziere. Zu ihnen zählte auch der Koch, der Zimmermann, der Segelmacher und der Schmied, die sozusagen im Rang von Unteroffizieren standen. Die Mannschaft durfte nach den traditionellen Bordregeln nur aus dienstlichen Gründen hinter den Großmast kommen – daher der Ausdruck: »Vor dem Mast fahren«, und nach der gleichen allgemein akzeptierten Regel drangen auch die Offiziere nur in großen Ausnahmefällen in die Back, die Domäne der Mannschaft, ein.

Wenn die Mannschaft nicht in Hängematten schlief, waren die Kojen im Logis, so der Name für die Unterkünfte der Mannschaft, übereinander an den Wänden montiert, jede mit einem Leebrett als Schutz gegen das Rausfallen versehen. In der Mitte stand ein großer Tisch mit Bänken – das war meistens schon das ganze Mobiliar. Bei Tage gab ein Oberlicht ein wenig Helligkeit und abends zündete man eine Petroleumlampe an, die von der Decke hing. Damit die Seekisten beim Rollen des Schiffes nicht quer durch die Kammer rutschten – zusammen mit dem Wasser, das trotz der dicht schließenden Türen und Luken bei der Schräglage des Schiffes immer wieder hereinsickerte – wurden sie fest am Fuß der Kojen vertäut.

Vor dem Auslaufen wurden die Kojen verlost, wobei auch jeder seinen Wunsch äußern konnte: oben oder unten, links oder rechts vom Eingang, nahe beim Ofen, wenn es denn überhaupt einen gab, oder beim Bullauge. Am unbeliebtesten waren die Kojen, die quer im Schiff lagen, die sog. Dwarskojen, weil auf Am-Wind-Kursen, also beim Kreuzen, das Schiff nach jeder Halse oder Wende seine Krängung änderte, so dass abwechselnd der Kopf oder die Füße höher lagen. Längskojen waren also gefragt. Den sog. Kojenrahmen stattete der Matrose aus eigener Tasche mit einem Strohsack aus. Die üblicherweise mit Stroh vollgestopften Matratzen setzten sich bei Gebrauch rasch, aber mit einem Griff in einen eigens dafür vorgesehen Einschnitt im Segeltuch wurden sie immer wieder aufgeschüttelt. Der Strohsack und eine dünne Decke, dazu der Inhalt seiner Seekiste machten nicht selten den ganzen Reichtum des Matrosen auf großer Fahrt aus. Es war wahrlich nicht viel, große Reichtümer besaß ein einfacher Seemann eben nicht, und so war es auch kein Problem, dass es der Brauch auf See verlangte, dass nichts im Logis verschlossen aufbewahrt wurde. Kameradendiebstahl wurde übrigens als das übelste aller Verbrechen geahndet – sogar Mord wurde auf vielen Schiffen milder beurteilt.

Die Leute einer Wache bewohnten praktischerweise dasselbe Mannschaftsquartier. Die Quartiere waren sehr beschränkt im Raum und so musste die persönliche Habe der Seeleute auf ein Minimum begrenzt werden. Viele Reeder waren außerdem geizig, jeder Kubikmeter mehr für die Männer ging ja vom Laderaum ab, und diese Schiffe waren »built to carry« – gebaut, um Ladung zu fahren. Die Platznot bedingte, dass die Leute unbedingt aufeinander Rücksicht nehmen mussten. Keiner durfte sich auf Kosten der anderen ausleben und es entstand von selber eine gewisse Disziplin, weil es anders gar nicht ging. Sauberkeit war und ist bis heute keine Tugend an Bord eines Schiffes, sie ist vielmehr eine Notwendigkeit. Wenn ein Mann der Besatzung schmutzig ist, kann er allen das Leben im Logis unerträglich machen. Früher war es die Aufgabe der Älteren, darauf zu achten, dass Sauberkeit herrschte, und gewöhnlich sahen alle diese Notwendigkeit ein. Aber selbst wenn die Seeleute ihre Quartiere reinhielten, kämpften sie einen dauernden Kampf gegen eine Erbschaft aus früheren Tagen: das Ungeziefer, vor allem die Wanzen. Sie wohnten in den Rissen und Sprüngen des Holzes. Von hier aus starteten sie, um die schlafenden Männer zu quälen, sobald es dunkel war. Sowie ein Streichholz aufleuchtete, flohen sie in ihre Verstecke zurück. Sie waren fast unausrottbar, außer durch Gewalt, und sogar dann noch, im Tod, entließen sie einen widerwärtigen Geruch »als letzte Herausforderung an ihre Mörder«, wie ein Seemann erzählt. In jenen Tagen, als es noch keine Insektenmittel wie heute gab, mussten

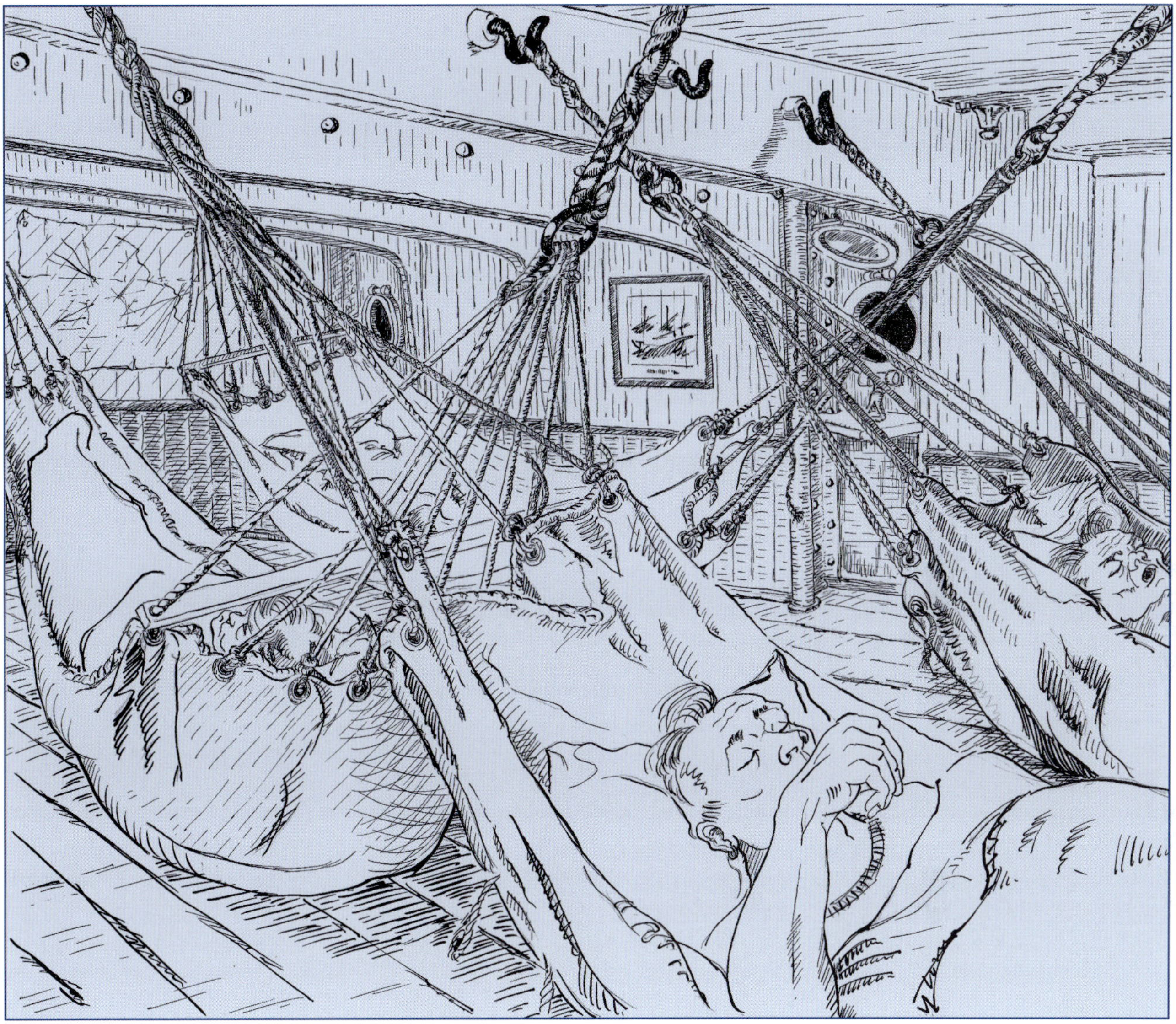

die Matrosen das Ungeziefer mit Schwefeldämpfen ausräuchern. Aber selbst gegen diesen chemischen Krieg schienen viele Wanzen immun zu sein. Es dauerte meist nicht lange, bis die ersten Tiere wieder auftauchten, um den Männern das Leben zusätzlich zu allen anderen Einschränkungen schwer zu machen. Hatte das Schiff Reis geladen und kam in die wärmeren Zonen, hatten die Seeleute noch mit einer anderen Plage zu kämpfen: Aus den offenen Luken drangen Wolken von schwarzen Reiskäfern, die manchmal zu Tausenden alles bekrabbelten und in Teller, Mund und Augen flogen. Zum Glück bissen sie wenig, aber

Kein Lärm von Wind, Wasser, Segeln oder Tauen kann den richtigen Seemann wach halten.

dafür waren sie so fett, dass sie überall dort einen Fettfleck hinterließen, wo sie Opfer eines Mordangriffs wurden.

Nur gegenüber den Kakerlaken, auch sie unausrottbare Begleiter der Schiffe, hegten die Seeleute oft so etwas wie Toleranz, denn es galt: Je mehr Kakerlaken, desto sicherer das Schiff. Es gab sogar Männer, die ein Schiff mieden, auf

Mit dem Baden und dem Waschen mussten die Matrosen warten, bis das Schiff in die Tropen mit ihren schweren Gewittergüssen kam.

dem es die hellbraunen Tierchen nicht gab. Sie waren der festen Überzeugung, ein Schiff ohne Kakerlaken sei ein Unglücksschiff.

Meist war es günstig, wenn die Mannschaft eines Logis ungefähr gleichaltrig war, denn Generationsunterschiede wirkten sich stärker auf die Harmonie aus als alle anderen Verschiedenheiten. Junge Leute vertrugen sich meist besser als alte, weil ihre Persönlichkeit noch nicht so ausgeprägt war. Im Laufe der Zeit lernten sich die Männer notgedrungen sehr gut kennen und das erschwerte oft das Zusammenleben. In dem beschränkten Schiffsraum wurde jeder Einzelne vom Anderen ständig beobachtet und so lernte man dann sehr schnell den Charakter eines Jeden bis in den letzten Winkel seiner Seele kennen. Hatte man sich gegenseitig »ausgeschöpft«, traten unweigerlich die Schwächen und Launen zutage. Man wusste bis zum Überdruss, was kam: die ewig gleichen Antworten und Reaktionen, die Art zu kauen oder das Schnarchen in den kurzen Nächten. Brommy schreibt in seinem Buch »Die Marine«: »Wer in der Kadetten-Messe vier bis fünf Jahre hindurch gelebt, dort einen kleinen Vorbegriff vom perpetuum mobile vom Chaos und Kommunismus erlangt hat, der lernt es erkennen und schätzen, was sechs bis acht Fuß im Kubus eines abgeschlossenen Raumes auf einem Schiff für ein kostbarer Raum sind.« *(Brommy, R.; von Littrow, H.: Die Marine. Wien und Leipzig 1878).*

Verantwortungsvolle und erfahrene Schiffsführer dachten an ihre Mannschaft, indem sie nicht nur für eine möglichst gute Verpflegung sorgten, sondern auch dafür, dass die Wohnräume trocken blieben, auch wenn letzteres manchmal nur schwer zu verwirklichen war. Auf einem guten Schiff gab es z. B. einen Raum, in dem die Leute ihr Ölzeug und ihre nassen Kleider unterbringen konnten. Außerdem konnte man das Logis heizen lassen. Manche Kapitäne waren allerdings stur und meinten, es wäre gesünder für die Leute in der kalten, frischen Luft als im warmen Mief zu hausen. Und es gab auch Schiffe, deren Kapitäne und Reeder so kurzsichtig waren, dass sie schlichtweg das Geld für einen Ofen und die Kohle sparen wollten.

Auf den Square-Riggern des 19. Jahrhunderts waren die Verhältnisse für die Mannschaft noch viel bitterer als auf den Schiffen der großen Reeder des 20. Jahrhunderts. Bevor kluge Männer wie Ferdinand Laeisz darüber nachdachten, dass man auf lange Sicht nur mit einer gesunden und zufriedenen Mannschaft gute und zuverlässige Reisen machen konnte, hatten die Leute auf vielen Schiffen kaum Platz genug, um ihre salzwassergetränkten Plünnen aufzuhängen. Erschwerend kam hinzu, dass Süßwasser, in dem die Sachen eigentlich ausgewaschen werden mussten, damit sie trocken werden konnten, knapp und deshalb vom Beginn der Reise an rationiert war. Überhaupt wurden alle Kleider, selbst wenn sie zuvor trocken gewesen waren, schnell klamm, denn der Wind war meist zu feucht, um die Feuchtigkeit aus den mit Salzwasser durchzogenen Kleidern zu saugen. Türen und Bullaugen mussten außerdem meist geschlossen bleiben, weil sie überspült wurden. Und natürlich blieb auch das Oberlicht oft tagelang fest zugeschraubt. So entstand im Logis oft schon nach wenigen Tagen auf See durch die Ausdünstungen von Bewohnern, Speisen, nassen Kleidern und Seestiefeln ein unerträglicher Mief. Manchmal waren die Stiefel zu allem Überfluss mit Schweinsfischtran gegen die Nässe geschützt. Man kann sich heute nur schwer vorstellen, wie es in den Unterkünften gestunken haben mag. Waren die Quartiere noch dazu in der Nähe der Viehställe, kam zu allen Unbequemlichkeiten und Einschränkungen noch der unerträgliche Gestank der Tiere dazu. Und mit dem Baden und dem Waschen musste man schon gefälligst warten, bis man in die Tropen kam, in die Gewittergüsse der Mallungen. Trotzdem freuten sich die Leute, wenn sie nach vier Stunden in Sturm, Nässe und Kälte endlich in ihre feuchten, moderigen Kojen kriechen konnten, in der sie wenigstens ein bisschen Rückzug und Ruhe haben konnten, selbst wenn der Seegang sie im Bett hin- und herwarf. Dass es auf den alten Schiffen um das bestimmte Örtchen auch nicht zum Besten bestellt war, dürfte klar sein. Oft musste die Reling es ersetzen, bei etwas kabbeliger See eine äußerst riskante Sitzgelegenheit.

Auf den Laeisz-Seglern, den legendären Flying-P-Linern, wurde erstmalig das Zusammenlegen der Quartiere eingeführt, so dass auch die Mannschaft im Achterschiff untergebracht war, ein Deck über dem Motorenraum. Dieses hatte den Vorteil, dass die Matrosen nicht mehr in dem engen, dunklen, schwer zu lüftenden und oft recht nassen Logis vorn im Bug hausen mussten. Stattdessen waren sie – für Langreisesegler ein sehr wichtiger Punkt – besser und geräumiger untergebracht und zwar an der

Direkt über der Kapitänskajüte befand sich gewöhnlich das Kartenhaus, das »Allerheiligste« jeden Kapitäns – hier Kapitän Boye Petersen – in dem die Papiere mit den Schiffsordern, sein Fernglas und die Sextanten aufbewahrt wurden.

sichersten Stelle des Schiffes und dort, von wo aus sie gleich schnell an jeden Punkt des Schiffes gelangen konnten. Dieses Logis war mit dem auf alten Segelschiffen überhaupt nicht mehr zu vergleichen; es war eine Wohnung, keine Unterkunft mehr: Zweibettkammern für die Voll-, Dreibettkammern für die Leichtmatrosen, ein großer luftiger Speiseraum, breite Gänge mit großen Kleiderspinden und – höchster Luxus – Wasch- und Duschräume, sehr geräumig und mit Anschlüssen für heißes Wasser.

Wie alle Offiziere wohnte auch der Kapitän achtern in der sog. Hütte oder Kajüte. Dort hatte er, nach der Tradition an Steuerbord, eine Kajüte mit polierten Teakwänden und mit einer großen Koje mit Schubladen, einem Kleiderschrank, einem Sofa, einem großen Arbeitsschreibtisch mit abschließbaren Fächern und einem kleinen Mahagonischränkchen, in dem die beiden Schiffschronometer sorgfältig verstaut waren. Ein Bad, für das der Schiffsjunge Sorge zu tragen hatte und das er im Bedarfsfall mit Bottichen heißen Wassers aus der Kombüse zu füllen hatte, öffnete sich zur Kajüte des Stewards hin, zu der auch ein kleiner Raum gehörte, in dem normalerweise das Schiffssilber aufbewahrt wurde. Diese Kostbarkeit wurde aber nur benutzt, wenn der Kapitän im Hafen von seiner Frau oder hohen Gästen besucht wurde. Direkt über der Kapitänskajüte befand sich gewöhnlich das Kartenhaus, und dort, in seinem »Allerheiligsten«, überließ der Kapitän dem diensthabenden Offizier die Papiere mit den Schiffsordern, sein Fernglas und die Sextanten.

Der größte Raum, der Salon, lag bei allen großen Segelschiffen im Halbrund des Achterschiffes. Es war zugleich Aufenthaltsraum, Messe und »täglicher Zeuge maritimer Dekorationslust«: fein bearbeitete Türen und Oberlichter, Wände aus seltenem Holz, Drehsessel aus feinstem Leder, kardanische Halterungen für Gläser und Karaffen, Kamine mit holländischen Kacheln, Kommoden mit Intarsienarbeiten, Lampen aus geschwungenem Kupfer – auch sie, kardanisch befestigt, hingen immer gerade und erschienen doch oft so beängstigend schief, wenn das Schiff überholte – , das obligatorische rote Plüschsofa und dergleichen mehr. Ein Kompass, »Spion« genannt, verriet dem Kapitän, ob der Steuermann den Kurs hielt. Durch ein gewölbtes Oberlicht erhielt der Salon die nötige Helligkeit. Rings um den Salon lag eine Reihe kleinerer Kammern mit den Kartenkisten, dem Medizinschrank und den Koffern. Dann folgten vielleicht der Eingang zum tiefer gelegenen Proviantraum, das kleine Badezimmer, eine kleine Speise- und Geschirrkammer für den Steward, die Kammer der Steuerleute, das ganz mit Blech ausgeschlagene Ofenkämmerchen, und auf größeren Schiffen eine Kammer, in der der Lotse ein wenig einnicken konnte, wenn er gerade nicht auf der Brücke gebraucht wurde.

Ausrüstung und Kleidung der Seeleute

Das zünftige Seemannsgepäck zur Segelschiffszeit war die hölzerne Seekiste, eine große, stabile Kiste meist aus Fichten- oder Kiefernholz, selten aus Edelholz, mit stabilen geflochtenen Tragegriffen. Sie hatte nach innen geneigte Seitenwände, damit sie auch bei Seegang sicher stand. Für ganz persönliche Dinge war an einer Seite zusätzlich ein kleines abschließbares Fach eingebaut, das aber selten gebraucht wurde, denn auf See hat es früher weder eine verschlossene Seekiste noch eine verschlossene Spindtür oder sonst einen abgesperrten Behälter im Logis gegeben. »Dort wohnten Menschen, die das Wort 'Kamerad' kaum kannten und es nie gebrauchten. Aber sie waren es.« *(Schmidt, F.: Von den Bräuchen der Seeleute. Hamburg 1962).*

In der Seekiste bewahrte der Seemann all sein Hab und Gut auf. Sie war sein ganz persönliches Stück und wurde von Schiff zu Schiff mitgeschleppt. Auf der Innenseite des Deckels hatte sich oft die Kunstfertigkeit des Besitzers in bunten Ölfarben ausgetobt. Meist brauste ein Segelschiff unter Vollzeug und dicken Wolken durch die raue See oder die heimatliche Insel oder Küste erschien dem Besitzer, so oft er seine Seekiste öffnete. Oft war das Ganze noch umrahmt von einem Arrangement von Flaggen aller seefahrenden Völker. Als in den Wohnräumen der Matrosen später in den Unterseiten der Bänke Backskisten eingebaut wurden, transportierte der Seemann sein Eigentum im Seesack oder im »Tüüchbüddel« – Zeugbeutel – genäht aus Segeltuch und so groß, »dass er selbst oft bequem Platz darin gefunden hätte«.

Zur üblichen Ausrüstung des Seemanns gehörte auch der »Kreefbüdel«, ein Segeltuchsack mit rundem Boden von ca. 20 Zentimetern Durchmesser, der an einem meist kunstvoll geflochtenen und mit allerlei Flechtwerk verzierten Strang aufgehängt wurde und dem Matrosen als eine

Art Handwerkskasten diente. Er bewahrte darin seine Marlspieker, jene etwa fußlangen Dorne auf, die er zum Spleißen von Drahttauwerk benötigte, außerdem sein Messer, vielleicht verschieden große Hämmer, die Kleedkeule zum Umwickeln von Tauwerk, verschiedene Zangen, Stahlmeißel, ein Steerthaken, den man zum Segelnähen brauchte, ein Segelhandschuh, ein Stück Kuhhorn mit Talg darin zum rostfreien Aufbewahren einer Auswahl von Segelnadeln und dergleichen mehr an bewährtem Werkzeug.

Gewöhnlich öffnete der Kapitän an jedem Sonnabend oder Sonntag Nachmittag die Schlappskiste. Ursprünglich war damit wohl wirklich eine Kiste mit billigen Kleidungsstücken gemeint, später war es eine Kammer, oft neben dem Salon des Kapitäns. Aus diesem Lager konnte die

Wenn die Freiwache im Mannschaftslogis zusammenkam, wurde es schnell eng. Die gesamte persönliche Habe musste in der Seekiste Platz finden.

Mannschaft das Wichtigste kaufen, was sie während einer langen Reise brauchte: Tabak und Pfeifen, Arbeitszeug, Passatmützen aus dünnem weißen Leinen, Sweater und Stiefel, Seifen und Messer. Auch ungeöltes Ölzeug gab es, das die Leute dann später selbst mit Leinöl einrieben in dem Versuch, es wasserdicht zu machen. Nur Alkohol gab es nicht. Der Kapitän trug die Käufe in ein Buch ein und ließ die Leute unterschreiben, damit die Kosten dann später mit der Heuer verrechnet werden konnten. Viele

Kapitäne gaben die Waren zum Selbstkostenpreis an die Mannschaft weiter, andere nahmen einen kleinen Aufschlag. Aber es kam auch vor, dass die »See«-Preise für diese Ausrüstungsgegenstände völlig überteuert waren, weil der »Alte« sich einen nicht geringen Nebenverdienst mit dem Verkauf sicherte. Auch wenn die Mannschaft sich darüber ärgerte: Wenn das Schiff erst einmal unterwegs war, hatten die Seeleute keine andere Wahl als auf die Waren aus der Schlappskiste zurückzugreifen oder eben zähneknirschend darauf zu verzichten.

Die Kleidung der Seeleute auf den Windjammern war verglichen mit heute geradezu kümmerlich: Während des Landganges trugen sie gewöhnlich eine anständige Arbeitshose, eine Art von Jacke und irgendeine Mütze. Auf See und an Bord beschränkte sich die Ausrüstung auf sog. Dungaree-Zeug bei Wärme oder dickere Arbeitskleidung bei Kälte, wobei es für viele nicht mal für Wollzeug reichte. Sie froren oft erbärmlich in ihrem Leinenzeug, obwohl sie wahrlich nicht empfindlich waren, im Gegenteil, jede Form von Weichlichkeit wurde verachtet. Die Hosen waren gewöhnlich weit, damit sie schnell und unkompliziert aufgekrempelt werden konnten, wenn es nass an Deck wurde. Außerdem mussten sie genügend Bewegungsfreiheit für die schwere Arbeit bieten. Viele nähten sich zusätzliche Arbeitsoveralls aus altem Bramtuch, die sie mit vielen Taschen in allen möglichen Größen für Handwerkszeug und Schlaufen seitlich an den Schenkeln versahen, in die man das Werkzeug schieben konnte, um im Rigg schnell mal beide Hände frei zu haben. Zur Arbeitskleidung hinzu, die sich immer durch große Schlichtheit auszeichnete, kamen Seestiefel – wenn möglich wasserdicht – und Ölzeug, eine Mütze, ein Messer, ein Gürtel – oft eigenhändig aus schmalen Lederstreifen geflochten – und ein paar Arbeitshemden, meist aus Flanellstoff, die man unter der Jacke trug, außerdem ein Südwester, früher wie heute das »klassische» Kleidungsstück der Seeleute, hergestellt meist aus geöltem Leinen. Mehr gab es gewöhnlich nicht. Und selbst diese wenigen Kleidungsstücke kamen den Seeleuten oft noch abhanden, aber sie schienen sich nicht so sehr darum zu kümmern. Ein Seemann berichtet: »Beckman, der kleine Finila, Bergquist, keiner hatte Ölzeug, und ihre Seestiefel leckten, doch alle waren fröhlich, obgleich es eigentlich nichts gab, worüber man sich freuen konnte. Finila hatte keine Wolldecke, Beckman keinen Jersey, Hägert keine Strümpfe, Walker keinen Südwester, Jim fast gar kein Zeug mehr: Aber sie alle waren fröhlich, diese famosen Kerle. Sie lungerten nicht mürrisch herum und verfluchten ihr Schicksal.« *(Villiers, A.: Rund Kap Hoorn. Wiesbaden 1953).*

Aber nicht immer konnten die Seeleute ihre oft genug klägliche Ausrüstung mit so viel Humor ertragen. Besonders in schwerem Wetter litten sie echte Qualen: »Kap Hoorn hatten wir hinter uns, nun konnten wir uns ein wenig umsehen und bei uns selbst Inventur machen. Die Jungen waren in sehr trauriger Verfassung, was das Äußere anbetraf. Keiner hatte mehr einen trockenen Fetzen. Seestiefel und Ölzeug hatten schon lange keinen Zweck mehr. Die Gummistiefel, die ständig über nassen Socken getragen wurden, schienen auch die Haut an den Füßen abzunutzen. Zog man die nassen Socken, über die man Sackleinwand gewickelt hatte, aus, riss man auch etwas Haut mit ab. Auch vom Körper hatte sich durch das beständige Scheuern an den nassen Kleidern die Haut stellenweise gelöst.« *(Villiers, A.: Rund Kap Hoorn. Wiesbaden 1953).*

Die Zeiten haben sich geändert: Wer heute für einige Tage auf einem Windjammer anheuert, kann die Strapazen, die sich auch aus der schlechten Ausrüstung ergaben, kaum noch nachvollziehen. Er kann sich all der modernen Fasern bedienen, aus denen heute die Kleidung genäht ist. Dennoch gilt auch für den Hobby-Seemann auf Zeit: Der Platz auf einem Windjammer ist immer noch begrenzt. Deswegen überlege man sich vor Antritt der Reise genau, was man mitnimmt; selbstredend in einem Seesack, nicht in einem Koffer! Alle Dinge sollen praktisch und widerstandsfähig sein und ruhig ein Loch und Flecken vertragen können. Modische Aktualität ist auf einem Schiff, auf dem gearbeitet wird, noch immer nicht gefragt!

Für die Arbeit an Deck und besonders im Rigg empfiehlt sich Bekleidung, die möglichst wenig Gefahr birgt, dass man damit irgendwo hängen bleibt. Es ist gefährlich, wenn man den sicheren Halt lösen muss, um sich zu befreien.

Bewährt hat sich z. B. ein Arbeitsoverall, unter den man je nach Wetter dicke oder dünne Unterbekleidung ziehen kann. Auch Jeans und Takelhemd sind zweckmäßig. Die Schuhe sollen rutschfest und wasserdicht sein, mit nicht zu dünnen Sohlen und sicher in der Schnürung. Nichts ist schlimmer als ein offenes Schnürband bei Manövern an Deck oder im Rigg. Für Regenwetter braucht man natürlich einen wasserdichten Overall oder Ölzeug und Gummistiefel. Schal, Mütze und Handschuhe gehören ebenso in den Seesack wie ein dicker Pullover und eine warme Jacke.

Nicht vergessen: warme Unterwäsche, warme Strümpfe, T-Shirts und Sweatshirts, eventuell kurze Hosen und Badezeug sowie Handtücher, Sonnencreme, Sonnenbrille und einen Gürtel mit Bootsmesser. Hat man eine Reise gebucht, auf der das Schiff an einer offiziellen Veranstaltung teilnimmt, ist es ratsam, angemessene Kleidung, wie z. B. eine dunkle Hose und ein weißes Hemd, mitzunehmen. Das Antreten an Deck zur Begrüßung eines Gastes geschieht normalerweise in Uniform; als »Kadett auf Zeit« fühlt man sich wohler, wenn man dann nicht in Turnschuhen, Jeans und mit aufregenden Parolen bedrucktem T-Shirt daneben steht.

Essen und Trinken

Gewöhnlich waren die Essensrationen für die Seeleute in der Zeit der großen Segelschiffe sehr karg und vor allen Dingen ohne große Abwechslung bemessen. In dem Dokument »Muster-Rolle der Mannschaft des Norddeutschen Schiffes Minerva« aus dem Jahre 1871 finden sich folgende Mengenangaben: An Beköstigung erhält der Mann pro Woche:

a) 1 Pfd. Rindfleisch oder 3/4 Pfd. Schweinefleisch oder 1/2 Pfd. Speck.
b) 7 Pfd. hartes Brot.
c) 1 Pfd. Butter pro Mann und Woche oder wenn Butter nicht zu beschaffen ist, in Stelle derselben 1/4 Pfd. Provenceöl und 1/8 Quart Essig event. aber 1 1/4 Pfd. rohen Zucker.
d) 7 Loth Kaffee und ebenso viel Cichorien pro Mann und Woche.
e) 1 Loth Thee pro Mann und Woche.
f) 1/2 Quart Erbsen oder 1/4 Quart Graupen oder die dem entsprechenden Quantitäten Sauerkohl, Mehlsspeisen oder Kartoffeln pro Mann und Tag, an Zugemüse.
g) An Anlege-, Lade- oder Löschplätzen frisches Fleisch wenigstens wöchentlich 1-mal nach den in sub a) genannten Sätzen, nebst frischem Gemüse, wenn es zu haben ist.
h) Ausnahmsweise Branntwein nach dem Ermessen des Schiffes, besonders bei schwerer Arbeit.«

Oft genug waren diese Mengen weit von der Praxis entfernt, einfach weil die Reisezeiten der Schiffe aufgrund widriger Winde oder langer Flauten nicht genau vorhersagbar waren oder weil aus den verschiedensten Gründen verkehrt eingekauft wurde. Wie verheerend dann die Folgen sein konnten, zeigt folgender Bericht: »Die Rückreise wurde auf 60 Tage angesetzt, das Schiff dementsprechend mit Proviant ausgerüstet ... Die Rückreise der *Pellworm* dauerte nun entgegen allen Erwartungen keine 60, sondern 104 Tage. Am 20. Dezember verließ sie Montevideo. Schon am 5. Februar wurde der Proviant knapp, und es gab nur noch halbe Rationen. Am 14. März musste man den Notproviant in den Rettungsbooten angreifen. Die Leute bekamen nur noch 200 Gramm Hartbrot pro Tag und eine dünne Erbsensuppe ohne Einlage. Am 28. März fällt die Wache nach Segelsetzen und Brassen um. Sie ist nicht imstande, das Deck aufzuklaren. ... Am 1. April mittags gibt es das letzte Essen. Es sind keine Krume und kein Krümel mehr an Bord.« *(Brustat-Naval, F.: Die Kap Hoorn Saga. Göttingen 1975)*. Gott sei Dank endete die Reise der *Pellworm* dann doch noch glimpflich, da es der Mannschaft gelang, einen Dampfer anzubetteln, zu dem sie ein Rettungsboot hinüberschicken konnten. Zum Abendbrot gab es dann Pellkartoffeln und Corned Beef und die Mannschaft konnte sich endlich einmal wieder satt essen. Angesichts dieser Schilderung ist es verständlich, dass man an Bord keine Vergeudung duldete, erst recht nicht, wenn auf einer unplanmäßig langen Reise der Proviant knapp wurde und jemand sich trotzdem an den dürftigen Lebensmittelvorräten vergriff.

Die Strafen waren hart, wenn jemand beim Stehlen erwischt wurde. Wenn er nicht sogar gehängt wurde, dann setzte man ihn manchmal an einer fremden, einsamen Küste aus, gab ihm eine Schusswaffe samt einiger Munition, ein Enterbeil, schließlich Feuerzeug, etwas Tauwerk und Angelschnüre mit, landete ihn mit dieser Ausrüstung am Strand an und überließ ihn seinem Schicksal *(vgl. Schmidt, F.: Von den Bräuchen der Seeleute. Hamburg 1962. S. 203)*.

Das Hauptproblem der Verpflegung an Bord war, dass es im Essen meist keine große Auswahl gab. Neben den Hülsenfrüchten Erbsen und Bohnen bildeten Graupen und Grütze, meist aus Buchweizen, einen Hauptteil der Nahrung. Auf vielen Schiffen waren diese einseitigen Mahlzeiten außerdem auch noch nach den Kalendertagen festgelegt: »Montag war Erbsentag, Dienstag war Bohnentag,

Mittwoch gab es Graupen mit getrockneten Zwetschgen, Donnerstag gab es eine Mahlzeit, die man schlecht benennen kann. Es wurde Mehl in einer Konservenbüchse angerührt, mit Gärstoffen vermischt und gebacken, so dass es fast brotähnlich aussah. Hierzu gab es Sirup, den man sich mit heißem Fett etwas verdünnte. Dieses Essen gab es zum zweiten Mal sonntags, freitags gab es die eine Woche Erbsen, die andere Woche Bohnen und Samstags Pflaumen mit Klößen.« *(Herrjett, C.: Durch Passate und Taifune. Kassel 1983).* Zu allen Mahlzeiten gab es Fleisch, es wurde mit dem harmlosen Begriff »Salzfleisch« bedacht, aber oft war es schon »jahrelang« in Salpeter eingelagert gewesen, so dass es in einem schrecklichen Zustand aus dem Fass kam und selbst nach drei Tagen wässern – natürlich in Meerwasser, denn Süßwasser war zu kostbar – immer noch so salzig war, dass es kaum zu genießen war. Frische Kartoffeln gab es höchstens die ersten zwei Wochen nach der Ausfahrt aus dem Hafen. Es hatte auch keinen Zweck, mehr mitzunehmen, weil sie in den feuchten Laderäumen ziemlich schnell anfingen matschig zu werden. Statt Kartoffeln wurden dann Mehlklöße gemacht. Ein Kap Hoornier berichtete: »Erbsen mit Speck, Bohnen mit Salzfleisch, Sauerkraut mit Salzspeck, Pflaumen und Klöße ... Da habt ihr das gesamte Windjammer-Küchenrepertoire, das sich von Woche zu Woche, von Monat zu Monat wiederholte.« *(Brennecke, J.: Windjammer. Hamburg 1996).* Aber was soll's. In einer alten Seemannschaft steht: »Der Seemann kann sehr viel und sehr wenig essen; wenn sein Gaumen auch eine hohe Sinnesausbildung hat, so ist der Magen viel weniger zart, er verdaut große und kleine Quantitäten feiner und derber Speisen – ja es ergeben sich Fälle, wo er verhungern müsste, wenn die unglücklichen Bedenken der wählerischen Landbewohner bei ihm obwalten würden.« *(Brommy, R.; von Littrow, H.: Die Marine. Wien und Leipzig 1878).* Gerade den Schiffsjungen behagte die eintönige Kost an Bord nicht, aber wenn sie mäkelten, bekamen sie gewöhnlich nur eine kräftige Ohrfeige als Antwort.

Die Seeleute früher hatten wirklich nichts zu lachen. Sie kämpften nicht nur in ihren Unterkünften mit dem Ungeziefer, die Tierchen machten auch vor den Essensvorräten nicht Halt: »Die Graupensuppe wies nach anderthalb Monaten fast ebenso viele Maden auf wie Graupen. Interessant war es auch mit den Pflaumen und Klößen. Mochte der Koch sich auch noch so viel Mühe geben wie er wollte, er konnte es nicht vermeiden, dass während des Kochens Kakerlaken ins Essen fielen und einfach mitgekocht wurden. Wir taten alles mögliche, um diese aus unseren Tellern herauszufischen, aber da die Kakerlaken die gleiche Farbe wie die Brühe der Pflaumen und Klöße hatten, so war es vielfach unmöglich, alle zu entfernen, und da sie ebenso weich gekocht waren wie die Pflaumen, so merkte man von ihnen schließlich auch nicht einmal allzu viel.« *(Brommy, R.; von Littrow, H.: Die Marine. Wien und Leipzig 1878).*

Große Sorge bereitete das Trinkwasser, denn für den Gesundheitszustand der Schiffsbesatzungen war die Menge und die Qualität des Wasservorrats von großer Bedeutung. Seewasserentsalzungsanlagen, wie sie heute gang und gäbe sind, waren höchstens ein Traum der Seeleute, wenn sie voller Durst auf die unendlichen Wassermengen starrten, die ihr Schiff umgaben. Bei den Langreisen wurde deshalb mit Süßwasser sehr sparsam umgegangen, zumal man nie wissen konnte, ob das Schiff nicht vielleicht noch tage- oder wochenlang in einer Flaute festliegen würde. Jede Gelegenheit wurde genutzt, um frisches Wasser zu bekommen, denn allzu leicht verdarb bei langen Reisen das im Hafen an Bord genommene Wasser. Vor allen Dingen, wenn es in Holzfässern mitgeführt wurde, begann das Wasser in kurzer Zeit zu faulen und konnte dann nicht einmal mehr mit starkem Alkohol verdünnt getrunken werden. Auch aufgefangenes Regenwasser gammelte schnell und begann furchtbar zu stinken. Unvorstellbar für uns heute, dass angeblich »findige Köche dann reichlich Holzkohle hinzufügten, so dass es wieder genießbar wurde«.

Hauptgetränk an Bord war Kaffee oder Tee, andere Getränke wie Bier spielten kaum eine Rolle. Verdünnter Zitronensaft wurde eher als Medizin gegen Skorbut denn als Getränk ausgegeben. Dagegen hatte der Branntwein eine ganz spezielle Rolle, denn besonders schwere Arbeit wurde mit dem Ruf »Besanschot an«, übrigens dem letzten Kommando bei einem Wendemanöver, mit einem kräftigen Schluck aus der Schnapsflasche belohnt.

Zum Thema Alkohol gab ein Kapitän im Übrigen seinen ebenfalls zur See fahrenden Söhnen folgenden Rat: »Zweierlei Dinge haben alle Verwirrungen verursacht, die ich je auf See gesehen habe, und ich war 37 Jahre auf See ... und in all diesen langen Jahren meiner Fahrenszeit rührten neun Zehntel aller Unannehmlichkeiten auf See nur von diesen beiden Dingen her: Trinken und schlechtes Essen. Schlechtem Essen kannst du nicht aus dem Weg gehen, wenn du Pech hast, auf ein schlecht ausgerüstetes Schiff zu geraten. Aber Trinken kannst und musst du vermeiden ...« *(Villiers, A.: Auf blauen Tiefen. Hamburg 1955).*

Die Hamburger Segelschiffsreederei Laeisz versuchte, ihre Kapitäne mit einer strengen Dienstvorschrift vor den Ausrutschern des Alkoholkonsums zu bewahren. So heißt es: »Unbedingte Nüchternheit setze ich bei meinen Kapitänen als so selbstverständlich voraus, dass ich kaum zu erwähnen brauche, dass ein einziger Fall, wo ein Kapitän sich angetrunken zeigen sollte, ihn für mich unwiderruflich unmöglich macht. Auch verlange ich, dass der Kapitän einen jeden Steuermann, welchen er einmal angetrunken oder auf Wache schlafend antrifft, sofort meldet, damit er entlassen und in meinen Diensten nicht wieder eingestellt wird.« So wusste jeder gleich, woher der Wind wehte. *(Brustat-Naval, F.: Die Kap Hoorn Saga. Göttingen 1975)*.

Auf jedem Schiff spielt der Koch eine wichtige Rolle. Und gerade auf den, wie wir gesehen haben, dürftig ausgerüsteten Windjammern konnte er die Stimmung der Mannschaft entscheidend beeinflussen. Ohne Übertreibung kann man sogar sagen, dass oft das Wohlbefinden der Besatzung mehr von ihm als von der Schiffsführung abhing. War der Koch schlecht, bekam er wenig schmeichelhafte Spitznamen wie »Smeerlappen« oder »Fetthuurn« und die Matrosen dichteten »Gott schickt Proviant – aber der Teufel schickt die Köche.« *(Schmidt, F.: Von den Bräuchen der Seeleute. Hamburg 1962)*. Besonders verhasst war der »Ewige Pott«, auch »Tank 7« genannt, auf der hinteren Ecke des Herdes, dieses Requisit eines schlampigen Kochs, in dem alles zusammengegossen und geschüttet wurde, was während des Kochens anfiel und »aus dessen graubraunem, nicht mehr ganz frisch riechendem Inhalt er mangels anderer Einfälle seine sämtlichen Soßen bezog«.

Einem schlechten Koch konnte es schon mal passieren, dass die Mannschaft mit wüsten Beschimpfungen und derben Späßen über ihn herfiel. So wird erzählt, dass sie Asche und Salz in das verhasste Essen rührte und den Koch dann zwang, diesen Fraß selber aufzuessen oder ihm wurde, nachdem er wieder mal ein schier unerträgliches Essen zusammen gerührt hatte, »die Bohnenschüssel so kraftvoll über den Kopf gestülpt, dass der Boden rausflog«. Aber natürlich gab es auch gute Köche an Bord, die es verstanden, auch noch unter den schwierigsten Verhältnissen ein anständiges Essen auf die Back zu bringen. Dennoch galt auch für sie: So viel Mühe sich der Koch auch gab, er konnte immer nur so gut kochen, wie die Zutaten an Bord waren. War das Salzfleisch halb verfault, der Speck ranzig, die Kartoffeln verschimmelt und das Brot voller Ungeziefer, dann konnte auch der beste Koch nur schlechtes und armseliges Essen zubereiten.

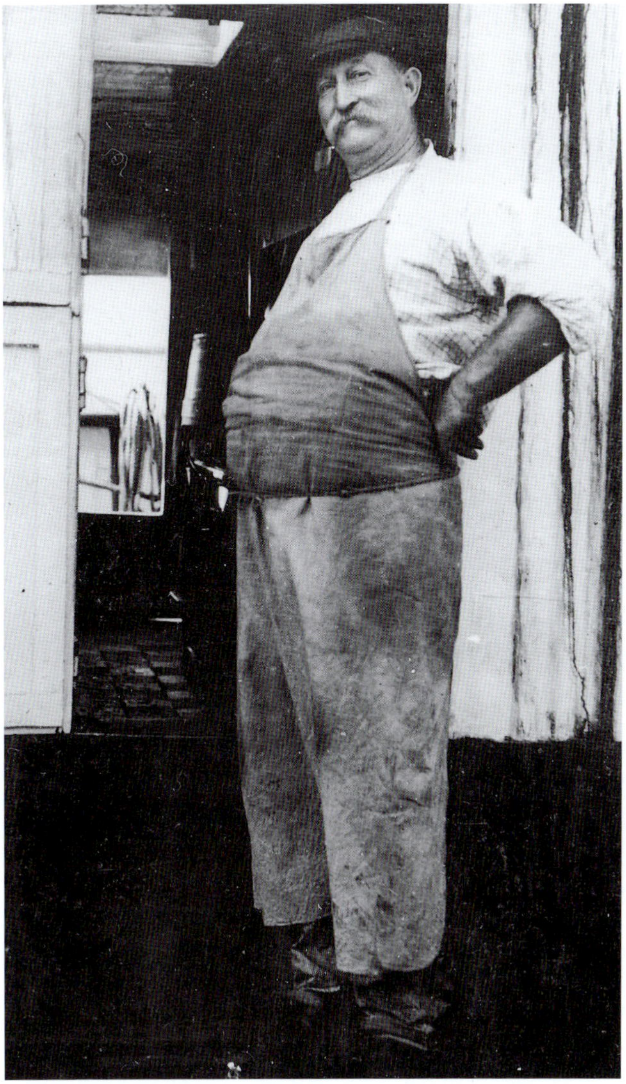

Angesichts der überragenden Rolle, die das Essen für die körperlich hart arbeitenden Matrosen spielte, ist es nicht verwunderlich, dass der Koch mit dem Ehrentitel »Smutje« bedacht wurde. Im Bild ein Koch der *Alsterthal*.

Gerade bei schwerem und kaltem Wetter war es wichtig, dass die Seeleute etwas Warmes in den Magen bekamen. Aber das war oft gar nicht so leicht, wenn die Töpfe mit eisernen Schlingerleisten auf dem Herd festgeklemmt

Zur Verbesserung der Versorgung hielt man auf den Schiffen Schlachtvieh. Die Schweine bekamen alle Essensreste und meistens gediehen sie prächtig, zumal sie selten seekrank wurden. Auf der *Oldenburg* 1929.

werden mussten und die Suppe bei Schräglage des Schiffes überschwappte und sich in die Kombüse ergoss. Wenn der Koch Balanceakte vollführen musste und der Sturm das Feuer aus dem Blechschornstein riss. Dann vergiftete der Ofen in der Kajüte zuerst die Luft mit Kohlengas und ging dann aus. Kein Ofen brennt bei Orkan; er würgt ihm die Luft ab, so seltsam das klingt. Und oft genug passierte es, dass die See sogar die Kombüsentür einschlug, »Potten und Pannen« davontrug, nachdem sie zuerst das Feuer im Herd ausgelöscht hatte. Dann gab es oft tagelang nur Hartbrot mit Salzspeck. Auch sonst ging das Essen manchmal »über Stag«, wie man sagt. Von der Kombüse, wo es die Schiffsjungen und Leichtmatrosen holten, bis zu den Unterkünften der Matrosen führte der Weg über das offene Deck, auf dem die See »Greifen spielte«, wie es ein Seemann mit bitterem Humor ausdrückte. Manch eine Fleischback landete im Wasser vor den Speigatten, während ihr Träger der Länge nach an Deck lag. Der Verlust musste dann unter alle Mann verteilt werden.

Zur Verbesserung der Versorgung mit Eiern und frischem Fleisch hielt man auch lebende Tiere wie Hühner, Schweine oder Hammel, früher sogar auch Rinder, zum Schlachten auf den Schiffen. An Deck fand man oft einen richtigen vierkantenen Schweinekoben. Alle Essensreste bekam das Schwein. Meist gedieh es prächtig, zumal es selten seekrank wurde, wie ein Seemann erzählt: »Auch mitreisende Tiere leiden: Sie werden melancholisch oder nervös oder beides, magern ab, verlieren den Appetit, scheu und zahm suchen sie die Nähe des Menschen. Nur das Schwein ignoriert die schwere See, es frisst und frisst und frisst.« *(Reich, K.; Pagel, M.: Himmelsbesen über weißen Hunden. Rostock 1991)*. Da also die Schweine gute Seefahrer waren und jedes Wetter aushielten, wurden sie meist bis zum Schluss einer Reise aufbewahrt. Außerdem konnten die Grunzer immer noch problemlos von den Kombüsenabfällen gemästet werden. Die Seeleute waren übrigens der festen Überzeugung, dass immer nach dem Schlachten eines Tieres ein Sturm das Schiff ereilte, sozusagen als Rache des Wettergottes, wenn die Mannschaft zu üppig von dem Braten gegessen hatte. Aus diesem Aberglauben hat sich bis in unsere Zeit der Name »Kuhsturm« oder »Schweinewetter« erhalten.

Zuweilen bekam das letzte Schwein neben der stillen Fleischreserve noch eine ganz besondere Bedeutung: »Das letzte Schwein lebte noch. Täglich rechneten wir aus, was wir von seinen mageren Knochen abschneiden konnten. Viel war es nicht. Als es an Bord kam, war es kaum größer als eine Katze. Gewöhnlich werden an Bord die Schweine schnell fett, sind sie erst einmal um Kap Hoorn herum. Es gibt viel Abfall für sie. Ein schlauer Schweinewärter darf keine Hemmungen haben. Er muss zur Selbsthilfe greifen und ein oder zwei Sack Weizen aus der Ladung nehmen.

Dieses Schwein aber wurde nicht fett. Schon vor sieben Wochen hatten wir es schlachten wollen. Wir waren froh, dass es nicht dazu gekommen war. Als das ganze Fleisch verbraucht war, machten wir uns noch keine Sorgen. Etwa neun Tage und noch länger musste das Schwein reichen. Natürlich musste das Fleisch verlängert werden, wie es nur ein Segelschiffskoch versteht. Das Blut mit Mehl vermengt gab einen Blutkuchen, etwas konnten wir frisch essen, und der Rest wurde eingesalzen. Immer wieder verschoben wir das Schlachten. Die moralische Wirkung, dass wir wussten, es war noch da, war größer, als wenn wir es geschlachtet hätten. Einen Monat konnte es noch dauern, vielleicht sogar noch mehr, bis wir in einen Hafen kamen. Von der Linie hatten wir 15 Grad Länge verloren. Das waren rund 750 Meilen. Wir hatten noch die Rossbreiten vor uns und die Azoren noch nicht passiert ... Am 120. Tag töteten wir es. Es war eine feierliche Angelegenheit. Wir töteten es, weil wir das Gefühl hatten, dass die moralische Wirkung des Anguckens endlich mal eine Ende haben musste. Wir wollten sehen, wie es schmeckte.« *(Villiers, A.: Rund Kap Hoorn. Wiesbaden 1953)*. Und ein anderer Seemann erzählt über den Tag des Schlachtens: »Irgendwo in der Passatzone töteten wir ein Schwein. Solche Schlachttage an Bord waren Feiertage wie Weihnachten oder der Unabhängigkeitstag. Alles wurde sorgfältig vorbereitet und jeder, der konnte, aus Wache oder Freiwache, half mit. Nicht aus Abneigung gegen das Opfer oder aus ordinärer Neugierde – der Gedanke an Frischfleisch machte alle lebendig. Das widerstrebende Schwein, sauber geschrubbt, wurde an einen passenden Ort gebracht, wo es der erste Offizier mit der Pistole des Kapitäns durch den Kopf schoss. So war der normale Vorgang. Diesmal aber riss das Schwein, bis dahin ziemlich friedlich, nach dem Schuss aus und schrie, dass uns die Haare zu Berge standen. Wie ein Windhund raste es übers Deck, immer noch unter ohrenzerreißendem Gequieke. In den Berichten über Seeunglücke liest man oft, dass es 'keine Panik gegeben' habe. Ich hatte selbst solche Berichte gelesen und glaubte, die Bedeutung des Worts 'Panik' zu verstehen – aber an diesem sonnigen und friedlichen Tag in der Passat-Zone sollte ich wirklich eine Panik erleben: die Mannschaft der Bark *Penang* verlor plötzlich, wie ein Mann, den Kopf. Schreiend, die Augen im leeren Stieren des Wahnsinns aufgerissen, verfolgten wir alle, der Erste und ich inbegriffen, das unglückliche Schwein. Wir hatten uns ausgerüstet mit Messern, Windenkurbeln und Belegnägeln, als wären wir allesamt plötzlich vom Blutrausch gepackt. Es war komisch, hässlich und auch äußerst erschreckend. Ich glaube, es war der Lärm, der uns so verwandelte: alle fühlten, dass das Geschrei sofort enden müsse, sollten wir nicht unter ihm zusammenbrechen. Wir waren schon jetzt aus dem Gleichgewicht. Das Schwein wurde gefangen. Wir waren sogleich wieder normal und erledigten das arme Ding so menschlich wie möglich. In den nächsten Tagen stopften wir uns voll wie die Eskimos.« *(Karlsson, E.: Die See Mein Leben. Bielefeld 1965)*.

Manchmal konnten die Seeleute das »Fleisch«, das der Koch keine Hemmungen hatte ihnen vorzusetzen, kaum identifizieren. Dann bestand es fast nur aus knorpeligem und zähem Fett. Die Theorie eines Jungen schien sehr wahrscheinlich, nach der »der Kadaver eines prähistorischen, der Wissenschaft unbekannten Monsters, einem Tier ohne Muskeln, in einem grönländischen Gletscher entdeckt und, durch üble Machenschaften natürlich, von einem Schiffsausrüster nach Ermordung der Entdecker erworben worden sei. Nachdem man die ausgemergelten Knochen und Knorpel gemischt hätte, wäre alles als gepökeltes Rindfleisch für Schiffe verkauft worden. Die seltenen Teilchen eines überaus zähen Fleisches, das manche der besonders glücklichen Matrosen auf ihren Tellern fanden, seien, so erklärte der Junge, das Fleisch der Entdecker.«

Da den Seeleuten pro Woche laut Heuervertrag eine gewisse Fleischmenge zustand, wurde neben den lebenden Tieren immer ein großer Vorrat Salzfleisch mit an Bord genommen, oft »hart wie Teakholz« und das Schweinefleisch eine »blubberige Fettmasse«. In Ermangelung von Kühlanlagen, die heute an Bord der Schiffe zur Sicherstellung jeglicher Form von kulinarischen Genüssen eine Selbstverständlichkeit sind, wurde gewöhnlich auch Fleisch in Konserven gebunkert. Es war bei den Seeleuten wenig beliebt, da es so unappetitlich aussah. Die gewöhnlichste Kost an Bord war Pökelfleisch, das auf mancherlei Weise zubereitet wurde. Das bekannteste Gericht, das auch heute noch in manch einer Bordküche zu finden ist, war Labskaus. Da viele Seeleute an Skorbut litten, erfand ein findiger Koch dieses Rezept aus püriertem Pökelfleisch. Vor allen Dingen Bauchlappenstücke des Rindes wurden dazu verwendet, natürlich oft von zweifelhafter Qualität. Dazu kamen, je nach dem was an Bord vorhanden war, Salzgurken, Kartoffeln, Schmalz, Rote Beete, wodurch der Labskaus seine typische rote Farbe erhielt, und verschiedene Gewürze.

Selbst für einen großen Frachtsegler, der Reise für Reise um die Welt trampte, dürfte dieser Fisch ein außergewöhnlicher Fang gewesen sein.

Fische wurden an Bord viel gegessen, hauptsächlich in getrockneter und gesalzener Form. Frischer Fisch kam seltener auf den Tisch, als die Landratte es sich vorstellt. Gedörrter Kabeljau und Salzhering tauchen am häufigsten in den Berichten auf. Klippfisch ist getrockneter, eingesalzener Kabeljau, Stockfisch ist lediglich getrocknet. Kluge Kapitäne versuchten zusätzlich die eigenen Vorräte zu ergänzen, indem sie Fische fangen oder Delphine harpunieren ließen, denn keiner konnte wissen, wie lang die Reise werden würde.

Unter den Nahrungsmitteln spielte auch Brot, oft nicht mehr als eine dürftige Mischung von Mehl und Knochenmehl und voller Maden, eine große Rolle. Da man an Bord gewöhnlich nicht backte, musste Hartbrot, genannt Schiffszwieback, mitgenommen werden, weil das nicht so leicht schimmelte. Es war knochenhart und klappte man es auf, so krochen auf der Innenseite, wo die beiden Hälften aufeinandergelegen hatten, schwarze Käfer hervor. Selbstverständlich wurde das Brot dann ausgeklopft, sodass keine Tiere mehr drin blieben; aber die Gespinste, die die Käfer im Zwieback gemacht hatten, blieben doch. Im Hafen wurde dann Frischbrot eingekauft, eine Delikatesse, deren Genuss man möglichst zu verlängern suchte. Aufbewahrt wurde das Brot in der Brotkammer. Trotz aller Vorsicht schimmelte es leicht. Darüber wurde viel geklagt, aber die Seeleute hatten keine andere Wahl. Essen mussten sie das Brot trotzdem. Wenn sich Maden im Brot eingenistet hatten, wurde es in Wasser gelegt, damit das Ungeziefer herauskam.

Willkommene Abwechselung im Speiseplan; an Bord der norwegischen *Staatsrad Lehmkuhl* auf dem Weg nach Spitzbergen.

Noch schlechter war es an Bord mit der Haltbarkeit der Butter bestellt. Schnell wurde sie ranzig und in den Tropen sogar flüssig. Kein Wunder, dass manche Kapitäne dachten, sie brauchten auf die Qualität der Butter keinen Wert zu legen, da sie ja doch bald schlecht würde. Schlecht gewordene Butter nannten die Seeleute »Stengenfett«. Manchmal wurde das grobe Steinsalz aus dem Fleischfass nach dem Motto »nichts darf umkommen« kleingeschlagen und unter die Butter gerührt, damit sie sich besser hielt. Damit unterschied sie sich dann »höchstens durch ihre hellere Farbe von der Stiefelwichse«.

Zu den kleinen Genüssen des Seemanns gehörte das Rauchen und Priemen. Ohne Tabakspfeife war ein echter Seemann nicht zu denken. Sie lag auch nachts immer bereit, so dass er sie beim Aufstehen gleich erreichen konnte. Noch weiter verbreitet als das Rauchen war bei den Seeleuten das Priemen – und der Priem wurde selbst dann noch nicht weggeworfen, wenn er ausgekaut war, nein, er wurde getrocknet und war dann immer noch gut genug, um in der Pfeife geraucht zu werden.

Krankheit, Unfälle und Tod

Seitdem Menschen vor Hunderten von Jahren den ersten Versuch wagten, sich auf dem Wasser fortzubewegen, mussten sie auch mit Verletzungen und Krankheiten auf See fertig werden. Im Kampf gegen brennende Sonnenstrahlen, schneidenden Wind und das Wasser, salzig und oft eiskalt, gab es auch für die abgehärtetsten Seeleute immer Situationen, in denen Körper und Seele sich geschlagen geben mussten und Hilfe benötigten. Auch wenn die Segelschiffsmatrosen der Windjammerzeit ein hartes Volk waren, gab es auch für sie eine Grenze für das, was ihre Körper aushielten: Kälte, Nässe, Schnee und Hagelböen, wochenlang zu wenig Schlaf und miserables Essen, nasses Zeug und nasse Kojen, Quetschungen, wundgeschlagene Knochen und zerrissene Hände. Kein Wunder, dass viele von ihnen das Rheuma plagte und sie bewegungsunfähig machte.

Auf den wenigsten Tiefwasserseglern war es üblich, dass ein Arzt mitfuhr, vielmehr lag die Versorgung von Kranken oft in der Hand des Kochs oder eines anderen Besatzungsmitglieds, dem man ein paar medizinische Kenntnisse zutraute. Aber meistens mussten sich die Seeleute selber zu helfen wissen. Sie mussten viele Rezepte gegen Krankheit und Verletzungen kennen, sie mussten oft mit handfesten und zum Teil recht ungewöhnlichen Mitteln schwere Leiden bekämpfen und versuchen den Tod auszutricksen. Therapien an Bord stützten sich daher oft auf alte Naturheilverfahren und alte Hausrezepte. Und ansonsten war man der Meinung: »Der Geeignete setzt sich durch und bliebt; der Ungeeignete geht woanders hin, manchmal in ein Stück Segeltuch eingenäht«.

Der größte Feind der Seeleute war der Vitaminmangel aufgrund der schon beschriebenen einseitigen Ernährung. In der Folge traten Mangelerkrankungen auf, meistens Skorbut und Beriberi. Oft starben ganze Besatzungen an diesen Krankheiten, bis ihre Schiffe führerlos als Geisterschiffe, als »Fliegende Holländer«, auf dem Meer trieben. Hilflos stand man dem Skorbut mit seinen furchtbaren Symptomen wie Hautblutungen, Zahnfleischentzündungen und Zahnausfall gegenüber. Erst als man dazu überging, regelmäßig Zitronensaft oder Sauerkraut als Zusatznahrung auszugeben, hatte das Leiden ein Ende. Bei James Cook galt sogar der strenge Brauch, dass Matrosen, die sich weigerten, die tägliche Ration Sauerkraut zu essen, vor allen anderen mit Peitschenhieben bestraft wurden. Damit zwang er seine Männer quasi zur Gesundheit. *(Bankhofer, H.: Schiffs- und Seemannsheilkunde. Herford 1987).* Der Begriff »lime-juicer« kommt übrigens daher, dass auf diesen so benannten Seglern jeden Tag ein Pint Zitronensaft verteilt wurde.

Viele Seeleute starben auf langen Seereisen auch an der gefürchteten Krankheit Beriberi, die durch Mangel an Vitamin B1 entsteht. Die Matrosen litten an Krämpfen, Nervenentzündungen, Taubheitsgefühlen an Armen und Beinen sowie an Hör- und Sehstörungen. Manche bekamen Wassersucht und starben an Herzversagen, viele lagen bewegungsunfähig an Deck und warteten auf ihren Tod, unfähig, irgendetwas zum Erreichen eines Hafens beizutragen. »Das Schiff war vier Wochen draußen, als unter der Mannschaft die ersten Anzeichen von Beriberi auftraten. Nur Jungen waren an Bord, und einer nach dem andern erkrankte an der schrecklichen Krankheit, bis alle so geschwächt waren, dass das Schiff nur noch kleine Segel tragen konnte. Man konnte sie einfach nicht mehr bedienen. Damit wurde auch ihr Fortgang zu einem todbringenden Schleichen«, schreibt Allan Villiers *(Rund Kap Hoorn. Wiesbaden 1953).*

Auffällig, aber angesichts der Lebensumstände nicht verwunderlich, war vor allen Dingen der Ausbruch von Hautkrankheiten. Oft litten große Teile der Besatzung unter Schweins- und Salzwasserbeulen sowie Furunkeln, die geschnitten werden mussten. Manchmal wurde versucht, die Beulen durch Bepinselung mit Jod zum Rückgang zu bringen. Schuld an der ganzen Sache war auch hier oft die salzige und vitaminarme Schiffskost. Ein zweiter Grund waren die ständigen kleinen Verwundungen bei der Arbeit, vor allem durch rostige Drahtseile, bei denen einzelne Drähte gerissen waren.

Das ständige Holen des nassen, steifen Tauwerks und der ewige Kampf mit der harten Leinwand war eine Tortur für die Hände und scheuerte sie schnell wund. In den Handflächen und an den Fingern bildeten sich tiefe, blutlose Schnitte und Fleischwunden, die keine Chance zum Heilen hatten. Der abgewetzte Stoff des Ölzeugs, das endlose Generationen von unserem neuartigen, weichen Gewebe entfernt war, scheuerte die Gelenke wund und verursachte furchtbare Schmerzen. Oft hatten die Seeleute auch statt wärmeren Stiefeln aus Leder nur Gummistiefel. Auf einem Schiff ohne Heizung, ohne nennenswerten Schutz an Deck während der Arbeit, und ohne irgendeine Wärmequelle außer der Kombüse waren sie innen immer feucht und klebrig und ungemütlich kalt.

Der dritte Grund war mangelnde Sauberkeit, an der sich wenig ändern ließ, denn Waschwasser war knapp auf Segelschiffen. Die Haut wurde trocken und schuppig, besonders an den Händen, weil sie nicht genug Wasser bekam, um sich richtig zu erneuern. Heinrich Hauser schreibt auf seiner Reise mit der *Pamir* noch im Jahre 1952: »Die Mittschiffsgasten, Kapitän, Steuerleute und ich, erhalten für fünf Menschen täglich anderthalb Pützen Wasch- und Trinkwasser. Das sind pro Mann ungefähr zweieinhalb Liter zum Waschen. Mehr bekommen die Leute vorn bestimmt auch nicht. Ich sehe sie nach der Wache zum Waschhaus gehen, das Wasser in einer alten Margarinedose tragend.« *(Hauser, H.: Pamir. Die letzten Segelschiffe. Eine Reportage. Frankfurt 1984).* Was damals noch nicht bekannt war: Mit einfachen Hefepräparaten hätten viele der Furunkel vermieden werden können. Aber sie wurden an Bord nicht geführt.

Zu den Dingen, die den Seeleuten das Leben zusätzlich schwer machten, zählte die Seekrankheit, dieses »Uebel, welches in der animalischen Oekonomie eine solche Störung hervorruft, dass der davon Befallene meistens jede Hilfe für unzureichend, ja für unmöglich hält.« *(Brommy, R.; von Littrow, H.: Die Marine. Wien und Leipzig 1878).* Allan Villiers beschreibt anschaulich die Situation eines Seekranken: »Es ist ein schreckliches Ding um die Seekrankheit. Man kann weiter nichts tun, als dagegen ankämpfen. Du musst auf den elenden Decks herumstolpern, oft bis zum Gürtel in den dich umwerfenden Seen. Du musst an durchweichten Enden reißen und in Bergeshöhe in der verfluchten, schwankenden Takelage arbeiten. Verzweifelt klammerst du dich an die Speichen des Steuerrades. Du trampelst auf dem windigen Ausguck herum, und ständig sprüht die Gischt über dich hinweg. Du musst die Wache gehen und die Befehle des Steuermanns schnell ausführen. Er schont dich nicht, wenn du seekrank bist. Er ist selbst seekrank gewesen, er weiß, dass er dir den schlechtesten Dienst erweist, wenn er Rücksicht darauf nimmt. Du musst dagegen angehen, bis du sterben möchtest, du musst dich zusammenreißen und noch mehr dagegen kämpfen. Du wankst in die Takelage und quälst dich ab auf den schlingernden Rahen, klammerst dich hin und wieder trunken ans Jackstag. Manchmal möchtest du blind hineinstapfen in die kochende See dort unten. Die Tage vergehen, und es bessert sich nicht. Dunkel entsinnst du dich der Tage, an denen du nicht seekrank warst. Mein Gott, war das ein Paradies!« *(Rund Kap Hoorn. Wiesbaden 1953).*

So verschieden die Ursachen dieses Leidens sind, so ist sie doch in den allermeisten Fällen nicht mehr als eine vorübergehende Unpässlichkeit denn eine wirklich ernstzunehmende Krankheit. Auf den großen rahgetakelten Frachtseglern galt sie üblicherweise nicht mehr als ein Schnupfen und der Kranke wurde von den älteren Männern der Besatzung als ein Objekt der Erheiterung betrachtet. Wenn einer versuchte, wegen Seekrankheit in der Koje zu bleiben, wurde er von einem zornigen Offizier an Deck geschleift und zur Arbeit gezwungen. Oft war gerade das die beste Medizin. Gerade die Jungen erwischte es oft schlimm. Fast immer waren gerade in den ersten Tagen, wenn die Mannschaft noch nicht aufeinandereingespielt war, beide Wachen an Deck, sodass kaum Zeit fürs Essen und Trinken blieb. »In den Ecken kauerten leichenblasse Gestalten, völlig apathisch, von keinem Zuspruch mehr zu erreichen. Es roch nach Schweiß, nach nassem Wollzeug, nach Öl und den Abgasen des Motors, eine Übelkeit erregende Mischung. Sie wurden jetzt schon tüchtig herangenommen, diese jungen Kerle. Den meisten von ihnen war dies alles noch unvertraut, fremd, unheimlich. Sie würden es bestehen müssen, sie konnten ihm nicht entfliehen. Mit romantischen Gefühlen war diesen Gewalten nicht beizukommen.« *(Andersch, R.: Die weißen Schwingen. Tübingen 1958)*. Und so versuchten die Betroffenen notgedrungen an zwei Orten gleichzeitig zu sein: An der Reling und bei ihrer Arbeit, je nach Charakter fluchend oder betend. Auf viel Verständnis durften sie dabei nicht bauen; ein Mann auf See hat wenig Mitgefühl mit den Seekranken, denn ein Vergleich fällt zu sehr zu seinen eigenen Gunsten aus und schmeichelt seiner Männlichkeit.

Ein bisschen mehr Mitleid und beliebig viele Ratschläge bekommt man als Leidtragender heutzutage schon, wenn einen dann die Übelkeit trotz aller Tricks doch noch erwischt hat. Hier noch ein paar alte »Hausrezepte«: So half man sich z. B. mit dem Schlucken von ein paar Körnern Pfeffer oder dem langsamen Trinken von heißem Wasser. Ein barbarisches, aber zeitweise doch erprobtes Mittel gegen die Seekrankheit sollen auch »gelinde Prügel« gewesen sein. Diese Methode ist aber wohl mehr aus dem Unmut darüber entstanden, für einen Seekranken den Wachdienst übernehmen zu müssen, als aus erwiesener medizinischer Wirksamkeit.

Wie die Ursachen sind auch die Erscheinungsformen der Seekrankheit ausgesprochen vielfältig. Aber die ersten Symptome ähneln sich meist: Essen und Trinken schmecken nicht mehr. Sprechen mag man auch nicht mehr, eine große Lethargie ergreift einen, das Gesicht wird blass, die Lippen blutleer, eine Faust scheint auf Magen und Kopf zu drücken, man versucht zu schlucken, ohne etwas im Mund zu haben. Die stärksten Männer werden hinfällig wie Kinder. Die Einen leiden unter absoluter Appetitlosigkeit, die Anderen essen permanent, der Eine braucht Ablenkung, der Andere totale Ruhe, Einer wird gesprächig, der Andere still; den Einen stört das Rollen des Schiffes um seine Längsachse, den Anderen mehr das Stampfen um die Querachse. Und zu den Frauen schreibt Brommy in seinem Buch »Die Marine«: »Bei dem schönen Geschlecht, bei den Damen, äußert sich die Seekrankheit in ganz besonderer Weise: Sie werden beinahe Alle nachgiebig, jeder Widerspruch hört auf und für das eheliche Leben wäre dieser Zustand, wenn er nicht andere Inkonvenienzen und Unbequemlichkeiten mit sich führen würde, ein sehr entsprechender und behaglicher.« Vielleicht zum Ärger der männlichen Seeleute gibt es heute eine Reihe von recht wirksamen Mitteln gegen die Seekrankheit. Die meisten sind jedoch nicht völlig frei von Nebenwirkungen, sodass von dem unnötigen Gebrauch abzuraten ist. Vor allen Dingen die kleinen Pflaster, die hinter das Ohr geklebt werden und dort ihre Wirkstoffe durch die Haut abgeben, können u. U. stark auf den Kreislauf wirken. Laut einem Erlass der Seeberufsgenossenschaft ist es aus diesem Grund verboten, mit einem solchen Pflaster ins Rigg aufzuentern!

Für alle Hobby-Seeleute empfiehlt es sich, bei den ersten Anzeichen der Seekrankheit einen Ort aufzusuchen, wo die Schiffsbewegungen am geringsten sind, also in der Mitte des Schiffes, sich hinzulegen und zu versuchen zu schlafen. Meist findet so nach einiger Zeit eine Gewöhnung an die ungewohnten Bewegungen statt. Außerdem ist es ratsam, leichte Kost, wie z. B. Knäckebrot, zu sich zu nehmen. Denn bekanntlich ist es viel unangenehmer, sich bei leerem als bei vollem Magen zu erbrechen. Auch die Ablenkung durch leichte Arbeiten an der frischen Luft nützt Vielen, ebenso das Fixieren des Horizonts, um dem Gleichgewichtssinn einen ruhigen Punkt zur Orientierung zu bieten. Und wenn alles nichts hilft, tröste man sich mit dem Gedanken: »Es rast die See und will ihr Opfer haben ... Also getrost: Hinaus in die See!« Aber immer daran denken: nur nach Lee.

Außer den beschriebenen Krankheiten bedrohten auch die schlechte Hygiene in den Unterkünften und die mangelnde Sauberkeit der Matrosen die Gesundheit – oft kamen sie tagelang nicht aus ihren durchnässten Kleidern. Dazu kamen noch allerlei Krankheiten wie Gelb- und Fleckfieber, Typhus, Malaria und verschiedene Geschlechtskrankheiten, die aus fremden Häfen, zum Teil auch durch Ratten, an Bord geschleppt wurden, ganz zu schweigen von der unglaubliche Belastung für die Gesundheit, die z. B. durch das Laden von Guano entstand. Üblicherweise lagen die Schiffe vor der Küste vor Anker, jederzeit bereit, im Notfall schleunigst in See zu gehen. Guano-Leichter brachten das Dreckszeug an das Schiff. Um Kosten zu sparen, arbeitete meist die eigene Mannschaft im Laderaum. Die Guanosäcke wurden an Bord gehievt und über der Großluke aufgeschnitten. Rauchend ergoss sich dann der Inhalt in den Schiffsbauch. Die Staubwolken durchschwängern alles bis hinauf zu den Marsrahen, die Erbsensuppe, das Wasser und die harten Kojen in der schlecht gelüfteten Logis. Da der Guano stark mit Ammoniak durchsetzt war, schadete er den Augen, erschwerte das Atmen und verursachte Nasen- und Ohrenbluten. Die an den Nagelbänken aufgeschossenen Enden faulten genau wie die Segel im Mast. Es war aber gefährlich, sie abzuschlagen, denn man konnte nie wissen, wann man sie braucht, um schnell von der Legerwallküste abzulaufen. Hin und wieder musste die Mannschaft sogar in den Raum hinunter, um den Guano gleichmäßig im Laderaum zu verteilen. Der einzige Schutz bestand darin, dass sie sich mit Essig getränkte Taschentücher vor den Mund banden. Es war eine Wanderung durch die Hölle und keiner blieb von ernsthafter Erkrankung verschont.

Erst die Verwendung von Eisen beim Schiffsbau, moderner Geräte und Techniken machte es möglich, dass Dinge wie die Wasserversorgung, die Belüftung der Wohnräume und die Ernährung an Bord verbessert und damit auch die Gefahren für die Gesundheit vermindert wurden.

Auf den meisten Segelschiffen war es Vorschrift, dass der Kapitän eine Medizinkiste an Bord hatte, aber diese enthielt nur die einfachsten Medikamente, später immerhin auch ein Buch mit dem Titel »Ship Master's Medical Guide«. Dennoch konnten viele von ihnen mit einer Art gesundem Menschenverstand durchaus mit schweren Unfällen fertig werden, die eine stete Gefahr des Seemannsberufes waren. Gebrochene Arme und Beine waren häufig und bei schwerem Wetter wurden die Leute von überkommenden Seen mitgerissen und gegen die Nagelbänke und Stützen geworfen. Die meisten Kapitäne oder wer immer in der Rolle des Schiffsarztes fungierte, waren einigermaßen geschickt, wenn es um chirurgische Einsätze ging. »Ihre Hände taten das, was sie getan haben wollten, und das ist letzen Endes die erste und wichtigste Voraussetzung für den Chirurgen. Das 'Spleißen' von Knochen, das Nähen aufgeschlagener Köpfe sahen sie als Übungen in Seemannschaft an oder als Schiffsbauerarbeit, und im Allgemeinen erledigten sie solche Sachen großartig. Ihre Methoden mochten primitiv sein, und ihre Instrumente waren die eines Zimmermanns, nicht eines Chirurgen. Aber wenn es sein musste, dann hatten sie Erfolg damit.« *(Villiers, A.: Auf blauen Tiefen)*. Bekannt geworden ist die Geschichte des Matrosen, dem ein schwerer Block auf den Kopf gefallen war. Der Kapitän fertigte eine Vorrichtung aus Segelnadeln an, um den eingedrückten Teil des Schädelknochens aus dem Gehirn zu entfernen und schnitzte – er war auf seinen früheren Reisen als Schiffszimmermann gefahren – ein perfekt über das Loch passendes Holzstück. »Dieser Kapitän wusste vielleicht gar nicht, dass er das Leben des Mannes in Händen hielt. Er packte die Arbeit eben an, wie sie kann, fand eine Methode und wendete sie an.«

Aber trotz dieser Erfolge war bei schweren Verletzungen die Grenze des medizinisch Machbaren schnell erreicht. »Was sollten wir tun, wenn er schwer verletzt war? Wir hatten keinen Wundarzt, keinen Doktor. Unsere Medizinkiste war klein. Kein Hospital. Wir hatten keine Funktelegraphie, um Hilfe von anderen Schiffen zu erbitten, wenn überhaupt andere Schiffe im Umkreis von tausend Meilen waren. Wenn wir hätten eilig einen Hafen anlaufen müssen, ihn an Land zu setzen, hatten wir keine Maschine, die Fahrt zu beschleunigen: Talcahuano in Chile war der nächste Hafen. Er war 2000 Meilen entfernt. 2000 Meilen! Seit Neuseeland hatten wir einen Wochendurchschnitt von 700 Meilen gemacht. Damit würde es wahrscheinlich drei Wochen dauern, bis wir in Talcahuano waren. Zum Teufel! Wir waren in einer üblen Lage. Nichts konnten wir tun, gar nichts«, schreibt A. Villiers auf einer Reise rund Kap Hoorn mit der *Grace Harwar (Rund Kap Hoorn)*.

Alle Seeleute kannten die Regel: »Eine Hand für das Schiff und eine für Dich.« Sie hatten sie von ihrer ersten Stunde an eingebläut bekommen. Trotzdem passierten viele Unglücke. Die Seemänner nahmen das als unvermeidlich hin. Nicht dass es ihnen egal gewesen wäre, aber sie machten sich einfach die Gefährlichkeit ihrer Arbeit nicht bewusst. Und vielleicht war das auch besser so.

Besonders schlimm war es, wenn jemand trotz aller Vorsicht und Routine aus dem Rigg gefallen war, bedeutet es doch fast immer den sicheren Tod, egal, ob er ins Meer oder an Deck stürzte. Und oft traf es gerade die willigsten Menschen, die aus Eifer oder Übereifer auf solche Art verunglückten. Zum Teil fanden sie es auch unter ihrer Würde, mit dem Handpferd am Arm zu arbeiten, obwohl es auf den Schiffen, die damit ausgerüstet waren, Vorschrift war. Das Handpferd war ein einfacher Rundstropp, der an der Oberkante der Rah am Jackstag befestigt war, und den man bis zur Schulter überstreifte, wenn man mit dem Bauch auf der Rah liegend am Segel arbeiten musste.

Angesichts der verheerenden Verletzungen, die auftraten, wenn jemand aus dem Rigg auf das Deck fiel, wurde die Ohnmacht der Seeleute umso deutlicher: »Ein Gefühl äußerster Hilflosigkeit überkam mich. Da war ein Armbruch einzurenken und zu schienen. Da war ein Unterkieferbruch und wer weiß was noch. Da waren mehrere große Wunden, die genäht und verbunden werden mussten. Und niemand konnte helfen außer uns, die wir so gut wie nichts verstanden und nicht hatten, nur die spärlichen Mittel der Arzneikiste ... Drei Stunden flickten unerfahrene

Hände an einem zerschlagenen Körper herum. Ich war wie eingehüllt in kalte Wut.« Und weiter: »Ich fühle mich sehr müde und abgestumpft. Ein Mensch ist doch nicht aus Holz. Trotzdem haben wir drei Stunden lang so handeln müssen, als wäre er aus Holz, ein Ding, das man mit Schienen, Fäden und Nadeln reparieren kann. Ich spüre Zorn über unsere Hilflosigkeit, über die Armseligkeit dieses Lebens.« *(Hauser, H.: Pamir. Die letzten Segelschiffe)*. »Wir können nichts tun – nichts. Wir können etwas tun, bloß um uns zu beschäftigen, und vielleicht hat es nur den Sinn, den Augenblick weniger schrecklich zu machen: Wir können verbinden. Und so legen wir denn eine Schicht Watte auf diese Stirn und versuchen sogar eine Binde darum zu wickeln ... Leichtsinn, sagen sie ... Ach, ich weiß gut, wie das oben ist in den Toppen, wenn man so hoch ist und das Schiff ganz klein unter einem. Man fühlt sich wie in einer anderen Welt. So mächtig sind die Bäume der Rahen, so riesenhaft die gebauschten Segel, weiße Hügel, dass man das Gefühl der eigenen Schwere verliert, dass man gar nicht mehr denkt, man könne fallen. Freihändig ist der Junge heute morgen über die Rah gelaufen. Ein Seiltänzer – aber da war kein Netz«.

Stirbt ein Mensch an Land, kann man sich vielleicht langsam an den Verlust gewöhnen, weil ja zunächst noch der Körper bleibt, dem man das letzte Geleit geben kann. Wenn auf See jemand aus dem Rigg ins Wasser stürz, ist es ganz anders. Der Mann steht neben dir, du hörst seine Stimme – und plötzlich ist er weg. Nichts zeigt den Verlust an als eine Leere. Ein Dutzend Menschen sind eingeschlossen auf einem kleinen Schiff auf endlos weiter See. Monate und Monate sehen sie keine andere Gestalt, sie hören keine andere Stimme. Plötzlich wird einer aus ihrer Mitte gerissen. »Es ist wie der Verlust eines Gliedes. Kein Ersatz ist da, die Lücke auszufüllen. Im Logis bleibt eine Koje leer; tritt die kleine Nachtwache an, so fehlt immer ein Mann. Wo du stehst und gehst, fühlst du den Verlust. Der plötzliche Tod wirkt auf Offiziere und Matrosen gleichmäßig. Sie sind freundlicher zueinander. Für einige Zeit hört man kein Fluchen oder lautes Lachen. Viel gesprochen wird nicht mehr über den Verstorbenen. 'Der arme George ist tot. Seine Fahrt ist zu Ende. Er kannte seine Arbeit und seine Pflicht. Er war ein guter Kamerad.' Das ist meist alles. Vielleicht wird noch bedauert, dass er so jung nach kurzem, hartem Seemannsleben hat sterben müssen. Der Matrose ist überzeugt, dass seine Leiden und sein schweres Leben auf Erden ihm im Jenseits gutgeschrieben werden. Denn 'hart arbeiten, hart leben, hart sterben und nach alledem doch noch in die Hölle kommen, das wäre wirklich hart'«, schreibt Richard H. Dana in seinem Buch »Zwei Jahre vor'm Mast«.

Meistens endeten diese Stürze aus dem Rigg tödlich, unfassbar für die Mannschaft, denn man fühlte sich sicher dort oben. »Er ist tot«, das war alles, was der Kapitän sagte. Tot? Tot! Aber er hatte gelebt! Er war die Wanten aufgeentert, keine Stunde war es her. Er war stark, er steckte voller Blut, er war energisch, er konnte etwas. Der Tod, war das nicht etwas, was an Land zu dir ins Bett kommt, wenn Fenster und Vorhänge geschlossen sind?

Nicht allen Seeleuten war es beschert, unter einem Grabstein ihre letzte Ruhe zu finden. Viele blieben auf See. Eingehüllt in einen Segeltuchsack und von wenigen, nüchternen Worten begleitet, glitten sie über die Reling ins Meer. Grabstein in Nebel auf Amrum.

Wenn du alt und gebrechlich bist vom Kampf mit dem Leben, wenn du froh bist, dass du gehen kannst. Aber hier war das Deck eines Vollriggers. Hier war ein junger Kerl, der zum ersten Abenteuer seines Lebens ausgezogen war. Tot! Das musste ein Irrtum sein! Wir konnten es uns überhaupt nicht vorstellen, dass er tot war. Walker sah so friedlich aus, als ob er schliefe. Von einer äußerlichen Verletzung war nichts zu merken … Keine Furcht, kein Schmerz lag in seinem Gesicht. Er starb bei seiner ihm aufgetragenen Arbeit, die er ohne Widerrede ausführte. Er

Der Schiffsführer sprach ein Gebet. Dann wurde das Kopfteil der Bahre angehoben, worauf der Tote ins Meer glitt. »Ohne Tüüch an Bord – ohne Tüüch von Bord«, sagten die Seeleute und meinten damit »Von Rasmus im Zorn geholt zu werden in Gottes großen Keller«.

starb in seinen Seestiefeln und in seinem Ölzeug. Um ihn waren der Wind und die See.« *(Villiers, A.: Rund Kap Hoorn. Wiesbaden 1953).* »Der Seemann nimmt seinen Kirchhof mit«, sagten die alten Seebären.

Groß war die Zahl der Seeleute, die ihren Beruf mit dem Leben bezahlten. Starb ein Seemann an Bord, gab es wie an Land in vielen Jahren entstandene Rituale, die das Abschiednehmen leichter machen sollten, damit das Leben weitergehen konnte. So war es in der Zeit der Windjammer üblich, Tote in ein Kleid aus Segeltuch einzunähen. Zu Füßen wurde ein schwerer Gegenstand eingebunden. So wurde der Leichnam, zugedeckt mit der Nationalflagge, auf einem Lukendeckel oder einer breiten Planke an Deck aufgebahrt, die Füße zur Reling. Durch Backbrassen wurde die Fahrt aus dem Schiff genommen und die Mannschaft versammelte sich bloßen Hauptes um den Toten. Der Schiffsführer sprach ein Gebet. Dann wurde das Kopfteil der Bahre angehoben, worauf der Tote unter der Flagge hervor ins Meer glitt. »Ohne Tüüch an Bord – ohne Tüüch von Bord«, sagten die Seeleute und meinten damit »von Rasmus im Zorn über die Reling geholt zu werden in Gottes großen Keller«. Nach einem kurzen Augenblick der Besinnung wurde die Flagge an der Gaffel, die vor der Bestattung halbstocks geholt worden war, wieder vorgeheißt und die Rahen so gebrasst, dass das Schiff wieder Fahrt aufnahm. »Vierkant brassen« hieß für alle soviel wie: »Das Leben geht weiter«. Ihnen blieb ja auch keine andere Wahl.

Was hier so nüchtern beschrieben wird, hinterließ bei den Seeleuten eine tiefen Eindruck. »Ein großer weißer Albatros stieß herab. Die tiefe Feierlichkeit dieser Bestattung, der ehrfurchtgebietende Eindruck dieses letzten irdischen Dienstes, der ein Ende und einen Anfang kennzeichnet, einem Kameraden auf See erwiesen, hinterlässt eine Narbe, die nie verschwindet. An Land ist das anders. Du gehst fort. Du siehst nachher andere Leute, beschäftigst dich mit andern Dingen. Auf See aber bleibt das Bild unverändert.« Und weiter: »Gebet und Gottesdienst folgten. Ich sah, wie das weiße Antlitz des Kochs feucht schimmerte. Die Stimmen der Seeleute, die die Choräle sangen, übertönten plötzlich das Seufzen des Windes. Um Jahre waren diese Jungen in einer Nacht gealtert. Sie waren plötzlich keine Kinder mehr. Unmerklich senkte sich die Dunkelheit herab. Wir trugen den toten Kameraden an die Bordkante. Sanft wurde der Lukendeckel geneigt. Es gab ein dumpfes Platschen, als die beschwerte Umhüllung das Wasser berührte.« *(Villiers, A.: Rund Kap Hoorn).*

Ein Shanty handelt vom »Seemanns-Begräbnis«:

Ruhig über sanfte Wogen
zieht ein Schifflein seinen Lauf,
und am weiten Himmelsbogen
steigt des Tages Kön'gin auf,
Glori, glori, glori, Gloria!
Schön sind die Mädchen von Batavia.
Glori, glori, glori, Gloria!
Schöne Mädchen gibt es da. –

Munt'res Leben, munt'res Treiben
wird erweckt durch ihren Glanz,
und die blauen Wellen reihen
schäumend sich zum Meerestanz.
Doch an Bord ist alles stille,
ernst tut jeder seine Pflicht,
denn es deckt der Flagge Hülle
eines Toten Angesicht.
Von dem Achterdeck erschallet:
Brasst die Achterrahen back!
Von der Gaffel niederwallet
Halbenstocks die Trauerflagg'.
Und ein Sarg, nach Seemannsweise,
nur von Segeltuch gemacht,
wird nun zu der letzten Reise
nach der Reeling hingebracht.
Einfach und mit schlichten Worten
betet nun der Kapitän,
Tränen sieht man allerorten
auf dem harten Antlitz stehn.
Leise in die sanften Wogen
sinket nun der Sarg hinab,
und des Himmels lichter Bogen
wölbt sich über's Seemannsgrab.

Hauser schreibt: »In einer solchen Nacht spüre ich zuweilen den Tod ganz nahe an meiner Seite. Es ist kein angstvolles Gefühl, sondern ein klares Erkennen, dass ein großer Wind uns sausend durch das Leben treibt.« *(Hauser, H.: Pamir. Die letzten Segelschiffe).*

Schweres Wetter – hartes Leben

Zu Zeiten der Handelsschifffahrt unter Segeln waren Stürme die ständigen Begleiter eines Windjammers. Gerade auf den üblichen Handelsrouten der südlichen Erdhalbkugel war schweres Wetter »mit Böen wie Kerle mit breiten Schultern, dickem Buckel, wütend und wie blind«, wie ein Kapitän sie beschreibt, an der Tagesordnung. Nicht umsonst spricht man von den »Brüllenden Vierzigern« vor der südamerikanischen Küste und der Name Kap Horn ist verbunden mit der Vorstellung von Sturm und heftigen Regen- und Schneeschauern, in denen die Segel schlagen wie riesengroße, zornige Vögel. Wer heute aus der bequem mit molligem und vor allen Dingen trockenem Bettzeug ausgestatteten Koje aufsteht, um als »Seemann auf Zeit« auf einem der letzten noch fahrenden Windjammer mitzufahren, kann sich kaum vorstellen, wie schwer das Leben an Bord dieser Schiffe früher war. Ohne Ende sind die Geschichten über den Kampf der Schiffe mit den Naturgewalten, vor allem dem Wind und der See in all ihren furchterregenden Varianten. Nur Seeleute, die wirklich

Sturmfahrt der Viermastbark *Sedov*.

Die See nimmt zu, an Deck sind die ersten Strecktaue gespannt.

dabei waren, können die Gewalten schildern, denen sie und ihr Schiff ausgesetzt waren.

Wenn die Seemänner vom Wetter redeten, so meinten sie eigentlich immer nur den Wind, den sie in ihrer Sprache schlicht »He«, also »Er« nannten. Der Wind nahm eine so bedeutende Rolle ein, dass dieses eine Wort reichte. Einen ausgewachsenen Sturm, der ihnen oft genug und manchmal tage- und wochenlang das Leben zur Hölle machte, bezeichneten sie als Kuh-, Kanonen- oder Generalsturm. Auch für die Seen gab es natürlich bestimmte Ausdrücke. So wurden die ersten kurzen Seen bei Aufkommen eines Sturms, wenn das erste schwache Beben durch den Rumpf ging und das Schiff zu arbeiten begann, »Mother Charey's Chicken« genannt. Die ersten Schaumkronen waren »Katzenpfoten«. Eine schwere See nannten die Seeleute »Satan«. Gefürchtet waren vor allem die Sturzseen, die das Schiff in wenigen Momenten bis zu den Rahen in Gischt hüllten und alles mitnahmen, was an Deck nicht sicher verzurrt war. »Schwere Sturzseen brachen über das Schiff, die schwerste über das Achterdeck. Sie schlug das Kajütenoberlicht fort, die Kajütskappe und überhaupt alles, was auf dem Achterdeck war, sodass die Kajüte und sämtliche Kammern achtern unter Wasser gesetzt wurden ... Der Zweite Steuermann aber, der noch krank in der Koje lag, wäre fast ertrunken. Bei dem heftigen Schlingern schlug das Wasser mit furchtbarer Wucht vom Schott zurück in die Koje.« *(Brustat-Naval, F.: Die Kap Hoorn Saga)*.

Karlsson beschreibt anschaulich den Beginn eines Sturmes: »Die Leute hatten kaum ihre Arbeit getan, als es losging. Das tiefe Brummen in der Takelage erhob sich plötzlich zu einem brutalen Geheul, und das Deck unter meinen Füßen gab einen Ton von sich, als sei das Schiff gestolpert. Dann sprang es vorwärts. Der Tag war ausgelöscht. Zwielicht brach mit dem hagelgefüllten Wind herein, die See war zu rauchigem Schaum aufgewühlt. Die kleinen, unregelmäßigen Wellen verflachten oder wurden zu Strähnen zerrissen, die großen Westwindwogen, zu mächtig, um von irgendeinem Wind eingeebnet zu werden, stiegen steiler auf und wurden schneller. Ein paar Augenblicke hielt das Schiff mit den Wogen Schritt. Auf den windflachen Kämmen, das gurgelnde weiße Wasser wie ein Schaumbad bis an die Reling, stürmte es dahin, eine Lawine brechender Wellen unter sich. Der Klüverbaum zeigte ins Wellental darunter und voraus. Aber langsam verloren wir das Rennen, die Schultern der See hoben uns auf, eine Weile verhielten wir auf dem windwärtigen Abhang, der Klüverbaum wies ins brüllende Dunkel oben – dann sanken wir hinunter in die scheinbare Stille des Tals, in dem der Aufruhr von oben echote, und wo die hagelgefüllte Gischt wie verrückt auf die gespannten Segel trommelte. Achtern erschien ein neuer hochragender Kamm, dessen Krone brach und das Schiff bis hinauf zu den Marssegeln übergoss. Höher und näher kam die Mauer dröhnenden Wassers, bis es unvermeidlich schien, dass sie uns verschlang, steiler und höher, bis die schäumende Wand sich über uns neigte. Aber das Heck hob sich wieder, zuerst langsam, dann schneller, und im nächsten Augenblick schlitterten wir den Hang hinunter, in das Chaos der zusammenbrechenden Woge, wie durch ein Wunder unversehrt.« *(Karlsson, E.: Die See Mein Leben. Bielefeld 1965)*.

Eine schwere See nannten die Seeleute »Satan«. Gefürchtet waren vor allem Sturzseen, die das Schiff in wenigen Momenten bis zu den Rahen in Gischt hüllten und alles mitnahmen, was an Deck nicht verzurrt war.

Auf einer ihrer Reisen geriet die *Pamir* in einen schweren Orkan: »Das Schiff liegt manchmal bis zu fünfundvierzig Grad und mehr über ... Wenn man zu gehen versucht, wird man wie ein Geschoss geschleudert, von einer Ecke in die andere. Das Schiff brüllt, als säßen hundert Löwen in den Masten. Aber das Brüllen ist so laut, dass die Ohren es nicht mehr ertragen, es wirkt wie völlige Stille ... Das Schiff nimmt gewaltige Schläge hin, steht dann still und zittert. Es leidet wie ein Mensch in großer körperlicher Not. Windstärke zwölf in Böen. An Deck sind rechtzeitig Haltetaue gespannt worden, kreuz und quer ... Trifft die See einen Mann, der keinen Schutz hat, dann schlägt sie ihn zu Brei ... Kaltes Abendbrot. Dem Koch ist alles über Stag gegangen. Der Ofen in der Kajüte hat zuerst die Luft mit Kohlengas vergiftet und ist dann gottlob ausgegangen.« *(Hauser, H.: Pamir. Die letzten Segelschiffe)*. Das Arbeiten in der Takelage wurde unter solchen Bedingungen zur »Kraftprobe mit Gott«. Oft mussten alle Mann hoch, um von den zerfetzten Segeln zu retten, was noch zu retten möglich war. Der Wind riss ihnen das Ölzeug vom Leibe und der unaufhörliche Regen hämmerte auf die bloßen Rücken ein und durchweichte sie. Schnell waren alle durchgefroren von der eisigen Wut des Windes.

Die Lebensverhältnisse an Bord bei schwerem Wetter waren für unsere heutigen Begriffe unvorstellbar hart. Zahlreich sind die Schilderungen über die Qualen, die die Mannschaft erleiden musste, wenn wochenlang der Sturm heulte und das Schiff in der schweren See rollte. Ein Matrose auf der *Pamir* erzählt eindringlich über die ewige Nässe und die Kälte: »Wie sie immer ihre vollgelaufenen

Seestiefel auskippten; wie dann die Strümpfe ausgewrungen wurden; wie man danach mit den ausgewrungenen Strümpfen die Seestiefel auswischte; wie man sie erneut auswrang, und wie dann alles wieder angezogen wurde« *(Hauser, H.: Pamir)*. Immer wieder rieselten Wasserbäche in den Kragen des Ölzeugs und über Brust und Beine. Und immer wenn das Wasser in den Schuhen etwas angewärmt war, kam eine neue See und spülte es mit kaltem Wasser wieder heraus. Bei Manövern mussten oft alle Wachen an Deck. Vom vielen Arbeiten in Kälte und Sturm sahen die Matrosen müde und verfroren aus, Hände und Gesichter blaugrau vor Frost. Aber die Not machte auch erfinderisch: »Sie waren auf die merkwürdigste Weise angezogen, um sich gegen die Kälte zu schützen. Einige hatten sich ihre Bettdecken unter das Ölzeug gewickelt. Einem hing ein hellblaues Wollhemd wie eine Schürze über die Hose, einer trug einen eleganten schwarzen Mantel unter einer kurzen gelben Öljacke, zerrissenes Ölzeug war mit Stricken um die Leiber festgebunden. Einige hatte sich mit Fetzen von Segeltuch ausgestopft.« *(Hauser, H.: Pamir)*.

Wenn die Schiffe oft nach wochenlangem Kreuzen in schwerem Wetter endlich Kap Hoorn hinter sich gebracht hatten, war die Mannschaft meist in sehr trauriger äußerer Verfassung. Doch sie gab nicht auf – auf einem Segelschiff gab man nicht auf! Man gebrauchte seine Kraft und seinen Verstand und schaffte es!

Auch die Arbeit am Ruder war bei Sturm kein Zuckerschlecken. A. Villiers schreibt: »Lass doch den Regen dich durchweichen und den Hagel in dein Fleisch einschneiden, lass den Sturm brüllen und das Segel wie verrückt schlagen! Wenn du am Ruder stehst, dann musst du leiden. Dort gibt es keinen Schutz. Hagel und Regen fegen um dich herum, von achtern rollen die gewaltigen Seen heran. Alles an dir ist nass. So hast du dich an die Aufgabe gewöhnt, selbst bei einem Wetter wie diesem das Schiff zu steuern, dass du gar nicht mehr deinen Verstand dazu brauchst und dir das ganze Elend des Regens und des Sturmes voll zum Bewusstsein kommt. Du stehst da und leidest weiter. Und wenn dein Trick vorüber ist und du abgelöst wirst, dann gehst du für ein Weilchen voraus. Du weißt aber genau, dass du, immer noch nass, immer noch frierend, wieder dort stehen wirst. Und für wie lange? Du weißt es nicht. Niemand weiß es. Und das ist die größte Marter.« *(Rund Kap Hoorn. Wiesbaden 1953)*.

Unvorstellbare 99 Tage Sturmfahrt benötigte das deutsche Vollschiff *Susanna*, um Kap Hoorn zu runden. »Schon wird davon geredet, dass eine Woche Orkan Schiff und Besatzung in die Mangel genommen haben. Man weiß, was das heißt. Segel zerreißen und fliegen in Fetzen davon. Die

Das Arbeiten in der Takelage wurde im Sturm zu einer »Kraftprobe mit Gott«. Oft mussten alle Mann hoch, um von den zerfetzten Segeln zu retten, was noch zu retten war. Havarie der *Kommodore Johnson* im März 1937.

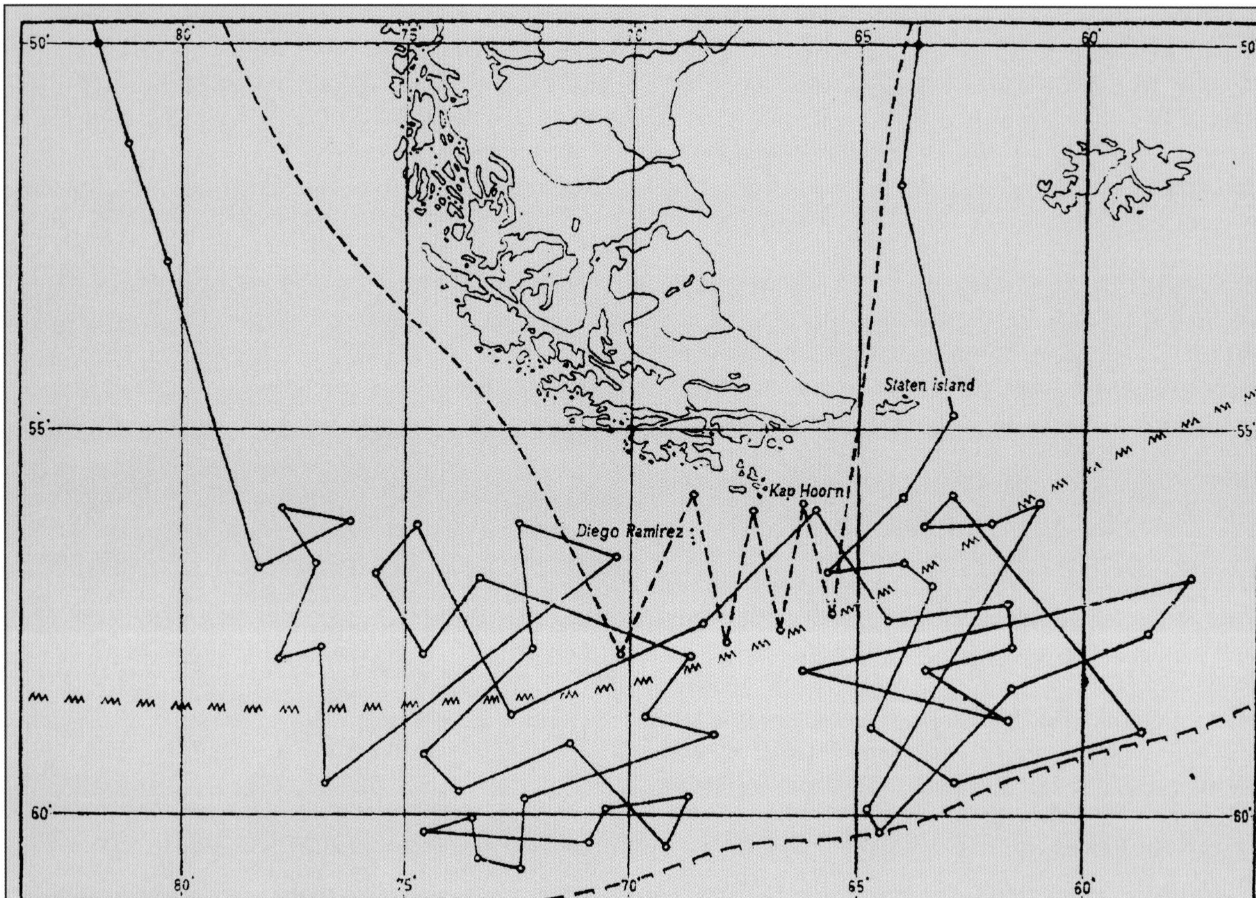

Fig. 8 Umsegelung von Kap Hoorn

———— *Kurs der* SUSANNE *1905*

- - - - - *idealer Seeweg bei ständigen westlichen Winden*

— — — — *Packeisgrenze*

ʌʌ ʌʌ ʌʌ *äußerste Treibeisgrenze*

Unvorstellbare 99 Tage Sturmfahrt brauchte das deutsche Vollschiff *Susanna*, um Kap Hoorn zu runden.

Mannschaft, es sind nicht einmal zwei Dutzend in allem, liegt mit beiden Wachen stundenlang auf den Rahen und birgt den flatternden Rest. An Deck durchnässen einen die Kap-Hoorn-Brecher im Nu bis auf die Haut, und man ist froh, am Strecktau einen sicheren Halt zu finden. Im Logis ist es kalt, der Atem dampft, auf dem Boden plätschert das Wasser mit den Bewegungen des Schiffes hin und her und schwemmt alles Heruntergefallene fort: Bücher, Kleidungsstücke, Tabaksdosen. Wenn die Matrosen von der Wache kommen, ist ihnen alles egal. Sie kippen das Wasser aus den Seestiefeln, das oben hereingeflossen ist, sie hängen das nasse Ölzeug auf. Sie wringen ihre Strümpfe aus, die von Nässe triefen, ihre Troyer, ihre geflickten Hosen und sinken noch feucht in die harte Koje mit dem stockigen Strohsack und den klammen karierten Bezügen, die sich jeder selber mitzubringen hat, die seit mindestens sechs

Wochen nicht mehr gewaschen sind und auch so aussehen. Denn die Matrosen haben jetzt weder Zeit noch Lust, noch Frischwasser und reiben sich nur das Gesicht und die Bartstoppeln ab, in denen nachher das getrocknete Salz wie eine graue Puderschicht steht.« *(Brustat-Naval, F.: Die Kap Hoorn Saga)*.

An langen, erholsamen Schlaf war während solcher Tage oft nicht zu denken: »Große Augen starrten schlaftrunken ins Lampenlicht, wenn schon wieder die Pfeifen schrillten. Aus bleischwerem, vielleicht nur Viertelstunden währendem Schlaf schreckten die Jungen auf und sprangen aus den Hängematten. Sie hatten in den Kleidern geschlafen, griffen rasch nach den Öljacken und polterten die steilen Aufgänge empor, dorthin, wo sie brüllende Dunkelheit empfing und ein eiskalter, unbarmherziger Wind. Dann hingen sie, von hallenden Kommandos geleitet, an den Geitauen, ein Bündel von Leibern, und rissen im Gleichtakt, schwer atmend, die Haut vom Salzwasser brennend, todmüde hinter einer flüchtigen Wachheit. Die Decks glichen brodelnden Kesseln, hellgrüne Kaskaden brachen aus unserer Leeseite hervor, es schmatzte und gurgelte, wenn das Wasser aus den Speigatten und Klüsen ablief. Über der Verschanzung war längst eine Monkey-Reling gespannt worden, ein Netzwerk aus starken Tauen, das den halten sollte, der von einer Woge über die Seite gespült zu werden drohte.« *(Andersch, R.: Die weißen Schwingen. Tübingen 1958)*.

Besonders schlimm war es für die Mannschaft, wenn, was nicht selten geschah, der Ballast verrutscht war und unter unvorstellbaren Mühen zurückgestaut werden musste: »Zuletzt lagen wir auf den Knien und schaufelten, da wir nicht mehr stehen konnten. Was es heißt, um sein Leben zu schaufeln, weiß nur der, der es mitgemacht hat! Über ihre schweißnassen, vom trüben Qualm der Ölfunzeln geschwärzten Gesichter huschten bei dem wilden Schlingern Licht und Schatten. Aus weit aufgerissenen Augen beobachteten sie eine im Raum pendelnde Flasche, die ihnen die Schräglage anzeigte und immer schräger zu hängen kam, da der lose Sand beim starken Überholen des Schiffes immer wieder zurückrutschte. Es waren gespenstische Szenen ... War es Tag, war es Nacht?« *(Brustat-Naval, F.: Die Kap Hoorn Saga)*.

Im Gefolge der Strapazen gab es bei der Mannschaft eine Flut von Krankheiten, vor allen Dingen der Haut, wie Zellgewebsentzündungen, Salzwasserbeulen und Furunkel. Ölzeug und Salz hatten die Haut aufgescheuert. Teer, Rost, Holzsplitter und Dreck hatten sich eingefressen. Eine alte Seemannstradition machte die Sache oft noch schlimmer: »Am Kap Hoorn wäscht man sich nicht, und wenn es sechs Wochen dauert ...«

Aus den dramatischen Schilderungen, die man noch endlos fortsetzen könnte, wird deutlich, dass früher wie heute gilt: Viel Zeit zum Überlegen lässt der Sturm einem nicht. Auf Notlagen muss sofort reagiert werden. Wohl dem verantwortungsbewussten Schiffsführer, wenn der aufgrund seiner seemännischen Erfahrung in der Lage ist, Gefahrensituationen möglichst schon im Voraus zu erkennen und geeignete Maßnahmen zu ergreifen, bevor Dramatisches passiert. Viele Notfälle können viel leichter gemeistert oder sogar ganz verhindert werden, wenn man sie rechtzeitig erkennt und »erspürt«. Joseph Conrad, dem man den Ausspruch nachsagt: »Ich dachte, es wäre ein Abenteuer, in Wirklichkeit war es das Leben«, schreibt: »Der Seemann lebte früher so vertraut mit seinem Schiff, dass seine Sinne gleichsam auch die seines Schiffes waren, dass er an der Beanspruchung, der sein Körper ausgesetzt war, die Belastung der Masten zu beurteilen vermochte.« Gerade in Erwartung von Sturm oder in böigem Wetter bedeutet das, dass man den Wind und die See und natürlich auch das Schiff und seine Takelage ständig beobachtet. Dazu gehört auch, dass man auf alle Geräusche achtet, die das dahinstürmende Schiff macht.

Segeln bei schwerem Wetter

Ein Überleben in Wettersituationen wie sie im vorangegangenen Kapitel beschrieben worden sind, die im Extremfall auch in unseren Gewässern auftreten können, ist für ein Segelschiff trotz moderner Technik und besserer Wettervoraussagen auch heute nur möglich, wenn man das Handwerk guter Seemannschaft beherrscht. Dazu gehört auch, dass man bei den ersten Anzeichen für schweres Wetter entsprechende Vorbereitungen trifft. Kapitän Fearson fasste seine Erfahrungen nach 36 Kap-Hoorn-Umrundungen in folgenden einfachen Verhaltensregeln zusammen: »Rüste Dich gründlich und rechtzeitig aus. Sorge dafür, dass das Rigg wirklich in Ordnung ist, dass die besten Segel oben und gut beschlagen sind und dass das laufende Gut überholt ist. Rigge rechtzeitig die Strecktaue. Kontrolliere, dass die Luken und die übrigen Decksöffnungen gesichert sind. Sorge für gute und warme Bekleidung für die Besatzung zu vernünftigen Preisen aus einer reichlich ausgestatteten Schlappskiste. Gib den Männern gut zu essen und nachts viel heißen Kaffee; und einen guten Ofen mit reichlich Kohle im Logis und im Halbdeck. Wenn das alles getan ist, trage zu jeder Zeit und so lange wie möglich alle Segel die Du tragen kannst. Schenke Dir und Deiner Crew nichts: Nach dem Segelkürzen, ob Tag oder Nacht, wieder Segelsetzen, sobald der Wind nachlässt. Nimm das Schiff auf den anderen Bug – Wenden oder Halsen – sobald Du merkst, dass es nicht auf dem günstigen Bug liegt, auch wenn das Knochenarbeit bedeutet. Denke daran: Nur wer durchhält, gewinnt. Unter kleinen Segeln entlang bummeln und auf besseres Wetter warten, bringt nichts. Nimm jederzeit mit, was Du kriegen kannst, dann läuft es.«

Und Heinrich von Littrow schreibt zu dem Thema Vorbereitung auf schlechtes Wetter in seinem »Handbuch der Seemannschaft« aus dem Jahr 1859: »Es gibt Stürme in gewissen Regionen, die sich durch bestimmte Vorzeichen einige Stunden früher verkünden, sie sind der Klapperschlange ähnlich, die man von weitem kommen hört, ihr aber dennoch nur schwer entfliehen kann. Somit stehe man gerüstet da, beobachte alle Vorzeichen, glaube dem Bösen Alles, dem Guten Wenig, damit uns das Böse nicht unerwartet überfalle, das Gute aber stets noch die Würze der Überraschung mit sich bringe.«

Heute werden in solchen Fällen an allen Küsten Orkanwarnungen verbreitet. Damals kannte man so etwas nicht. Es gab keinen Funk, niemand wusste vom Anderen, und man hatte nur wenige Daumenregeln, zum Beispiel: »Stehst du auf Südbreite mit dem Rücken zum Wind, dann liegt das Hoch zwei Strich zur Linken hinter dir und das Tief zwei Strich zur Rechten von dir«. Und das, wenn man es zu deuten wusste, beschreibt genau den Verlauf der Tiefs, die eines nach dem anderen durch die Drake-Passage an den Schiffen vorbeigefegt kamen.

Selbst wenn der erwartete Sturm ausbleibt, ist es besser, einmal zu häufig als einmal zu wenig Vorsorge getroffen zu haben. Eine langfristige und beste Vorsorge für schweres Wetter besteht natürlich darin, das Rigg immer in einem einwandfreien Zustand zu halten, um das Brechen von stehendem oder laufendem Gut möglichst auszuschließen. Nur ein Beispiel von vielen ist der Zustand der Fußpferde: Sie müssen das Gewicht vieler Matrosen aushalten können, denn bei Sturm liegen diese vielleicht Schulter an Schulter auf den Rahen aus, um ein wild schlagendes Segel zu bändigen.

In Erwartung schweren Wetters besteht die erste Maßnahme darin, der jeweiligen Windstärke entsprechend allmählich und bei Zeiten die Segel zu kürzen. Um so weit wie möglich ein Schlagen zu verhindern, werden die Segel so gesetzt und geborgen, dass keine unnötige Lose in diejenigen Leinen kommt, die zur Bedienung notwendig sind. Die Rahsegel werden außerdem von Luv nach Lee gesetzt. Nicht gesetzte Rahsegel werden oft mit zusätzlichen Sturmzeisingen aus langen Leinen gesichert.

An den Rahnocken der noch stehenden Rahsegel kann man kurze Leinen als Schotaufholer scheren, um das Heraufholen der Schothörner auf die Rah zu erleichtern. Die Schoten der gewöhnlich als Sturmsegel gefahrenen Untermarssegel können durch zusätzliche Leinen verstärkt werden. Bei schwerem Wetter muss noch mehr als sonst darauf geachtet werden, dass keine Leinen schamfilen. An Deck können weitere Fußblöcke angebracht werden, um die Arbeit mit Niederholern, Geitauen und Gordingen zu erleichtern und so das Bergen von Segeln zu beschleunigen. Nimmt der Seegang zu und macht das Schiff stärkere Bewegungen, werden außerdem Strecktaue gespannt, an denen sich die Mannschaft beim Gehen über Deck festhalten kann. Niedergänge, die von überkommenden Seen getroffen werden können, werden zugesperrt und Luken fest verschlossen. Alle Dinge, die unter und an Deck hin und her rutschen oder schlagen können, werden seefest gezurrt. Hierzu gehören auch die Rettungsboote.

Segeln bei schwerem Wetter ist nicht gefährlich, wenn früh genug die entsprechenden Maßnahmen getroffen werden. Dazu gehört als erstes das rechtzeitige Verkleinern der Segelfläche. Die Entscheidung darüber, wann welche Segel weggenommen werden, hängt zuerst von den Windbedingungen ab. 1806 entstand eine 13-stufige Windskala. Sie beschreibt die Stärke des Windes in Verbindung mit einer optimalen Segelführung. So galt bei Windstärke 2: »Alle Segel können gesetzt werden, Fahrt etwa 2 Seemeilen pro Stunde.« Windstärke 8 bedeutete, »alle Segel außer Oberbramsegel, Royal und Bramsegel; Obermarssegel gerefft« zu führen. Dabei waren die Stufen nicht willkürlich gewählt, sondern es erfolgte (im oberen Windstärkenbereich ab 6) ein Verkleinern der Segelfläche syste-

Ein grimmiger Winter in Murmansk und tagelanger Orkan in der Barentsee haben der *Sedov* schwer zugesetzt.

matisch von Stufe zu Stufe um jeweils ein Sechstel. Aber auch die Wellenhöhe, die Segeleigenschaften des Schiffes, die Erfahrung und die Kondition der Mannschaft und der zur Verfügung stehende freie Seeraum spielten bei der Entscheidung eine Rolle. Vor allen Dingen der letzte Aspekt war wichtig. Viele stählerne Segelschiffe, allen voran die berühmten P-Liner der Reederei Laeisz, waren so gebaut, dass sie auch bei schwerstem Wetter nicht beigedreht werden mussten, allenfalls auf dem Höhepunkt eines Orkans. Auf hoher See hatten sie wenig zu fürchten. Sie waren dazu konstruiert, den weiten, freien Seeraum zu nutzen. Sobald aber Land in Sicht kam, drohte selbst ihnen Gefahr, zumal sie auch bei genügend starker Mannschaft nur mühsam zu manövrieren waren. An jeder Küste lauerte Gefahr. Viele Schiffe sind gestrandet, bei denen man sich im Nachhinein darüber gestritten haben mag, ob zu viel Tuch für den Sturm oder zu wenig für die Manövrierfähigkeit gesetzt gewesen war.

Oft genug nahm der Wind so plötzlich an Stärke zu, dass es schon nach kurzer Zeit eine Tortur war, zum Segelkürzen in die Takelage aufzuentern. Allan Villiers schreibt: »Oben aber musst du kämpfen. Das Abenteurerblut kommt in deine Knochen. Du kämpfst weiter. Du vergisst die Kälte und den heulenden, bis aufs Mark gehenden Wind. Du bedienst nur die mörderischen Segel und kämpfst mit ihnen und vergisst darüber alles andere, selbst deinen Halt auf den Fußpferden. Oft sind deine Hände zerrissen. Die starke nasse Leinwand, in der der Sturmteufel sitzt, reißt dir die Nägel ab. Hier ist die entsetzliche Kälte von Vorteil. Deine Hände sind erstarrt. Im Augenblick fühlst du nichts. Überrascht blickst du auf deine Hände. Du siehst die blutigen Linien über die nasse Leinwand ziehen, doch die ist so mit Salz bedeckt, dass das Rot nicht das Weiß der Nägel färbt. Du machst das Segel fest und bemerkst, dass an der rechten Hand auch ein paar Fingerkuppen in Unordnung geraten sind. Solange sie dem Sturm ausgesetzt waren und du mit den Segeln kämpftest, taten sie nicht weh. Das kommt erst nachher.« *(Rund Kap Hoorn. Wiesbaden 1953)*. Auch das Aufgeien der Segel von Deck aus war mit Gefahr und ungeheuren Schwierigkeiten verbunden wegen der über Bord kommenden Seen.

Spätestens, wenn sich der Krängungswinkel des Schiffes ungefähr 15 Grad nähert, hebt der auf Grund der größeren benetzten Fläche des Rumpfes erhöhte Wasserwiderstand den Geschwindigkeitszuwachs durch die Zunahme des Windes wieder auf und es ist an der Zeit, Segel zu bergen. Besonders die oberen Segel tragen dann fast nur noch zur Schräglage des Schiffes bei, statt das Schiff vorwärts zu

Seeschicksal – die gestrandete *Herzogin Cecilie*.

treiben. Man kann sie in den meisten Fällen bergen, ohne dass man viel an Geschwindigkeit verliert; das Schiff liegt aber dadurch besser im Wasser. Die Rahsegel werden bei Wetterverschlechterung von oben nach unten und meist nacheinander geborgen und sofort beschlagen, damit sie nicht unnütz schlagen und vielleicht reißen. Die Untersegel werden meist vor den Marssegeln weggenommen. Das Untermarssegel bleibt bis zuletzt als Sturmsegel stehen; zusammen mit dem Obermarssegel ist es aus schwererem Tuch gearbeitet und seine Lieken und Schothörner sind extra verstärkt. Eventuell werden spezielle Sturmsegel – zu Zeiten der Baumwollsegel oft »Nonnenwäsche« genannt – angeschlagen.

Zum Beschlagen der Segel müssen besonders kräftige Matrosen an die Rahnocken, denn es ist besonders bei schwerem Wetter harte Arbeit, das Seitenliek des Segels auf die Rah zu ziehen, weil der Wind das Segel aufbläht und von der Rah wegtreibt. Um die Arbeit zu erleichtern, kann man das Schiff etwas höher an den Wind bringen. Dann wehen die Segel mehr in Richtung der Rahen und können leichter gegriffen werden. Keinesfalls darf aber so weit angeluvt werden, dass die aufgegeiten Segel backschlagen und dadurch die Gefahr besteht, dass Leute aus den Rahen geworfen werden. Beim Packen der Segel wird von Luv nach Lee gearbeitet. Analog zu den Rahsegeln werden die Stagsegel bei zunehmendem Wind von oben nach unten geborgen und ebenfalls sofort mit Zeisingen beschlagen. Bei Sturm ist es dabei besonders wichtig, die Schot unter Kontrolle zu halten, um das Schlagen und in der Folge Reißen des Segels zu vermeiden. Außerdem muss nach dem Loswerfen des Falls sofort der Niederholer geholt werden, um das Schothorn an den Kopf des Segels zu ziehen und so den Wind aus dem Tuch zu nehmen.

Lenzen und Beidrehen

Nimmt der Wind immer mehr zu, kommt irgendwann der Zeitpunkt, an dem die Belastung für die Takelage zu groß wird und das Schiff selbst mit reduzierten Segeln nur noch im Seegang stampft, ohne Fahrt voraus zu machen. Jetzt gibt es nur noch zwei Möglichkeiten, den Sturm abzuwettern: Lenzen oder Beidrehen.

Kommt der Sturm von achtern, läuft das Schiff vor dem Wind her: Es lenzt. Dabei richtet sich die Segelführung nach der Schwere des Sturmes; die relative Geschwindigkeit der See gegenüber dem Schiff sollte so gering wie möglich sein. Meist führt das Schiff nur kleine Vorsegel oder das besonders stabile Untermarssegel. Können überhaupt keine Segel mehr geführt werden, spricht man vom »Lenzen vor Topp und Takel«, d. h. das Schiff treibt nur unter Masten und Takelage. Weil die Fahrt durch das Wasser zu gering ist, muss man in diesem Fall mit schweren Sturzseen über das Heck rechnen, die alles kurz und klein schlagen. Wegen der geringen Fahrt durchs Wasser wird das Schiff außerdem meist stark hin und her gieren und deshalb auch Seen von der Seite übernehmen.

Obwohl die Kraft des Windes um den Fahrtbetrag des Schiffes vermindert wird, ist das Lenzen bei schwerer See eine gefährliche Sache: Hält der Steuermann infolge des durch die hohe Geschwindigkeit erzeugten heftigen Gierens und Rollens nicht genau den Kurs oder heben hohe Brecher das Heck so weit aus dem Wasser, dass das Schiff nicht mehr zu steuern ist und kommt deshalb eine See nicht genau von achtern, wird das Heck leicht herumgedrückt und es besteht die Gefahr, dass das Schiff in einem Wellental querschlägt und kentert. Man kann das Steuern dadurch erleichtern, dass man die Bucht einer starken Trosse, eine Spiere oder einen Treibanker achteraus schleppt. Dadurch wird das Heck im Wind gehalten und aufkommende Wellen können sich daran brechen.

Über die Arbeit am Ruder schreibt A. Mühleisen: »Hat man keine Hütte oder kein Schutzdach über das Steuerrad, so verlange man, dass der Steuermann sich festbinde. Im Allgemeinen herrscht unter den Steuerleuten die dumme Ansicht, dass es unseemännisch sei, sich festbinden zu lassen. Weiß man aber, dass man sich an etwas festhalten kann, wenn das Schiff eine Hecksee übernimmt, so wird man zuversichtlicher und kann beim Steuern viel ruhiger bleiben. Ferner verbiete man dem Steuerer, sich nach hinten umzusehen, da er sonst aufgeregt wird und anfängt, schlecht zu steuern.« Durch das Rollen im Seegang bedeutet Lenzen eine große Belastung für das gesamte Rigg. Auch die Ruderanlage wird stark beansprucht. »Lenzen is'n Seemann sien Dood«, sagten die Seeleute und lernten in solch einem Wetter das Beten. *(Reich, K.; Pagel, M.: Himmelsbesen über weißen Hunden. Rostock 1991).*

Lenzen in hoher See ist schon bei Tage sehr gefährlich und noch größer wird das Risiko des Querschlagens, wenn man bei Dunkelheit die von achtern aufkommenden Seen nicht sehen kann. Deshalb wird vor Anbruch der

Ein Kapitän sagte einmal, er glaube der Bibel, weil sie im Paradies kein Meer erwähnt. Havarie der *Kommodore Johnson*, März 1937.

Nacht meistens beigedreht. Ebenfalls wenn der Seegang so hoch wird, dass beim Lenzen der Kurs nicht mehr gehalten werden kann, muss man beidrehen. Dabei darf man den Zeitpunkt, zu dem dieses Manöver noch gefahrlos möglich ist, nicht verpassen, denn nichts ist im Sturm für ein Segelschiff gefährlicher, als backfallende Segel und querkommende, schwere Seen.

Man hat durch Erfahrung herausgefunden, dass gewöhnlich zwei oder drei besonders schwere Seen aufeinander folgen. Der günstigste Augenblick für das Beidrehen ist, wenn nach diesen Seen einige leichtere Wellen durchlaufen. Nie darf in einer Bö beigedreht werden! Wie schwierig es oft war, diesen Augenblick nicht zu verpassen – immerhin hat man es mit Naturvorgängen zu tun und nicht mit einem Fahrplan – zeigt die folgende Schilderung. »In der Nacht verstärkte sich der Wind derartig, dass er bald die Windstärke acht bis neun erreichte und immer noch weiter zunahm. Es schien dem Kapitän bedenklich, vor dem Wind weiterzusegeln, er wurde aber von seinen Steuerleuten überstimmt, und sie baten ihn, die schöne Brise auszunutzen. Nachmittags ... mussten aber weitere Segel geborgen werden. Die Seen hatten bereits eine anständige Höhe erreicht und brachen über das Schiff. Abends verstärkte sich der Wind plötzlich zum Orkan. Wir segelten nur noch unter dem gerefften Fock als einzigem Segel. Jetzt war der Kladderadatsch da: Wir hatten verpasst, frühzeitig das Schiff beizudrehen, und nun war es zu spät dazu. Wir mussten, ob wir wollten oder nicht, jetzt die Fahrt auf Leben und Tod weiterführen. Zwei Mann wurden am Ruder festgebunden, denn die Wellen rasten in zwölf bis fünfzehn Meter Höhe an beiden Seiten der Schiffswände vorüber. Die Schiffwand lag im Höchstfall zweieinhalb Meter über dem Wasser. Ein einziger verkehrter Griff am Ruder brachte uns ungeheure Wassermengen an Deck. Trotzdem wir segelten, waren die Seen schneller als wir. Sah man vom Ruder nach achtern, so wurde einem unheimlich zu mute; denn diese riesigen Wellenköpfe kamen immer näher heran, und wenn sich das Schiff nach achtern heruntersenkte, so kamen sie wie hungrige Löwen über das Schiff! Also Wellen von achtern, Wellen vom Backbord und Wellen vom Steuerbord! Alles wälzte sich auf das Schiff, um es in die Tiefe zu ziehen.« *(Herjett, C.: Durch Passate und Taifune. Kassel 1983).*

Beidrehen bedeutet, das Schiff unter ganz kleinen Segeln so zu legen, dass es den Wind schräg von vorn bekommt und mit einer Geschwindigkeit von etwa ein bis zwei Knoten nach Lee abtreibt, ohne dabei Fahrt voraus oder achteraus zu machen. Dabei wird ein Teil der Segel back geholt, die Rahen werden hart angebrasst und das Ruderblatt nach Luv gelegt und ev. in dieser Stellung festgelascht. Sofern das Schiff gut ausgetrimmt ist, hält es so trotz starken Rollens selbstständig seinen Kurs, indem es vielleicht etwas abfällt, dann aber sofort wieder anluvt.

Das Schiff schneidet nicht mehr durch die Wellen, sondern wird von der See angehoben, die Wellen laufen unter dem Schiff durch und verlieren den größten Teil ihrer zerstörerischen Kraft. Durch die Abtrift des Schiffes bildet sich an seiner Luvseite eine Blasenbahn und ein starker Sog, an dem sich die Seen schon in einiger Entfernung brechen. Dadurch nimmt das Schiff weniger Wasser über. Zur Unterstützung dieses Effekts kann auf der Luvseite des Schiffes Öl ins Wasser gegeben werden. Dazu wird zum Beispiel ein Segeltuchsack zuerst mit alten, auseinandergedrehten Tauresten, dem Werg, und dann mit Öl gefüllt. Bevor man den Sack über Bord hängt, werden mit einer Segelnadel mehrere Löcher hineingestochen, damit das Öl aussickern kann. Dieses hat die Eigenschaft, sich mit großer Geschwindigkeit auszubreiten und auf der Wasseroberfläche eine dünne Schicht zu bilden. Diese Ölschicht bewirkt eine Dämpfung der See: Die gefährlichen und sich brechenden Wellenköpfe legen sich und an ihre Stelle tritt eine mehr oder weniger glatte Dünung. Ein Seemann sagte einmal sehr treffend über das Beidrehen: »Da sich weder Wind noch See zu legen schienen, wurde das Schiff unter Großuntermarssegel beigelegt. So konnte es in den Händen Gottes den Sturm abreiten.«

Backschlagen der Segel

Der vielleicht häufigste Zwischenfall auf einem Rahsegler besteht im ungewollten Backschlagen der Segel. Man sagt dann, das Schiff dreht durch oder es »fängt eine Eule«. Dieses passiert, wenn der Wind plötzlich schralt, d. h. vorlicher kommt oder wenn der Mann am Ruder das Schiff durch Unaufmerksamkeit zum Anluven bringt. In leichten Winden reagiert das Schiff manchmal so langsam auf das Ruder, dass es fast unmöglich ist, bei einer Winddrehung das Backschlagen der Segel zu vermeiden. Unter diesen Wetterbedingungen bringt dieses aber höchstens ein bisschen Arbeit für die Mannschaft, gefährlich ist es nicht. Wirklich dramatisch wird es erst, wenn ein lang aus einer Richtung wehender Sturm sich ausgeblasen hat und sehr schnell die Richtung wechselt. Diesen Moment nennt der Seemann mit seiner prägnanten Berufssprache »Ausschießer«. Wenn es dabei noch gehörig bläst, kann dieser Ausschießer eine große Gefahr für das Schiff darstellen, denn bei viel Wind kann ein Backschlagen bedeuten, dass Segel reißen oder im schlimmsten Falle, dass Rahen oder Maststengen brechen. Wie betrunken torkelt das Schiff dann in der See, der Wind fällt von vorn ein und lässt die Masten erbeben. Da das Schiff rasch an Geschwindigkeit verliert und schwer zu manövrieren ist, wenn die Segel backschlagen, besteht die erste und wichtigste Aufgabe darin, die Segel so zu stellen, dass das Schiff wieder Fahrt aufnimmt und damit auf das Ruder reagiert.

Das Backschlagen der Segel bei hartem Wetter ist eine der vielen Situationen, in denen es sich zeigt, ob der Schiffsführer sein Handwerk versteht, indem er schnell die richtigen Maßnahmen einleitet.

Beim Backschlagen der Segel muss man verschiedene Bedingungen unterscheiden (Grafik 19): Kommt der Wind lediglich vorlicher, aber von der gleichen Seite (a), wird sofort hart Ruder gelegt (2), der Besan gefiert bzw. gebor-

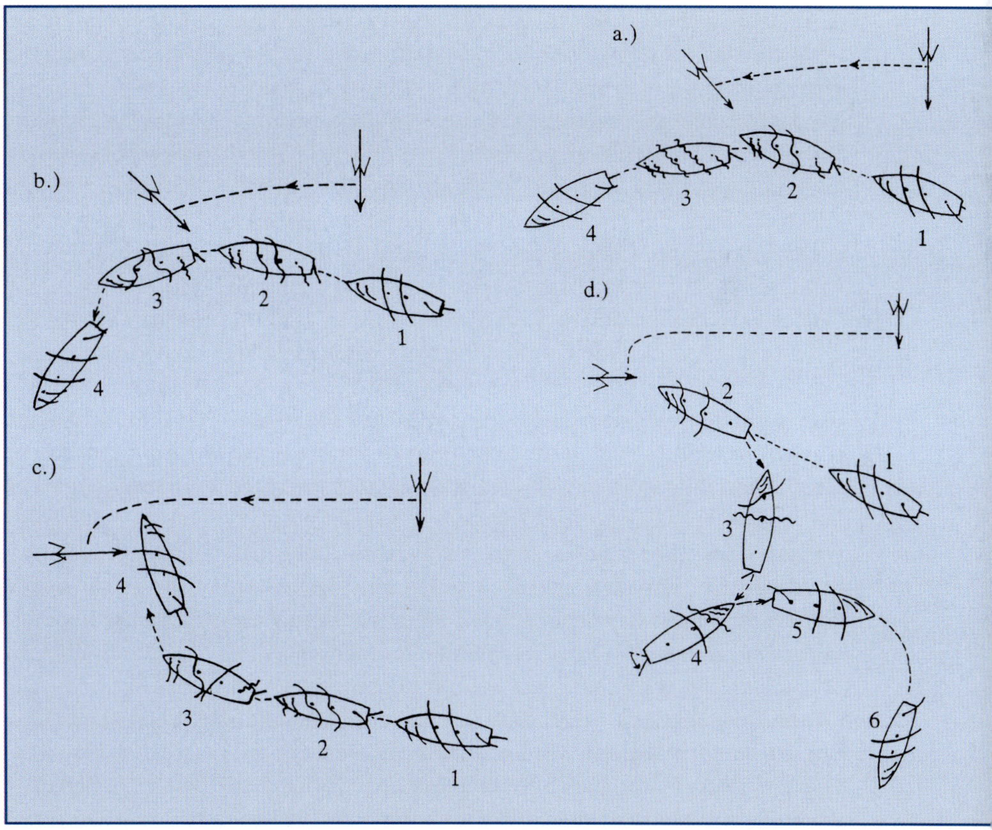

Grafik 19: Backschlagen der Segel

gen (3) und die Vorsegel dicht oder sogar back geholt (3–4). Unter der Voraussetzung, dass die Segel nur wenig killen und das Schiff noch Fahrt voraus macht, genügen diese Maßnahmen meist, um das Schiff zum Abfallen zu bringen. Kommt das Schiff jedoch zum Stehen, bevor sich die Segel wieder mit Wind füllen konnten (b), werden zusätzlich die Rahen des Fockmastes mit den back stehenden Segeln rechtwinklig zum Wind gebrasst (2–3). Dadurch erhöht sich der Druck vor dem Drehpunkt noch mehr und der Bug dreht vom Wind weg. Sind die Segel des Großmastes wieder gefüllt, wird der Vortopp rundgebrasst (3–4) und das Schiff nimmt wieder Fahrt voraus auf. Treibt das Schiff über den Achtersteven zurück, bevor die Segel des Großmastes wieder ziehen, wird Gegenruder gegeben, um das Heck an den Wind zu bringen. Durch Bergen des Besans und eventuell auch der achteren Stagsegel kann die Drehung unterstützt werden.

Hat der Wind soweit gedreht, dass er von der anderen Seite kommt, ist das Schiff quasi unfreiwillig über Stag gegangen (c). Kann auf diesem neuen Kurs weitergesegelt werden, wird deswegen wie bei einer gewöhnlichen Wende verfahren: Das Großsegel wird aufgegeit und die Stagsegel werden so schnell wie möglich geborgen. Die Vorsegelschoten werden geschiftet; der Besan wird gefiert, um das Abfallen zu unterstützen. Dann wird der Großtopp rundgebrasst (2–3). Dabei steht der Vortopp immer noch back und unterstützt so die Drehung des Schiffes (3). Wenn die Segel des Großmastes anfangen zu ziehen, wird auch der Vortopp rundgebrasst (3–4). Nimmt das Schiff Fahrt voraus auf, werden das Großsegel und die Stagsegel wieder gesetzt und alle Segel ausgetrimmt.

Ist es aus irgendeinem Grund notwendig, dass das Schiff auf dem ursprünglichen Bug weitersegelt (d), wird der Großtopp quergebrasst. Gleichzeitig wird der Besan eingeholt, damit er den Bug nicht länger im Wind hält (2); das Groß wird aufgegeit und die Stagsegel geborgen. Der Vortopp wird zusätzlich hart angebrasst und die Vorsegel werden back geholt (2–3), dadurch wird der Bug des Schiffes nach Lee gezwungen. Durch den quergebrassten Großtopp nimmt das Schiff schnell Fahrt achteraus auf und dreht schließlich durch Ruderlegen mit dem Heck in den Wind. Ist das Schiff zum Stehen gekommen, wird Gegenruder gegeben (4), sodass das Schiff auf den alten Bug zurück dreht. Dabei wird der Großtopp so mit der Drehung mitgebrasst, dass er immer gut zieht (4–6). Das Schiff nimmt langsam wieder Fahrt voraus auf. Die Vorsegel werden in Lee dichtgeholt, sobald sie wieder ziehen und der Besan wird gesetzt, um das Heck weiter zum Abfallen zu bringen (4–5).

Das zuletzt beschriebene Manöver ähnelt bzgl. des Weges, den das Schiff zurücklegt, sehr dem Backhalsen. Zweck des Backhalsens ist es aber, das Schiff auf möglichst geringem Raum auf den anderen Bug zu legen, während hier das Schiff trotz des Umspringens des Windes letztlich auf dem ursprünglichen Bug weitersegelt.

Manövrieren in einer Bö

Manchmal wird das Schiff plötzlich und völlig unvorbereitet von einer Bö getroffen. Vor allen Dingen in Verbindung mit durchziehenden Wetterfronten und Gewittern treten oft heftige Böen auf, in denen der Wind urplötzlich zunimmt, manchmal bis auf Orkanstärke. Gleichzeitig dreht der Wind oft innerhalb von wenigen Minuten oder gar Sekunden um bis zu 180 Grad. Diese Kombination aus Zunahme der Windgeschwindigkeit und Wechsel der Windrichtung kann für ein Segelschiff extrem gefährlich werden: Das Schiff kann so stark auf das Wasser gedrückt werden, dass es sich nicht mehr von allein aufrichtet oder die Segel können back schlagen und reißen, bevor die Männer überhaupt reagieren können. »Als drüben im Osten der Himmel sich merklich grau zu tönen begann, jaulte es von Westen heran – wahrschau, schwere Bö – festhalten. Das Jaulen brach über dem Schiff zusammen, das Brausen wehte den Atem vom Munde weg, dann knallte es zweimal kurz hintereinander über unseren Köpfen: knappe, harte Schläge, wie das Krepieren einer Granate. Schmale Fetzen die wie Tang aussahen, peitschten den Männern, die neben dem Kartenhaus standen, um die Köpfe. … Die urplötzlich einfallende, nicht im Voraus zu berechnende Bö hatte in Sekundenschnelle zwei ganz neue, bretthart Stagsegel aus den Lieken gefetzt und auf Deck geschmissen. Das, was uns um die Ohren peitschte, waren die kläglichen Reste.« *(Andersch, R.: Die weißen Schwingen).*

Manchmal folgt Bö auf Bö, unterbrochen nur von kurzen Perioden trügerische Ruhe, hinter der sich aber die Wildheit und Unbarmherzigkeit des Sturmes nur verbirgt. Noch schlimmer und für die Mannschaft überhaupt nicht mehr zu beherrschen wird es, wenn der Wind nach jeder Bö die Richtung wechselt. Dann verursachen die plötzlichen Windstöße in Sturmstärke, oft noch vermischt mit Graupel und Hagel, häufig eine Menge Schäden an Segeln und Takelage.

Fällt solch eine Bö über das Schiff her, muss sofort abgefallen werden. Das Schiff läuft dann vor dem Wind her und die relative Windgeschwindigkeit reduziert sich um die Fahrtgeschwindigkeit des Schiffes. Mit dem Wind und der See von achtern können dann auch leichter die Segel reduziert werden. Natürlich kann das Schiff nicht bei jeder Bö seinen Kurs ändern, zumal nicht immer der Wind so extrem zunimmt, dass diese Maßnahme notwendig ist. Oft wird das Schiff auch so unerwartet von einem Windstoß getroffen, dass zum Abfallen keine Zeit mehr ist. Das Schiff wird dann stark krängen. Durch das vermehrte Eintauchen der Leeseite des Rumpfes erhöht sich der seitliche Widerstand, sodass der Bug die Tendenz bekommt, in den Wind zu drehen. Wenn der Rudergänger dann nicht sofort reagiert und hart Lee-Ruder gibt, besteht die Gefahr, dass die Segel back schlagen. Dabei kommt erschwerend hinzu, dass die Drehwirkung des Ruders erheblich abnimmt, wenn es durch das starke Überholen des Schiffes aus der Vertikalen gebracht wird. Läuft das Schiff Gefahr, in den Wind zu drehen, wird deshalb der Besan geborgen, um die Kraft hinter der Drehachse zu reduzieren und das Schiff so zum Abfallen zu bringen. Dieses kann noch durch Auffieren der Großschot und der Leebrassen des Großtopps unterstützt werden. Durch diese Maßnahmen wird gleichzeitig die Krängung des Schiffes reduziert, wodurch sich auch die Ruderwirkung wieder verbessert.

Fällt die Bö seitlich ein, kann die Krängung unter Umständen so groß werden, dass das Schiff auf das Wasser gedrückt wird. Dann müssen sofort alle oberen Segel geborgen werden. Ist dieses aufgrund der Schräglage nicht mehr möglich, werden lediglich die Schoten gefiert. Vermutlich werden die Segel dann durch das Schlagen zerreißen, aber das ist immer noch besser, als das Schiff zu verlieren. Ist die Schräglage nicht zu groß, kann man versuchen, die oberen Rahen durch Fieren der Fallen und Holen an den Geitauen niederzuholen. Dabei bleiben die Schoten belegt. Ein Segel wird eher reißen, wenn man versucht, es in einer Bö aufzugeien, als wenn man die Rahen niederholt und das Segel erst dann aufgeit, wenn die Bö nachgelassen hat.

Die Entscheidung darüber, ob man abfällt oder nicht, richtet sich immer nach den näheren Umständen. Genauso wie in vielen anderen Situationen ist eine lange seemännische Erfahrung und die genaue Kenntnis der Eigenschaften eines Schiffes nötig, um die richtigen Maßnahmen einzuleiten. Und auch hier gilt natürlich: Je eher man die Gefahr erkennt, desto eher kann man Vorsorge treffen, also die Segel reduzieren oder abfallen, bevor die Bö das Schiff erreicht.

Einen guten Seemann erkennt man im Sturm. Segelmanöver in schwärzester Nacht.

Verlust von Gut

Jeder Kapitän, der das ihm anvertraute Schiff mit Umsicht führt, legt sehr viel Sorgfalt auf den Zustand der Takelage, denn jedes Brechen von laufendem oder stehendem Gut bedeutet eine große Gefahr für das Leben der Menschen. Die Bootsleute der einzelnen Masten sind dafür zuständig, dass zumindest die stark beanspruchten Leinen regelmäßig ausgetauscht werden. Alle Blöcke und Beschläge werden ständig kontrolliert und gefettet. Jeder verantwortungsvolle Reeder sorgt außerdem dafür, dass sein Schiff mit ausreichend Reservematerial ausgestattet ist. Aber trotz aller Voraussicht: Wenn Rasmus brüllend und tobend über das Schiff herfällt, gibt es meist reichlich Bruch, vor allen Dingen in den weniger gastlichen Segelrevieren dieser Welt, in denen sich die Frachtsegler früher aufhielten. Manchmal leistete die See wirklich ganze Arbeit: »Die Sturzpforten waren aus den Angeln gedreht. Auf der Großluke war das Brechwasser verrutscht, hatte aber gehalten. Die Niedergangskappe auf der Hütte war über Bord gegangen. Das gleiche Schicksal hatten das Hühnerhock, die Wassertanks und eine Reservespiere ereilt, die mit schweren Drähten an Deck festgezurrt war. In der Kombüse war der Herd von seiner Bettung gerutscht. Die Gangspills waren gebrochen, die Deckel der Rettungsboote abgerissen und über Bord gewaschen. Fast alle Lampen waren fortgespült, als die See in die Hütte und damit auch in die Segelkammer und in das Lampenspill einbrach. Ein großer Teil des laufenden Gutes war von den Belegnägeln weggewaschen und nun hoffnungslos vertörnt. Zehn Zoll Wasser standen im Raum und die Pumpen waren entzwei. Aber die *Grace Harwar* segelte noch. Dies ereignete sich in einer ungastlichen und stürmischen Gegend. Dort gibt es wenig Schiffe, die in Not befindlichen Seeleuten helfen mögen.« *(Villiers, A.: Rund Kap Hoorn)*.

Wenn die großen, stählernen Segelschiffe plötzlich ihre Masten verloren, »über die Seite gingen« wie die Seeleute sagten, und das ging nie langsam vor sich, wurde ihnen gerade die Stärke der Stahlmasten und des stehenden Gutes aus Stahldraht, das sie neben dem Schiff festhielt, zu einer tödlichen Gefahr. Ein Schiff in der schweren See vor Kap Hoorn warf ja nicht einfach sein Rigg ab und kam zum Stehen. Nein, dann war der Teufel los, weil die großen Brecher, die gegen das Schiff anstürmten, über ihm brachen wie über einen von der Flut überwaschenen Felsen.

Für die Maßnahmen, die in einem Fall von Bruch ergriffen werden mussten, ließen sich damals wie heute nur schwer allgemeine Regeln aufstellen. Jeder Fall war anders, so dass es bei der Entscheidung für bestimmte Maßnahmen immer auf sehr viel seemännische Erfahrung ankam. Gewöhnlich brachen Taue und Spieren, wenn sich das Schiff nach dem Stampfen in schwerer See heftig aufbäumte, weil ein solches Emporschnellen plötzlich eine starke Spannung auf die gesamte Takelage ausübte. Der erste Schritt bestand dann gewöhnlich darin, den betroffenen Bereich der Takelage so weit wie möglich zu entlasten, indem schnell so weit abgefallen wurde, wie es die Verhältnisse eben zuließen. Gleichzeitig wurden diejenigen Segel geborgen, die in irgendeiner Weise Druck auf das gebrochene Teil ausübten oder durch Leinen damit verbunden waren. Dann wurde versucht, das gebrochene Gut zu beseitigen, zu ersetzen oder zu reparieren. All das meist noch während der Sturm mit unverminderter Kraft anhielt.

Ähnlich verhielt man sich, wenn laufendes Gut brach. Dabei gab es für jede Leine einfache und einleuchtende Maßnahmen: Brach die Schot eines Rahsegels, wurde das Segel sofort aufgegeit, denn ein Schlagen bedeutete unweigerlich und meist in kürzester Zeit das Reißen des Segels. Gleiches galt natürlich für die Stagsegel. Deswegen versuchte man durch Ruderlegen das Schiff zum Abfallen zu bringen. Auf diese Weise konnte man hoffen, dass das Stagsegel in den Windschatten der Rahsegel kam und die Leute das Stagsegel, an dem die Schot gebrochen war, bergen konnte. Oft schlugen das Segel und vor allen Dingen die Blöcke, aus gutem Grund auch »Witwenmacher« genannt, aber so wild, dass man gar nicht mehr an die Niederholer kam. Dann wurde nur das Fall losgeworfen und man hoffte, dass das Segel durch den Fluss des Windes entlang des Lieks von allein so weit niederging, bis man es bergen konnte. Gleiches galt auch, wenn der Niederholer gebrochen war.

Welcher Schaden entstehen konnte, wenn die Besanschot brach, schildert Karlsson: »Es war ein echter Fall für alle Hände! Die Schot des Besanbaumes war gebrochen, der Baum hatte fast eine ganze Drehung über das Deck gemacht, ehe er zersplittert über Bord ging. Das Kompasshaus war weggerissen und lag im Speigatt. Das Ruderrad war zu Streichhölzern zerschmettert. Wie der Rudergänger dem Tod entgangen war, konnte ich mir nicht erklären. Die Klau der Gaffel war weg, die Gaffel schwang mit jeder Bewegung des Schiffes zur Seite und landete jedes Mal mit einem fürchterlichen Schlag an den Pardunen des Besanmastes.« *(Karlsson, E.: Die See Mein Leben)*. Es ist unvorstellbar, welche Kraftakte die Matrosen vollbringen mussten, um solch ein hin und her donnerndes Ungeheuer zu bändigen. Zuerst mussten sie versuchen, die Bullentaljen dichtzuholen und das Segel zu bergen. Wenn das nicht gelang, mussten sie wenigstens versuchen, den Baum solange irgendwo festzubinden, bis eine neue Schot geschoren war.

Brach eine Luv-Brasse, schwang die Rah meist ungebremst gegen die vorderste Lee-Want und belastete diese stark. Auch in diesem Fall musste das Schiff sofort abfallen, damit die Last von der anderen Brasse übernommen wurde. Anschließend wurden die Geitaue der Rahen unter- und oberhalb der betroffenen Rah durchgeholt, um diese unter Kontrolle zu bringen. Rollte das Schiff sehr stark im Seegang, wurde die betroffene Rah an den Wanten festgelascht, bis eine neue Brasse geschoren war.

Fatal war es, wenn der Toppnant einer Unterrah brach. Durch die plötzliche einseitige Gewichtsverlagerung riss meist das Segel selbst samt seiner Schoten und Halsen, oft auch das Segel der darüber liegenden Rah. Selbst wenn die Leinen intakt blieben, konnte die Belastung oft kaum von den Geitauen aufgenommen werden. Meist schwang die betroffene Rah auf und nieder und richtete mit ihrem tonnenschweren Gewicht weiteren verheerenden Schaden in der Takelage an. Immer mussten die Matrosen versuchen, so schnell wie möglich die Rahsegel zu bergen, die Rah festzulaschen und einen neuen Toppnanten zu scheren. Aber was sich hier so nüchtern anhört, war oft genug ein Spiel auf Leben und Tod. »Wir arbeiteten wie rasend, um zu retten, was übrig geblieben war. Wir holten an Geitauen und Gordingen, bis unsere Lungen und Herzen zu bersten drohten, wir rannten von Mast zu Mast. Dann holten wir die Rahen an die Pardunen und drehten bei. Nun hieß es nach oben und Segel bergen. Während wir schufteten, rissen weitere Segel aus den Lieken. Zwischen elf Uhr vormittags und vier Uhr nachmittags verloren wir dreiundzwanzig Segel. Das Schiff stieß und stampfte in der niederträchtigen, steilen See und holte weit über unter den wilden Böen.« *(Karlsson, E.: Die See Mein Leben).*

Dramatisch wurde es meist, wenn im Sturm Teile des stehenden Guts brachen. Wenn das Schiff mit dem Steven in die aufgewühlte See krachte, konnte es z. B. passieren, dass durch die ungeheure Belastung das Wasserstag oder ein anderes Stag, das die Takelage nach vorn abstützte, riss. Um weiteren Schaden vom gesamten Rigg abzuwenden, musste dann sofort abgefallen werden. Nur wenn die Mannschaft es schaffte, das Schiff so zu legen, dass der Wind von achtern kam, wurde der Druck von dem betroffenen Teil genommen. Zur Unterstützung des Abfallens konnten die Besansegel geborgen werden. Herrschte starker Seegang und schlingerte und stampfte das Schiff, wurden zusätzlich die Segel reduziert. Dann wurde versucht, ein Ersatzstag zu riggen. Als Ersatz für das Wasserstag wurden manchmal starke Ketten genommen, die vom Ende des Bugspriets durch die Ankerklüsen geholt und mit der Winde durchgesetzt wurden. In dem Fall, dass ein Want oder eine Pardune brachen, musste sofort eine Wende gefahren werden, um den Druck der Takelage auf die andere Schiffsseite zu bringen. Hierbei durfte keine Zeit verschenkt werden, weil die restlichen Wanten alle Last aufnehmen mussten und deshalb die Gefahr bestand, dass auch sie rissen und dadurch eine fatale Kettenreaktion ausgelöst wurde. Nach der Wende wurde ein neues Want geschoren.

Brach die Rah selber, wurden alle Leinen, die an dieser Rah befestigt waren, so geholt und festgesetzt, dass die Rah sich möglichst wenig bewegen konnte. Damit sollte verhindert werden, dass sie weiteren Schaden anrichtete oder an Deck stürzte. Dann wurden Leinen geschoren, an denen die Rah erst in der Mitte ausgehoben, dann aufgerichtet und schließlich gefiert werden konnte, alles auf einem schwer in der See rollenden Schiff. Im schweren Sturm war es besonders gefährlich, wenn Teile der gebrochenen Rah außenbords hingen und die Gefahr bestand, dass sie den Rumpf beschädigten. Für die Mannschaft bedeutete das, dass sie unter Aufbietung aller Kräfte, die tonnenschwere Rah bergen oder, wenn das misslang, kappen musste, um ernsten Schaden abzuwenden.

Oft passierte es, dass eine ganze Reihe von Segeln gleichzeitig riss. Hauser beschreibt auf seiner Reise mit der *Pamir* eine solche dramatische Situation: »Das Barometer fällt wie toll. Gegen acht Uhr Manöver: Halsen. Alles was wir bis hierher erlebt haben, ist nichts. Dies hier ist Wahnsinn. Erinnere mich bloß, wie ich mit dem Kapitän zusammen am Großmast ein Fall durchhole, das uns mit einem teuflischen Satz aus den Händen springt und zerknallt. Der Kapitän drückt kurz und heftig meinen Arm: »In dieser Nacht verliere ich mein Schiff!« Im nächsten Augenblick platzen nacheinander sämtliche Segel am Kreuzmast: Oberbram, Unterbram, Obermars. Ein nicht zu beschreibender Anblick: Mondlicht, dicke, milchige Luft. Die See ist so weiß, wie ich sie noch nie gesehen habe; kochend. Dazu das Trommelfeuer der zerfetzten Segel am riesigen Turm des Kreuzmastes, der zu stürzen scheint. Rasendes Knattern. Scharfe, metallische Laute: Stahl, der gegen Stahl schlägt. Ich rechne jeden Augenblick damit, dass die Rahen herunterkommen und das Deck zerschmettern. Mächtige Fetzen, gekrümmt wie Flammen, flattern von den Segeln fort.« *(Hauser, H.: Pamir. Die letzten Segelschiffe).*

Mann-über-Bord-Manöver

Es gab kaum ein Ereignis, das an Bord eines Schiffes soviel Verwirrung und Ratlosigkeit hervorruft wie der Ruf: »Mann über Bord«. R. Werner schreibt in seiner »Schule des Seewesens«: »Der Grund davon ist, dass durch diesen schrecklichen Ruf jeder Mann der Besatzung auf das Tiefste ergriffen wird und gar zu leicht das Gefühl die Herrschaft über den Verstand gewinnt. Jeder will sein Möglichstes tun, selbst helfen und retten, und darüber werden sehr häufig die Maßregeln versäumt oder zu spät ergriffen, die allein dazu beitragen können, den Unglücklichen wirklich dem Wellengrabe zu entreißen; ja oft ist diese Verwirrung und der Rettungseifer des Einzelnen die Ursache von noch größerem Unglück, das dem Boot und seiner Besatzung widerfährt. Soll daher ein über Bord Gefallener möglichst schnell und sicher gerettet werden, so sind vor allen Dingen Ruhe, Ordnung und Disciplin von Seiten der Mannschaft, sowie Besonnenheit und ein klarer Kopf seitens des wachhabenden Offiziers erforderlich ... Er muss nicht nur daran denken, dem Verunglückten Hilfe zu bringen, sondern auch die Sicherheit des Schiffes und der Bootsbesatzung im Auge haben, und darf nicht vielleicht Stengen und Rahen oder wohl gar Masten dabei brechen.« Und weiter heißt es: »... ebenso kann das Unglück bei schwerem Wetter eintreten. Selbst in einem solchen Falle werden sich immer Freiwillige finden, um den Kameraden zu retten. Dann aber darf sich auch der Wachhabende, so schwer es ihm werden mag, nicht von deren Edelmut hinreißen lassen, sondern muss mit dem Verstande allein entscheiden, ob er dabei nicht das Leben der ganzen Bootsbesatzung aufs Spiel setzt ... Schließlich möchten wir noch allen Kommandierenden an Bord von Schiffen an das Herz legen, bei (allen) Manövern sehr vorsichtig zu sein, um nicht selbst die Schuld daran zu tragen, wenn ein Mann über Bord geht. Man lasse keine Rah heißen oder fieren, so lange noch Leute darauf liegen, nicht brassen, ohne den Leuten oben zuzurufen. Durch Nichtbeachtung solcher Vorsicht passiert leider noch zu viel Unglück, das mit seinem rechten Namen mindestens als 'fahrlässiger Totschlag' bezeichnet werden und das Gewissen jedes Ehrenmannes auf das Schwerste drücken muss.«

Diese Grundsätze über das allgemeine Verhalten bei »Mann über Bord« gelten auch heute noch, zu einer Zeit, in der die großen Tiefwassersegler schon lange keine Fracht mehr fahren, sondern technisch gut ausgerüstet als Schul- oder »Freizeitschiffe« dienen. Trotzdem ist das Gelingen eines Rettungsmanövers früher wie heute abhängig vom sofortigen und wirksames Reduzieren der Schiffsgeschwindigkeit, um möglichst in der Nähe des Über-Bord-Gefallenen zu bleiben, sowie vom schnellen und sicheren Zuwasserbringen eines Rettungsbootes und vom ständigen Im-Auge-Behalten des Verunglückten, um dem Rettungsboot die Richtung anzeigen zu können. Jeder, der beobachtet, dass einer über Bord fällt, ist verpflichtet, sofort laut und wiederholt »Mann über Bord« zu rufen. Dabei muss er sicherstellen, dass seine Meldung auch wirklich die Brücke erreicht. Außerdem werden so viele Rettungsringe wie möglich, meist verbunden mit Rettungsleuchten oder Rettungsbojen, zu der Person im Wasser geworfen, um ihr die Möglichkeit zu geben, sich möglichst lange über Wasser zu halten und um die Unfallstelle zu markieren. Sind andere Schiffe in der Nähe, werden sie per Funk über den Notfall in Kenntnis gesetzt; außerdem wird die diagonal rot-gelb-geteilte Flagge »Oscar« mit der Bedeutung »Mann über Bord« gesetzt und die entsprechenden Schallsignale gegeben, um andere Schiffe sowie die eigene Mannschaft zu alarmieren. Sofort nach dem Unglück muss außerdem die genaue Position des Schiffes ermittelt und festgehalten werden. Danach wird in sehr kurzen Abständen entsprechend der Geschwindigkeit und des anliegenden Kurses die Entfernung und Richtung zum Verunglückten mitgekoppelt. Da die Höhe der Decks gewöhnlich nicht ausreicht, um ihn im Auge zu behalten, entern meist einige Kadetten auf und zeigen mit ausgestreckten Armen ständig in die entsprechende Richtung. Dieses ist besonders wichtig, wenn das Schiff dreht, da sich dadurch die Peilung ändert.

Es gibt verschiedene Manöver, um einen Über-Bord-Gefallenen zu erreichen. Welche Variante im Einzelnen durchgeführt wird, hängt neben den Manövriereigenschaften eines Schiffes davon ab, ob unter Segeln oder unter Maschine gefahren wird und welche Wetterbedingungen herrschen. Allgemein gilt: Fährt das Schiff unter Segeln, muss durch hartes Anluven und Backbrassen eines Topps so schnell wie möglich die Fahrt aus dem Schiff genommen werden. Dann wird das Rettungsboot zu Wasser gelassen. Dabei muss man genau überlegen, welches Boot am besten geeignet ist: Nimmt man, wie normalerweise üblich, ein Boot von der Lee-Seite und geht das Schiff während des Manövers durch den Wind, muss es an der Luv-Seite wieder an Deck geholt werden. Dieses kann unter schlechten Wetterbedingungen problematisch sein.

Was hier so nüchtern geschildert wird, sah unter stürmischen Bedingungen oft ganz anders aus: »Da kam – von keinem gesehen – plötzlich eine ganz große See und fegte über das Deck, die Luke, die Leute und alles, was da war. Als sie wieder zu Atem kamen, fehlte einer. Ein paar Nächte später stürzte einer aus der Großrah. Das Großsegel sollte in einer schweren Regenbö geborgen werden. Auf der Rah rollte es aus, einer verlor dabei den Halt und fiel in die See. Als er stürzte, hatte er Ölzeug an, zwei Jerseys und zwei Jacken und dazu schwere Seestiefel aus Leder. Ein- oder zweimal tauchte er wieder auf und sah sein Schiff fortsegeln. Was sollten sie tun? Sie konnten nicht beidrehen und stoppen. Bei schwerem Wetter kann man kein dahinjagendes Segelschiff zum Halten bekommen. Sie konnten auch kein Boot aussetzen«. *(Villiers, A.: Rund Kap Hoorn).*

Wenn im Sturm jemand über Bord gewaschen wurde, versuchten die Schiffe meist nur, die Geschwindigkeit zu drosseln und oft war noch nicht einmal das möglich. Und auch das Fieren der Boote war oft nur unter großen Risiken für die Boote und ihre Mannschaft möglich, weil die Schiffe viel zu stark in der schweren See rollten. Oft verschwanden Leute im Chaos brechenden Gutes einfach von Deck. »Das Schiff *Pampa*, das 1924 von Norwegen nach Durban segelte, traf so schweres Wetter an, dass die Decksladung geworfen werden musste. Während der Steuermann die Arbeit überwachte, fegte ihn eine schwere See über Bord. Später kamen auf derselben Reise auch die beiden Rudergänger unter sehr merkwürdigen Umständen ums Leben. Das Schiff lief vor einem Sturm. Die beiden Rudergänger hatten sich nicht am Steuerrad, sondern am Besanbaum darüber festgebunden. Wahrscheinlich hatte man sein Geschirr seit längerer Zeit nicht mehr überholt. Bei dem schweren Arbeiten des Schiffes brachen die Geitaue des Baumes und er schwang zur Seite. Dabei nahm er die Rudergänger mit. Die beiden stürzten ins Meer, man hat nie wieder etwas von ihnen gesehen.« *(Villiers, A.: Rund Kap Hoorn).*

Obwohl eine Rettung oft nicht möglich war, soll an dieser Stelle beschrieben werden, wie ein Rettungsmanöver unter den verschiedenen Bedingungen durchgeführt wird.

Bei der Entscheidung für ein bestimmtes Mann-über-Bord-Manöver muss man verschiedene Bedingungen unterscheiden (Grafik 20): Segelt man am Wind, wird wie im ersten Teil einer Wende angeluvt und über Stag gegangen (a). Dabei wird am Großtopp rundgebrasst, jedoch nicht am Vortopp, sodass seine Segel back bleiben und das Schiff bremsen. Erfahrungsgemäß kommt das Schiff auf diese

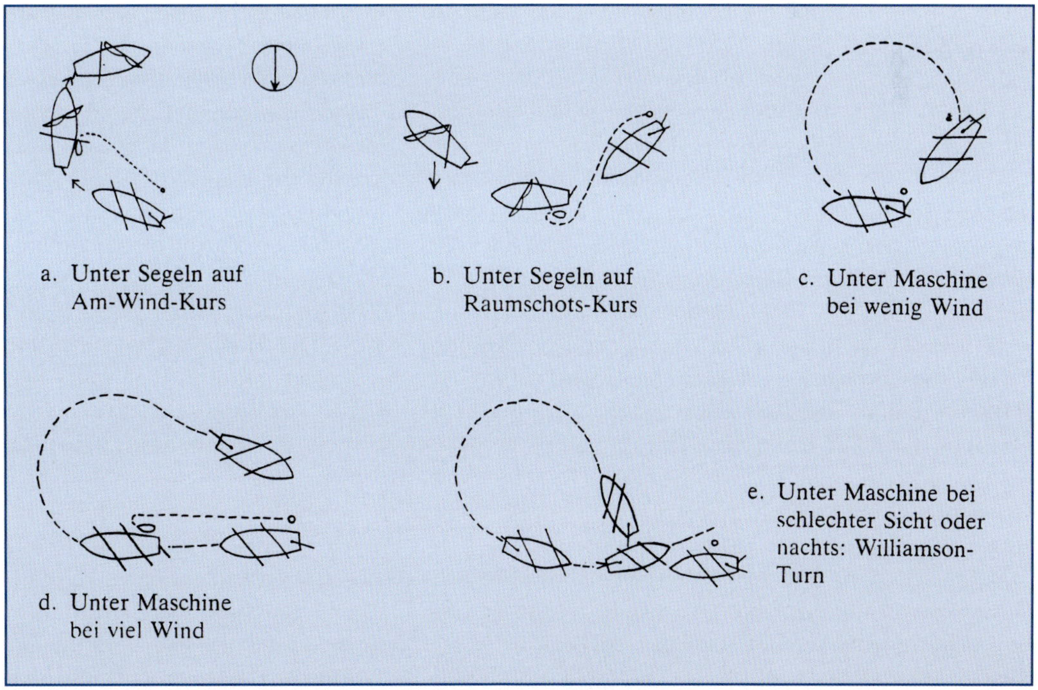

Grafik 20: Mann-über-Bord-Manöver

Nebelfahrt

Weise auf dem neuen Bug zum Stehen und treibt langsam auf die Person im Wasser zu. Manchmal wird bei diesem Manöver nicht der Vortopp, sondern der Großtopp back gelegt. Gewöhnlich ist die Bremswirkung des Vortopps aber größer, weil dieser nicht von anderen Segeln abgedeckt wird. Segelt man mit raumem Wind und gibt es Gründe, die gegen eine Wende sprechen, wird lediglich die Fahrt aus dem Schiff genommen, indem während des Anluvens die Rahen eines Mastes rundgebrasst werden, sodass die Segel back schlagen (b). Hat das Schiff auf diese Weise beigedreht, kann je nach Umständen die Segelfläche reduziert und ein Boot zur Rettung des Verunglückten zu Wasser gelassen werden. Fährt das Schiff nur unter Maschine, wird sofort hart Ruder gelegt, damit das Heck von der Person wegschwingt. Bei ruhigem Wetter wird ein Vollkreis gefahren und auf der Luv-Seite der Person im Wasser gestoppt; das Schiff treibt dann langsam auf diese zu (c). Bei wenig Wind kann versucht werden, den Über-Bord-Gefallenen direkt an Deck zu hieven. Bei viel Wind ist es zum Einen aufgrund des großen Windwiderstandes der Takelage schwierig und zum Anderen gefährlich, so nahe an die Person heranzufahren, sodass in diesem Fall der Bogen größer gefahren und außerdem ein Boot zu Wasser gelassen werden muss (d).

Nachts und bei schlechter Sicht kann der sog. Williamson-Turn gefahren werden (e). Dabei wird erst Ruder zu der Seite gelegt, an der die Person ins Wasser gefallen ist. Ist das Schiff um ca. 60 Grad herumgeschwungen, wird Gegenruder gegeben und ein Vollkreis in Gegenrichtung gefahren.

Auf diese Weise dreht das Schiff auf einen Kurs zurück, der genau entgegen dem ursprünglichen Kurs verläuft und nähert sich so der Unglücksstelle.

Segeln im Passat

Neben den vielen harten Tagen, die stets voller Entbehrungen und Gefahren waren, gab es die für jeden Seemann unvergesslichen Tage im Passat, dem Schönwettergebiet der Meere, das sich wie ein breiter Gürtel um die Erde zieht. Auf der Hin- und Rückreise zum Beispiel nach Chile kreuzten die Schiffe zweimal den Nordost- und zweimal den Südostpassat. Man rechnete jeweils zehn Tage, und so hatte die Mannschaft insgesamt rund vierzig ruhige Tage so gut wie sicher auf einer Reise, die etwa sechs Monate dauerte.

Im Ganzen gesehen war die Fahrt durch die Passatzone eine Zeit der Erholung für die Besatzung, eine Zeit, in der nicht nur das Schiff, sondern auch der »äußere und innere Mensch« wieder in Ordnung gebracht wurde. Stundenlang wurde sich voller Hingabe gewaschen, die Bärte abgeschabt und endlich frische Wäsche angezogen. »Wonnen der Reinigung«, wie ein Seemann schreibt. Auch die Decken und die Schlechtwetterausrüstung wurden gewaschen und durchgesehen. In der Passat-Zone trug die Besatzung wenig Kleidung, also wurde gestopft und geflickt, was das Zeug hielt. Die Stiefel wurden dick mit Teer und Fett eingeschmiert und das Regenzeug neu geteert und eingeölt, in der Hoffnung es dadurch wieder ein bisschen wasserdichter zu bekommen. Dicke Schals wurden angefertigt

Rechts, oben: Wonnen der Reinigung: Alles wurde gewaschen und geflickt und wieder bereit gemacht für die harten Zeiten, in denen jeder Augenblick, den man nicht dem Schiff gab, dem Schlaf gehörte.
Unten: Scheuerfest an Deck, nirgends ist man sicher.

Unter Segeln: Symbiose aus Funktionalität und Ästhetik.

und Flanellhemden zerschnitten, um das Schwerwetterzeug damit zu füttern. Selbst Schusterarbeiten wurden ausgeführt. Alles wurde wieder bereit gemacht für die harten Zeiten, in denen jeder Augenblick, den man nicht dem Schiff gab, dem Schlaf gehörte. Scheuerfest war auch an Deck: »Was das sagen will, ahnt niemand von Euch; dagegen ist die ärgste große Wäsche und die leidenschaftlichste Reinemache-Orgie vor Ostern nur ein Wickelkind. Nirgends ist man sicher, alles schwimmt, von allen Seiten werden Eimer ausgegossen, alles Holzwerk mit Sand bis aufs Blut gescheuert, man kann keinen Schritt machen, ohne zu riskieren, dass einem ein brauner Strom über die Füße läuft oder es von irgendwoher regnet, tropft oder gießt, und das soll tagelang dauern und gehört zu den besonderen Freuden der Seefahrt«, berichtete die mitfahrende Frau eines Kapitäns.

Die Kalmen in den Passatzonen wurden gewöhnlich auch dazu benutzt, schwierige und langwierige Arbeiten in Masten und Takelage auszuführen, damit auch das Schiff wieder für die Breiten gerüstet war, in denen normalerweise schlechtes Wetter vorherrschte. Denn jeder Gedanke an Ausruhen verflog endgültig, wenn der Südatlantik oder der Südpazifik mit ihrem ewigen Nebel und Schnee erst wieder erreicht waren. Dann dehnte sich jede Arbeit, immer begleitet von nassen, stürmischen Windstößen, bis ins Unendliche aus, ohne dass die Männer auch nur auf ihrem dauernd durchnässten Arbeitsplatz eine trockene Ecke hatten, wohin sie sich in den ohnehin nur kurzen Pausen zurückziehen konnten.

Ein Schiff macht es anders als die Leute an Land, es legt die besten Kleider bei schlechtem Wetter an. Deshalb war es üblich, die Passatzonen mit einer älteren Garnitur Segel zu kreuzen. Zum einen waren sie für die dort vorherrschenden Windstärken immer noch stabil genug und zum anderen bedeutete die Zone der Windstillen und Mallungen zwischen den Passaten eine schlimme Beanspruchung für die Segel. Das ständige Flappen, Schlagen und lose Hin- und Herscheuern an Stagen und Pardunen griff die Lieken und das Segeltuch mehr an als eine Woche gleichmäßig wehender Starkwind. Es gab viel Arbeit mit diesem Auswechseln der Passatsegel. Die Sturmsegel wurden mit dem ersten Passathauch abgeschlagen, die Passatsegel aus der Segelkoje und an Deck gezerrt und aufgebracht. Diese »Passatgarnitur« bestand aus verblichenem, stellenweise verwittertem, vielfach geflicktem und gestopftem Tuch. Um die Arbeit in einem Schwung zu Ende zu bringen, geschah es sogar manchmal, dass der Kapitän den Sonntag verschob. »Er war halt so mächtig wie der Papst. Er konnte den Kalender ändern.«

Die Matrosen sahen das Wechseln der Segel mehr als Sport denn als Arbeit an. Dieses »Sportfest« begann mit dem neuen Tag gleich in der Früh statt des üblichen Putzens mit Feudeln und Besen, indem die Wache zunächst die Toppjollen aufbrachten. Diese Jolltaue waren endlose lange Taue aus Manila, die, durch einen hoch oben im Mast angebrachten Block geschoren, dem Aufheißen der grauweißen Segeltuchwürste dienten. Von den Royals angefangen, wechselten die Matrosen dann von Rah zu Rah Segel

Auf dem Fußpferd: Sicher wie auf einer breiten Straße.

Die abgeschlagenen Segel werden in die Segelkoje gebracht.

um Segel aus. Das Deck sah aus wie ein großer verwüsteter Wäscheschrank, denn alle abgeschlagenen Segel wurden ausgebreitet, zum Trocknen aufgehängt, auf Löcher, Risse und dünngescheuerte Stellen untersucht und geflickt, bevor sie unter Deck gebracht wurden. Oft war es eine bittere Arbeit in der prallen Sonne und üble Sonnenbrände waren die häufige Folge. Besonders die Blonden unter den Matrosen waren in wenigen Minuten rot wie die Krebse. Als Erfrischung gab es meist nur lauwarmes Wasser, dem höchstens ein bisschen Zitronensaft zugesetzt war, den verantwortungsvolle Kapitäne an Bord mitführten, nachdem man ihn als Mittel gegen Skorbut erkannt hatte. Die abgeschlagenen Segel wurden in der Segellast in langgestreckten Ballen so gestaut, dass man die eingenähten Zeichen lesen konnte: z. B. K. U. B. 27 hieß: Kreuz-Unter-Bramsegel, angefertigt 1927.

Unterhaltungen und Diskussionen über allerlei Themen waren an der Tagesordnung. Sonntagnachmittag konnte man oft beide Wachen an Deck finden. Manche ruhten sich auf Luken oder Hängematten aus und lasen.

Über die Gewohnheit, an Bord Bücher zu lesen, sagte ein Kapitän: »Die verdammten Bücher! Sie entfernen den Menschen von der Natur. Sie lenken den Menschen ab vom Schiffsbetrieb, sodass er kein guter Seemann mehr sein kann«. Auf dem Schulschiff *Deutschland*.

Aufbringen der »Passatgarnitur«.

Auf der Viermastbark *Marthe* werden die abgeschlagenen Sturmsegel auf Löcher und Risse untersucht, bevor sie in die Segellast gebracht werden.

Über alles Mögliche wurde sich unterhalten. Die Themen waren zahlreich, denn meistens war die Mannschaft ein bunter Haufen verschiedener Nationalitäten und Rassen und auch nicht von gleicher Herkunft. Über die Gewohnheit, an Bord Bücher zu lesen, sagte ein Kapitän der *Pamir*: »Früher wurde auf den Segelschiffen mehr gefischt als heute. Die Freiwachen lagen immer mit der Harpune im Klüvernetz. Da gab es fast die ganze Reise frischen Fisch und frisches Fleisch. Heute lesen die Kerls Romane. Die verdammten Bücher! Sie entfernen den Menschen von der Natur. Es gibt kein ernsthaftes Zeugflicken mehr, kein Nähen von Plattlingschuhen, nicht mehr all die kleinen seemännischen Handarbeiten. Auch Buddelschiffe werden nicht mehr gemacht. Früher rauften wir uns, bis wir umfielen. Auch das hat aufgehört. Die Bücher sind schuld daran.« *(Hauser. H.: Pamir. Die letzten Segelschiffe)*. Er lehnte jede Lektüre an Bord streng ab, weil sie den Menschen ablenke vom Schiffsbetrieb, sodass er kein guter Seemann mehr sein könne.

Besonders in den Kalmen wurde die Hitze oft zu einer echten Strapaze. Wenn sich über Tage kein Lüftchen mehr

Die Zone der Windstillen und Mallungen war eine arge Belastung für die Segel. Das ständige Flappen griff das Segeltuch – und die Nerven der Mannschaft – mehr an als eine Woche gleichmäßig wehender Starkwind.

Lieder voller Fern- und Heimweh gehören zum festen Repertoire aller Matrosen.

Entspannte Tage im Passat ... und Zeit, um Freundschaften zu schließen.

regte und die See nur noch eine spiegelglatte Fläche war, war es mit der Freude über das schöne Wetter bald vorbei. Herjett schreibt: »Aber nachdem diese Windstille vierzehn Tage angehalten hatte, fingen auch wir an, nach Wind zu pfeifen, denn unser Wasser war auch schon weniger geworden. Man muss sich eine derartige Hitze vorstellen. Jeden Morgen ging die Sonne klar auf, jeden Abend klar wieder unter, und in der Mittagszeit entwickelte sie eine unheimliche Hitze. Wir konnten nur das Notwendigste an Kleidung tragen. Das Pech aus den Nähten des Schiffsdecks quoll in die Höhe und bildete Blasen. Wir gingen barfuß und konnten es fast vor Hitze an Deck nicht aushalten. Die Wasserrationen wurden immer kleiner, Kaffee gab es immer weniger, und die Butter war zu Öl zusammengeschmolzen, sodass uns die Situation auch nicht mehr gefiel ... Jetzt fing der Kapitän sogar an, uns bei dieser Hitze in nutzloser Weise zu schikanieren, indem er Segel abschlagen und wieder anschlagen ließ, eine Arbeit, bei welchem uns die Zunge vor Durst aus dem Halse hing. Jetzt kamen auch die ersten Unstimmigkeiten zwischen dem Kapitän und der Mannschaft.« *(Herjett, C.: Durch Passate und Taifune. Kassel 1983).*

Nicht nur die Hitze ist manchmal anstrengender als die Kälte, auch eine Windstille ist mitunter schwerer zu ertragen als ein Sturm. Wenn irgendwo in der Nähe schweres Wetter gewesen war, ging die See sehr hoch. Das Schiff schlingerte derartig, dass die Mannschaft nicht vom Vor-

Abendstille – Zeit für Erinnerungen.

deck zum Achterdeck gehen konnte ohne sich festzuhalten, denn das Schiff hatte überhaupt keinen Widerstand gegen die hohe See, weil kein Wind es nach einer bestimmten Seite festhalten konnte. So kam es, dass bald die Steuerbordseite, bald die Backbordseite Wasser schöpfte, manchmal so stark, dass die Reling teilweise unter Wasser lag. Durch das Schlingern des Schiffes schlugen die Segel hin und zurück und klatschten mit einem nervtötenden Lärm gegen die Masten. Selbst in der Freiwache, wenn die Leute in der Koje lagen, bekamen sie durch dieses Schlingern keine Ruhe, und es war nicht möglich zu schlafen, da sie heftig in der Koje hin und her geworfen wurden. Sie stemmten ein Knie an die Wand und das andere Bein an das Kojebord, aber es nützte nichts. Der Körper bekam keine Ruhe und schlenkerte, ebenso wie das Schiff, hin und her. An Schlafen war nicht zu denken. Dabei quietschten die Masten in ihren Lagern, was besonders störte. Auch das Essen konnte nur unter erschwerten Bedingungen eingenommen werden und manch einer, der gut um Kap Hoorn gekommen war, wurde seekrank.

Im Allgemeinen waren die Tage im Passat aber schön, besonders auf glücklichen Schiffen mit einer guten Crew, einem fairen und gerechten Kapitän und einem ehrlichen Koch an Bord. »Fragt den Seemann nach den Tagen, die ihm ein Inbegriff der Schönheit und der Freiheit auf dem Meere waren. Er hat nur eine, nur diese Antwort: die Zeit im Passat.« *(Brennecke. J.: Windjammer).*

Sie hatten sie sich redlich verdient, die Tage und Wochen im lauen, warmen Passat, hier, im Paradies der Segler: »Tagsüber unter den perfekt geschwungenen Linien eines sich im Blau des Passathimmels reckenden Doms aus windgefüllten, weißen Segeln, die im Rhythmus der Dünung durch wandernde Schatten belebt werden, nachts unter Millionen von Sternen und jetzt schwarzen Segeln«. Blau war ihre Farbe, die Farbe der Könige und die Farbe der Sehnsucht. Blau, die Farbe der Weite des Meeres und des Himmels im Passat.

Sitten und Bräuche, Feste und Feiertage

»Das Schiff ist das Werkzeug des Seemannes. Er steht als Mittler zwischen diesem und der rauen Großartigkeit des Meeres. Echtes Seemanns-Brauchtum wird darum Dreierlei sich beugen müssen: dem Schiff – »to rechten Red wees op dien Wacht«, dem Kameraden – »do jeden Minschen recht an Boord«, der Allgewalt der Natur – »vergeet ook Gott nich und sien Woord««, schreibt F. Schmidt über das Brauchtum der Seeleute *(Schmidt, F.: Von den Bräuchen der Seeleute. Hamburg 1962).* Viele dieser Bräuche gehören schon lange der Vergangenheit an, sie sind zusammen mit den Schiffen, auf denen sie entstanden sind, untergegangen. Einiges Wenige aber ist fast in der alten Form erhalten geblieben, anderes ist nur noch in der Erinnerung lebendig und hat längst jede Verbindung zu seinem ursprünglichen Hintergrund verloren. Das Charakteristische aller Bräuche war stets, dass sie wenig enthielten, was nach außen irgendwie feierlich wirkte, abgesehen natürlich von den

Ritualen anlässlich eines Seebegräbnisses, denn der Tod stimmt immer feierlich. Das Brauchtum der Seeleute war karg, genau wie ihr Leben, aber es spiegelte ihre Treue zu ihrem Schiff wieder, ihr Einstehen für den Kameraden und das »Sich-zu-Hause-Fühlen in der Allgewalt der Natur«.

Bei den Fahrten über den Atlantik, in der Windstille der Rossbreiten und Kalmen, aber auch bei den gleichmäßigen Winden der Passate gab es für die Leute an Bord oft wenig zu tun. Gegen die Langeweile half man sich dann, indem man allerlei traditionelle Hobbies pflegte. Besonders beliebt war die Herstellung von Halb- und Vollmodellen von Segelschiffen, oft von dem letzten Schiff, auf dem der Seemann gefahren und das natürlich immer »das Beste« gewesen war. Die meisten dieser Modelle, so einfach sie auch oft waren, entstanden mit dürftigem Aufwand an Material und Werkzeug, zeugten aber zumindest von einem untrüglichen Instinkt für richtige Verhältnisse, einer ungewöhnlichen, durch nichts abzulenkenden Geduld und einer Fingerfertigkeit, die man angesichts der schweren und groben Arbeit an Bord oft nicht vermutet hätte. Es waren dieselben Hände, »geschaffen, um mit eichenen Lukendeckeln Skat zu spielen und mit einer schlagenden, mörderischen, salzwassergetränkten und eisüberkrusteten Fock bei zehn Windstärken Ernst zu machen.« *(Schmidt, F.: Von den Bräuchen der Seeleute)*, die sich mit großer Geschicklichkeit der kunstvollen Gestaltung der Segel, die sich, egal ob sie aus weichem Holz, Dosenblech, Tuchresten oder ähnlichem geschaffen wurden, »im Wind blähen« sollten, oder der Tüftelei mit den winzig kleinen Blöcken hingaben. Und die besonders Geschickten unter den Modellbauern widmeten sich der hohen Kunst, das Modell so zu konstruieren, dass es schließlich als Buddelschiff in einer Flasche Platz fand.

Beliebt als Zeitvertreib gegen die Langeweile in der Freiwache oder wenn das Schiff tagelang in der Flaute lag, war auch das Herstellen phantasievoller Arbeiten aus Garn und Tauwerk, das ja reichlich zur Verfügung stand. So entstanden kunstvolle Zierknoten und dekorative Plattings, mehr oder weniger kompliziert geflochtene Schnüre, aus

Trotz aller Arbeit und Mühe fand sich an Bord immer noch Zeit für »Unnützes« wie Fancy-Work oder das Bauen von Modellschiffen.

Kaum wiederzuerkennen: Die raubeinigen Matrosen geschniegelt und gebügelt um den selbst gebastelten Weihnachtsbaum.

Rechts: Die Shanties waren die Arbeitslieder der Seeleute, ersonnen aus dem Bedürfnis zur Arbeitserleichterung und angepasst an den Rhythmus der seemännischen Arbeiten.

denen sich die verschiedensten Schmuckgegenstände herstellen ließen. Natürlich machten sich die Seeleute auch Gegenstände für den eigenen Gebrauch aus diesem »Fancy-Work«, wie Seesäcke oder Hängematten. Die Arbeiten zeugen davon, dass die Menschen früher Segelschiffstage trotz aller Mühe und Sorge des Alltags noch eine Stunde Zeit für überflüssige Dinge hatten, für »Unnützes« – für die Schönheit. »Der Kampf ums Dasein hatte nicht vermocht, in ihnen die Sehnsucht nach dem Vollkommenen zu löschen.« *(Schmidt, F.: Von den Bräuchen der Seeleute).*

Manche Seeleute nutzten die freie Zeit auch mit dem kunstvollen Verzieren ihrer Seekiste oder mit dem Malen von Ölbildern in den Feldern an der Innenseite der Verschanzung zwischen den Verstärkungen. Sie liebten ihr Schiff und hegten und pflegten es, erneuerten und wuschen, putzten und strichen es an windstillen Tagen und wann immer Zeit dafür war. Sicherlich werden Schiffe aus diesem Grund auch immer als weiblich angesehen.

Auch Spiele und Wetten waren als Zeitvertreib beliebt. Karten- und Brettspiele wurden zum Teil selber hergestellt. Natürlich wurde auch jede Menge Seemannsgarn gesponnen und in aller Ruhe eine Pfeife dabei geraucht. Wenn der Tabak im Laufe einer langen Reise knapp wurde, wurde auch schon mal auf Seegras aus den Matratzen oder getrocknete Teeblätter zurückgegriffen. Die Briefe der Angehörigen wurden gelesen und vielleicht auch mal ein Buch.

Besonders die Jungen an Bord wurden gern von den älteren Matrosen geneckt. Mit Absicht wurden z. B. Fachausdrücke in Arbeitsanweisungen so verdreht, dass der Moses sie nicht verstehen konnte. Und wenn er dann hilflos vor der Arbeit stand und nicht wusste, was zu tun war, wurde er noch dazu mit Schadenfreude überzogen. Beliebt war es auch, den Schiffsjungen zum Holen irgendwelcher absurder Gegenstände, wie die »Plattingschier«, die Plattingschere, zu schicken, die es natürlich überhaupt nicht gab. Da ging der arme Kerl dann ins Kabelgatt und suchte und suchte und bekam als Dank dann meist noch eine Ohrfeige. Oder er wurde zum Kapitän beordert, den »Butterquast«, eine »Puddingform« oder ein »Ballastthermometer« zu besorgen. Dieser packte ihm dann ein paar schwere Schäkel oder Ballaststeine in seinen Beutel und schickte ihn zurück zur Mannschaft, die ihn natürlich mit großem Gelächter empfing. Auch beim Passieren des Äquators wurden die Jungen geneckt. Die Matrosen fragten sie z. B., ob sie den Äquator schon sehen könnten und wenn die dann natürlich verneinten, schummelten sie ein Haar in das Fernglas und gaben es den Jungen, damit sie dann »die Linie« sehen konnten. Dann wurden die armen Burschen in den Großtopp geschickt mit dem Auftrag, »die Linie über die Mastspitze zu heben«, damit das Schiff darunter hindurch fahren könne. Ein beliebter Scherz war es auch, den Neulingen an Bord weis zu machen, das Schiff

würde demnächst eine Postboje passieren und sie könnten ja schon mal die Briefe an die Heimat schreiben. Die Postboje würde von einem demnächst nach Deutschland fahrenden Dampfer geleert.

Ein Relikt aus der großen Zeit der Segelschiffe, das wohl jeder kennt, der sich mit der Seefahrt beschäftigt, sind die Shanties. Der Gesang ist für den Seemann das, was für den Soldaten früher Trommel und Horn waren. Die meisten der starkblütigen Lieder der Seeleute sind echte Arbeitslieder, entstanden an Bord der großen Segler und ersonnen aus dem Bedürfnis zur Erleichterung einer mühseligen Schufterei mit Leinen, Ketten und Winschen. Sie passten sich dem Rhythmus der seemännischen Arbeiten an, dem endlosen Trab rund um das Gangspill zum Ankerhieven, dem stundenlangen Deckscheuern, dem Brassen, wenn alle Mann an den Taljen holten, dem Tempo eines Vorsängers entsprechend. Vorsänger und Chor wechselten sich dabei in vielen Liedern ab. Die Texte sind fast alle englisch. Das ist nicht verwunderlich, denn Englisch war die Sprache, die auf den meisten Schiffen verstanden wurde, es war sozusagen das »Allerweltsidiom der Seeleute«. Meistens haben die Shanties getragene, lang

Die Bord-Band der *Sedov*; Columbus-Race, 1992.

ausschwingende Melodien, obwohl die Tonfolge oft überraschend ist, »unerwartet wie böiger Wind und wilde See«, sagt ein Seemann. Sie erzählen von Ausreise und Heimkehr, von der Sehnsucht nach der Heimat und natürlich ihren Mädchen oder protestieren gegen das bittere Seemannsleben, in dem die Würde des Einzelnen so oft mit Füßen getreten wurde.

Manche der Lieder haben keinen Anfang und kein Ende, so dass man jede Strophe mit jeder anderen vertauschen oder an jeder Stelle abbrechen könnte. Dieses entspricht aber gerade der Natur einer Arbeit, deren Zeitdauer sich nicht im Voraus ermessen lässt. Ein alter Seemann charakterisiert die Bedeutung dieser Arbeitslieder mit den Worten: »A song is ten men on the rope«.

Aber das Seemannslied stirbt unweigerlich aus, es lebt schon jetzt nur noch im Repertoire der zahlreichen Shanty-Chöre weiter. Zum Arbeiten an Bord wird es nicht mehr gebraucht, es ist Opfer der technischen Neuerungen geworden.

Auf den Schiffen wurden aber nicht nur Arbeitslieder gesungen. Wenn die Mannschaft, die ja meist aus allen Gegenden dieser Welt zusammengewürfelt war, in der Freiwache an Deck zusammensaß, gab jeder die Lieder seiner Heimat zum Besten. Wer das Talent dazu hatte, spielte außerdem ein Musikinstrument, meist Mundharmonika oder Schifferklavier. Viele Schiffe hatten eine richtige Bord-Band mit den abenteuerlichsten selbst angefertigten Instrumenten aus Besenstielen, Bambusrohren, Fässern, überzogen mit der Haut eines Albatros und Konservenbüchsen und Draht und dergleichen mehr. In deren Mittelpunkt stand gewöhnlich die »Teufelsgeige«, ein blecherner Bass mit starken Geräuscheffekten.

So beliebt das Musikmachen und Singen war, eines war streng verboten an Bord jeden Segelschiffes: pfeifen! Denn damit beschwor man unweigerlich Schlechtwetter herbei und ein Donnerwetter brach über denjenigen herein, der es wagte, dieses alte Seemannstabu zu brechen.

Äquatortaufe an Bord der *Peking*.

Neptun mit seinem schnurrbärtigem Gefolge an Bord des deutschen Seglers *Elfriede*.

Unten links:
Jeder Täufling bekam einen selbstgemalten Taufschein mit der Unterschrift des Kapitäns.

Unten rechts:
Viele Traditionen aus Großseglerzeiten sind auch heute noch lebendig: z.B. die Polarkreistaufe. Hier auf der *Staatsrad Lehmkuhl* auf dem Weg nach Spitzbergen.

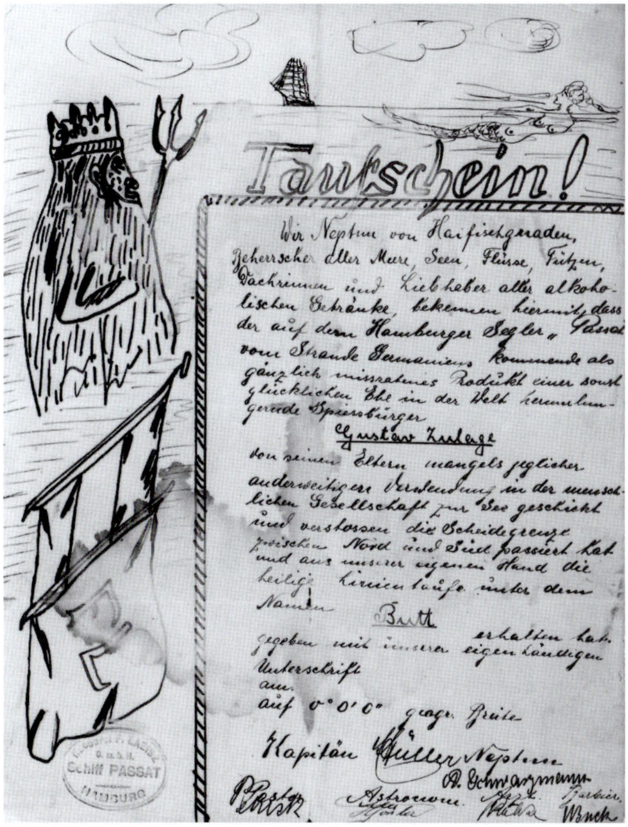

Taufschein!

Wir Neptun von Haifischgnaden,
Beherrscher aller Meere, Seen, Flüsse, Pfützen,
Dachrinnen und Liebhaber aller alkoholischen Getränke, bekennen hiermit, dass der auf dem Hamburger Segler „Passat" vom Strande Germaniens kommende als gänzlich missratenes Produkt einer sonst glücklichen Ehe in der Welt herumlungernde Spiessbürger

Gustav Zulage

von seinen Eltern mangels jeglicher anderweitigerer Verwendung in der menschlichen Gesellschaft zur See geschickt und verstossen die Scheidegrenze zwischen Nord und Süd passiert hat und aus unserer eigenen Hand die heilige Linientaufe unter dem Namen

Butt

erhalten hat.
gegeben mit unserer eigenhändigen Unterschrift
am
auf 0° 0' 0" geogr. Breite

Kapitän Müller Neptun
R. Schwarzmann
Pastor Astronom Arzt Barbier

Schiff PASSAT
HAMBURG

Für den richtigen Wind, der ihm eine schnelle Reise gewährte, gab der Seemann auf einem Windjammer alles. Da wurden die verschiedensten Dinge über Bord geworfen, um Rasmus gnädig zu stimmen, aber um Himmels willen kein Abfall, der hätte alle Opfer wieder zunichte gemacht. Ein bewährtes Mittel war es auch, den mit Bordmitteln aus einem Besenstiel, Draht, Papier und grüner Farbe hergestellten Christbaum nach der Weihnachtsfeier über Bord zu werfen, begleitet mit dem Ruf »Für guten Wind« oder »Für eine gute Heimreise«. Wenn alle Opfer nicht halfen und sich überhaupt kein Wind einstellte, blieb nur ein Mittel übrig: am Mast kratzen. Die beste Wirkung erzielte man am Besanmast und zwar kurz nach Sonnenuntergang oder ganz früh am Tage. Nicht jeder kam dafür in Frage, eine hartnäckige Flaute zu vertreiben; es musste »ein Würdiger sein«, einer, der »noch nie in seinem Leben geküsst« hatte *(Schmidt, F.: Von den Bräuchen der Seeleute)*.

An der Grenze von Nord und Süd, dem Äquator, hielten die Seeleute für all diejenigen, die das erste Mal »die Linie« überquerten, eine Taufe ab. Schon Wochen vorher begannen die geheimnisvollen Vorbereitungen für diese Äquatortaufe, jener Einweihungszeremonie der Seefahrer, deren oft harte Prozedur sich im Laufe der Zeiten zu einer heiteren, aber derben Maskerade gewandelt hat. Früher wurden den Neulingen, die in »Neptuns südliches Reich« eindrangen oft recht hart und grausam mitgespielt.

Auf manchen Schiffen war es Brauch, dass die Betroffenen mindestens dreimal von der Großrah ins Wasser springen mussten, gesichert nur durch eine Leine, an der sie dann nach bestandener Mutprobe über das Heck wieder an Bord geholt wurden, manchmal mehr tot als lebendig, auf jeden Fall aber mit reichlich Wasser im Bauch. Die Prozedur hatte wohl nur den einen Sinn, nämlich zu

Man muss schon genau hinsehen, um zu erkennen, mit was für Damen die Matrosen der *Parma* hier tanzen.

beweisen, dass man genug Mut haben würde, allem, was die Reise noch bringen würde, ins Gesicht zu sehen.

Später beschränkte man sich darauf, dass beim Überqueren der Linie Neptun mit seinem Gefolge an Bord kam, alle in Phantasiekostümen, mit schaurig bemaltem Gesicht und wallendem Bart, einer Krone auf dem Kopf, das Gesicht geschwärzt und mit einem Schwert aus Holz in der Hand. In affenartiger Geschwindigkeit kletterten sie auf die oberste Rah, um »die Linie über die Toppen zu werfen«, damit das Schiff, dass bekanntlich daran festhakte, darunter durch konnte. Danach wurde dem Täufling ein dickes, schwarzes Kreuz aus Pottlot auf die Stirn oder das Hinterteil gemalt. Und ob er wollte oder nicht; er musste eine grässlich schmeckende, undefinierbare Flüssigkeit schlucken. Dann wurde er von den Gehilfen Neptuns in einen Bottich mit Wasser geworfen und von kräftigen Händen ein paar mal untergetaucht oder er bekam ein paar Pützen Wasser ins Gesicht, nicht ohne zuvor in einer gefährlich anmutenden Prozedur mit Unmenge widerlichem Schaum rasiert worden zu sein. Begleitet wurde das Ganze von schaurig dissonanter Musik, Gerassel mit leeren Dosen und wildem Gebrüll. Nach überstandenem Spektakel erhielt der Täufling dann endlich von Neptun seinen Taufschein überreicht.

Der Aberglaube der Seeleute

Das Leben der Seeleute war früher viel mehr als in der heutigen Zeit, in der eine schnelllebige Technik in allen Bereichen eines Schiffes, auf der Brücke, in der Takelage, in der Funkbude, in der Kombüse, an Deck und in den Unterkünften, Besitz von der Seefahrt genommen hat, an Gegebenheiten gebunden, die der Seemann als unzerstörbar und ewig empfand. Der unablässige Kampf mit den Naturgewalten hatte ihre Sinne geschärft. Vielleicht erklärt sich so ihre Neigung zum Übersinnlichen und zu unwirklichen Erscheinungen. Im Wehen des Windes, in der Welt der Gestirne, in den Wolken und im Wasser sahen sie oft geheimnisvolle Kräfte und Mächte am Werk, von denen der Erfolg der Fahrten abhing. Glück, Zufall und Augenblick waren für Seeleute bei ihren Arbeiten und Unternehmungen oft entscheidend. Gerade in den Zeiten, in denen es noch nicht die technischen Hilfsmittel gab, die den Seeleuten heute die sichere Führung ihrer Schiffe erleichtern, handelten sie oft unbewusst nach ihrer inneren Eingebung, die sie selbst nicht begründen konnten. Über das sinnlich Wahrnehmbare hinaus tauchten sie ein in Etwas, das hinter den Erscheinungen lag. Unerklärliche Ereignisse wurden im Nachhinein begründet, die Begebenheit als »natürliche« Folge einer unheimlichen Begegnung gedeutet. Der Aberglaube der Seeleute war eben nicht so leicht zu verwerfen und zeigte sich mit einem gewissen Recht immer wieder von neuem. Ob es der Klabautermann war oder ob »die Ratten das Schiff verließen« oder was sonst, für den Seemann auf einem Windjammer hatten Phänomene wie diese immer etwas zu bedeuten.

Die bekannteste Spukgestalt der Seeleute war und ist wohl immer noch der *Klabautermann*, der Schiffskobold in Zwergengestalt, der auf jedem Schiff wohnte und es vor Gefahren schützte. So lange er an Bord war, geschah weder dem Schiff noch der Mannschaft irgendein Leid. Aber er war auch leicht zu vertreiben, und dann kehrte er nicht wieder zurück. Glück und Segen wich mit seinem Verschwinden vom Schiff. Nur er konnte Ereignisse vorhersagen, die für das Schiff und seine Mannschaft von lebenswichtiger Bedeutung waren. Deshalb mussten alle bemüht sein, ihn gut zu behandeln. Manchmal war der Glaube an den Klabautermann so stark, dass man bei den Mahlzeiten immer auch ein Gedeck für ihn mit auflegte und von jeder Speise das Beste auf seinen Teller legte. Beim Bau eines neuen Schiffes bot man früher oft auch jenen Unsichtbaren ein Geschenk, die sich im Innern regen würden, indem man eine Goldmünze in die Höhlung der Mastspur legte.

Die verbreitetste aller Seemannssagen ist die vom *Fliegenden Holländer*, dem riesigen, düsteren, zwar sichtbaren, aber lautlosen Gespensterschiff, dessen Kapitän für ein schweres Vergehen dazu verdammt war, die Meere bis in alle Ewigkeit zu durchkreuzen, bis er dereinst erlöst wurde. »Wer dem Geisterschiff begegnet, sieht die Heimat nicht wieder«, sagten die Seeleute und glaubten daran.

Auch um verschiedene *Tiere* rankte sich manch ein Aberglaube: »Die Ratten verlassen das sinkende Schiff«, das wusste jeder Schiffsjunge, denn sie haben es gern trocken und spüren die undichten Stellen eines Schiffes. Gleiches galt auch für die Kakerlaken. Je mehr davon unter Deck anzutreffen waren, um so sicherer galt ein Schiff. Krähen und Raben, die sich auf dem Schiff niederließen,

Unter den abergläubischen Seeleuten galt der Albatros als Sturmvogel. Er durfte nicht getötet werden, da dem Schiff sonst Unheil drohte.

brachten dem Schiff Tod und Unglück. Die Taube dagegen kündigte Glück an. Der Albatros war der Sturmvogel und durfte nicht getötet werden. In den Möwen, die hinter dem Schiff flogen, vermutete der Seemann die Seelen von Verstorbenen *(Rosenthal, M.: Volkskunde und Brauchtum der Schiffahrt und des Schiffes. Schönbeck 1937)*, außerdem kündigten sie fast immer stürmisches Wetter an. Unheil sollte auch über das Schiff kommen, wenn lebende Tiere über Bord geworfen würden.

Viel Aberglaube ist auch mit den Naturkräften verbunden, von denen der Seemann auf einem Windjammer ja so stark abhängig war. Wenn ernsthaftes Beten nichts half, lockte der Bootsmann – und nur er und der Wind durften flöten – den Wind mit einem leisen Pfeifton oder durch Kratzen mit den Fingernägeln am Mast. Auch *Windopfer* wurden gebracht, indem man Kupfermünzen ins Wasser warf.

Wie der »Fliegende Holländer« so bedeutete für jeden Seemann in verstärktem Maße das *Elmsfeuer* den Tod. Beide waren ein böses Omen. Über diese Naturerscheinung berichtete ein Matrose: »Es war eine äußerst dunkle Nacht, der Himmel war voller schwerer Wolken, aber sonst lag über dem Meer eine eigenartige Ruhe, und es war fast windstill. Uns überkam ein eigenartiges, beängstigendes Gefühl. Es war so, als wenn die Luft doppelt so stark auf uns drückte ... ähnlich wie bei Gewitterstimmung ... jedenfalls war die Luft stark mit Elektrizität geladen, und nun geschah etwas Überraschendes. Auf den Spitzen der Rahnocken sowie an den Mastspitzen erschienen bläuliche Flammen. Sie züngelten auf, verschwanden wieder und kamen wieder zurück. Sie hatten zum Teil eine Höhe von bis zu siebzig Zentimetern. ... Es war dies derartig unheimlich, dass uns das Gruseln überlief.« *(Herjett, C.: Durch Passate und Taifune. Kassel 1983)*.

Weit verbreitet war auch die abergläubische *Deutung der verschiedenen Wochentage*: Der Sonntag war immer ein guter Tag, vom Montag und Dienstag war nichts Besonderes zu erwarten, der Mittwoch, Odins Tag und der Donnerstag, der Tag des Gottes Thor, galten als gute Tage, denn sie standen unter dem Schutz der Götter. Auch der Sonnabend galt nur als normaler Wochentag. »Alles seemännische Unglück dieser Welt passierte an einem Freitag, im christlichen Glauben als Karfreitag der »Tag des Leidens Christi«. Der Freitag als Todestag: Wer an ihm auslief, begab sich in die Gewalt des Todes, in die Hände der dämonischen Mächte.« *(Reich, K.; Pagel, M.: Himmelsbesen über weißen Hunden. Rostock 1991)*.

Wir sehen: Vorurteile hatte der Seemann in Mengen und abergläubisch war er auch. »Der Aberglaube, in dem wir aufgewachsen, verliert, auch wenn wir ihn erkennen, darum doch seine Macht nicht über uns. Es sind nicht alle frei, die ihrer Ketten spotten«, spricht Lessing mit den Worten Nathan des Weisen.

4. Die Arbeit auf einem Windjammer

Die großen, rahgetakelten Segelschiffe erforderten stets eine Überfülle schwerster Arbeit, die sich grob gesagt in zwei ganz verschiedene Funktionen einteilen ließ. Die eine bestand darin, mit dem Schiff zu arbeiten, wie Segel setzen, bergen und trimmen, damit es immer optimal und sicher entsprechend der Windverhältnisse segelte, die andere, an dem Schiff zu arbeiten – Leinen auswechseln, Beschläge ersetzen, Segel flicken, die Takelage überholen, die Stengen schmieren und teeren, dann die ständigen Reinigungsarbeiten, das Entrosten und Malen, und die täglichen Routinearbeiten wie Kohle für die Kombüse holen, und so weiter. Es gab eine endlose Liste an Arbeiten, die ständig wiederholt werden mussten. Aber zum Glück gab es während der monatelangen Reisen lange Perioden, in denen wetterbedingt sehr wenige Manöver gefahren wurden, wie in den gleichmäßigen Winden der Passatzonen. In solchen Zeiten wurden bei Tagesanbruch die Segel getrimmt und noch mal bei Anbruch der Nacht; für den Rest des Tages »segelte sich das Schiff selbst« unter der Hand des Mannes am Ruder, während alle anderen Leute mit den verschiedensten Instandsetzungsarbeiten im Rigg, an Deck, aber auch unter Deck beschäftigt waren.

Auf Schiffen, die nur unter Ballast fuhren, steckten z. B. mitunter alle Leute unten im Laderaum und klopften Rost und machten die Bilgen sauber, denn jetzt konnten sie auch an die Platten herankommen, die sonst unter der Ladung vergraben lagen. Es war ja schließlich genauso wichtig, sich um die Innenseiten des Schiffes zu kümmern, wie um die Außenseiten.

Vorraussetzung für das Instandhalten des Schiffes war, dass immer genügend Material für diese Arbeiten an Bord war und dass Vorsorge getroffen wurde für alle möglichen Formen von Reparaturen. Vorausschauende und erfahrene Männer wie der Reeder F. Laeisz hatten deshalb in der Dienstanweisung für ihre Schiffsführer aus dem Jahr 1903 folgendes bestimmt: »Meine Schiffe können und sollen schnelle Reisen machen; daraus folgt, dass auch Alles was hierzu an Bord notwendig ist, als Riggen, Segel, Tauwerk, etc, vollständig und in bestem Zustand sein muss und etwa Fehlendes oder Schadhaftes bei der Rückkehr in Hamburg erneuert oder ausgebessert werden muss, und sind die Vorschriften des Inventar- und Hafenbuches genau zu beachten. Ebenso muss alles an Bord den Vorschriften der See-Berufsgenossenschaft entsprechen … Ich kann durchaus nicht zugeben, dass Ausrüstungsgegenstände oder Proviant (ausgenommen frisches Fleisch, Kartoffeln, Eier, frisches Gemüse, Wasser) im Auslande gekauft werden. Der Kapitän ist dafür verantwortlich, dass er mit voller Ausrüstung von Hamburg abgeht. Neben der Fähigkeit in der Navigation lege ich besonderen Wert auf Sparsamkeit, Achtsamkeit auf mögliche Verbesserungen im Betriebe und vorzügliche Konservierung des Schiffes und Inventars.« *(Villiers, A.: Auf blauen Tiefen).*

Organisation der Arbeit und Sicherheit

Allgemeine Sicherheit

Das Leben der Leute, die auf einem großen Rahsegler zur See fuhren, war schwer und in Vielem unsäglich entbehrungsreich. Zusätzlich war es ein Leben voller Risiken und tödlicher Gefahren. Selbst im schönsten friedlichsten Wetter im Passat konnte es passieren, dass sich schweres Unglück ereignete. Jeder Einzelne der Mannschaft, vom Moses angefangen, musste deshalb einfach ein grundlegendes Maß an Sicherheitsbewusstsein haben, um Unfälle und Verletzungen zu vermeiden. Mehr als von einzelnen Regeln und Vorschriften war es dieses Bewusstsein, von dem oft die Sicherheit des ganzen Schiffes und seiner Mannschaft abhing. Über allem stand der Grundsatz: »Vorsicht ist keine Feigheit und Leichtsinn ist kein Mut!« Und dennoch: Die Seeleute mussten viel eher bereit sein, ein bestimmtes Maß an Risiko auf sich zu nehmen, als es ein Leben an Land erfordert hätte. Unfälle gehörten eben dazu, wenn man zur See fuhr und an den Tod als einen ständigen Begleiter hatte man sich notgedrungen gewöhnt.

Heute, in einer Zeit, da die meisten der übriggebliebenen Rahsegler als Schulschiffe oder im Freizeitbereich fahren, ist das Bewusstsein für die Risiken nicht mehr in dem gleichen Maße vorhanden wie früher. Bestimmte Grundregeln waren den Berufsseeleuten einfach in Fleisch und Blut übergegangen, und sie konnten sich zu Recht auf ihre Erfahrung und ihren gesunden Menschenverstand verlassen, weil sie ihr Leben lang zur See gefahren waren. Die meisten dieser Regeln haben ihre Gültigkeit bis in die heutigen Tage behalten. Sie finden ihren Niederschlag in den allgemeinen Sicherheitsvorschriften, wie sie z. B. die Deutsche Seeberufsgenossenschaft vorschreibt. Hier die wichtigsten:

- Trotz ständiger Vorsicht drohen an Bord Gefahren, die man selbst oft nicht erkennt. Deshalb muss man auf Warnungen achten und sofort reagieren. An Bord von deutschen Schiffen wird gewöhnlich »Wahrschau« gerufen; das bedeutet allgemein »Vorsicht«. Aber auch jedes andere laut gerufene Wort kann auf eine Gefahr hin deuten.
- Alle Unregelmäßigkeiten, wie z. B. der Geruch nach Feuer, müssen sofort dem wachhabenden Offizier auf der Brücke gemeldet werden.
- Neckereien und Spielereien, die einen selbst oder andere in Gefahr bringen können, unterlässt man. Das gilt natürlich auch für das Trinken von Alkohol.
- Verkehrswege, Treppen, Türen und natürlich Fluchtwege und Notausgänge dürfen nicht durch Liegenlassen oder Abstellen von Gegenständen verstellt werden.
- Keiner darf sich auf das Schanzkleid oder die Reling setzen, denn die Gefahr, dass man über Bord geht und nicht wieder aufgefischt werden kann, ist einfach zu groß. Selbst auf einem gut geführten Schiff vergeht einige Zeit, bis ein Boot zu Wasser gelassen ist und einen schwimmenden Mann erreicht. Auf vielen Schiffen damals und auch heute noch wird übrigens auch gar nicht vorgegeben, dass die Bootsmanöver oft geübt werden, trotz der Vorschriften über die Verhütung von Unfällen. Früher waren die Boote auf vielen Schiffen sogar fest auf die Klampen gelascht, denn die Seeleute wussten: Umstände, die ihr Schiff überwältigten, denen waren sie in einem Boot erst recht nicht gewachsen.
- Hinweis- oder Warnschilder dürfen nicht entfernt werden und es dürfen keine Schalter ohne Anordnung bedient werden, vor allen Dingen nicht, wenn sie zur Warnung rot angemalt sind.
- Wer jemals eine Schilderung eines Feuers an Bord gelesen hat, weiß, dass mit der Brandgefahr nicht zu spaßen ist. Deswegen ist in den Mannschaftsunterkünften gewöhnlich das Rauchen verboten und es dürfen keine Kleidungsstücke zum Trocknen auf die Öfen oder Heizkörper gelegt werden.
- Besonders beliebt ist das Erkunden des Schiffes auf eigene Faust – und je tiefer es hinuntergeht, desto besser ist es. Kaum einer ist sich aber der Gefahr des Sauerstoffmangels bewusst, die von nicht regelmäßig belüfteten Räumen ausgeht. Es ist eben nicht jeder Raum auf einem großen Schiff für eine eigenmächtige Besichtigung vorgesehen!
- Es sollte selbstverständlich sein, dass die Mannschaft, auch wenn es sich um »Freizeitmatrosen« handelt, die

Gerade bei extremer Witterung muss jeder Mann doppelte Sorgfalt üben, um Unfälle und Verletzungen zu vermeiden.

nur für die Dauer einer kurzen Reise an Bord sind, nach dem An-Bord-Kommen über den Platz für die Rettungswesten, das zuständige Rettungsboot, die Signale für einen Alarm und den Sammelplatz aufgeklärt wird. Auch wenn man nicht zur festen Mannschaft eines Schiffes gehört und in der Regel im Notfall nur auf strikte Anweisung handelt, kann es außerdem nicht schaden, sich über die Sicherheitsrolle zu informieren. Diese ist ein Plan zur Organisation aller Abläufe, die der Sicherheit an Bord dienen. In ihr sind jedem Besatzungsmitglied Aufgaben zugeteilt, die es im Notfall zu übernehmen hat. Sie ist an mehreren Stellen im Schiff öffentlich aufgehängt.

- Wenn es trotz umfassender Sicherheitsausrüstung passiert, dass das Schiff verlassen werden muss, wird ein Signal, bestehend aus vier langen Tönen, gegeben. Meist besteht dann noch genug Zeit, Kleidung zum Schutz gegen Kälte, Sonne und Wind sowie Schuhe, Kopfbedeckung und Rettungsweste anzulegen. Dann begibt man sich sofort zu dem festgelegten Sammelplatz bzw. Rettungsboot und wartet auf weitere Anordnungen.

Sicheres Arbeiten an und unter Deck

Damit keine wichtigen Kommandos überhört oder falsch verstanden werden, herrscht bei Manövern Ruhe, denn gewöhnlich macht das Schiff mit allen sich bewegenden Teilen eh schon genug Lärm. Eine Ausnahme sind natürlich Rückmeldungen. Also wird beim Holen von Leinen nicht rumgeblödelt oder ausgesungen.

Es versteht sich fast von selbst, dass man an Deck möglichst rutschfeste Schuhe trägt. Das ist natürlich umso wichtiger, je mehr das Schiff in der See arbeitet.

Und wer einmal erlebt hat, mit welcher Wucht die Blöcke von schlagenden Stagsegeln – aus gutem Grund werden sie wie gesagt auch Witwenmacher genannt – durch die Luft hauen, der arbeitet nie in Lee dieser Segel.

Wenn eine Leine geholt wird, dann müssen die Hände einen sicheren Abstand von den Blöcken haben. Überhaupt gilt: Hände weg von drehenden Teilen.

Die Seeleute früher wussten auch, wie leicht man sich schlimme Verbrennungen holt, wenn eine Leine durch die Hände rauscht, weil sie unterbesetzt ist. Je nach Wind müssen also immer genügend Leute an einer Leine stehen. Genauso groß ist das Risiko von üblen Verletzungen, wenn man nicht auf Buchten im Tauwerk aufpasst. Leinen laufen oft so schnell aus, dass man Gefahr läuft, ohne jede Vorwarnung mit dem Fuß oder dem Arm in eine Schlinge zu geraten. Aus dem gleichen Grund darf man beim Arbeiten mit Festmacherleinen oder Trossen niemals in Buchten oder Kinken treten oder sich in der Zugrichtung von Leinen und Trossen aufhalten. Überhaupt ist ein ausreichender Abstand von laufenden Leinen zu halten, denn oft kündigt sich das Brechen von Leinen oder Drähten weder optisch noch durch warnende Geräusche an.

Es versteht sich fast von selbst, dass man ohne Anordnung keine Leine vom Belegnagel nimmt und eigenmächtig fiert, holt oder gar loswirft! Im leichtesten Fall ist damit »nur« ein Manöver zum Scheitern verurteilt, im schwersten Fall hat es dramatische Folgen für Schiff und Mannschaft.

Wenn die Seeleute früher an Bord kamen, waren ihnen meist schon nach kurzer Zeit »Seemannsbeine« gewachsen. Sie konnten sich auch bei schwerstem Seegang noch sicher an Deck bewegen und nur bei wirklich hartem Wetter, wenn die Seen über das Deck fluteten und alles mitrissen, was nicht gesichert war, wurden Strecktaue gespannt. Für die »Seeleute auf Zeit« aber ist klar, dass sie sich bei Seegang an Geländern, Handläufen oder Strecktauen festhalten, wann immer es geht. Auch unter Deck »stagt man sich gut ab«, damit man beim Rollen des Schiffe nicht ins Rutschen kommt. Natürlich muss man gerade auf nassen Decks und bei schweren Schiffsbewegungen immer für sicheren Stand sorgen und genügenden Abstand von laufendem Gut halten.

Türen, Klappen, etc. werden zu gelassen oder vor dem Zuschlagen gesichert. Tunlichst hält man sich nie an Türrahmen fest. Die Gefahr, dass man sich in übelster Weise die Hände klemmt, wenn die Tür im Seegang plötzlich zuschlägt, ist groß.

Alle losen Gegenstände werden seefest verstaut und festgezurrt.

Organisation der Arbeit

Auf einem Schiff wird das ganze Leben bestimmt von der nie unterbrochenen Kette der Wachen, »dem Rhythmus der vier zu vier zu vier Stunden«. Da diese Reihe der Wachen wiederum bestimmt wird von den Bedürfnissen des Schiffes, müssen alle ihr folgen, wenn man nicht will, dass die Kräfte des gesamten Systems von Schiff und Menschen nachlassen. Wache gehen oder Wachdienst ausüben, meint, »durch einen bestimmten Teil der Besatzung in regelmäßig sich wiederholenden Zeitabschnitten alle navigatorischen, seemännischen und heute auch technischen Arbeiten verrichten, die zur Führung des Schiffes und zur Aufrechterhaltung des Schiffsbetriebes notwendig sind, während der andere Teil der Besatzung bis zur Ablösung wachfrei ist.«

Mit dem Begriff »Wache« wird an Bord dreierlei benannt: zum einen die Tätigkeit des Wachegehens, also die zu erfüllende Aufgabe, dann die Zeitdauer, die gewacht wird und endlich die Gesamtheit derer, die zu gleicher Zeit auf Wache sind. Ist das Schiff auf See, wird meistens im Vierstundenrhythmus die Wache gewechselt, d. h. alle Mannschaftsmitglieder sind in drei Gruppen eingeteilt: Die erste geht Wache von null bis vier Uhr sowie von zwölf bis sechzehn Uhr, die zweite Gruppe von vier bis acht und von sechzehn bis zwanzig Uhr und schließlich die dritte Gruppe in der verbleibenden Zeit von acht bis zwölf und von zwanzig bis vierundzwanzig Uhr. Jede Wache ist jeweils einem wachhabenden Offizier unterstellt.

Den Ablauf der Zeit verkündet die Glocke, die üblicherweise über dem Ruderkasten hängt und von einem der Rudergänger bedient wird. Früher stand bei ihm auch das »Stundenglas«, eine Sanduhr, die genau eine halbe Stunde lief. War sie leer, so war wieder ein »Glas« vorbei und der Rudergänger verkündete dieses dem ganzen Schiff durch eine bestimmte Anzahl von Glockentönen, die zum leichteren Zählen jeweils paarweise zusammengefasst wurden. Anschließend drehte er die Sanduhr wieder um. Jede Wache von vier Stunden umfasst also acht Glasen.

Beim Zusammenstellen der Wachen wird klugerweise sehr genau darauf geachtet, dass gut aus erfahrenen und unerfahrenen Leuten gemischt wird. Früher wurde bei der Auswahl der Leute meist streng paritätisch vorgegangen. Die Mannschaft wurde zusammengerufen, dann wählten sich die drei Offiziere als Führer jeweils einer Wache reihum ihre Leute. Dabei brauchten Schmied, Zimmermann und Segelmacher keine Wache zu gehen. Man nannte sie die Tagelöhner. Die Einteilung der Wachen war eine Art Verlosung, eine streng gerechte Verteilung der für die kommende Reise verfügbaren Kräfte. Hatten die Offiziere die Leute ihrer Wachen nach einigen Tagen auf See genauer kennen gelernt, dann bestimmten sie aus diesen die »Toppsgäste«. Das waren besonders tüchtige Matrosen, denen die Verantwortung für den guten Zustand allen Tauwerks eines bestimmten Mastes und seiner Beschläge übertragen wurde. Sie mussten alle seemännischen Arbeiten beherrschen, eine gute Urteilsfähigkeit sowie ein großes Pflichtbewusstsein haben und über genügend Ehrgeiz verfügen, auch unbeaufsichtigt ein großes Maß schwieriger Arbeiten zu erledigen. Toppsgast zu sein war auf allen Schiffen eine Auszeichnung, da auf ihm eine große Verantwortung für die Sicherheit des ganzen Schiffsbetriebes ruhte.

Manchmal hielt der Kapitän nach der Einteilung der Wachen eine »Absegel-Ansprache« an seine Mannschaft, die üblicherweise so klang: »Leute! Wir haben gemeinsam eine Reise nach Australien angetreten. Von mir erwartet man, dass ich dieses Schiff so schnell an seinen Bestimmungsplatz bringe, wie es nur möglich ist. Seid sicher, dass es nichts, aber auch absolut gar nichts gibt, was mich hindern könnte, für die schnelle Durchführung der Passage alles zu tun, was in meinen Kräften steht. Von Euch erwartet man, dass Ihr mich dabei unterstützt. Ihr seid keine Neulinge in diesem Gewerbe – und die es etwa noch sind, werden es nicht lange mehr sein, mein Wort darauf. Ihr wisst also, worauf es ankommt. Ihr werdet ausreichendes und gutes Essen erhalten, und keiner wird auf diesem Schiff ohne Grund einen Schlag erhalten. Aber ich erwarte von jedem einzelnen unter Euch, dass er jeden Befehl meiner Offiziere ohne Besinnen ausführt und so schnell, als hinge das ewige Heil von Eurer Mutter Seele davon ab. Tut Ihr das immer, zu allen Tages- und Nachtzeiten, an Deck und in den Riggen, bei jedem Wetter – gut: Dann werdet Ihr jederzeit eine gerechte Behandlung finden und keinen Grund zur Klage haben. Darüber werde ich persönlich wachen. Vergesst Ihr aber auch nur eine Minute, was ich von Euch erwarte, dann werdet Ihr keinen Tag in Eurem gesegneten Leben so bitter verwünschen wie den, an dem Ihr an Bord dieses guten Schiffes gekommen seid. Das ist alles, was ich Euch zu sagen habe.« *(Schmidt, F.: Von den Bräuchen der Seeleute)*. Es gab Kapitäne, die ließen sich anschließend ungerührt eine paar Pützen kalten Wassers über den Kopf schütten als Ritual, um ihre Leute in eine richtige Abreisestimmung zu versetzen. Symbolisch sollte es ein Vorgeschmack auf die Strapazen darstellen, die das Schiff erwarteten, wenn es rund Kap Hoorn gehen würde.

Eine andere als die oben beschriebene Form der Wacheinteilung besteht traditionell darin, die gesamte Mannschaft in zwei Gruppen einzuteilen, die Steuerbordwache und die Backbordwache. Bei dieser Einteilung steht immer die eine Hälfte der Besatzung für den notwendigen Schiffsdienst zur Verfügung, während die andere Hälfte Freiwache hat. Innerhalb dieser beiden Gruppen wird im Rhythmus von vier Stunden gewechselt. Der Tag der Wache wird gerechnet von acht Uhr morgens bis acht Uhr morgens. Damit nicht jede Gruppe jeden Tag immer wieder dieselben Stunden auf Wache kommt, wird die Wache von sechzehn bis zwanzig Uhr von beiden je zur Hälfte gegangen. Diese Wache wird manchmal »Plattfußwache« oder auch nur »der Plattfuß« genannt. Die Namen der anderen Wachen sind: die Vormittagswache bis Mittags, daran anschließend die Nachmittagswache, die erste Wache von zwanzig bis vierundzwanzig Uhr, die Hundewache von Mitternacht ab – in dieser Zeit sollte man nicht einmal einen Hund in Sturm und Wetter hinausjagen – und daran anschließend die Morgenwache von vier Uhr ab, auch Diana genannt. Jede Wache beginnt und endet mit dem Antreten der kompletten Wachmannschaft.

Der Begriff »Hundewache« und die Zeit, in die sie fällt, wird manchmal auch anders beschrieben: Ihr Zweck ist, die Wachen jede Nacht zu wechseln, damit nicht dieselbe Wache während der ganzen Reise in denselben Stunden an Deck ist. Das wird erreicht, indem die Wache von vier bis acht Uhr nachmittags in zwei Halbwachen geteilt wird, die eine von vier bis sechs Uhr, die andere von sechs bis acht Uhr. Hierdurch werden die vierundzwanzig Stunden statt in sechs in sieben Wachen geteilt und der erwünschte Wechsel erzielt. Die Hundewache fällt damit in die Dämmerungsstunden. Die Decksarbeiten sind dann beendet. Wenn es das Wetter erlaubt, so ist in dieser Zeit die gesamte Besatzung an Deck. Der Kapitän ist oben und geht auf der Luvseite des Achterdecks auf und ab, der Obersteuermann in Lee. Der Steward hat seine Arbeiten in der Pantry beendet. Er setzt sich zum Koch in die Kombüse und raucht seine Pfeife. Die Matrosen sitzen auf dem Ankerspill oder liegen auf der Back, rauchen, singen und spinnen lange Garns. Um acht Uhr wird geloggt, die Wache zieht auf, der Rudergänger wird abgelöst, die Kombüse abgeschlossen und die Freiwache geht in die Koje.

Der Einteilung der Wachen kam neben der Wichtigkeit für die Organisation der Arbeitsabläufe eine ganz besondere, schwer messbare, aber dennoch spürbare Bedeutung zu. Die Menschen, die als ein Haufen Fremder an Bord gekommen waren, fremd auch noch mit dem Schiff und seinem Lebensrhythmus, rückten zusammen, sobald sie sich einer Wache zugehörig fühlten. Elis Karlsson schreibt. »Wir waren eine Mannschaft geworden, ganz plötzlich, einer von der Kraft des anderen abhängig, von seinem Willen, etwas Rechtes zu leisten. Ich glaube, die meisten merkten diese Änderung seit der Einteilung der Wachen. Von jetzt an übernahm jeder seinen Teil an Mühen und Pflichten in einem neuen Leben, der seinen Fähigkeiten angemessen war. Wenn einer versagte, wurde er von der Mannschaft als Gesamtheit verurteilt. Das bedeutete, dass der Anfänger das Essen holte, die Teller wusch, die Quartiere sauber hielt, dass er mit aller Kraft ein Tau durchholte, wenn es ihm übergeben wurde. Es bedeutete ferner, dass wir, die »Erfahrenen«, ohne Befehl handelten, wenn es darum ging, die fettige, federnde Schot der Fock aufzufieren, während eisiges Wasser über uns spülte. Beim Einholen eines Segels hatten wir dort zu sein, wo die Arbeit am schwersten und gefährlichsten war. Ging etwas schief, waren wir schuld. Und es bedeutete auch, dass ein Anfänger, der alles hergab, mehr respektiert wurde als ein »Erfahrener«, der nicht sein Bestes tat, wenn es von ihm gefordert wurde. An Land kann ein Mann mit Bluff und Angabe durchs Leben gehen, ohne dass seine Umgebung von seinen Schwächen und Mängeln weiß – in unserer Welt war das unmöglich, und Unentschlossenheit und Drückebergerei wurden nicht geduldet.« *(Karlsson, E.: Die See Mein Leben)*.

Was den Seemann wohl am meisten von den Landratten unterscheidet ist, dass er zu den unmöglichsten Zeiten wach werden kann, um seine Wache anzutreten. Zum Aufstehen gab ein alter Seemann folgenden Tipp: »Wenn die Wache geweckt wird, stehe sofort auf. Bleib keine Minute mehr liegen, oder du wirst wieder einschlafen. Sowie du den Ruf hörst – jump raus! Lerne von selbst, das zu tun, und nach kurzer Zeit wird es dir zur natürlichen Gewohnheit werden. Eine pünktliche Ablösung ist des Seemanns Segen, eine säumige Ablösung des Seemanns Fluch. Hörst du rufen: 'Alle Mann zum Segelbergen!', versuche der Erste an Deck zu sein. Zieh dich an so rasch wie möglich, denn die Sicherheit des Schiffes mag daran hängen, dass die Freiwache ganz schnell an Deck kommt. Kein Faulpelz kann ein guter Seemann sein, also sei rasch an Deck, wenn gerufen wird.« *(Villier, A.: Auf blauen Tiefen)*.

Auch zum Wecken gab es Ratschläge: »Wenn du die Wache weckst, mache es richtig. Hab keine Angst, du könntest zu laut schreien. Sing aus: Steuerbord- oder Backbord-Wache ahoi! Es ist acht Glas – habt ihr gehört? – und wiederhole das nach einer Minute oder so, wenn du meinst, dass sich noch keiner rührt. Sieh zu, dass sie aufstehen«.

Sobald vom Ruder die vier Doppelschläge erklangen, beantwortet von der großen Glocke auf der Back, fand der Wachwechsel statt. Die alte und die neue Wache versammelten sich meist auf dem Hochdeck oder vor der Poop, jede an ihrer Seite des Decks. Oben auf der Brücke standen die beiden Steuerleute, die Wachoffiziere, die sich ebenfalls ablösten. Der Wachälteste oder der jeweils für die Wache zuständige Bootsmann zählte seine Leute und meldete das vollständige Antreten. Auf diese Weise hatte man gleich eine Kontrolle, dass keiner der neuen Wache noch in der Koje »herumgammelte«, und dass von der abziehenden Wache keiner im Dunkeln der Nacht unbemerkt über Bord gegangen war, was in dunkler, stürmischer Nacht auf einem großen Windjammer durchaus passieren konnte. Auf ein Kommando von der Brücke hin

Freiwache: Zeit zum Spinnen von Seemannsgarn.

war die alte Wache entlassen und die neue Wache übernahm den Dienst.

Da die Wachen im Vierstundenrhythmus wechselten, hatte also jede Wache immer acht Stunden Freizeit zwischen ihren Wachtörns. Diese »Freiwache« war selbstverständlich nicht nur dem reinen Müßiggang gewidmet. Jeder Wache war einer der drei rahgetakelten Masten in die Verantwortung gegeben. Sie war dafür verantwortlich, dass stehendes und laufendes Gut, Geitaue, Gordings, Pardunen, Webeleinen, Strecker, das tausenderlei Zubehör der Segel, die Tausendbeine, Blöcke, und die Segel selbst immer »in Trimm« waren. Die Wache, die ihre Arbeit schneller und besser zu erledigen verstand, wurde die »Kronenwache« genannt, die andere wurde dann als die »Schiethuus-Wache« verspottet.

Heute, da die Segelschiffe nicht mehr als Frachtsegler rund um die Welt fahren, sondern meistens als Schulschiffe ihren Dienst tun, wird oft nach einem Tagesdienstplan gearbeitet, da neben dem Schiffsdienst zusätzlich Unterricht in allen seemännischen Fächern stattfindet. Er beginnt für alle Mannschaftsmitglieder mit dem Aufstehen, sieht während des Tages verschiedene Arbeiten vor und endet abends zu gegebener Zeit. Auch die Mannschaftsmitglieder, die an Bord bestimmte Funktionen haben, wie die Köche, der Bäcker, der Segelmacher, der Tischler, der Schlosser usw., sowie die gehobenen Dienstgrade absolvieren ihren Dienst gewöhnlich nach einem Tagesdienstplan. Größere Manöver werden bei dieser Einteilung meist mit »All hands«, also mit der kompletten Decksmannschaft gefahren, und nur für die speziellen Aufgaben wie Rudergehen, Ausguckhalten usw., sowie natürlich für die Offiziere, die unmittelbar mit der Führung des Schiffes betraut sind, wird ein Wachplan rund um die Uhr aufgestellt.

Rollenplan

Damit die verschiedenen Manöver und anderen Arbeiten reibungslos ablaufen, gibt es auf jedem Schiff einen sog. Rollenplan, in dem die Einteilung jedes einzelnen Mitgliedes der Besatzung für die verschiedenen Aufgaben festgehalten ist. Die wichtigsten Rollen auf einem Segelschiff sind in der Regel die Manöver-, die Feuer-, die Boots-, die Reinschiff- und die Wachrolle. Letztere ist unterteilt in einzelne, für die Führung des Schiffes wichtige Posten. Mannschaften, die bestimmte Funktionen an bestimmten Orten zu verrichten haben, werden mit dem angehängten Begriff »Gasten« bezeichnet; so sind z. B. Rahgasten Leute, die bei Manövern anhand des Rollenplans oder auch nur vorübergehend auf den Rahen arbeiten, Rudergasten sind Leute, die am Ruder stehen usw. Grundlage für die Einteilung in diese Gasten ist immer der Wachplan.

Einzelne Posten der Wachrolle

An Bord eines Segelschiffes gibt es spezielle Posten, die von einzelnen Matrosen während ihrer normalen Wachzeit besetzt werden. Die wichtigsten Posten sind die Ruderwache und der Ausguck auf dem Vorschiff. Außerdem werden meist zusätzlich Leute zur Feuer- oder Brandwache und zur Bojenwache eingeteilt. Liegt das Schiff vor Anker, wird eine Ankerwache aufgestellt; wird während der Ankerliegezeit ein Bootsverkehr mit dem Land unterhalten, steht außerdem ein Posten am Fallreep oder im Hafen an der Gangway.

Die Leute einer Wache stellen auch die *Rudergänger*. Aufgabe der Ruderwache ist es, das Schiff zu steuern. Bei Wachwechsel wird der gerade anliegende Kurs angesagt und vom ablösenden Matrosen wiederholt. Dann wird das Ruder übergeben. Der Rudergänger darf nicht eigenmächtig den Kurs wechseln; er bekommt seine Anweisungen vom wachhabenden Steuermann. Entweder wird der neue zu steuernde Kurs als Gradzahl angesagt oder es erfolgt ein Ruderkommando z. B. in der folgenden Art: »Backbord (Steuerbord)!« »Backbord 5 Grad!« »Ein Strich Backbord!« »Hart Backbord!« »Ruder mittschiffs!« »Hart Lee!« »Hart Luv!« usw.

Um Hörfehler auszuschließen werden alle Kommandos vom Rudergänger wiederholt, ebenso wenn diese ausgeführt sind bzw. wenn der neue Kurs anliegt. Zusätzliche Aufgabe des Rudergängers ist es meist, die Glockenschläge des Ausgucks zu wiederholen, um den wachhabenden Offizier auf der Brücke aufmerksam zu machen. Außerdem »schlägt er die Glasen«, d. h. er zeigt durch Glockenschläge die seit Beginn der vierstündigen Wachzeit abgelaufene Anzahl der halben Stunden an.

Der *Ausguckposten* ist einer der wichtigsten an Bord, da er unmittelbar zur Sicherheit des Schiffes beiträgt, indem er alle für das Schiff eventuell gefährlich werdenden Dinge sichtet und meldet. Dieser Posten wird nicht nur aus Tradition besetzt. Es gibt Hindernisse, die auf dem Radar, mit dem heutzutage jedes größere Schiff ausgerüstet ist, nicht zu sehen sind.

Alan Villiers hat für den Ausguck folgenden Rat bereit: »Setze dich nie auf einen Poller oder ein Spill und lege deinen Kopf an, dabei musst du einschlafen. Schlaf ist eine überwältigende Kraft, und du kannst ihn mitunter nur mit aller Anstrengung überwinden. Manches schöne Schiff ist schon wegen eines schläfrigen Offiziers entmastet worden«. Der Ausguckposten steht auf dem Vorschiff und achtet auf alles, was in Sicht kommt oder sonst auffällt: Land, Schiffe, Tonnen oder andere Seezeichen, ungewöhnliche Brandung, Treibgut – das kann heutzutage auch schon mal ein über Bord gegangener Container sein – usw. Nachts kontrolliert er das ordnungsgemäße Brennen der eigenen

Aufklaren des Decks nach einem Segelmanöver.

Positionslaternen – früher begleitet von dem Ruf: »Auf der Back ist alles wohl, die Laternen brennen!« – und achtet auf alle Lichter, bei Nebel und unsichtigem Wetter zusätzlich auf Schallsignale. Hat der Ausguck etwas gesichtet, gibt er mit der Schiffsglocke Meldung: ein Schlag bei Schiffen und dergleichen von Steuerbord, zwei Schläge bei Schiffen von Backbord, drei Schläge bei Schiffen von vorn. Die Meldung wird wiederholt, bis der Rudergänger sie an der Glocke am Steuerrad in der gleichen Weise zurückgemeldet hat. Der Posten der *Bojenwache* steht als Ausguck nach achtern am Heck des Schiffes. Seine wichtigste Aufgabe ist es, die Rettungsboje einem Über-Bord-Gefallenen zuzuwerfen und ihn im Auge zu behalten. Bei Antritt seines Dienstes muss er die Rettungsbojen kontrollieren, die an Steuerbord und Backbord in ihren Haltern an der Reling hängen. Außerdem meldet er alles, was er in der Richtung von querab bis achteraus sichtet und überwacht nachts das Brennen der Hecklaterne.

Obwohl der Posten der *Brandwache* in der heutigen Zeit durch den allgemein erfolgten Einbau von Temperatur- und Rauchmeldern an Bedeutung verloren hat, wird er doch auf vielen Schiffen noch besetzt. Die Brandwache geht in regelmäßigen Abständen auf einem festgelegten Weg durch das ganze Schiff und achtet auf mögliche Brandherde und andere Gefahrenquellen.

Liegt das Schiff vor Anker, wird eine *Ankerwache* aufgestellt. Ihre Aufgabe besteht darin, genau zu beobachten, ob das Schiff treibt. Dieses kann z. B. mit Hilfe von Kreuzpeilungen von Landmarken oder Seezeichen geschehen. Scheint die Gefahr zu bestehen, dass sich der Anker los-

»Spaghetti-Hunt«.

reißt, muss bei den ersten Anzeichen sofort Meldung gegeben werden. Besonders wenn schwerer Seegang herrscht, muss die Ankerwache auch die Kette überprüfen. Wenn diese stark vibriert, kann das ein Zeichen dafür sein, dass der Anker über den Grund gezogen wird. Läuft das Schiff Gefahr, in einer Gezeitenströmung über den Anker zu scheren, so muss auch dieses sofort gemeldet werden. Man wird dann mit Hilfe der Maschine oder durch das Setzen von einigen Stagsegeln versuchen, klar vom Anker zu kommen. Pflicht der Ankerwache ist es auch, darauf zu achten, dass das Ankerlicht immer hell brennt. Bei Nebel werden außerdem in regelmäßigen Abständen entsprechende Nebelsignale gegeben.

Durchführung von Segelmanövern

Für einen Laien ist das Gewusel während eines großen Segel-Manövers schwer zu durchschauen, denn auf allen Decks herrscht wilde Aktivität. Die Leute rennen, so scheint es, in höchster Verwirrung umher, dazu Rufe der Offiziere über dem allgemeinen Lärm: dies und jenes durchholen, dies und das belegen; Leute, die sich mit schnellen, sicheren Griffen an steifen Stagsegelfallen zu schaffen machen; andere, die durch Auslaufen eine Rah vorheißen. Vielleicht Singsang überall und gemeinsame Anfeuerungs-Rufe. Oben scheinen die Segel aus allen Rahen hervorzuquellen. Rahen kriechen die Masten herauf, die Schothörner der Segel recken sich Stück für Stück in gleichmäßigem Rhythmus den Rahnocken entgegen, bis die Lieken straff stehen und die Segel anfangen zu ziehen. Segel schlagen an jedem Stag zwischen den Masten, bis die Schoten von den Leuten unter Kontrolle gebracht sind. Dann vielleicht ein Kommando von der Brücke zum Brassen und die Wiederholung von den Bootsmännern jeden Mastes. Männer, die bis zu diesem Augenblick andere Arbeit getan hatten, stürzen sich auf die Brasswinschen und kurbeln mit höchster Anstrengung, andere holen mit aller Kraft in dem scheinbar allgemeinen Wirrwarr die Lose aus den Leinen. An Deck ein undurchschaubares Chaos von Leinen.

Was für einen Neuling an Bord in seinen Abläufen so schwer zu durchschauen ist, ist in Wirklichkeit eine perfekt aufeinander abgestimmte Zusammenarbeit aller Mannschaftsmitglieder, die in einer aus den Bedürfnissen des Systems Segelschiff entstandenen Kommandokette verbunden sind. Von dieser Zusammenarbeit hängt die Sicherheit und Effizienz des Schiffes ab. Das gilt besonders für die zahlreichen Segelmanöver – sei es nun das Setzen oder Bergen von Segeln oder das Fahren komplizierter Manöver wie z. B. einer Wende. Die Bedeutung jedes Einzelnen in einer Kommandokette und die Folgen einer schlechten Organisation werden deutlich, wenn man bedenkt, wie viel zusätzliche Zeit und Mühe es zum Beispiel kostet, wenn eine Leine zu spät losgeworfen wird und deshalb eine Wende misslingt: Die Rahen müssen zurückgebrasst, die Segel müssen wieder übergeholt und das laufende Gut muss erneut zum Auslaufen ausgelegt werden. So kann aus einem Vorgang, der normalerweise nur Minuten dauert, leicht eine Arbeit von einer Stunde werden.

Wird Segelalarm gegeben, bedeutet das fast immer: »All hands on deck«, »Alle Mann an Deck«. Auf Freiwachen kann dann keine Rücksicht genommen werden. Das Manöver hat Vorrang vor allem. Nur der Ausguck und natürlich der Rudergänger bleiben auf ihrem Posten.

An Deck beginnt die Kommandokette während eines Segelmanövers beim Decksoffizier, in der Regel dem Oberbootsmann, der unter dem Kommando des jeweiligen wachhabenden Offiziers auf der Brücke arbeitet. Darunter folgen die Bootsmänner. Jeder von ihnen trägt üblicherweise die Verantwortung für einen Mast. Um das Manöver besser überwachen zu können, sorgen sie dafür, dass an besonders wichtigen Positionen erfahrene Matrosen stehen. Die Verteilung der restlichen Mannschaft ist gewöhnlich in der Manöverrolle festgelegt und hängt natürlich von der Art der Arbeit und auch davon ab, ob sie mit allen Wachen oder nur mit einer Wache ausgeführt wird. Fest steht aber, dass normalerweise der Erste, der eine Leine ergreift, auch verantwortlich für diese ist! Er muss zum Beispiel sicherstellen, dass eine Leine frei auslaufen kann oder klar liegt zum Holen und dass – abhängig von Wind und Seegang – eine ausreichende Zahl von Leuten für die jeweilige Aufgabe bereitsteht. Diese Seeleute müssen ihre Aufgabe sehr genau nehmen; sie dürfen kein Kommando überhören oder auf ein Kommando reagieren, welches für eine andere Leine oder für einen anderen Mast gegeben wird. Gute Schiffsführer organisieren ein Manöver so, dass ein unnötiges Durcheinanderlaufen bei der Ausführung der einzelnen Kommandos vermieden wird.

Besonders am Anfang einer Reise, wenn eine Mannschaft noch nicht mit den Aufgaben vertraut ist, ist es wichtig, die Kommandofolge einzuhalten, damit der Bereich, für den jeder Einzelne verantwortlich ist, überschaubar bleibt. Erst wenn das eigentliche Manöver vollständig beendet ist, wird das Deck aufgeklart, d. h. alle Leinen werden aufgeschossen und an ihre Belegnägel gehängt – dabei sind übrigens Kopfschläge auf den meisten Schiffen verpönt! Bei einem Kopfschlag wird der letzte Schlag so gelegt, dass das Ende sich selbst bekneift. Kopfschläge können sich dadurch so festziehen, dass man sie u. U. nicht schnell genug losbekommt. Auf manchen Schiffen ist es aber üblich, die Leinen, die für die Sicherheit von »Leib und Leben« besonders wichtig sind, wie z. B. die Brassen oder Toppnanten, ausnahmsweise dennoch mit einem Kopfschlag zu belegen, um diese Leinen vor dem unbeabsichtigten Loskommen zu sichern. Hier soll der Kopfschlag gleichzeitig als Mahnung verstanden werden, mit dem Loswerfen dieses Endes besonders vorsichtig zu sein.

Routinearbeiten

Die Matrosen auf einem großen Frachtsegler hatten einen Beruf, der viele verschiedene Handwerke umfasste und es gab zwischen der Segelschiffswelt und dem Handwerk zu Lande eine ganze Reihe von Übereinstimmungen. So waren die für das Handwerk typischen Rohstoffe auch die, mit denen die Mannschaften der Segelschiffe umzugehen hatten. Das Holz der Decks, Boote, Steuerräder, Lukenkeile, Handspaken, Nagelbänke; das Tuch der Segel, der Persenninge und Bootsüberzüge; Hanf und Manila, heute auch Kunstfasern für die unermesslichen Längen an Tauwerk jeglicher Art, der Geitaue, Gordings, Logleinen, Jollen, Festmachertrossen, Fender; die Farbe, mit der alles Metall außer dem Messing überzogen war, um das Schiff

Die Matrosen auf einem großen Frachtsegler mussten einen Beruf beherrschen, der fast zwanzig verschiedene Handwerke umfasste. An Deck der *Herzogin Cecilie*.

Spleißen von Drahtseilen auf der *Herzogin Cecilie*.

vor dem gierigen Rost zu schützen; Lack, Öl und Terpentin zum Mischen der Farben und zum Schutz der besonders dem Wetter ausgesetzten Holzteile, alles war genau so wie an Land. Auch das Eisen an Bord für Beschläge, Benagelungen und für Geräte zur Bearbeitung der anderen Rohstoffe wurde jedenfalls früher nur verwendet und bearbeitet nach Art der alten Schmiede und Schlosser.

Die Übereinstimmungen zwischen Handwerker- und Segelschiffswelt gingen aber noch viel weiter. Auch die Geräusche und Gerüche, die in beiden Bereichen vorherrschten, glichen sich. Aus der Werkstatt des Zimmermanns roch es nach frisch bearbeitetem Holz, nach Firnis und frisch geglühtem Eisen. Aus der Werkstatt tönte dumpfes Hämmern, das Schaben der Hobel, das ziehende Schleifen der Sägen, das helle Klirren, wenn Eisen auf Eisen traf, das Kreischen der Feilen und das Zischen, wenn heißes Metall in Wasser getaucht wurde. Vorn unter der Back, im Bereich des Bootsmannes, duftete es kräftig nach Farbe und Teer. Und dort wo in der Sonne der Passatzone der Segelmacher mit seinen Gehilfen hockte, kam der Geruch von sonnenwarmem Segeltuch und Tauwerk.

Arbeit gab es ohne Ende an Bord der großen Tiefwassersegler, denn unter der ständigen Konfrontation mit Wind, Salzwasser und Sonne litten die Schiffe gewaltig. Jeden Tag waren die Mannschaften mit Ausbesserungsarbeiten beschäftigt, um den Standard ihres Schiffes zu bewahren.

Neue Drahtseile, die noch ölig glänzten, als sie aufgebracht wurden, und sich fast weich anfühlten, waren schon wenige sturmgeprüfte Wochen später in erbärmlichem Zustand. Die Masten hatten sie gespannt, wenn sie dem ungeheuren Winddruck hatten widerstehen müssen und nur kurz hatte ihre Ölhaut den ständigen Salzwassergüssen widerstanden. Anfangs erholten sich die Seile noch

Ausbesserungsarbeiten im Rigg.

von der Belastung dank des ölgetränkten Dochts, der in ihrem Innern verlief, und den sie auspressten, wenn sie sich dehnten. Aber schon nach kurzer Zeit waren diese Reserven aufgezehrt und die Seile fingen unweigerlich an zu rosten. Die ständige Reibung zerriss zusätzlich einzelne Drähte, die außen zu Haken aufbogen und den Matrosen das Fleisch von den Händen rissen. Auch die Bolzen, an denen die Rahen hingen, hatten ununterbrochen enormen Zug und schwerstes Gewicht aufzunehmen, sodass der Stahl mit der Zeit ermüdete. Es ist selbst bei Windstille vorgekommen, dass durch bloßes Schlingern in der Dünung ein Bolzen brach, dass die Rah herunterkam und andere Rahen mit sich riss, ja dass sogar Stengen und Masten brachen und das Schiff bei windstillem Wetter quasi zum Wrack wurde.

Die Arbeit an Bord bestand nicht nur im Rigg aus pausenlosem Kampf gegen Rost und Verschleiß. Kratzen, schaben und streichen am Rumpf, Gut gebrauchsfertig machen, befestigen, fetten, ölen, teeren; Trossen und Lei-

Links: Anrühren von Lauge zum Bleichen des Teakdecks. Unten: Früher und heute – die Bilder gleichen sich: Rostklopfen an den Nagelbänken auf dem Schulschiff *Deutschland* ...

… und Rostklopfen im Mast der *Sedov.*

nen erneuern, Blöcke und Scheiben reparieren, Schäkel und Bolzen instandsetzen, wenn sie kaputt waren, schamfiltes Gut auswechseln, Wanten, Pardunen und Stage steifsetzen, Unterwanten neu ausweben, Schiemannsgarn und Bändselgut herstellen gehörten zum Alltag. Kein Schiff konnte sich den Verlust von Segeln durch schadhaftes Gut erlauben. Tonnenweise wurde Farbe und Öl, Manilaseil und Drahttauwerk verbraucht. Aber es gab auch Reeder, die ihre Schiffe nicht mit den gehörigen Vorräten an Tauwerk, Draht und so weiter ausrüsteten. Sie hatten einen falschen Begriff von Sparsamkeit, denn Schiffe ohne gutes Tauwerk konnten nicht zuverlässig gesegelt werden, sodass es letzten Endes ihr eigener Schaden war.

Eine besondere Kunst war das Kalfatern, das wasserdichte Verschließen von Längs- und Querfugen der Holzplanken der Aufbauten und freiliegenden Decks. Dazu wurde gedrehtes Werg in die Fugen zwischen den Planken geschlagen. Anschließend wurden die Ritzen mit heißem Pech oder Teer ausgegossen. Üblicherweise gehörte das Kalfatern zu den Aufgaben des Schiffszimmermanns. Helfen durften ihm nur besonders erfahrene Matrosen, denn wenn einer keine Ahnung von dieser Arbeit hatte, haute er auch schnell die Nähte kaputt.

Eine andere Arbeit, die ebenfalls nie fertig wurde, war das tägliche Reinigen des Schiffes. Wahre Wasserfluten wurden über das Deck gegossen und mit Feudel und Dweuel wurde geschrubbt und immer wieder geschrubbt. Auch die Kajüten wurden regelmäßig gereinigt. Ebenso wurden täglich die Enden aufgeschossen und aufgehängt, wenn sie in Unordnung geraten waren. Auch Zeugflicken und -waschen stand im-

Der Schreck sämtlicher Matrosen war das Scheuern des Decks mit Sand und Steinen, »Gebetbücher« genannt; obwohl die Seeleute bei dieser Arbeit wohl kaum fromme Gebete gesprochen haben dürften.

mer wieder auf dem Plan für die Wochen-Routine, genauso wie das Waschen des Zeugs in den Kojen.

Sowie die Passatzone und damit die Zone beständigen Sonnenscheins erreicht war, begann das Rostschaben und Malen an Deck, nachdem zuerst die alte schlechte Farbe und der Rost runtergeschlagen worden waren. Tagelang klangen die Rosthämmer über Deck. Auch in den Laderäumen wurde Rost gekratzt, ein langweiliger und schmutziger Dienst, nur unterbrochen vielleicht von der Arbeit am Ruder, gelegentlichen Manövern, den Mahlzeiten und ein paar Stunden Schlaf.

War die Farbe und alle Rostflecken dann endlich entfernt, wurde frisch gestrichen, meist mit weißer Ölfarbe, wobei gerade das Streichen mit weißer Farbe nicht so ganz einfach ist, weil jeder verkehrte Strich auffällt. Da die Arbeit vor den Augen der Steuerleute bestehen sollte, mussten sich die Matrosen also ganz besondere Mühe geben. Vielleicht sagt man deswegen den Seeleuten nach, dass sie gute Maler sind. Das Schiff außenbords zu streichen, war einfacher, weil damals die meisten Schiffe schwarz gestrichen waren. Um diese Arbeit zu bewältigen, fertigte man sich leicht transportable Stellagen an, welche an Bord mit Tauen an den Belegnägeln befestigt und an der Bordwand herunter gelassen wurden.

Weitere Arbeiten sind das Trocknen der Segel nach langem Regen, die Konservierung des stehenden Gutes durch Labsalben mit Teer und das Arbeiten in der Takelage, wozu neben der Instandhaltung von Blöcken und Tauwerk auch das Ölen der Spieren gehörte. Letzteres machte man, um das Rigg gegen Rost zu schützen, aber auch damit die Rahen leichter bewegbar waren.

Die unangenehmste Arbeit und der Schreck sämtlicher Matrosen aber war das Scheuern des Decks mit Sand und Steinen. Es war die einzige Möglichkeit, das Deck von der rutschigen Schicht zu befreien, die durch die ewige Nässe immer wieder entstand. Würde man das Holz hobeln, dann würden die Decksplanken immer dünner werden und mit der Zeit der Gewalt der überbrechenden Seen nicht mehr Stand halten. Wacheweise abwechselnd lag die Mannschaft tagelang auf Knien, die mit Säcken umwickelt waren, an Deck mit einem Sandstein von der Größe eines Backsteins in der Hand, Gebetbuch genannt, obwohl die Matrosen bei dieser Arbeit wohl kaum fromme Gebete gesprochen haben dürften. Auf der einen Seite hatte der Seemann einen Eimer mit Sand, auf der anderen Seite einen Eimer mit Wasser. Abwechselnd wurden jetzt Wasser und Sand auf das Deck geschaufelt und dann wurde mit dem Stein über den feuchten Sand gescheuert, bis das Deck das Aussehen hatte, als wäre es eben eingesetzt worden.

Rechts: »Enter auf« bedeutet für den Seemann, dass er in schwindelnder Höhe zwischen Himmel und Wasser Befehle auszuführen hat, bei denen es nicht selten um Sein oder Nichtsein der Besatzung und des Schiffes geht.

Arbeiten im Rigg

Das erste, was Seeleute lernen, wenn sie an Bord kommen, ist die Grundregel: »Eine Hand fürs Schiff, die andere Hand für Dich«. Früher wurde diese Regel oft nicht beachtet, weil den Seeleuten manche Gefahren überhaupt nicht bewusst waren. »Eine Hand für Dich« ging ja oft auch gar nicht, wenn jeder eigentlich viele Paare starker Hände gebraucht hätte, um zum Beispiel im Sturm ein wild schlagendes und bretthartes Segel zu packen oder eine andere größere Arbeit im Rigg zu bewältigen. Die Seeleute waren die Arbeit in den Masten ja gewohnt und sahen sie

»Eine Hand für Dich, eine Hand fürs Schiff«, Sicherheitsgurte für die Arbeit im Rigg.

als nicht gefährlicher an als jede andere Arbeit auf dem Schiff. Sie dachten einfach nicht an die Höhe und brauchten deshalb keine starken Nerven dafür, auch dann nicht, wenn das Schiff stark rollte und sie sich auf dem Fußpferd stehend oder auf der Rahnock sitzend immer nur für einen kurzen Augenblick über dem Schiff befanden. Die übrige Zeit schwenkten sie über dem Wasser dahin. Nerven bekamen sie erst dann, wenn sie einmal miterleben mussten wie einer, der vielleicht gerade noch Schulter an Schulter mit ihnen auf der Rah gearbeitet hatte, plötzlich mit zerschmetterten Gliedern an Deck lag, so wie der Leichtmatrose Adalbert Heyn: »Niemand hatte den Hergang des Unglücksfalles beobachtet. Man hörte nur den dumpfen Aufschlag, und man fand den Unglücklichen mit zertrümmertem Schädel und gebrochenem Unterschenkel auf dem Backbordvordeck.« Der Letzte, der mit Heyn sprach, war der Matrose Bursche, dem er, bevor er in die Wanten nach oben stieg, auf dessen Ermunterung, sich wegen des bevorstehenden Wachwechsels ein wenig zu beeilen, zurief: »Ich glaube schon, dass ich noch vor Mitternacht damit fertig bin.« *(Brennecke, J.: Windjammer)*.

Niemand hatte den Ablauf des Unglücks beobachtet. Als es passierte, war die Luvseite des Segels bereits festgemacht. Wahrscheinlich rutschte der Matrose ab, als er um den Mast herumkletterte, um nach Lee zu kommen. Auch die Seeamtsverhandlung, die am 25. Oktober 1910 in Hamburg stattfand, brachte nur das lapidare Ergebnis, der Verunglückte sei »nicht genügend vorsichtig gewesen«. »Enter auf!« bedeutete für den Seemann eben, dass er in schwindelnder Höhe zwischen Himmel und Wasser Befehle auszuführen hatte, bei denen es nicht selten, zumal

»Der Seemann hatte nur eine Hilfe, nämlich den Seemann an seiner Seite.« Matrosen beim Packen eines Rahsegels.

im Sturm, um Sein oder Nichtsein des Schiffes und der Besatzung ging, von der er ein Teil war.

Leute, die aus dem Rigg stürzen, haben wenig Aussicht, heil davon zu kommen, ob sie nun an Deck fallen oder außenbords in die See. Ihre einzige Chance besteht darin, dass sie im Abstürzen auf Tauwerk fallen, das dem Sturz die Gewalt nimmt und dass sie dann nicht aus mehr als zehn oder zwölf Meter Höhe ins Wasser fallen. Ein Sturz an Deck endet fast immer tödlich.

Darum lautete der Rat eines alten Seemanns: »Bei der Arbeit auf der Royalrah denke daran: Lass nie ein Tau los, ehe du das andere nicht fest gepackt hast. Wenn du das immer im Gedächtnis behältst, wirst du nie von oben fallen. Das ist eine goldene Regel der Seeleute, und keiner braucht sich zu schämen, wenn er danach handelt. Ihre Missachtung hat an Bord schon mehr Menschenleben gekostet als irgendeine andere Ursache, die ich kenne.« *(Villiers, A.: Auf blauen Tiefen).*

Früher war dieser Grundsatz für die Seeleute vielleicht ausreichend, die »Seeleute auf Zeit« heute brauchen ein paar zusätzliche Regeln. Hier die wichtigsten:

Beim Anbringen von Tausendfüßlern.

- Beim Arbeiten im Rigg immer auf sicheren Halt und Stand achten. Nach dem Aufentern so schnell wie möglich sichern! Nie leichtsinnig werden, auch wenn erfahrungsgemäß mit zunehmender Übung das Gefühl für die Gefahren abnimmt.
- Grundsätzlich gilt: Sicherheit geht vor Schnelligkeit. Wettentern und gegenseitiges Antreiben ist verboten. Trotzdem muss gerade bei schlechtem Wetter zügig und konzentriert gearbeitet werden, damit man keine Zeit und Kraft vergeudet.
- Damit keine Kommandos oder Warnungen überhört werden, hat im Rigg Ruhe zu herrschen. Privatgespräche gehen auf Kosten der Aufmerksamkeit und damit der Sicherheit für Alle!
- Zusammenarbeit und gegenseitige Hilfe in der Takelage ist nicht nur gute Seemannschaft, sondern spart wertvolle Kräfte und erhöht damit die Sicherheit. Grob unseemännisches Verhalten anderer darf man – aus Interesse an der eigenen Sicherheit – nicht durchgehen lassen.
- Nur auf der Wetterseite, also in Luv, in die Takelage aufentern, sodass man vom Wind an die Wanten statt außenbords gedrückt wird, wenn das Schiff überlegt, eine Webeleine reißt oder man den sicheren Halt verliert. An der Leeseite nach oben zu gehen ist unseemännisch und »im höchsten Grade schlampig«.
- Beim Aufentern nie an den Webeleinen festhalten, sondern immer an den Hoftauen und Wanten. Die Webeleinen können reißen oder der Vordermann kann einem auf die Hände treten.
- Nie ohne Sicherheitsleine ins Rigg oder auf den Bugspriet gehen und vorher den Karabinerhaken und den Spleiß kontrollieren. Während des Aufenterns den Kara-

binerhaken in den Gurt einhaken, damit er nicht unklar kommt.

- Vor dem Aufentern alle Dinge und Kleidungsstücke ablegen, mit denen man irgendwo hängen bleiben kann. Immer festes Schuhwerk tragen; keine Handschuhe anziehen, weil sie keinen sicheren Griff garantieren.
- Immer nur an stehendem Gut, nie an laufendem Gut festhalten oder sichern. Letzteres kann plötzlich nachgeben. Bei längerem Stehen und natürlich beim Arbeiten immer sichern.
- Beim Brassen oder wenn Rahen geheißt oder gefiert werden, darf sich niemand im Rigg befinden. Vor dem Aufentern kontrollieren, ob Brassen, Toppnanten und Rahfallen durchgeholt und festgesetzt sind.
- Beim Aus- und Einlegen, d. h. beim Nach-außen- und -innen-gehen auf der Rah, die Füße nicht übersetzen, sondern nur seitlich nachziehen. Dabei den Karabinerhaken in das Rückenpferd, und sobald man auf seinem Platz ist, in das achtere Jackstag auf der Rah einhaken.
- Beim Arbeiten möglichst immer mit beiden Füßen auf dem Fußpferd stehen.
- Nicht auf die Rahen setzen oder gar stellen, es sei denn, es ist im Rahmen von Arbeiten unumgänglich. Angebereien oder Kunststücke haben nichts mit Seemannschaft zu tun – selbst dann nicht, wenn man viel Erfahrung hat. Außerdem gibt man Anderen ein schlechtes Beispiel.
- In der Takelage benutztes Werkzeug, Messer usw., immer mit einer Leine sichern: Alles, was aus dem Rigg fällt, kann jemanden an Deck verletzen oder gar töten. Nichts Überflüssiges mit ins Rigg nehmen!
- Außerhalb von angeordneten Manövern oder Arbeiten nur mit ausdrücklicher Genehmigung des wachhabenden Offiziers aufentern. Nicht während Manövern fotografieren!

Über all diesen angeführten Sicherheitsregeln steht eine Eigenschaft, die jeden guten Seemann auszeichnet: Umsichtigkeit! Denn nur durch das Voraussehen von möglichen Gefahren und durch frühzeitiges Handeln können Unfälle vermieden werden! R. Werner schreibt in seiner »Schule des Seewesens« aus dem Jahr 1866: »Durch Nichtbeachtung solcher Vorsicht passiert leider noch zu viel Unglück, das mit seinem rechten Namen mindestens als fahrlässiger 'Totschlag' bezeichnet werden und das Gewissen jedes Ehrenmannes auf das Schwerste drücken muss.«

Arbeiten mit Tauwerk und Segeltuch

Von einem erfahrenen Matrosen wurde ein hohes Maß an Können verlangt. Viele Arbeiten betrafen naturgemäß den Umgang mit Tauwerk und Segeltuch, denn die Verbindung von beidem war und ist gewissermaßen der Motor eines Großseglers. So musste er es neben vielen anderen Aufgaben verstehen »ein Schiff zu bemasten, Wandtaue und Stage anzulegen, Blöcke zu stroppen und anzunähen, alle Arten Splissungen, Stiche, Schläge und Knoten zu machen, die Segel anzuschlagen, abzuschlagen, sie zu beschlagen und mit ihrem Tauwerk zu versehen, sie zu geien, zu reffen und auf alle Art zu regieren und zu handhaben.« *(Reich, K.; Pagel, M.: Himmelsbesen über weißen Hunden)*.

Für das Arbeiten mit Tauwerk und Segeln brauchten die Matrosen nur wenige und einfache Werkzeuge und daran hat sich bis heute kaum etwas geändert, obwohl man immer mehr Tauwerk und auch Segel aus pflegeleichtem Kunststoff auf den Schiffen findet. Am häufigsten benutzt werden der Marlspieker und das Bordmesser sowie Kleedkeule, Takelgarn, Segelhandschuh und Segelnadeln. Der Marlspieker ist ein konisch zulaufender Dorn aus Eisen oder Hartholz. Er ist ein sehr vielseitiges und nützliches Werkzeug, mit dem man zum Beispiel Knoten lockern und beim Spleißen die einzelnen Kardeele anheben kann. Beim Arbeiten mit Drahttauwerk benutzt man einen speziellen, sehr schlanken Marlspieker mit Hohlkehle. Zum Bearbeiten von dickem Tauwerk braucht man einen großen, hölzernen Marlspieker, Fitt genannt. Zum Abschneiden von Enden benutzt man ein Messer. Ein gutes Bordmesser hat eine breite, scharfe Klinge aus gehärtetem Klingenstahl, einen geraden Messerrücken und ein sicher in der Hand liegendes Heft. Zum Schleifen dient ein kleiner Wetzstein oder sehr feines Schleifpapier. Damit die Klinge nicht rostet oder anläuft, wird sie poliert oder leicht eingefettet. Um Verletzungen vorzubeugen, stecken Marlspieker und Messer in einer Scheide aus dickem Leder, solange sie nicht benutzt werden. Zum Nähen von Segeltuch und zur Anfertigung von genähten Taklingen braucht man Segelgarn, -nadeln und einen -handschuh. Segelnadeln gibt es in verschiedenen Stärken und Größen. Ihre Verwendung richtet sich nach der Dicke des Segelgarns und dieses wiederum nach der Stärke des Segeltuchs oder Tauwerks, das bearbeitet wird. Segelnadeln haben eine dreikantige Spitze. Sind sie aus nicht rostfreiem Material, werden sie in Talg aufbewahrt. Der Segelhandschuh ist der »Fingerhut« des Segelmachers und hat die Form eines Handschuhs ohne Finger. Er ist aus Leder und hat in der Handfläche über dem Daumenballen eine wie ein Waffeleisen geriffelte Metallplatte, mit der man die Nadel durch das Tuch drückt. Segelhandschuhe gibt es für die rechte und die linke Hand. Das Werkzeug zum Bearbeiten von Segeltuch wird in einem Segeltuchbeutel aufbewahrt, der früher »Keffbüdel« hieß.

Takelgarn, ursprünglich besonders an der Nordseeküste auch Hüsing genannt, wird aus Flachs, Hanf oder Kunstfaser gesponnen und zu zwei- oder dreikardeeligem Garn gedreht. Je nach Verwendungszweck liegt die Stärke zwischen einem halben und drei Millimetern. Takelgarn wird zum Segelnähen und zum Anbringen von Taklingen gebraucht. Meist wird es vor dem Gebrauch gewachst, um es geschmeidiger und widerstandsfähiger zu machen.

Zum Kleeden, d. h. zum festen Umwickeln von Tauwerk mit Schiemannsgarn, benutzt man ein besonderes Werkzeug, die sog. Kleedkeule. Sie ist aus Hartholz und ist in ihrer Größe der Stärke des zu kleedenden Endes angepasst. Sie hat eine Form ähnlich einem kleinen Hammer mit einer halbrunden Einkerbung zur Führung auf dem Tauwerk und einem Stiel, um den das Kleedgut, wie z. B. geteertes Hüsing oder Marlleine, herumgenommen wird. Oft ist die Kleedkeule durch eine am Stiel befestigte Haspel ergänzt, die das Kleedgut hält, so dass es nicht umständlich bei jedem Törn um das zu kleedende Tauwerk herumgereicht werden muss. Die Kleedkeule gewährleistet bei richtiger Bedienung, dass Törn an Törn ohne Zwischenraum nebeneinander zu liegen kommt, jeder Törn gleichmäßig und gut steif geholt ist und regelmäßig liegt.

Das Wort vom »Seemannsgarn spinnen«, all jener Erzählungen, die irgendwo zwischen Tatsachen und Phantasie angesiedelt sind, hat seinen Ursprung darin, dass das Schiemannsgarn-Spinnen, also das Herstellen dieses Garns aus altem Tauwerk, meist eine reine »Schönwetterbeschäftigung« war. Die Arbeit war langweilig und deshalb wurde eben nebenbei viel erzählt über alles Mögliche, das die Matrosen im Laufe ihrer Fahrenszeit schon erlebt hatten. Gewürzt wurden die Geschichten mit vielen abenteuerlichen und humorigen Ausschmückungen. Irgendwann wurde das Erzählen zur Hauptsache, die Arbeit zur Nebensache, bis man schließlich mit dem Begriff »Schiemannsgarn (oder Seemannsgarn) spinnen« nur noch das Erzählen selbst bezeichnete.

Knoten

Zu den ersten Dingen, die ein zukünftiger Seemann lernen muss, wenn er an Bord kommt, gehören die zahlreichen Knoten. Die wichtigsten Knoten sollte er dabei sowohl mit der rechten als auch mit der linken Hand, am Tage wie in der dunkelsten Nacht anfertigen und lösen können.

Die meisten Knoten, die sich im Laufe der Zeit aus den speziellen Erfordernissen eines Segelschiffes entwickelt haben, haben drei Eigenschaften: Sie sind einfach und schnell zu knüpfen, sie halten sicher unter Last und sind dennoch leicht zu lösen, sobald der Zug auf den Knoten nachlässt.

Viele Gebrauchsknoten enden mit dem Wort »stek«. Es steht als niederdeutsche Form für den Begriff »Stich«. Stiche wurden ursprünglich alle jene Verschlingungen eines oder mehrerer Taue genannt, bei denen das Tau nicht in seine einzelnen Kardeele oder Stränge aufgedreht zu werden brauchte, wie es z. B. bei einem Spleiß der Fall ist. Ein Stich wurde immer so gebunden, dass er leicht wieder aufgemacht werden konnte, während ein Knoten fest

Eine beliebte Beschäftigung in der Freiwache war das Anfertigen kunstvoller Knotenbretter.

zugezogen wurde. Heute hat sich allgemein der Begriff »Knoten« durchgesetzt und der Begriff Stek findet sich nur noch als Wortendung.

Die wichtigsten Knoten auf einem Segelschiff sind (Grafik 21):

- *Überhandknoten*: Ein Überhandknoten ist das, was man an Land gewöhnlich unter einem »Knoten« versteht. Ein einzelner Überhandknoten kommt in der Praxis nur beim Langspleiß vor. Im Gegensatz zum Achtknoten kann er sich so fest zusammenziehen, dass er nicht mehr zu lösen ist.
- *Webeleinenstek*: Der Webeleinenstek besteht aus zwei Törns, die sich gegenseitig bekneifen. Dieser Knoten dient als Festmacherknoten und wird sehr häufig um Rundhölzer, Poller usw. gelegt. Bei rechtsgeschlagenem Tauwerk werden die Törns auch rechtsherum gelegt. Mit dem Webeleinenstek werden gewöhnlich die Webeleinen an den mittleren Wanten befestigt, daher sein Name. Der Knoten kann mit einem halben Schlag um die feste Part zusätzlich gesichert werden. Er hält sicher unter Last, lässt sich aber leicht wieder lösen, sobald der Zug nachlässt.
- *Webeleinenstek mit Slipstek*: Bildet man das Ende des Webeleinensteks als slipbare Bucht, ist dieser Knoten noch einfacher zu lösen. Deshalb wird er häufig beim Beschlagen der Segel verwendet.
- *Stopperstek*: Der Stopperstek dient zum Abstoppen eines Endes, auf dem Kraft steht. Er wird auf großen Schiffen immer benutzt, bevor z. B. eine Schot, ein Rahfall oder dergleichen nach dem Dichtholen belegt wird. Außerdem dient er der Befestigung von Leinen an runden Gegenständen bei seitlichem Zug.
- *Achtknoten*: Der Achtknoten dient zum Griffigermachen eines Endes. Er ist dicker als ein normaler Knoten und beugt deshalb dem Ausscheren eines Endes besser vor. Auch wenn er fest zugezogen ist, lässt er sich meist relativ leicht wieder lösen.
- *Kreuzknoten*: Der Kreuzknoten verbindet zwei Enden gleicher Stärke. Er besteht aus zwei Überhandschlägen. Dieser Knoten kann sich sehr fest zusammenziehen, ist aber zu lösen, indem man eines der Enden scharf entgegen seiner normalen Richtung zieht. Bei glattem Tauwerk empfiehlt es sich, den Kreuzknoten auf jeder Seite durch einen oder mehrere halbe Schläge zu sichern.
- *Kreuzknoten mit Slipstek*: Dieser Knoten ergibt sich aus dem normalen Kreuzknoten, wenn einer der beiden Tampen als Schlaufe zurückgesteckt wird. Er ist schnell und leicht zu lösen und dient zum vorübergehenden, aber dennoch sicheren Festbinden von Teilen. Auch Beschlagzeisinge werden oft mit diesem Knoten gebunden. Der Kreuzknoten kann zusätzlich beidseitig mit einem Slipstek versehen werden; man erhält dann eine gewöhnliche »Schleife«.
- *Schotstek*: Der Schotstek verbindet zwei verschieden starke Enden miteinander. Damit er sich fest bekneifen kann, ist es wichtig, dass das jeweils dickere Ende die Bucht und das dünnere Ende den Stek bildet.
- *Doppelter Schotstek*: Dieser Knoten unterscheidet sich von dem einfachen Schotstek nur dadurch, dass man zwei Törns um das Auge nimmt. Er wird verwendet, wenn viel Kraft auf den Knoten kommt. Genau wie auch der einfache Schotstek dient dieser Knoten auch zur Befestigung von Leinen an Kauschen, Kettengliedern und Ähnlichem.
- *Halber Schlag*: Der halbe Schlag dient wie der Achtknoten zum Griffigermachen eines Endes und verhindert (in Maßen) das Ausscheren eines Endes. Ist er fest gezogen und noch dazu nass, lässt er sich nur schwer wieder lösen. Mit einem halben Schlag kann man jeden Knoten zusätzlich sichern.
- *Zwei halbe Schläge*: Zwei halbe Schläge dienen zum Festmachen für kurze Zeit, wenn nicht viel Kraft auf das Ende kommt, weil der Knoten sich sonst zu fest zusammenzieht.
- *Rundtörn mit zwei halben Schlägen*: Der Rundtörn vor den halben Schlägen verhindert, dass sich der Knoten zu fest zusammenzieht.
- *Slipstek*: Dieser Knoten wird gebildet, indem eine slipbare Bucht unter einen Rundtörn gesteckt wird. Viele Knoten lassen sich mit einem Slipstek beenden, indem ihr loses Ende als Bucht ausgebildet wird.
- *Verkürzungsstek* oder *Trompetenstek*: Dieser Knoten dient zum Verkürzen eines Endes. Er hält nur, solange Kraft auf ihm steht.
- *Laufender Palstek*: Mit Hilfe eines laufendes Palsteks kann ein sich zuziehendes oder sog. laufendes Auge gebildet werden.
- *Palstek*: Der Palstek bildet in einem Ende ein Auge, das sich nicht zuziehen kann. Besonders bei glattem Tauwerk kann der Knoten zusätzlich durch einen halben

Grafik 21:
Wichtige Knoten

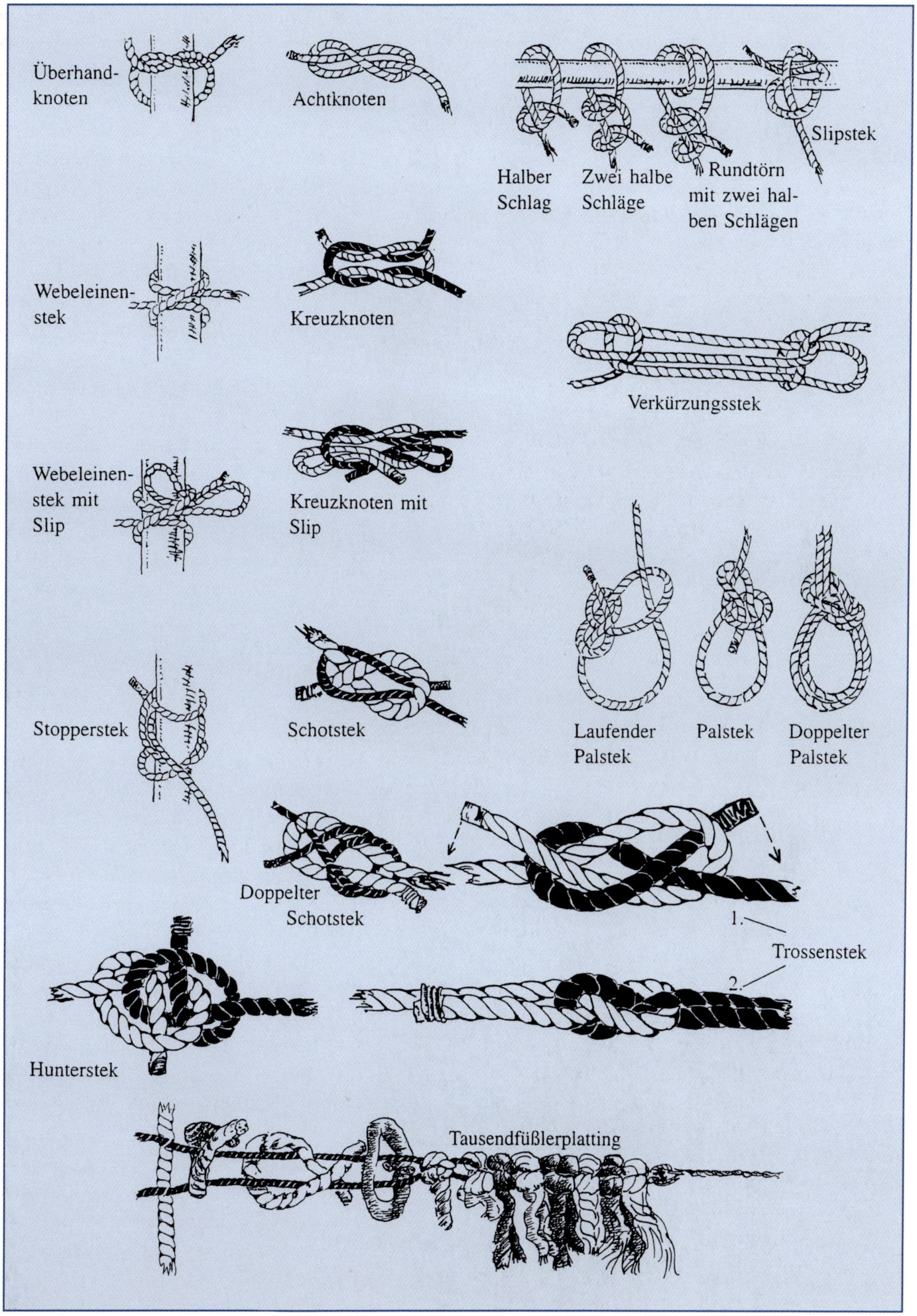

Schlag gesichert werden. Ein Palstek wird geöffnet, indem der stehende Part scharf zur Bucht zurückgebogen wird.

- *Doppelter Palstek*: Diese Variante des Palsteks wird in ein doppelt genommenes Ende gesteckt. Er hat die gleichen Eigenschaften wie der einfache Palstek. Der doppelte Palstek kann z. B. als provisorischer Bootsmannsstuhl genommen werden: das äußere Auge dient als Sitz, das innere als Rückenlehne.

- *Hunterstek*: Die herausragende Eigenschaft des von der ehrwürdigen englischen Tageszeitung »Times« als Sensation gepriesenen Huntersteks ist, dass er Tauenden verschiedenster Stärke und unterschiedlichster Materialien genauso sicher verbindet wie gleichartiges Tauwerk. Er stammt nicht wie viele andere Knoten aus der großen Zeit der Segelschiffe, sondern wurde erst 1978 von dem ehemaligen englischen Missionar und Schiffsarzt Edward Hunter erfunden.
- *Trossenstek*: Der Trossenstek dient zum Verbinden schwerer Trossen. Damit er sicher hält, müssen die Tampen immer an ihre jeweilige stehende Part gebändselt werden. Der Stek lässt sich leicht wieder lösen, indem die Bändsel gelöst werden.
- *Tausendfüßlerplatting*: Sog. Plattings stellen ein plattes Geflecht dar. Sie dienen zur Bekleidung der Taue an Stellen, wo sie besonderen Schutzes bedürfen oder wo Segel an ihnen schamfilen, wie z. B. an den Verspannungen der Masten oder den Toppnanten. Besonders guten Schutz bieten die Tausendfüßlerplattings. Sie werden aus Tauwerksresten angefertigt.

Spleiße

Spleißen nennt man die Verflechtung der einzelnen Kardeele eines Endes entweder mit denen eines anderen Endes oder mit dem eigenen Ende (Grafik 22). Wenn der Spleiß fachgerecht ausgeführt wird, ist die Verbindungsstelle fast unsichtbar und das Tau ist auch nicht geschwächt, da die verflochtenen Kardeele mit größer werdendem Zug stärker zusammengedrückt werden.

- *Langspleiß*: Ein Langspleiß wird gemacht, wenn zwei gleich dicke Enden ohne wesentliche Veränderung des Durchmessers miteinander verbunden werden sollen. Gebrochenes laufendes Gut wird z. B. immer mit einem Langspleiß wieder zusammengefügt, weil es meist durch Blöcke, Augbolzen oder dergleichen läuft und deshalb die gespleißte Stelle nicht wesentlich dicker als das Ende selbst sein darf. Zur Erhöhung der Haltbarkeit kann der Spleiß geteert werden.
- *Kurzspleiß*: Ist es gleichgültig, ob die Verbindungsstelle dicker ist als das Ende selbst, so genügt zum Verbinden zweier Leinen ein Kurzspleiß.
- *Augspleiß*: Ist an einem Ende ein Auge nötig, z. B. zum Einschäkeln in einen Augbolzen oder in einen Block, wird

Grafik 22: Arbeiten mit Tauwerk und Segeltuch

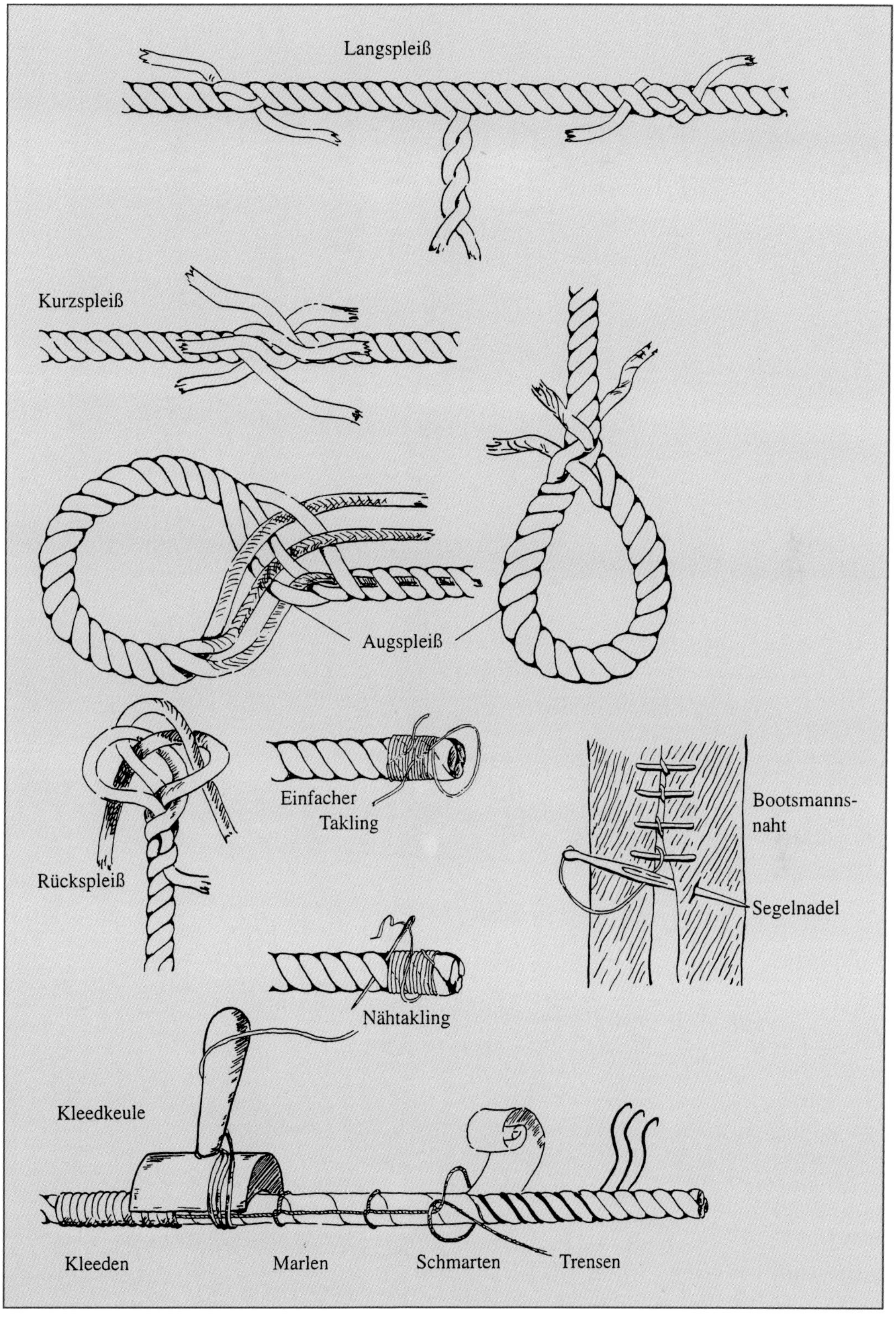

Links: Tausendfüßlerplattings, in mühevoller Arbeit aus Tauwerkresten geknüpft, schützen die Segel vor dem Schamfilen an der Verstagung.

Spleißen einer Pardune auf der *Magdalene Vinnen.*

Unten: Bekleeden eines Drahtseils.

ein Augspleiß gemacht. Fast immer wird der Augspleiß um eine Kausch gearbeitet. Auf diese Weise soll verhindert werden, dass er durchscheuert.

- *Rückspleiß, Kronenspleiß* oder *spanischer Takling*: Bei diesem Spleiß werden die Kardeele in dem Ende selbst zurückgespleißt, sodass ein sauberer Abschluss des Endes mit einer leichten Verdickung entsteht. Der Rückspleiß kann deshalb als Ersatz für einen Takling gemacht werden.

Taklinge

Alle losen Tampen des laufendes Gutes an Bord eines Schiffes werden mit einem Takling versehen, d. h. mit Segelgarn umwickelt (Grafik 22). Auf diese Weise soll verhindert werden, dass sich das Ende aufdreht und dadurch unbrauchbar wird. Die Breite des Taklings entspricht im Allgemeinen dem Durchmesser der Leine. Auf sehr dicke Enden werden zwei Taklings gesetzt; ihr Abstand soll ungefähr doppelte Taklingsbreite betragen. Feuchte Enden dürfen nicht getakelt werden, da sie sich beim Trocknen zusammenziehen und der Takling dadurch Lose bekommt. Jeder Törn des Taklings muss fest angeholt werden. Um zu verhindern, dass der Takling sich dennoch löst, wird er meist zusätzlich benäht. Dabei liegt das fest durchgeholte Garn genau in den Keepen, den Rillen zwischen den Kardeelen.

Trensen, Schmarten, Kleeden und Marlen

Das Tauwerk mit seinen Hunderten von laufenden Metern ist an Bord einer ständigen Belastung ausgesetzt. Nach vielen Tagen schwersten Sturms schreibt Hauser von seiner Reise mit der *Pamir*: »Über einen Kilometer neues Tauwerk haben wir der *Pamir* im Passat in die Takelage eingeschoren und eingespleißt. Die harten festen Fasern krachten bei der Arbeit, so neu waren sie. Schön gelb waren sie in ihrer Naturfarbe oder braun, in Teer getaucht. Jetzt sehen alle Taue wie abgemagert aus, so stark sind sie gereckt. Zerfasert sind sie, zerrieben in den Blöcken und an den Nagelbänken. Dreht man die Kardeele auseinander, fallen sie schlaff wie tote Schlangen.« *(Hauser, H.: Pamir. Die letzten Segelschiffe).*

Zum Teil kann man dieser drohenden Verwitterung entgegenwirken, indem man das Tauwerk als besonderen Schutz gegen Wind und Wetter kleedet, d. h. dicht an dicht mit getränktem oder ungetränktem Garn umwickelt (Grafik 22). Dieses wird besonders bei stehendem, seltener bei laufendem Gut gemacht. Als Vorbereitung wird das Gut auf Reck gesetzt und dann getrenst. Ein Ende trensen heißt, seine Keepen mit dünnem Garn ausfüllen. Dieses hat den Zweck, ein Schamfilen der Kardeele untereinander zu verhindern. Außerdem ist ein festeres Bekleeden des Endes möglich, wenn man den Querschnitt des Taues der Kreisform annähert.

Nach dem Trensen wird das Tau gleichmäßig fest, und ohne dass ein Zwischenraum zwischen den einzelnen Törns entsteht, mit Schiemannsgarn umwickelt. Das ist Garn, das aus zwei bis drei Kabelgarnen zusammengedreht ist. Dieses Kleeden wird immer gegen den Schlag des Taues ausgeführt.

Da in ein getrenstes und bekleedetes Ende eventuell eingedrungenes Wasser nur sehr schlecht verdunstet und das Tauwerk deswegen leicht fault, wird das Tau vor dem Kleeden oft zusätzlich geschmartet: Es wird in der gleichen Drehrichtung wie das Tau selber mit langen, geteerten Segeltuchstreifen mit Überlappung umwickelt. Danach wird das Tau gemarlt, d. h. die Schmarting wird durch Segel- oder Takelgarn mit speziellen Knoten, sog. Marlschlägen, festgehalten. Als letztes wird das Tau dann bekleedet. Ein so behandeltes Tau kann schließlich zusätzlich zum Schutz gegen Nässe und Verrottung gelabsalbt werden. Dabei wird die Wicklung traditionell mit einer Mischung aus Holzteer und Teerfirnis oder Stockholm-Teer, Leinöl und Lampenschwarz bestrichen. Ein Seemann erzählt von dieser Arbeit: »Aber am unangenehmsten für den Matrosen ist das Labsalben. Der Ausdruck hört sich gar nicht schlecht an, aber die Arbeit ist desto schlechter. Man muss sich vorstellen, was Labsalen ist. Jeder Mast hat zwei Toppsgäste, eine für die Backbordseite und einen für die Steuerbordseite. Die Wanten, sowie die Taue sind im Laufe der Zeit nicht mehr schwarz geblieben, sondern grau von Salzwasser. Mit solchen Wanten und Tauen kann das Schiff nicht in den Hafen einlaufen. Deshalb bekommt jeder Toppsgast eine Teerpütz in die Hand gedrückt, dann besorgt er sich einen abgeschnittenen wollenen Strumpf, den er über die Hand streift, oder einen Ballen Werg und so muss er nun tagelang Wanten und Taue von oben bis unten schwärzen. Anstrengend ist die Arbeit nicht, – das Schiff läuft auch piksauber in den Hafen ein – aber die Hände des Matrosen sind und bleiben tiefschwarz. Er mag anwenden, was er will, er bekommt die Teerfarbe von den Händen nicht wieder herunter, ehe es an Land geht, und die jungen Mädchen an Land lieben es nicht, mit derartigen Händen umarmt zu werden, was der Matrose doch allzugern tut.« *(Herjett, C.: Durch Passate und Taifune).*

Segelnähte und -flicken

Die Segel als »Hauptantriebsanlage« stellten das wertvollste Gut eines Tiefwassersegels dar. Ein vollständiger Satz neuer Segel, auch Stell genannt, verkörperte einen beträchtlichen finanziellen Wert und dementsprechend sorgsam wurde normalerweise damit umgegangen. So wurden neue und widerstandsfähige Segel aus ökonomischen Gesichtspunkten geschont und der Fahrt in Schlechtwettergebieten vorbehalten. Heinrich Hauser beschreibt, welchen Belastungen die Segel auf einer Reise rund Kap Hoorn ausgesetzt waren: »*Pamir* ist müde. Seit sechzehn Tagen stehen die Segel unter dem Druck der Stürme. Ihr Tuch ist ausgereckt, jeder Faden darin mürbe geworden. Jeder Sturm hat mindestens achtzehn Stunden gedauert, mancher dreißig, vierzig Stunden. Dann folgte eine kurze Windstille, in der die Segel schlugen, was sie noch mehr zermürbte. Und wieder ein Sturm ... Seit sechzehn Tagen sitzt die Nässe im Tuch. Ein Segel ist aus organischen Fasern gemacht, ein lebendes Ding. Es kann sich wieder erholen, wenn es zur Ruhe kommt, wenn die gereckten Fasern sich zusammenziehen können, wenn es gefaltet in der Segelkoje liegt und die Hand des Segelmachers mit Nadel und Faden darüber hinweggeht. Aber wenn man ihm niemals Erholung gönnt, dann macht es eines Tages nicht mehr mit und springt aus den Lieken« *(Hauser, H.: Pamir. Die letzten Segelschiffe).*

Um den Segeln eben diese Pause zu gönnen und sie zu schonen, war es üblich, in den Schönwetterzonen des Passatwindes und dem dazwischenliegenden Gebiet der windstillen Kalmen ältere und abgenutzte Segel zu fahren, eben die »Passatsegel«. Die neuen Segel wurden getrock-

Im Passat wurde ein Teil der Mannschaft abgeordnet, dem Segelmacher beim Nähen neuer Segel und dem Reparieren der alten zu helfen.

net, sorgfältig zusammengelegt, »aufgetucht« wie man sagt, und verschwanden in der Segelkoje, die Passatsegel wurden angeschlagen. Aber auch diese ältere Garnitur Segel wurde unter einem verantwortungsvollen Kapitän so pfleglich wie möglich behandelt, wusste man doch vorher nie, in welch ernsten Situationen man auch diese Segel noch einmal gebrauchen würde. Also wurden sie genauso wie die im Sturm oft in Fetzen fliegenden Schlechtwettersegel immer wieder geflickt und genäht.

Im Segelnähen steckt ebenso viel Kunstfertigkeit wie in einer komplizierten Handarbeit. Das Tuch ist dick, schwer und meist außerordentlich hart. Damit es bei der Arbeit straff sitzt und nicht verrutscht, schiebt man es auf der einen Seite unter sich, oder man bindet es mit einer Art Angelhaken und Leine fest. Man näht mit doppeltem Segelgarn, das vor der Arbeit oft in Teer getaucht oder durch einen Wachsblock gezogen wird. Das Garn ist so strapazierfähig, dass es auch stärksten Belastungen gewachsen ist. Hier die gebräuchlichsten Techniken der Segelreparatur:

- Kleinere Risse im Segeltuch werden mit einer Rundnaht geschlossen. Dazu werden die beiden Ränder des Risses eng zusammengelegt und übernäht. Die Stiche sollen gleichmäßig lang sein und dürfen nicht zu fest angezogen werden, da sie sonst das Tuch zerreißen. Zu lange, eilige Stiche nennt man »homeward-bound stiches«, so wie ein Schiff auf der Heimreise es eilig hat, nach Hause zu kommen.
  Für schweres Tuch und längere Risse eignet sich besser die sog. Bootsmannsnaht (Grafik 22), da sie im Gegensatz zur Rundnaht keine Falte bildet. Eine Bootsmannsnaht beginnt man etwa einen Zentimeter vor Beginn des Risses. Ist das Tuch schon alt, müssen unter Umständen die Stiche in der Länge wechseln, um die Beanspruchung besser zu verteilen. Bei der Bootsmannsnaht werden Anfang und Ende des Garns unter die ersten bzw. letzten Stiche gelegt.
- Größere Löcher oder dünn gescheuerte Stellen werden durch Aufsetzen eines Flickens repariert. Dieser wird so angepasst, dass seine Kettfäden in der gleichen Richtung wie die des Segels verlaufen. Die Flickenränder werden umgelegt und glattgefalzt, die Ecken werden diagonal eingeschnitten, damit das Material dort nicht zu dick liegt. Dann wird der Flicken angehalten und seine Lage ringsherum mit einem Strich auf dem Segel markiert. Der Flickenrand wird mit einer Plattnaht auf das Segel genäht, danach das Segel umgedreht und der beschädigte Teil des Segeltuchs herausgeschnitten. Dabei wird an jeder Ecke ein kleiner Schnitt gemacht, sodass die Ränder untergefaltet werden können. Der so gebildete Saum wird jetzt seinerseits mit einer Plattnaht an den Flicken genäht.

5. Die Technik des Segelns

Segeln bedeutet einfach ein Schiff fortzubewegen, indem man »den Wind auf die Segel wirken lässt«. Zur Kunst aber wird das Segeln, wenn der Schiffsführer es versteht, diesen Wind so gut zu nutzen, dass er sein Schiff auf allen Kursen, die die Windrichtung und die Takelung zulassen, mit möglichst hoher Geschwindigkeit vorantreibt.

Die Anfänge des Segelns verlieren sich im Dunkel der Frühzeit. Wir wissen nur, dass der Mensch zu seiner Fortbewegung ein Mittel nutzte, das die Natur ihm aus erster Hand bot. So segelte der Mensch vor dem unsichtbaren Wind dahin und bediente sich der gleichen Kraft, die auch das Aussehen des Meeres formte und ihm oft das Leben schwer machte, wenn es im Sturm mit haushohen Wellen über das Schiff herfiel. Aus dieser frei über das Meer

Die russische Viermastbark *Sedov* mit teilweise aufgegeiten Segeln.

wehenden Windkraft wuchs dem Menschen das Segeln zu. Die Männer, die die Schiffe führten, verstanden es über die Jahrhunderte immer besser, die Kräfte des Windes zu nutzen, bis schließlich die hohe Kunst des Segelns in den herausragenden Kapitänen der großen rahgetakelten Frachtsegler und ihrer Mannschaften ihre Perfektion fand.

Kapitän Miethe, einer der ganz großen Kapitäne, erzählte von einem haarsträubenden Manöver, das er mit der *Pitlochry*, einer großen stählernen Viermastbark der Flying P-Line gefahren hat. Die *Pitlochry* war für ihre besondere Handigkeit unter Segeln bekannt, »sie hörte auf den Wind«. Kapitän Miethe wagte, was keiner vor ihm und keiner nach ihm wagte: Mit nur einer Schiffslänge Abstand von der Hafenmole, die dichtgedrängt voller Menschen stand, warf er sein Schiff in einer Wende herum. »Die Menschenmenge brach in Hochrufe aus bei diesem überraschenden Schaustück vollendeter Seemannschaft, von der auch der Laie hingerissen sein musste«, schreibt A. Villiers und selbst Miethe sagte: »So was erlebt man nur einmal.« *(Villiers, A.: Kap Hoorn)*. Die Menschen der heutigen Zeit werden solche Husarenstücke gar nicht mehr zu sehen bekommen, denn mit dem Untergang der Windjammer wird auch die hohe Kunst, sie zu segeln, unweigerlich untergehen.

Bedienung der Segel

Obwohl beim Segelsetzen und -bergen fast das gesamte laufende Gut eines Segelschiffes in Aktion tritt, ist der Ablauf einfach, und eine gut aufeinander eingespielte Mannschaft braucht nur wenig Zeit, um diese Manöver auszuführen.

Beim Setzen der Segel wird meist eine bestimmte Reihenfolge eingehalten. So werden die Rahsegel normalerweise von unten nach oben gesetzt, ausgenommen die großen Untersegel, die oft erst nach den Obermarssegeln gesetzt werden. Bei einem Schiff mit sechs Rahsegeln an jedem vollgetakelten Mast ist die Reihenfolge also z. B.: Untermarssegel, Obermarssegel, Untersegel, Unterbramsegel, Oberbramsegel und Royalsegel. Wie man sich vorstellen kann, werden auch die Schratsegel üblicherweise von unten nach oben gesetzt.

Das Bergen der Segel geschieht in umgekehrter Reihenfolge, d. h. normalerweise werden bei zunehmendem Wind die oberen Rahsegel und die oberen Stagsegel zuerst weggenommen, um die Hebelwirkung des zunehmenden Winddruckes zu vermindern. Die oberen Segel lassen das Schiff nämlich bei viel Wind nur unnötig krängen, ohne wirklich die Geschwindigkeit zu erhöhen. Die Untersegel können zu jeder Zeit geborgen werden, doch ist es üblich, sie nicht als letzte wegzunehmen, denn sie sind aufgrund ihrer Größe zu unhandlich. Sie werden deswegen bei zunehmendem Wind meist noch vor den Marssegeln geborgen.

Ob die Segel an allen Masten zur gleichen Zeit gesetzt und geborgen werden, hängt nicht nur von den Wetterverhältnissen und der Erfahrung der Mannschaft, sondern natürlich auch von deren Größe ab. Früher zwang die immer stärker werdende Konkurrenz der Dampfer die Reedereien ihre Segler immer öfter mit bedenklich kleinen Mannschaften zu fahren. So berichtet Elis Karlsson von einer langen Reise mit der Bark *Herzogin Cecilie*. Mit einer Mannschaft von nur 19 Leuten, den Kapitän und den Steward eingeschlossen, habe sie für die Strecke von Port Lincoln in Australien bis nach Falmouth in England nur 139 Tage benötigt. Man kann sich auch heute noch leicht vorstellen, was es bedeutete, mit so wenigen Leuten dieses große Schiff von über 100 Metern Länge zu bedienen.

Die meisten Manöver wurden mit allen Männern, eben »all hands«, gefahren und an den einzelnen Masten musste bei schlechtem Wetter notgedrungen nacheinander gearbeitet werden. Das bedeutete, dass die Crew oft stundenlang mit dem Setzen, oder wie hier, Bergen der Segel zu tun hatte und so um ihre eh' klägliche Freiwache gebracht wurde. Auf dem Weg zum Kap Hoorn beschreibt der Seemann Karlsson die Strapazen, die die kleine Mannschaft zu ertragen hatte. Hier ein Ausschnitt aus seinen Tagebuchaufzeichnungen:

»Es wird immer kälter. Wir haben sehr wenig Mann, nur sieben auf der Wache. All right, wenn das Wetter gut ist, aber bei Schlechtwetter verdienen wir unsere 10 Pfund wirklich. ... Das Wetter war in letzter Zeit sehr unsicher. Mittwoch nachts, als wir auf Wache kamen, begannen wir das Groß-Oberbramsegel wegzufieren. Während wir damit beschäftigt waren, rauschte die Schot des Groß-Obermarssegels aus. Das Segel riss und ging halb in Fetzen. Wir holten beide Bramsegel ein, sowie das Kreuzoberbramsegel. Die meisten von uns wurden hochgeschickt, zu retten was vom Groß-Obermarssegel übriggeblieben war, die Luvhälfte war noch fast ganz. Ich rannte die Rah nach

Unter sich nur das glitzernde Wasser ist hoch oben auf den Rahen der schönste Arbeitsplatz.

Luv hinaus und merkte, dass nur 'Hombre' der Peruaner, neben mir war. Alle anderen waren auf der Leeseite. Ich versuchte zu schreien, aber der Wind erstickte jeden Laut. Ich setzte mich auf das Fußpferd, mich mit festem Griff am Handpferd haltend, und wartete auf die anderen. Der Bauch des Segels stand horizontal wie ein fliegender Teppich, schlug über der Rahnock hin und her und hämmerte mir von oben auf Kopf und Hände, von unten auf Füße und Beine. Die Nock schwankte und schüttelte sich, als wollte sie sich vom Mast lösen. Nach einer Weile hatte ich genug und kroch zurück zum Mast, erwischte den Segelmacher und schlug vor, dass wir alle nach Luv hinausgingen. »Nutzlos, es ohne Bauchgording zu versuchen«, sagte er. »Da kommt niemand hin. Wenn du kannst, schneid es ab.« Ich kehrte zur Nock zurück, Wind und Regen schlugen mir ins Gesicht, so dass ich kaum etwas sah. Meinen Südwester hatte mir das Segel schon früher weggerissen. Ich hatte begonnen, das Segel abzuschneiden, als der zweite Offizier von unten kam und die anderen herausjagte. Endlich war das Segel unter Kontrolle. Als wir wieder an Deck waren, befahl man uns, die Vorbramsegel wegzunehmen. Der Verlust meines Südwesters war peinlich, da die Brecher über das Deck schlugen und ich bei der Gischt, die mir ins Gesicht peitschte, kaum etwas sehen konnte. Nachher machten wir das Kreuz-Unterbramsegel fest, und dann übernahmen Mattsson und ich das Ruder. Das war aber kaum geschehen, als der Offizier ankam, Bill ans Ruder stellte und mich den Fockmast hinaufschickte, um Malmgren und Fred zu helfen, die sich mit dem Bramsegel abmühten. Als wir da fertig waren, gingen wir tiefer, ans Obermarssegel. Es hatte einen Riss. Häggström und ich kletterten zur Luvnock hinaus und brachten die Reste des Segels herein. Es war 11 Uhr nachts, als wir endlich zur Ruhe kamen. Am Tag danach schlugen wir neue Marssegel und Vorbramsegel an, setzten die Royals und reinigten das Deck. Wie man sieht, waren wir beschäftigt ... Da wir so wenig Mann waren, war eine Wache nicht imstande, die Rahen vierkant zu brassen. Wir mussten die unteren Brassen mit dem Gangspill bedienen, um sie durchzuholen, dann zu den übrigen Brassen laufen und sie steifsetzen, so gut es ging, danach zurück zum Spill und so weiter, bis das Manöver beendet war. Zeitweise brauchte das Schiff zwei Mann am Ruder. Je nachdem, ob der Wind heftiger wurde oder nachließ, wurden Segel eingeholt oder gesetzt, und so blieb keine Zeit zum Überholen des Gutes, nur das Allernötigste konnte gemacht werden.« *(Karlsson, E.: Die See Mein Leben)*. Aber – allen Strapazen zum Trotz – sie schafften es und als sie endlich in Hamburg ankamen, fühlten sie sich als Götter. Sie waren »Übermenschen, die das beste Schiff der Welt um Kap Hoorn gesegelt hatten, mit nur 19 Mann«.

Heute, da die meisten rahgetakelten Großsegler als Schulschiffe im Dienst ihrer Nation fahren, herrscht an Crew gewöhnlich kein Mangel. Die Reisen können monatelang vorher geplant und vorbereitet werden, sodass auch der Ausbildungsstand – wenn auch nicht die Erfahrung der Kadetten – gewöhnlich hoch ist. Die Schiffe stehen nicht mehr unter dem Druck, mit einer in letzter Minute angeheuerten und oft bunt zusammengewürfelten kleinen Crew auslaufen zu müssen, um Geld für ihre Reederei einzufahren. Wenn auf diesen Schulschiffen die Manöver wie Segelsetzen gefahren werden, wimmelt es gewöhnlich an Deck von Kadetten und an allen Masten entfalten sich die Segel gleichzeitig. Und beim Bergen machen sich die Bootsleute oft einen Spaß daraus, mit ihren Leuten die Segel des Mastes, der zu ihrer Wache gehört, als erstes geborgen zu haben. Die Zeiten, in denen sich ein Einzelner mit einem wild schlagenden Segel abmühen muss, sind vorbei.

Um immer einen ausgewogenen Ruderdruck zu haben und sicher zu sein, dass das Schiff auch und gerade in schwerer See und in Böen gut und zuverlässig zu manövrieren ist, werden die Segel in Abhängigkeit von der Stärke des Windes üblicherweise in bestimmten Gruppen gesetzt und im Allgemeinen auch in diesen geborgen. So gehören z. B. auf dem deutschen Schulschiff *Gorch Fock* folgende Segel zusammen:

1. Untermarssegel, Innenklüver, Unterbesan
2. Obermarssegel
3. Untersegel, Vorstengestagsegel
4. Bramsegel, Außenklüver, Großbramstagsegel, Besanstengestagsegel und oberer Besan
5. Royalsegel, Jager, Großroyalstagsegel, Besanbramstagsegel und Besantoppsegel.

Früher wurden sogar die verschiedenen Windstärken, gemessen nach der 1806 von dem irischen Seemann Francis Beautfort entwickelten und nach ihm benannten Skala, nach der Führung der Segel benannt. So galt bei Windstärke zwei: »Alle Segel können gesetzt werden, Fahrt etwa 2 Seemeilen pro Stunde.« Windstärke 8 bedeutete, »alle Segel außer Oberbramsegel, Royal und Bramsegel; Oberbramsegel gerefft.« Die Stufen waren nicht willkürlich gewählt, sondern es erfolgte – zumindest im oberen Bereich ab Windstärke 6 – ein systematisches Verkleinern der Segelfläche um jeweils ein Sechstel.

Setzen der Segel

Für die Leute vorm Mast ist das Setzen aller Segel auf einem großen Rahsegler, zumal bei viel Wind, schwere Arbeit. Auf einer Viermastbark sind es – verteilt auf drei Masten – allein 18 Rahsegel, die bedient werden müssen. Dazu kommen noch die vielen Schratsegel: die Vorsegel, die Stagsegel zwischen den Masten und alle Segel am Besanmast. Eine große Viermastbark mit insgesamt 34 Segeln besitzt allein bis zu 250 mit der Hand zu bedienende Taljen, Flaschenzüge, um die Kraft des Menschen zu vervielfachen. Wenn der Wind dreht oder der Kurs geändert werden muss, folgt manchmal ein Einsatz dem anderen an den Brassen, Schoten, Halsen, Fallen und Niederholern, um immer die günstigste Anzahl der Segel zu fahren und die beste Segelstellung zu erzielen. Aufkommender Sturm oder abflauender Wind fordert das Setzen, Bergen oder Beisetzen von Segeln. Zu den Zeiten als die Rahsegler noch in der Frachtsegelei ihr Auskommen finden mussten und die Zahl der Mannschaftsmitglieder im Vergleich zu heute oft genug verschwindend gering war, wurden die Segel manchmal wenigstens beim Auslaufen mit Hilfe von Dampfwinden gesetzt, falls diese »technische Neuerung« überhaupt an Bord war. Während man unterwegs war, musste man frisches Wasser und Kohlen sparen. Dann zählte nur die Kraft und Ausdauer der Matrosen, wenn es galt, das Schiff auf seiner Reise über die Weltmeere zum Laufen zu bringen. Heute ist die Energie kein Problem mehr, dennoch werden zumindest auf den Schulschiffen die Segel immer noch wie ehedem von Hand gesetzt. Nur auf den ausschließlich touristisch genutzten Neubauten, die nur auf große Entfernung noch Ähnlichkeit mit den Windjammern der Kauffahrtsegelei haben, wird diese Arbeit von automatischen Winden ausgeführt.

Beim Setzen der Segel müssen viele einzelne Schritte beachtet werden, die nur erfahrene Bootsleute kennen und beherrschen. Alles laufende Gut eines Segels und der dazugehörenden Rah ist beim Setzen und natürlich umgekehrt auch beim Bergen in Bewegung: Fallen, Schoten, Halsen, Gordinge, Geitaue, Toppnanten und Brassen. Trotzdem ist der Ablauf des Segelsetzens eigentlich ziemlich einfach und mit ein bisschen Gespür für das Zusammenspiel der Leinen und Segel ist er auch leicht zu durchschauen. Dennoch: Fehler haben meist fatale Folgen. Neben dem Erhalten der Manövrierfähigkeit des Schiffes ist es vor allen Dingen die Sorge um die wertvollen Segel, die die Seeleute die Manöver mit größter Umsicht ausführen lassen. Schon Anfang des 20. Jahrhunderts hat ein Satz neuer Segel für einen großen Viermaster ungefähr 25.000 bis 30.000 Mark und mehr gekostet, heute liegt der Preis leicht bei einer Million Mark.

Der Ablauf der einzelnen Arbeitsschritte ist immer so, dass zum einen keine unnötige Gefahr für die Mannschaft auftritt und zum anderen, dass die Segel unter keinen

Umständen unnötig schlagen, denn das Risiko, dass sie dabei reißen, ist groß. Der erste Schritt bei allen Manövern, egal ob Segel setzen oder bergen, wenden oder halsen, besteht darin, dass alle Leinen »klar« gemacht werden, also vorbereitet werden.

Bevor die Rahsegel gesetzt werden können, müssen die Beschlagzeisinge, mit denen die Segel auf den Rahen festgebunden sind, gelöst werden. Die Zeisinge sind kurze Bändsel oder Gurte, die mit ihrem einen Ende am vorderen Jackstag befestigt sind, von vorn nach hinten um das gepackte Segel gezurrt und am hinteren Jackstag belegt werden. Da das Brassen der Rahen ohne Segel meist einfacher ist, werden die Rahen vor dem Segelsetzen grob in die richtige Stellung gebrasst. Bevor anschließend die Leute aufentern, muss sichergestellt werden, dass die Brassen keine Lose haben und dass die beweglichen Rahen wirklich in ihren Toppnanten hängen. Auch alle Geitaue und Gordinge müssen durchgeholt sein, sonst kann das Segel unerwartet auswehen, wenn die Zeisinge gelöst werden, und es besteht die Gefahr, dass das Segel reißt oder dass jemand von dem schlagenden Tuch von der Rah geworfen wird, wenn es sich im selben Moment baucht, in dem es Wind fängt.

Bei leichtem Wetter und wenn genügend Zeit ist, reicht zum Loswerfen der Zeisinge ein Mann pro Raharm. Auf dem Weg zur Rahnock löst er die mit einem Slipstek festgeknoteten Zeisinge und auf dem Weg zurück zum Mast stößt er das Segel von der Rah. Bei mehr Wind müssen mehrere Leute auf jeder Rahseite auslegen, weil die Gefahr besteht, dass das Segel vom Wind im selben Moment von der Rah geweht wird, in dem der Zeising gelöst ist. Die restlichen Zeisinge werden dann durch das Gewicht des Segels u. U. so festgezogen, dass man sie abschneiden muss oder dass das Segel reißt. Sind endlich alle Zeisinge gelöst

An Deck der Viermastbark *Waglinde*: Die Dampfmaschine – »donkey«, Esel, genannt – erleichterte das Laden und Löschen der Ladung und manchmal auch das Segelsetzen.

und hängen in Vorkante der Rah, wird das Segel auf Kommando von allen gleichzeitig von der Rah gestoßen. Es hängt dann in seinem »Geschirr«, wie die Seeleute sagen. Bevor anschließend die Segel von Deck aus gesetzt werden, entern alle nieder. Bei den Rahen, die vor dem Heißen sehr eng zusammen sind, wie z. B. Unter- und Obermarsrah, wird immer zuerst das Segel der unteren Rah gelöst. Erst wenn alle Leute die Rah verlassen haben, darf das obere Segel gelöst werden. Die Gefahr wäre sonst zu groß, dass sie von dem schlagenden Segel der oberen Rah getroffen und an Deck oder in die See geworfen werden. Der Ablauf des Segelsetzens unterscheidet sich hinsichtlich der Bedienung des laufenden Gutes bei den festen Rahen und den beweglichen Rahen (Grafik 23).

Segel an festen Rahen werden gesetzt, indem sie durch Holen der Schoten zur nächst unteren Rah ausgespannt werden. Da die »Gegenspieler« der Schoten die Geitaue sind und der Bauch des Segel durch die verschiedenen Gordinge gehalten wird, müssen diese Leinen natürlich in dem gleichen Maße gefiert, wie die Schoten geholt werden. Da auf diesen Leinen beim Segelsetzen keine Last steht, kann man sie einfach loswerfen. Alle Gordinge und Geitaue müssen frei auslaufen können. Da sie an den Nagelbänken unmittelbar nebeneinander liegen, kann es leicht passieren, dass die Taurollen beim Abnehmen vom Belegnagel übereinander an Deck geworfen werden und sich dann beim Auslaufen untereinander zu einer hoffnungslosen Wuhling verknoten. Das kann zur Folge haben, dass das ganze Manöver des Segelsetzens misslingt, weil eine Leine bricht oder eine Schot nicht weiter geholt werden kann. Man kann sich leicht vorstellen, dass durch solch eine kleine Schlampigkeit oder Nachlässigkeit wirklich großer Schaden entstehen kann, wenn zum Beispiel ein nur halb gesetztes Segel im Wind schlägt und reißt. Die *Untersegel* werden gesetzt, indem man die

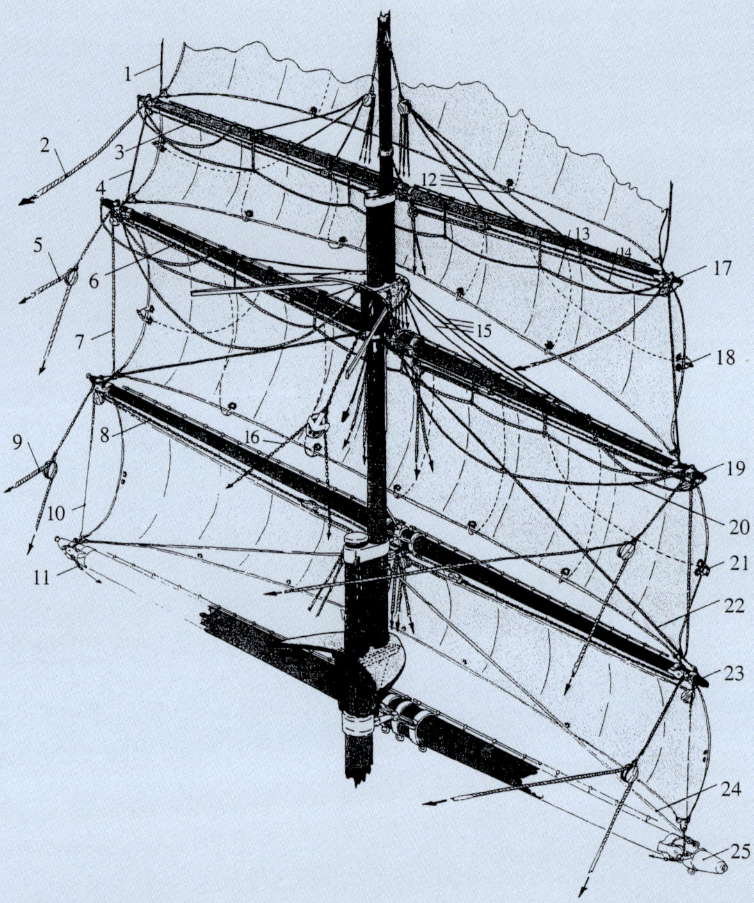

1 Geitau Oberbramsegel
2 Brasse Unterbramrah
3 Schot Oberbramsegel
4 Geitau Unterbramsegel
5 Brasse Obermarsrah
6 Schot Unterbramsegel
7 Geitau Obermarssegel
8 Schot Obermarssegel
9 Brasse Untermarsrah
10 Geitau Untermarssegel
11 Schot Untermarssegel
12 Gordinge Unterbramsegel
13 Fußpferd Unterbramrah
14 Nockpferd Unterbramrah
15 Gordinge Obermarssegel
16 Fall Obermarsrah
17 Unterbramrah
18 Nockgording Unterbramsegel
19 Obermarsrah
20 Toppnant Obermarsrah
21 Nockgording Obermarssegel
22 Toppnant der Untermarsrah
23 Untermarsrah
24 Toppnant der Unterrah
25 Unterrah

Grafik 23: Gut zum Bedienen der Rahsegel

Gordinge und Geitaue loswirft und die Segel gleichzeitig mittels ihrer Schoten und Halsen steifsetzt. Dabei werden zuerst die Leinen geholt, auf denen die hauptsächliche Belastung steht – bei schwerem Wetter aufgrund der Größe der Untersegel eine Arbeit für viele Männer. Anschließend wird die Lose aus der unbelasteten Schot bzw. dem Hals geholt. Sind die Rahen quergebrasst, verteilt sich die Belastung gleichmäßig auf beide Schoten, in allen anderen Fällen auf die Leeschot und den Luvhals. Um das Tuch zu schonen, werden bei Starkwind die Untersegel manchmal von Lee nach Luv gesetzt: Zuerst wird die Leeschot unter gleichzeitigem Fieren des Leegeitaus und der Leegordinge soweit geholt, bis sie nicht mehr schlägt. Dann wird unter gleichzeitigem Mitfieren des Luvgeitaus und der Luvgordinge der Hals gesetzt. Anschließend wird die Leeschot nachgesetzt. Um Unfälle zu vermeiden, dürfen die Untersegel nicht gesetzt werden, solange sich noch jemand in den Unterwanten befindet.

Die *Segel an den laufenden Rahen* werden zum Setzen vorgeschotet, d. h., die Schothörner dieser Segel werden an die nächst untere Rah herangeholt und die Schoten dann belegt. Anschließend werden die laufenden Rahen durch Holen der Rahfallen geheißt, bis die Seitenlieken durchgesetzt sind. Dieses ist wegen des großen Gewichts der Rahen eine Arbeit für viele. Vor dem Belegen der Rahfallen werden diese mit einem Stopper gesichert. Unvorstellbar, was passieren kann, wenn die Rah wieder von oben kommt, weil die Matrosen das Rahfall nicht sicher gehalten oder zu früh losgelassen haben.

Beim Heißen der Rahen müssen natürlich die Gordinge und Geitaue losgegeben werden. Auch die Schoten der nächsthöheren Segel müssen beim Heißen gefiert werden, da sie sonst aufgrund der Wegverlängerung steif kommen und brechen können. Da auf ihnen noch keine Belastung liegt, kann man dies ohne Gefahr tun. Bei quergebrassten Rahen müssen auch beide Brassen mitgefiert werden, bei angebrassten Rahen nur die Leebrassen. Die Brassen dürfen nur so weit gefiert werden, dass die Rahen leicht geheißt werden können. Nie darf soviel Lose gegeben werden, dass die Rahen unkontrolliert schwingen können. Nach Beendigung des Segelsetzens müssen die Brassen unbedingt wieder durchgesetzt werden.

Außer beim Segeln vor dem Wind sollen die Luv-Toppnanten aufgefiert sein; dadurch werden alle Rahen beim Setzen der Untersegel in die richtige Stellung gezogen, sodass sie möglichst parallel zum Horizont sind.

Sind alle Rahsegel gesetzt, werden meist die Gordinge noch mal »übergeholt«. Diese Arbeit besteht darin, ein bisschen von dem Teil der Gordinge aufzuholen, der zum Deck läuft, und diese Lose auf die restlichen Gordinge zu geben, die zum Liek des Segels führen, bis sie in Buchten vor dem Segel und unter dem Unterliek hängen. Gerade bei leichtem Wind kann der Fuß des Segels sonst durch das Gewicht der Leinen wieder etwas hochgezogen werden. Oft werden die Gordinge sogar mit dünnem Segelgarn im Want oder vor dem Block festgebunden, um zu verhindern, dass sie sich straffen. Dabei ist die Stärke so zu wählen, dass das Garn mit einem Ruck an den Gordingen von Deck aus leicht zu zerreißen ist, damit man nicht ins Rigg muss, wenn das Segel zum Bergen aufgegeit werden soll.

Stagsegel sind einfacher zu setzen als Rahsegel; wegen ihrer schlagenden Blöcke, den sog. »Witwenmachern«, ist es aber gerade bei viel Wind viel gefährlicher. Deswegen darf sich beim Segelsetzen keiner in Lee der Segel aufhalten. Sind die Stagsegelschoten bei geborgenem Segel aufgeschossen verstaut, müssen sie natürlich als erstes angeschlagen werden. Die Schoten der Vorsegel sind aus Gründen der Sicherheit meist permanent angeschlagen, sodass diese immer und schnell gesetzt werden können, wenn es die Manövrierfähigkeit des Schiffes verlangt. Nachdem also die Schoten klar sind, werden die Zeisinge gelöst. Auch dabei darf man sich nicht in Lee des Segels aufhalten, denn es könnte unerwartet auswehen und jemanden an Deck schleudern oder sogar über Bord. Vor dem Heißen wird der Schotblock und das Segel gut nach Lee übergeholt.

Der Niederholer wird klar zum Auslaufen an Deck gelegt. Dann wird das Fall geholt, bis am Vorliek keine Ausbuchtungen mehr zwischen den Stagreitern zu sehen sind; sie erzeugen Turbulenzen. Während des Heißens werden die Schoten gerade soweit dichtgeholt, dass das Segel nicht schlägt, aber auch nicht mit seinen Stagreitern an das Stag gezogen und das Segelsetzen dadurch erschwert wird. Sobald das Segel steht, wird die Schot endgültig dichtgeholt und belegt.

Die Stagsegel werden üblicherweise von unten nach oben, bzw. bei den Vorsegeln von achtern nach vorn gesetzt.

Bei viel Wind werden die Stagsegel gesetzt, indem zuerst der Niederholer aufgefiert wird, während gleichzeitig die Schot so dicht wie möglich geholt und belegt wird. Erst dann wird das Segel geheißt, wobei eventuell die Schot wieder etwas aufgefiert werden muss. Durch dieses Vorgehen wird ein Schlagen des Segels und damit die Gefahr des Reißens so weit wie möglich vermieden.

Vor dem Setzen des *Besans* wird der Baum mit der Schot in Luv und der Bullentalje in Lee so weit gefiert und festgesetzt, dass möglichst wenig Wind in das Segel fällt. Dann werden alle Beschlagzeisinge gelöst, die Gordinge und Besaneinholer losgeworfen und das Segel mit den Ausholern zu den Enden von Gaffel und Baum geholt. Danach wird erst der Gaffelausholer, dann der Baumausholer dichtgesetzt und belegt. Anschließend wird der Besan mit Schot und Bullentalje richtig zum Wind getrimmt. Bei viel Wind wird zuerst der untere Ausholer geholt, während gleichzeitig die Gordinge mitgefiert werden, dann der obere Ausholer.

Das *Gaffeltoppsegel* wird wie ein Stagsegel gesetzt. Der Hals wird lose gesetzt und das Segel mit dem Fall geheißt. Danach wird das Schothorn mit der Schot an das Ende der Gaffel geholt. Gleichzeitig wird das Geitau gefiert. Als letztes wird das Segel getrimmt, indem der Hals in Lee festgesetzt wird.

Bergen der Segel

Der Ablauf der Arbeiten beim Bergen der Rahsegel ist der Umgekehrte wie beim Segelsetzen: Alle Leinen, die beim Setzen geholt wurden, werden jetzt gefiert; alle Leinen, die gefiert wurden, werden jetzt geholt.

Segel an den laufenden Rahen werden geborgen, indem langsam und kontrolliert die Rahen gefiert werden, bis sie in ihren Toppnanten hängen. Wie man sich vorstellen kann, ist es dabei wichtig, dass das Rahfall sauber und ohne Kinken zu schlagen auslaufen kann. Es wird deswegen vorher in Buchten an Deck ausgelegt. Ist der Winddruck so groß, dass die Rah sich nicht von allein senkt, helfen die Matrosen durch Holen an den Geitauen nach. Damit die Rah nicht anfängt zu schlagen, muss während des Fierens die entstehende Lose aus den Brassen geholt werden. Hängt die Rah schließlich in ihren Toppnanten, werden die Schothörner durch Holen der Geitaue an die Rah gezogen, das Segel wird »aufgegeit«. In gleichem Maße werden die Schoten als »Gegenspieler« der Geitaue gefiert. Anschließend werden möglichst gleichmäßig die Gordinge geholt, bis das Segel in großen Falten unter der Rah hängt.

Die *Segel an den festen Rahen* werden geborgen, indem die Geitaue und Gordinge geholt und die Schoten gleichzeitig gefiert werden. Damit die Segel nicht unnütz anfangen zu schlagen und womöglich reißen, muss das Holen gleichmäßig und zügig erfolgen. Beim Bergen der Untersegel müssen zum Aufgeien der Segel zusätzlich die Halsen gefiert werden.

Das Prinzip ist immer dasselbe, im Ablauf hatte aber jeder Kapitän so seine Tricks: Da es beim Durchholen der Geitaue und Gordinge gerade bei schwerem Wetter oft Probleme gab, hatte sich Robert Hilgendorf, der wohl fähigste Kapitän großer Segler, für das Bergen von Rahsegeln einen Trick einfallen lassen: Musste er bei achterlichem Wind zum Beispiel die Unterbramsegel wegnehmen, dann ließ er die verschiedenen Leinen von guten und kräftigen Leuten besetzen, der Bootsmann des Mastes und noch ein anderer erfahrener Mann standen klar an den Schoten. Auf ein Kommando hin wurden die Lee- und die Luvschot gleichzeitig losgeworfen und blitzartig Hand über Hand die Gordinge und Geitaue geholt, sodass das Segel dicht an die Rah geholt war, bevor es anfangen konnte zu schlagen. Bei viel Wind verlangte diese Art, ein Segel zu bergen, vollkommene Zusammenarbeit und gegenseitiges Vertrauen, denn wenn die Schoten ungewollt ausrauschten oder ein Matrose pfuschte, konnte das ganze Manöver zum Scheitern verurteilen oder gar leicht das wertvolle Segel kosten.

Kapitän Jarvis bevorzugte es, die leichteren Segel wegzunehmen, indem er die Leeschot fliegen ließ und gleich darauf die Luvschot auffierte, dann erst ließ er alle Gordinge durchholen. Auch bei viel Wind gab und gibt es unter den Kapitänen unterschiedliche Methoden, ein Rahsegel zu bergen: So werden die Rahsegel oft von Luv nach Lee aufgegeit, um ein Schlagen zu vermeiden. Bei Großsegel und Fock werden z. B. zuerst die Luvgeitaue und die Luvnockgordings dichtgesetzt, alle anderen Gordinge werden mitgeholt. Die Leeschot wird nur gerade so viel gefiert, dass das Luvgeitau ganz dicht geholt werden kann. Dann werden von Luv nach Lee alle Gordinge und das Leegeitau unter allmählichem Mitfieren der Schot dichtgesetzt.

Der Ablauf beim Bergen der Rahsegel liest sich hier nüchtern und einfach. In der rauen Wirklichkeit eines Windjammers war es meist eine Knochenarbeit, wenn man bedenkt, dass ja die Kapitäne bei ihrer Hatz über die Meere den Befehl zum Segelkürzen – anders als heute – üblicherweise nur gaben, wenn es gar nicht mehr anders

ging. Und man darf auch eines nicht vergessen: Bevor sich die Rahsegler in der perfekten Form präsentierten, wie wir sie heute kennen, gab es viele Übelstände in der Takelage, zum Beispiel in der Art, wie man die Segel bediente. Vor allem das Bergen der Segel bei schwerem Wetter wurde oft zum Problem, denn je mehr die Segelschiffe in wirtschaftliche Konkurrenz zu den Dampfern gerieten, desto mehr verringerte sich die Mannschaft. Außerdem konnte man auf den großen Stahlschiffen, die regelmäßig in

Holen eines Geitaus beim Segelbergen.

Holen der Gordinge beim Aufgeien der Segel.

die stürmischsten Gegenden der Welt fuhren, nicht mehr das leichte Hanftauwerk fahren. Wollten die Schiffe dem Kampf wenigstens noch eine Zeitlang gewachsen sein, mussten sie einsatzfähig bis zum Letzten bleiben. Für die Mannschaft hieß das zum Beispiel: schwerstes Geschirr zum Bedienen der Segel, Ketten als Schoten und bleischwere, unförmige Schoteisen. Kapitän Jarvis aus Schottland, einer der Pioniere, wenn es darum ging die Windjammer zu perfektionieren, schrieb in seiner Broschüre »Einfälle und Vorschläge für Segelschiffe« aus dem Jahr 1890 über die Verbesserung der Takelage: »Vor zwanzig Jahren konnten Dampfer auf langen Reisen nicht mit Seglern konkurrieren. Heute jedoch findet man Dampfer in allen Häfen, einerlei wie weit: In diesem Zeitraum haben die Dampfer Fortschritte gemacht, aber die Segler blieben fast unverändert. Durch Verbesserungen wurden die laufenden Ausgaben der Dampfer enorm verringert. Hätte man sich nicht bemühen sollen, die Segler im gleichen Verhältnis zu vervollkommnen, oder haben wir einen so voll-

Besonders bei viel Wind ist es harte Arbeit, das Segel auf die Rah zu ziehen, weil der Wind das Segel aufbläht und von der Rah wegtreibt.

kommenen Typ vor uns, dass keine Verbesserung mehr möglich ist?« *(Villiers, A.: Auf blauen Tiefen)*. Natürlich war Jarvis der Meinung, dass diese Vollkommenheit durchaus noch nicht erreicht war und machte zahlreiche Verbesserungsvorschläge, alle gedacht, die Arbeit im Rigg zu erleichtern und die riesigen Segelflächen besser zu beherrschen. Ein besonderes Anliegen war das Bergen der Segel, besonders des Untermarssegels. Dieses galt als Sturmsegel und wurde üblicherweise als letztes festgemacht. Das heißt, wenn die Order kam, es wegzunehmen, dann herrschte meist schon ein ausgewachsener, schwerer Sturm. Nun war es bis ans Ende der Tage der Segler üblich, schwere Ketten als Untermarssegelschoten zu fahren. Diese Ketten, die bis auf das Deck führten, waren ohne Zweifel die stärksten Schoten und sie hielten viel länger als Draht, aber sie waren unmöglich zu beherrschen, denn sie waren viel zu schwer und gefährlich. Wollte man das Segel bergen, dann musste dieses enorme Gewicht der Ketten so weit an das Segel geholt werden, dass die Seeleute die Geitaue dicht holen konnten. Sobald die Schotenketten zu diesem Zweck losgeworfen waren, schlugen sie Funken sprühend hin und her. Kam die Mannschaft ihnen zu nahe, riskierte sie ihr Leben, während oben das Segel in wenigen Sekunden zu Fetzen zerriss. Jarvis änderte diesen Missstand, indem er nur den Teil der Schot als Kette beließ, der durch die eisernen Blöcke auf der Rah lief. Den übrigen Teil machte er aus Draht, der für die Mannschaft auch bei schwerem Wetter viel leichter zu handhaben war. Später war sogar die ganze Schot aus Draht, der an den besonders gefährdeten Stellen bekleedet war.

Bevor Jarvis sich der Dinge annahm, bestand ein weiteres Problem darin, die unförmigen Eisenplatten an den Schothörnern zum Festmachen des Segels auf die Rah zu bekommen. Das bedeutete gleichzeitig, dass es fast unmöglich war, das Segel glatt auf die Rah zu holen. Letzteres aber war notwendig, bevor die Mannschaft nach oben enterte, um das Segel zu beschlagen. Solange das Geitau zu der Mitte der Rah des eigenen Segels führte, behinderten sich die dicken Geitaue, die Schoteisen und der Rest der Beschläge und die in schwerem Leder eingefassten Lieken an den Schothörnern gegenseitig. Jarvis änderte dieses, in dem er das Geitau zu der darüber liegenden Nock und entlang der Rah zum Mast führte. So konnten die Matrosen die Schoten ganz bis an die Rah hoch holen. Früher konnte es passieren, dass das Segel sich übermäßig bauchte. Oft wurden Männer dabei von dem zurückschlagenden Segel von der Rah ins Meer oder an Deck geschlagen. Nach der Änderung der Leinenführung war die Gefahr des Auswehens nur noch halb so groß und die Leute konnten das Segel leichter bändigen. Eine Knochenarbeit blieb es dennoch.

Für die *Stagsegel* gilt dasselbe wie für die Rahsegel: Um die Gefahr des Reißens so gering wie möglich zu halten, müssen sie zügig geborgen werden. Das gilt vor allem bei schwerem Wetter. Das jeweilige Fall wird zum sauberen Auslaufen vorbereitet und losgeworfen. Gleichzeitig wird der Niederholer durch Auslaufen geholt. Die Schoten werden dabei gerade so weit mitgefiert, dass das Segel und mit ihm der schwere Schotblock nicht schlägt, aber auch nicht mit seinen Stagreitern gegen das Stag gezogen und dadurch das Niederholen erschwert wird.

Zum Bergen des *Besan* werden die Ausholer losgeworfen und Einholer und Gordinge geholt und belegt. Danach wird der Baum mit Bullentaljen und Besanschoten mittschiffs festgesetzt bzw. durch Fieren der Baumdirk auf die Baumstütze abgesenkt und dort gesichert.

Das *Gaffeltoppsegel* wird ähnlich wie ein Stagsegel geborgen: Fall, Schot und Hals werden gefiert und das Geitau, das dem Niederholer eines Stagsegels entspricht, wird geholt. Dadurch wird das Schothorn an den Mast gezogen, der Wind wird aus dem Segel genommen und es kann leicht geborgen werden.

Beschlagen der Segel

Bei leichtem Wetter können die Rahsegel für eine Zeitlang aufgegeit hängen bleiben, ohne dass es ihnen schadet. Ganz anders aber bei viel Wind. Dann ist es manchmal nur eine Frage von wenigen Augenblicken, bis sie durchscheuern oder sogar reißen. Deshalb müssen die Segel aufgetucht oder »beschlagen« werden, wie die Seeleute sagen. Wenn das Wetter schlechter wird und oft mit fliegender Hast die Segel gekürzt werden müssen, damit die zu große Segelfläche das Schiff nicht auf die See drückt, kann die Arbeit im Rigg und besonders das Beschlagen der Segel zu einer gefährlichen Angelegenheit und einem Kräfte zehrenden Herumraufen mit der oft kalten und nassen Leinwand ausarten, besonders, wenn die Zusammenarbeit unter den Rahgasten schlecht ist. Nur mit guter Koordination gelingt es, die Segel in Falten auf die Rah zu holen und dort mit Beschlagzeisingen festzubinden.

Auch die Stagsegel müssen bei viel Wind nach dem Bergen sofort beschlagen werden, um zu verhindern, dass sie reißen oder wieder auswehen und die Manövrierfähigkeit des Schiffes behindern. Mögen die Verfahren im einzelnen auch manchmal variieren, auf jedem Schiff gilt: Alle Segel müssen so beschlagen werden, dass die letzte Lage Tuch das Segel möglichst faltenfrei umschließt, damit der Wind keinen Angriffspunkt findet, um das Segel wieder aufzureißen. Vor allen Dingen bei den alten Baumwollsegeln ist es wichtig, dass sich kein Regenwasser im Segeltuch sammeln kann. Alle Beschlagzeisinge werden ausschließlich mit einem Slipstek belegt. Das sind Knoten, die unter Last sicher halten, gleichzeitig beim Losmachen der Segel aber schnell gelöst werden können, weil ihre lose Part als Schlaufe durch den Knoten geführt ist (Grafik 21).

Vor dem *Beschlagen der Rahsegel* (Grafik 24) werden diese durch Holen der Geitaue und Gordinge aufgegeit (1), sodass sie in ihrem Geschirr hängen (2a, 2b). Damit die Rahen nicht hin- und herschlagen, wenn die Seeleute auf ihnen arbeiten, werden zusätzlich die Brassen kontrolliert, ob sie festgesetzt sind. Wichtig ist auch, dass die Rahen sicher in ihren Toppnanten hängen. Und erst nachdem das Segel richtig zur Rah hinauf geholt ist, gehen die Leute ins Rigg. Gleichmäßig und rasch entern sie immer an der Luvseite auf, sodass der Wind sie an die Wanten herandrückt und nicht hinaus in die See. Bei schlechtem Wetter ist der mühsame Weg über das lange Unterwant, über die Mars »wie eine Spinne an der Decke«, die Webleinen des Marswants hoch, über die Saling zum Eselhaupt, an dem die Bramstenge hängt, und manchmal noch höher, bis eben das Segel erreicht ist, das gepackt werden soll, kein Kinderspiel, sodass in jeden Mast nicht mehr Leute aufentern, als unbedingt notwendig. Die Leute schieben sich an der Rah nach außen, die Füße auf dem unter der Rah gespannten Fußpferd, die Hände am Jackstag. An die Rahnocken gehen besonders kräftige und erfahrene Rahgasten, denn hier müssen die schweren Schothörner, eingenäht in die sperrigen Lieken aus Leder, auf die Rah geholt werden.

Der Kampf mit dem Segel beginnt in der Mitte. Zuerst wird das Seitenliek zur Mitte gezogen, auf die Rah geholt, indem auf das aufgeblähte Tuch geschlagen wird, und dort mit dem Bauch festgehalten. Dann wird das Fußliek aufgeholt (3a). Damit es anschließend vollständig auf die Rah gezogen werden kann, müssen meist die Gordinge wieder etwas gefiert werden (3b), weil ihre Leitkloten beim Aufgeien oft über die Rah hinausgezogen werden (2b). Das Fieren darf aber erst erfolgen, wenn die Leute das Unterliek sicher zu fassen haben, denn sonst macht sich das tonnenschwere Segel auf den Weg nach unten. Das Schothorn wird mit einem Schotaufholer hochgezogen und festgebunden. Dazu müssen Schot und Geitau etwas gefiert werden.

Liegen Seiten- und Fußliek endlich auf der Rah, werden gleichmäßige Falten geholt und mit dem Bauch festgehalten (4a, 4b). Dabei wird die ganze Fülle des Segels immer zur Mitte gezogen. Aus dem Tuch, das der Rah am nächsten ist, wird ein etwa ein Fuß breiter Überzug geformt, indem die letzte Falte in Armlänge in Vorkant der Rah gehalten wird; dann wird das ganze Segel inklusive der Lieken hineingeschoben und säuberlich mit Faustschlägen und dem Unterarm nachgestopft (5a, 5b). Schließlich wird das Segel von allen Rahgasten auf Kommando gleichzeitig auf die Rah gerollt (5c). Wenn die Seeleute gute Arbeit geleistet haben, überzieht die letzte Lage Tuch das Segel glatt und stramm. Keine Buchten oder Lieken schauen heraus, in denen sich Regenwasser sammelt oder der Wind fängt und das Segel wieder aufbläht. Liegt das Segel also endlich als glatte Rolle auf der Rah, werden die Zeisinge von vorn nach achtern um das Segel gezurrt und mit einem Slipstek am achteren Jackstag beschlagen (6a, 6b).

Kommt der Wind genau von achtern und sind die Rahen vierkant gebrasst, ist das Festmachen der Segel oft dadurch erschwert, dass das Tuch durch den Wind nach vorn ausweht, sodass man es kaum fassen kann. Ein umsichtiger Kapitän, der die Lage seiner Seeleute im Rigg erkennt, lässt dann die Rahen so weit anbrassen, dass der Wind das lose Tuch mehr längs der Rah weht, denn hoch am Wind ist das Festmachen der Segel viel einfacher.

Nach dem Festmachen der Rahsegel werden die Gordinge mit reichlich Lose an der Nagelbank belegt, damit sie das gepackte Segel nicht wieder aufreißen.

Beim Festmachen der Rahsegel passierten früher die meisten Unfälle. Der britische Schriftsteller Eric Newby, der seine Stellung in einer Werbeagentur aufgab, um als Schiffsjunge zur See zu fahren, erzählte, wie er einmal in der Südsee während eines schweren Sturms mit mehreren Kameraden versuchte, auf der Bark Moshulu ein Marssegel festzumachen. Ganz plötzlich merkte er, dass er fiel: »Ich war der letzte Mann draußen auf der Luvseite und wollte einen Zeising losmachen, bevor wir mit der Arbeit am Segel begannen, als dieses plötzlich nach oben schlug, zwölf Meter Leinwand so hart wie Wellblech, und

Grafik 24: Beschlagen eines Rahsegels (s. auch S. 180)

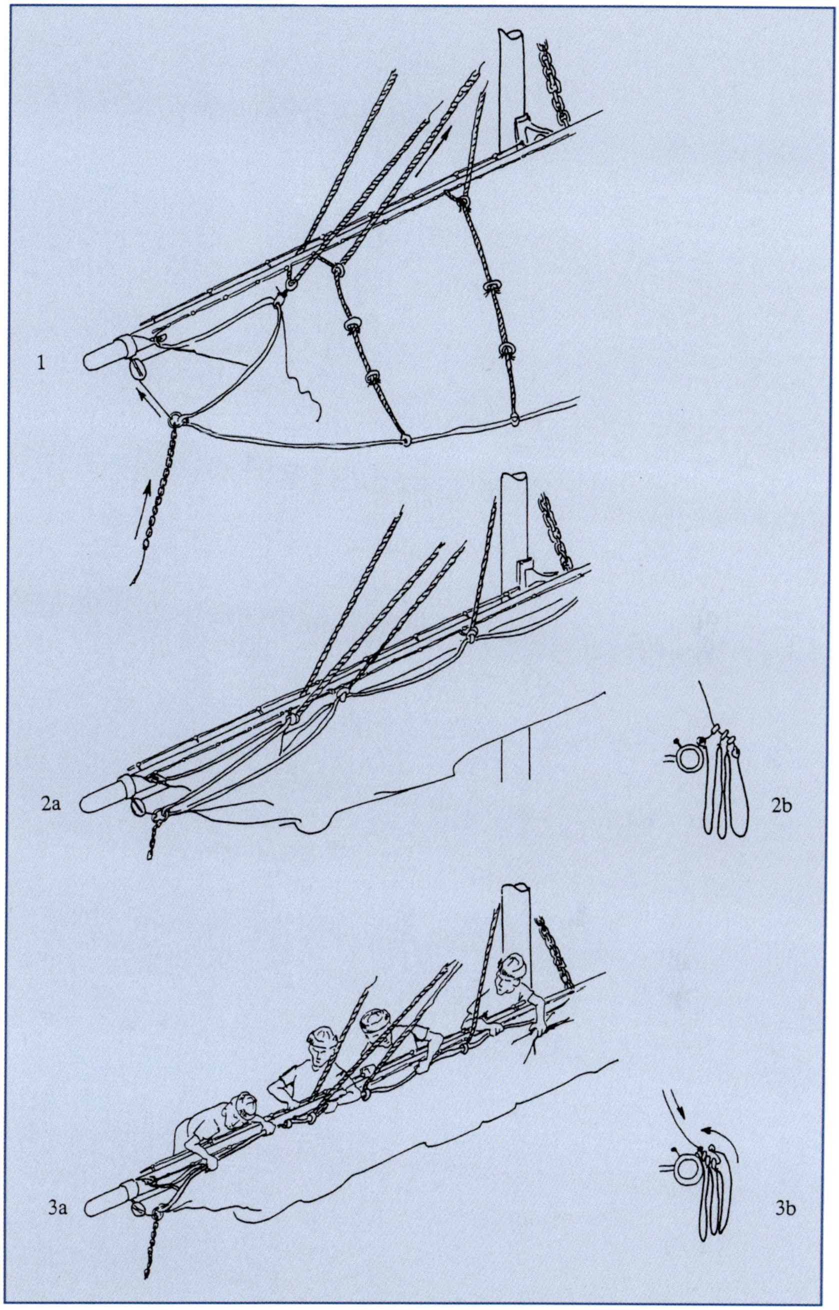

mich glatt vom Fußpferd stieß. Ich wusste überhaupt nicht, wie mir geschah, ich empfand keine plötzliche Reue wegen meiner Sünden. Statt dessen tat es nur einen sanften Ruck, und ich stellte fest, dass ich mich im Luvwant etwa eineinhalb Meter unter der Rah verfangen hatte. So schnell es ging, kletterte ich wieder zur Rah hinauf und machte meine Arbeit weiter. Der Schrecken kam erst viel später.« *(Allen, O. E.: Die Windjammer. Amsterdam 1980)*. Newbys Kameraden hatten gar nicht bemerkt, was passiert war, so beschäftigt waren sie mit ihrer schweren Arbeit. Als er ihnen später auf die Frage, warum er so mitgenommen aussähe, erzählte, dass er von der Rah gefallen war, glaubten sie ihm nicht. »Sie hatten nichts gesehen!«

Hart im Nehmen waren sie früher allesamt. Hatten sie die Rah erreicht, deren Segel gepackt werden sollte, schwangen sie sich ins Fußpferd, egal ob es Tag oder Nacht war, pechdunkel oder Mondschein. Ihnen war es gleich, auch wenn ihnen der Regen oder Hagel ins Gesicht peitschte. Fünfzig Meter unter ihnen kochte die See, zwischen sich und dem Abgrund hatten sie nichts als einen Draht oder zwei, ihre starken Arme und ihre guten Nerven. Allan Villiers erinnert sich, wie sie einmal verzweifelt versuchten, auf der *Herzogin Cecilie* ein Marssegel zu bergen. Alle gaben ihr Bestes, um das schlagende, donnernde Segel zu bändigen, aber es kämpfte wie verrückt gegen die Matrosen und schlug über die Rah zurück, hart wie steifgefrorenes Leder. Irgendwann hatten sie alle vor Kälte blaue Hände. Viele bluteten aus den Wunden, die sie sich bei dem Kampf mit dem Tuch an den Fingern zugezogen hatten. Das Segel, 185 Quadratmeter groß, riss sich immer wieder los.

Villiers schreibt: »Einmal schlug eine stählerne Bauchgording peitschend bis über die Rah zurück und erwischte den Zimmermann, dem sofort das Blut herunterlief. Er wankte ein bisschen, machte aber weiter. Nach einer Weile sahen wir dann, dass er ohnmächtig geworden war und in lebensgefährlicher Weise über die Rah hing. Einen

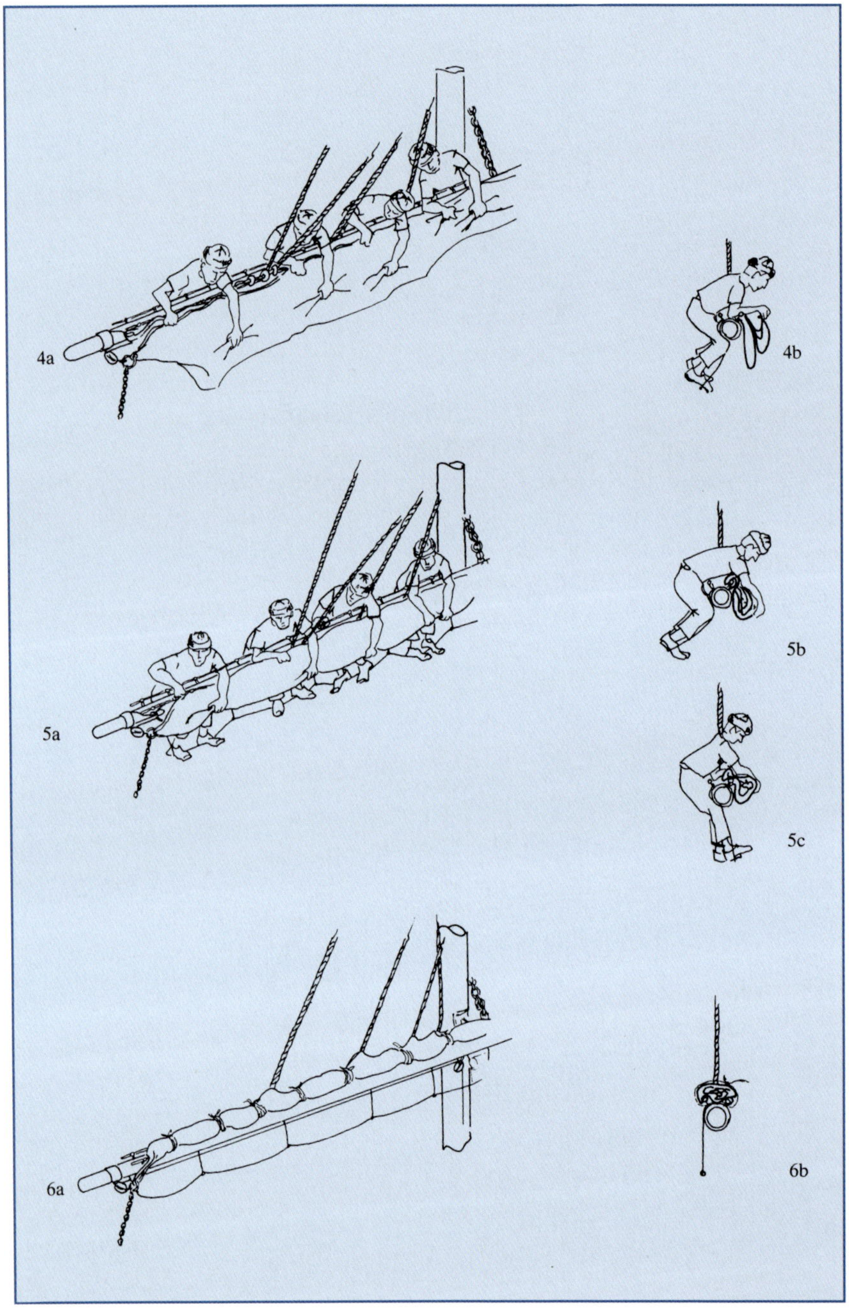

Zum *Beschlagen der Stagsegel* wird das Segel möglichst hoch beginnend von beiden Seiten gleichmäßig nach innen eingeschlagen. Unten heraushängende lose Buchten des Segels werden nach oben eingeschlagen. Wie bei den Rahsegeln soll die äußerste Lage faltenfrei und stramm das Segel umschließen. Anschließend wird das Segel mit langen Zeisingen mit gleichmäßigen Rundtörns beschlagen. Vorsegel werden manchmal auch in gleichmäßigen, überlappenden Falten auf das ausgestreckte Unterliek gestaut und vom Kopf beginnend mit einem langen Zeising beschlagen. Auch das Besan- und Gaffeltoppsegel wird ähnlich wie ein Stagsegel von beiden Seiten gleichmäßig eingeschlagen, soweit die fest angeschlagenen Lieken an der Gaffel und am Baum das zulassen.

Leicht gesagt und manchmal gar nicht so leicht getan. Elis Karlsson, Seemann von den Ålands-Inseln, erzählt von seinen Schwierigkeiten, ein Toppsegel zu beschlagen: »Als ich in die Takelage stieg, hafteten meine Blicke auf der riesigen Fläche der flatternden und schlagenden Leinwand, die sich leewärts bewegte. Sie wurde immer größer, je mehr ich mich näherte, und als ich oben stand, war ich mutlos. Es war etwas höchst Einschüchterndes in dem Benehmen dieses Toppsegels, etwas von einem böswilligen Riesenvogel. Ich versuchte an einiges zu denken, was mein Bruder mir über Toppsegel gesagt hatte: Such dir einen weichen Teil des Segels und wickle das andere damit ein; pack den Zeising, und werfe ihn herum. Der andere Tipp, überlegte ich, muss ein Witz gewesen sein: Er lief darauf hinaus, das Eselshaupt zu erreichen, dort den aufgeschossenen Zeising zu lösen und dann einfach am Segel herabzugleiten und den Zeising auf dem Wege abwärts herumzuschlagen. Es schien, als er es erzählte, recht glaubhaft, aber in diesem Augenblick sah

schrecklichen Moment lang hielt die Leinwand still, während wir uns zu ihm vorkämpften, und weil wir ihn nicht hinunterbringen konnten, banden wir ihn einfach fest. Als wir dann wieder Zeit hatten, an ihn zu denken, stellten wir fest, dass er zu sich gekommen war und bereits wieder arbeitete«.

es nicht durchführbar aus. Das Segel auf dem Yankeeschoner meines Bruders musste aus einer gelehrigeren Familie stammen – dieses wilde Ding hier war zu störrisch. Etwas muss geschehen, dachte ich. Verzweifelt blickte ich zu den anderen Masten. Gottlob, dort waren sie auch noch nicht weiter. Aber jemand an Deck regte sich darüber auf, soviel ich aus den Schreien unter mir entnehmen konnte. Ich erriet, worum es sich handelte: Es war keineswegs die Sorge um unsere Sicherheit. Ich kletterte auf die Leeseite und machte einen schüchternen Versuch, das Segel zu erwischen. Es schüttelte meine Hand verächtlich ab und schwang besonders weit nach Lee aus. Da verlor ich die Geduld – ein Zustand, der mir oft geholfen, mich bei anderen Gelegenheiten aber auch in Schwierigkeiten gebracht hat.

Wenn meines Bruders Rat ein Scherz war, geschieht es ihm ganz recht, wenn ich über Bord gehe, dachte ich unlogisch. Zornig schwang ich mich auf das Eselshaupt, lockerte den Zeising, umschlang den Oberteil des Segels und begann herabzugleiten. Zu meinem Erstaunen und zu meiner Freude wurde das Bündel von einem Segel, das sich zuvor wie verrückt benommen hatte, wunschgemäß zahm. Als ich herunterkletterte, blickte ich auf die anderen Masten. Dort waren sie noch lange nicht fertig. Stolz sprang ich auf Deck, zu stolz, um mich seekrank zu fühlen – indessen war meine Großartigkeit von kurzer Dauer. Kaum stand ich da, wurde ich gefragt, was mir einfiele, den Halsstrecker (eine Leine, die an der unteren Ecke eines Gaffel-Toppsegels angeschlagen ist) auf Deck herabhängen zu lassen – und wieder stieg ich hinauf und schoss das Tau auf.« *(Karlsson, E.: Die See Mein Leben).*

Trimmen der Segel

Obwohl heute alle großen Segelschiffe eine Maschine haben, sind sie dennoch wie eh und je vom Wind abhängig und sichere und reibungslose Segelmanöver sind nur möglich, wenn das Schiff unter allen Bedingungen von Seegang und Wind willig und schnell auf Ruderbewegungen reagiert. Die Voraussetzung dafür ist, dass das Schiff »gut ausgetrimmt« ist, d. h., dass die Segel so gestellt sind, dass sie die Windenergie in ein Maximum an Antrieb verwandeln. In früheren Zeiten, als Segelschiffe noch in der Handelsschifffahrt fuhren, konnte ein Schiff nur Gewinn einfahren, wenn es für die langen Strecken möglichst wenig Zeit benötigte: Zeit war gleichbedeutend mit Geld. Schnelle Reisen versprachen außerdem ein hohes Ansehen und jeder ehrgeizige Kapitän versuchte, durch sorgfältiges Ausrichten der Segel das Beste aus seinem Schiff herauszuholen und damit seine durch jahrelange Praxis erworbenen Fähigkeiten unter Beweis zu stellen.

Das Trimmen war nicht nur wichtig, um bei Wind ein gutes Etmal herauszusegeln, sondern es bekam seine Bedeutung gerade auch in den Zonen der Windstillen um den Äquator herum, durch die die Schiffe auf ihrem Weg um die Welt notgedrungen mussten. Innerhalb weniger Tage schläft in diesen sog. Kalmen der Wind meist völlig ein. Der leichte Wind mallt, er weht als schwacher Hauch aus allen Richtungen der Kompassrose. Gleichzeitig ist es unerträglich heiß, denn die Sonne steht senkrecht am Himmel. Gewöhnlich dauern die Windstillen nicht lange, trotzdem wird jeder an Bord schnell kribbelig und ungenießbar und ein gutmütiger, geduldiger Kapitän kann sich schnell in ein verdrießliches Scheusal verwandeln.

Heute nimmt jedes Segelschiff in solch einer unerquicklichen Situation die Maschine zur Hilfe, früher blieb den Matrosen nur der Weg, sich selber aus dieser Situation zu befreien, indem sie sich ohne Unterbrechung um die Segel kümmerten, sie brassten und ständig neu trimmten, um auch den leisesten Hauch Wind einzufangen. Solche Lage forderte der Schiffsführung viel Erfahrung, Geduld und erstklassige Seemannschaft ab. William H. S. Jones schreibt: »Es ist ein entsetzliches Gefühl, wenn man in sengender Glut unter toten, völlig nutzlosen Segeln bekalmt liegt. Die Kehle ist ausgedörrt, Minuten dehnen sich zu Stunden. Nichts als unerbittlich blendender Sonnenglast über und um einen. Wie lange kann ein Zustand andauern, wo jedes Leben einfach erstarrt? Plötzlich scheint ein Hauch zu wehen. Weiß der Himmel, woher er kommt. Das Leben löst sich aus seiner Starre, die Natur atmet wieder, die Segel bauschen sich, die Rahen knarren, das Schiff macht Fahrt. Aber ebenso plötzlich stirbt die schwache Brise, die Segel hängen wieder schlaff, das Schiff schleicht langsamer. Nirgendwo mehr die kleinste Bewegung außer im unendlichen Meer, das die Dünung leise hebt und senkt. Wie eine Fliege im Sirup kleben wir in der Wasserwüste. Pfeif dir Wind, Seemann! Pfeif dir Wind.« *(Reich, K.; Pagel, M.: Himmelsbesen über weißen Hunden).*

Das Trimmen der Rahen und die dauernder Kontrolle der Segelstellung ist die Aufgabe des Wachoffiziers. Durch das Rollen des Schiffes arbeitet sich schon mal ein Tau los, so dass es wieder durchgeholt werden muss. Die Gordinge dürfen nicht an den Segeln schamfilen, während diese in der Dünung hin und her flappen. Das Tauwerk muss an den Nagelbänken hoch genug aufgehängt werden, damit es nicht vertörnt oder scheuert, wenn das Schiff im Rollen Wasser an Deck nimmt. Egal, welches Wetter herrscht, Tauwerk und Leinen sind das wertvollste Gut eines Schiffes und genau wie um die Menschen an Bord muss man sich um sie kümmern. Das ständige und sorgfältige Trimmen der Segel gehörte zu diesem Kümmern.

Brassen

Den wichtigsten Part beim Trimmen eines rahgetakelten Segelschiffes übernehmen die Brassen. Dabei bezeichnet das Wort nicht nur die Leinen, sondern auch den Vorgang, der mit ihnen ausgeführt wird. Unter Brassen versteht man deshalb das horizontale Bewegen der Rahen, sodass sie einen bestimmten Winkel zum Wind einnehmen (Grafik 25). Auf den ersten Blick scheint dieser Vorgang nur daraus zu bestehen, die Brassen auf der einen Seite zu holen und auf der anderen Seite in gleichem Maße zu fieren. Es sind aber sehr viel mehr Leinen betroffen, wenn sich die Rahen vor oder zurück bewegen: So kommen z. B. die Gordinge an der Seite steif, an der die Rahen gefiert werden. Deshalb müssen sie vor dem Brassen losgeworfen werden. Vor allen Dingen bei beschlagenen Segeln kann es sonst passieren, dass die Gordinge brechen oder dass ihre Leitkloten aus dem Tuch reißen. Da der Verlauf der beweglichen Toppnanten ähnlich dem der Gordinge ist, müssen auch sie an der gleichen Seite wie die Brassen gefiert werden. Eventuell ist es zusätzlich notwendig, die Toppnanten auf derselben Seite zu holen, an der auch die Brassen geholt werden. Dieses geht normalerweise relativ leicht, solange die Rahen noch in Bewegung sind. So erreicht man, dass die Rahen immer parallel zum Deck bzw. bei gesetzten Segeln parallel zum Horizont bleiben und damit dem Wind den besten Angriffswinkel bieten.

Die Schoten und Geitaue laufen an der Unterseite der Rah entlang und drehen damit quasi am selben Punkt wie die Rah selber (vgl. Grafik 23). Aus diesem Grund sind sie beim Brassen weniger gefährdet als die Toppnanten und die Gordinge. Sind die Schoten vor dem Brassen aber sehr dicht geholt oder werden die Rahen aus Unachtsamkeit sehr ungleichmäßig gebrasst, kann es trotzdem passieren, dass sie steifkommen und brechen. Vor allen Dingen, wenn rundgebrasst, d. h. über mittschiffs herumgebrasst wird, ist es deshalb notwendig, Schoten und Geitaue auf der neuen Luv-Seite etwas aufzufieren. Lose gegeben werden müssen natürlich auch die Schoten und Halsen der Untersegel.

Da alle Rahen ein zusammenhängendes System bilden, müssen sie möglichst gleichmäßig gebrasst werden, damit die Segel sich nicht diagonal verzerren oder Leinen brechen. Da die Unterrahen am schwersten zu holen sind, wird von ihnen die Geschwindigkeit für das Brassen vorgegeben.

Beim Brassen kommt es auf gute Zusammenarbeit an: Die holenden

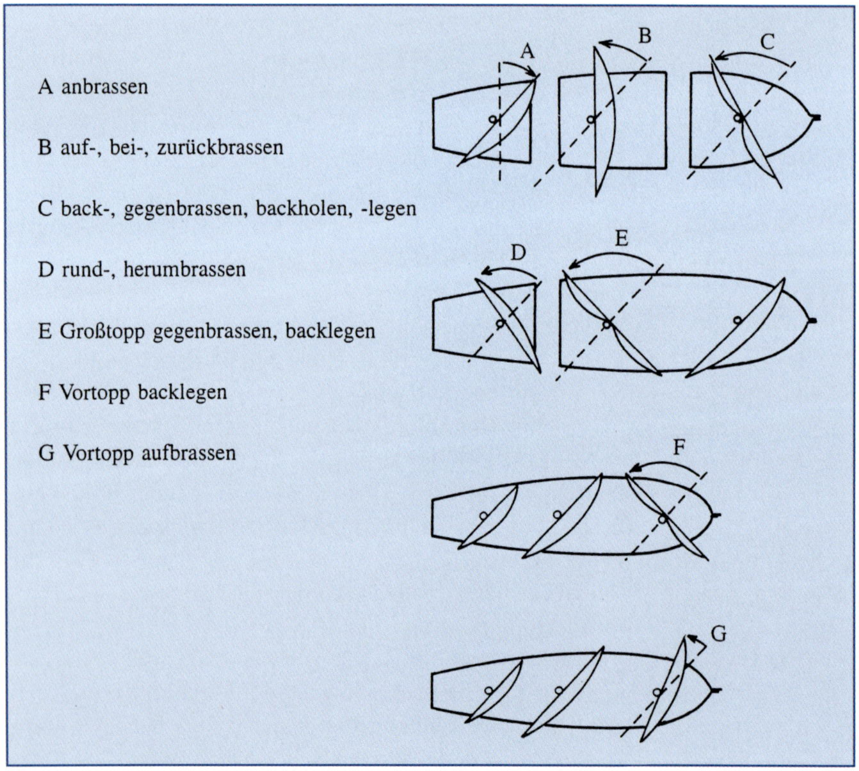

Grafik 25: Brassen der Rahen

Matrosen müssen den fierenden die Brassen sozusagen »aus der Hand holen«. Das gilt besonders für Starkwind. Bei leichterem Wind kann beim Fieren der Brassen anfangs mehr Lose gegeben werden, um dann gegen Ende des Manövers gerade soviel zurückzubehalten, dass weder die Leute auf der holenden Seite behindert werden, noch die Brasse übermäßig viel Lose hat und dadurch genaues Brassen unmöglich wird.

Werden die Luvbrassen geholt, lässt man die Rahen etwas über die gewünschte Stellung hinausschwingen, legt dann die Luvbrassen fest und holt die Lose aus den Leebrassen; die Rah schwingt dann das überschüssige Stück zurück. Werden umgekehrt die Leebrassen geholt, werden zuerst die zuvor gefierten Luvbrassen festgesetzt, und zwar kurz bevor die Rahen in der gewünschten Stellung sind. Den Rest holt man dann durch das Durchsetzen der Leebrassen. An den Brassen sind Markierungen angebracht, bis zu denen sie höchstens auslaufen dürfen, ohne dass die Rahen an die Wanten schlagen.

Das Fieren der Brassen und auch der Schoten und Halsen der Untersegel muss jederzeit kontrolliert ablaufen, indem man stets einen Törn der Leine um den Nagel belegt lässt. Rauschen die Leinen ungewollt aus, kann man sich Verbrennungen an den Händen holen oder die Rahen machen sich selbständig und schlagen gegen die Wanten.

Der Ablauf des Brassens mit gesetzten Segeln unterscheidet sich nicht wesentlich vom Brassen mit beschlagenen Segeln; es gibt aber Unterschiede im Verhalten einiger Leinen: Vergisst man bei beschlagenen Segeln, die Gordinge vor dem Brassen loszuwerfen, besteht die Gefahr, dass sie brechen; sind die Segel dagegen gesetzt, werden die Gordinge in diesem Fall den Fuß des Segel hochziehen. Das bedeutet, dass Leute ins Rigg aufentern müssen, um nach Beendigung des Brassens die Gordinge erneut überzuholen. Die Schoten muss man bei gesetzten Segeln fieren, weil sie sonst beim Steifkommen leicht in die Schotblöcke an den Rahnocken gezogen werden. Nach dem Brassen muss aus allen zuvor gefierten Leinen die Lose geholt werden.

Trimmen der Rahsegel

Die Kombination aller Kräfte, die ein Segelschiff antreiben, ist sehr kompliziert. Um die aerodynamischen Vorgänge speziell beim Trimmen der Segel zu verstehen, reicht es aber, sich auf die wichtigsten zugrundeliegenden Prinzipien zu beschränken.

Die Wirkung des Windes auf die Segel lässt sich mit folgender Regel erklären: Wirken zwei Kräfte aus unterschiedlichen Richtungen auf einen Punkt, so wird die Gesamtkraft durch die Diagonale des aus beiden Kräften gebildeten Parallelogramms dargestellt. Oder umgekehrt: Wirkt eine Kraft auf einen Körper, so kann man diese Kraft in zwei Kräfte zerlegen, die die Seiten eines Parallelogramms sind, dessen Diagonale die erste Kraft ist.

Entsprechend dieser Regel gilt: Der Wind, der an den Segeln entlang streicht, ist nicht der wahre, sondern der sog. scheinbare Wind DA. Dieser setzt sich aus dem wahren Wind CA und dem Fahrtwind BA zusammen (Grafik 26). Dabei versteht man unter wahrem Wind die tatsächliche Luftbewegung, wie sie auf einem Fahrzeug wahrgenommen wird, wenn dieses ohne Fahrt ist. Der Fahrtwind ist die scheinbare Luftbewegung, die auf einem bei völliger Flaute Fahrt durchs Wasser machenden Schiff als Wind von recht voraus, also von vorn, wahrgenommen wird.

Kommt der Wind genau von vorn oder von achtern, so fallen die wahre und die scheinbare Windrichtung zusammen; die wahre und die scheinbare Windgeschwindigkeit differieren jedoch genau um den Fahrtbetrag. Bei allen übrigen Kursen fällt der scheinbare Wind um so vorlicher

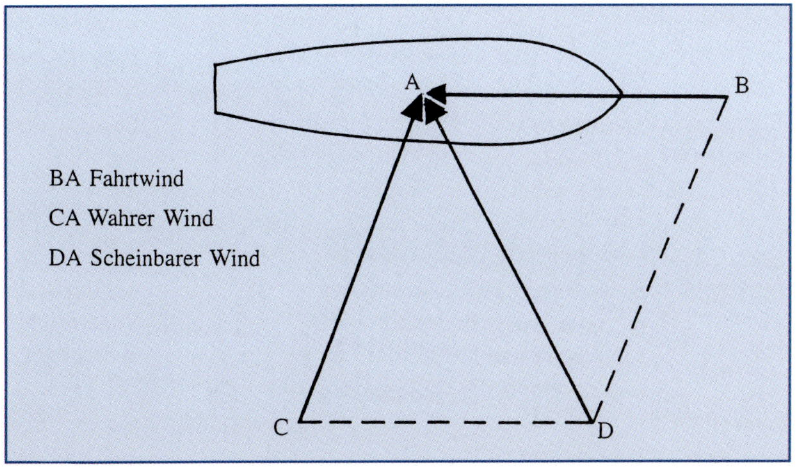

Grafik 26: Der scheinbare Wind

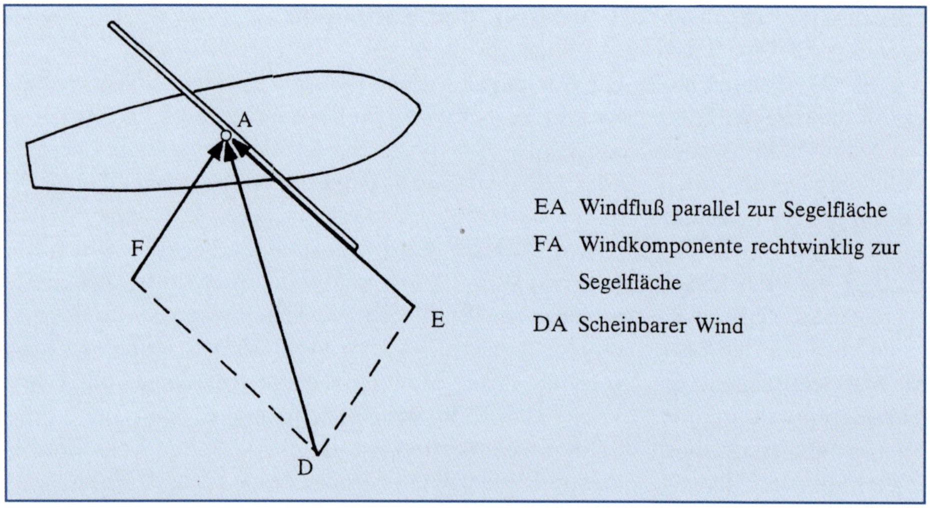

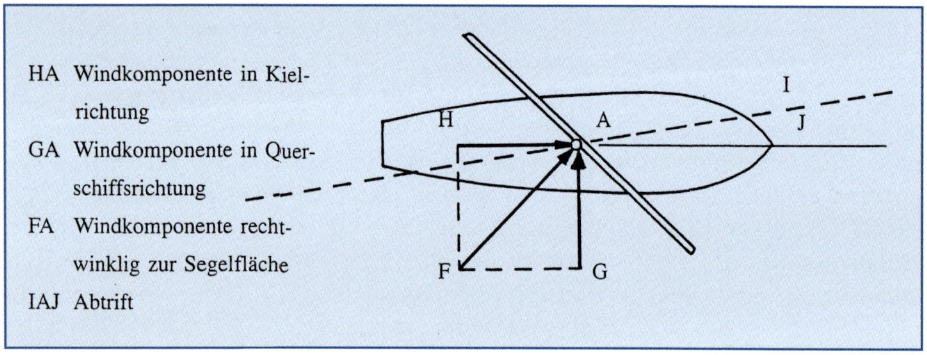

Oben: Grafik 27: Die Wirkung des scheinbaren Windes auf die Rahsegel

Unten: Grafik 28: Die Entstehung der Vorwärtsbewegung des Schiffes

als der wahre Wind ein, je schneller das Schiff fährt. Bei achterlichem Wind wird die scheinbare Windgeschwindigkeit kleiner, bei seitlichem und vorlichem Wind dagegen größer als die wahre Windgeschwindigkeit.

Die Segel eines Schiffes werden immer in Bezug auf den scheinbaren Wind getrimmt. Dieses ist nicht schwer, weil der Windmesser die Stärke des scheinbaren Windes und alle Flaggen, Stander sowie der Windrichtungsanzeiger (Flögel) auf dem Top des Großmastes die Richtung des scheinbaren und nicht des wahren Windes anzeigen.

Nach dem oben angeführten Gesetz vom Parallelogramm der Kräfte kann man die Richtung und Geschwindigkeit des in der Horizontalen wirkenden scheinbaren Windes DA wiederum in zwei Komponenten zerlegen (Grafik 27): Die Komponente EA strömt parallel zur Segelfläche und übt infolgedessen keine oder nur geringe Wirkung aus. Die Komponente FA dagegen trifft im rechten Winkel auf das Segel. Nur diese Kraft stellt den wirklich vom Segel aufgenommenen Druck, d.h. die eigentliche, zur Fortbewegung des Schiffes dienende Windkomponente dar. Sie ist also am größten, wenn die Rahen rechtwinklig zum scheinbaren Wind stehen.

Aber nur wenn die Rahsegel quer gebrasst sind und der Wind genau von achtern kommt, trifft die ganze Windenergie rechtwinklig auf das Segel. In allen anderen Fällen trifft ein Teil des Windes rechtwinklig zur Fahrtrichtung des Schiffes, also in einem Winkel auf das Segel. Das heißt, die Kraft FA lässt sich ihrerseits wieder in zwei andere Komponenten zerlegen, von denen HA in der Längsschiffsrichtung, d. h. in der Kielrichtung, GA in der Querschiffsrichtung wirkt (Grafik 28). Die Komponente HA stellt die Größe der Kraft dar, die das Schiff in der Richtung seines Kiels voraustreibt, also letztlich unter Überwindung des Wasserwiderstandes die Fahrt des Schiffes verursacht. Die in der Querschiffsrichtung liegende Komponente GA ist dagegen die Kraft, die zum einen die seitliche Neigung des Schiffes, die Krängung, bewirkt und zum anderen bestrebt ist, das Schiff in einer Richtung rechtwinklig zum Kiel nach Lee zu drücken. Da die beiden Komponenten GA und HA zusammen die Bewegungsrichtung des Schiffes bestimmen, liegt die Kursrichtung des Schiffes nicht in der Verlängerung des Kiels, sondern bildet mit der Kielrichtung einen bestimmten Winkel IAJ. Diesen Winkel nennt man die Abtrift eines Schiffes. Die Größe des Abtriftwinkels ist u. a. abhängig von der Form des Unterwasserschiffes. Da dieses so gestaltet ist, dass es einer Fahrt quer zu seiner Kielrichtung einen viel größeren Widerstand entgegensetzt als einer Bewegung in Kielrichtung, bleibt der Leeweg oder die Abtrift relativ zur Fahrt des Schiffes meist gering. Unter normalen Verhältnissen sollte bei einem Schiff, das mit hart angebrassten Rahen am Wind segelt, der Abtriftwinkel nicht mehr als ca. 10 Grad betragen.

Für eine gute Ausnutzung des Windes müssen die Rahsegel so geschnitten sein, dass sie möglichst flach und gestreckt gesetzt werden können. Bei einem bauchigen Segel ist der Winkel, den ein seitlicher Wind mit der Segelfläche bildet, an der Luvseite klein und nimmt nach Lee hin immer mehr zu, während bei einem flachen Segel dieser Winkel nahezu überall gleich ist. Mit einem flachstehenden Rahsegel kann man deshalb höher am Wind segeln als mit einem bauchigen, dessen Luvseite fast gar nicht vom Wind gefüllt wird und dessen Leeseite mehr zur Abtrift als zur Fahrt beiträgt. Ein flachstehendes Segel bietet dem Wind mehr Angriffsfläche dar, die unter einem größeren Winkel getroffen wird. Das gilt nicht nur für die Rahsegel, sondern auch für die Schratsegel, die deshalb ebenso flach gehalten werden sollen.

Optimales Trimmen der Rahsegel bedeutet immer, einen Kompromiss zu finden zwischen dem Ausrichten der Segel möglichst rechtwinklig zum scheinbaren Wind und gleichzeitig möglichst rechtwinklig zum Schiff. Theorie und Praxis zeigen, dass die Segel im allgemeinen am günstigsten stehen, wenn sie den Winkel zwischen der Mittschiffslinie und der scheinbaren Windrichtung ungefähr halbieren, wobei die Rahen infolge der Abtrift in den meisten Fällen eher etwas mehr angebrasst werden.

Die Rahsegel werden mit ihren Brassen und Toppnanten getrimmt.

Man unterscheidet verschiedene Rahstellungen (Grafik 29). Wenn die Rahen »hart angebrasst« sind, bilden sie mit dem Rumpf einen Winkel von annähernd 45 Grad oder 4 Strich. Ein Strich entspricht also dem 32. Teil der Kompassrose oder 11,25 Grad. Stehen sie genau im rechten Winkel zum Rumpf, sind die Rahen »quer« oder »vierkant« gebrasst. Die dazwischenliegenden Positionen der Rahen, ausgehend von quergebrasst, heißen: »1 Strich«, wenn die Unterrahen 1 Strich vorlicher als quer stehen; »2 Strich«, wenn sie 2 Strich vorlicher als quer stehen; »3 Strich« oder »Frei von den Pardunen«, wenn sie 3 Strich vorlicher als quer oder ca. 0,8 Meter vor den Pardunen stehen. Die oberen Rahen kann man weiter herumbrassen als die unteren, die bei weiterem Dichtholen irgendwann in Lee an den Wanten anliegen. Dennoch ist es nicht üblich, über 45 Grad oder 4 Strich hinaus zu brassen, weil in diesem Fall der überwiegende Teil der Windenergie in Abtrift oder Krängung umgewandelt wird statt in Fahrt.

Es gibt verschiedene Möglichkeiten des Segelns relativ zur Windrichtung (Grafik 30): Das Schiff segelt »vor dem Wind«, wenn der Wind aus achterlichen Richtungen

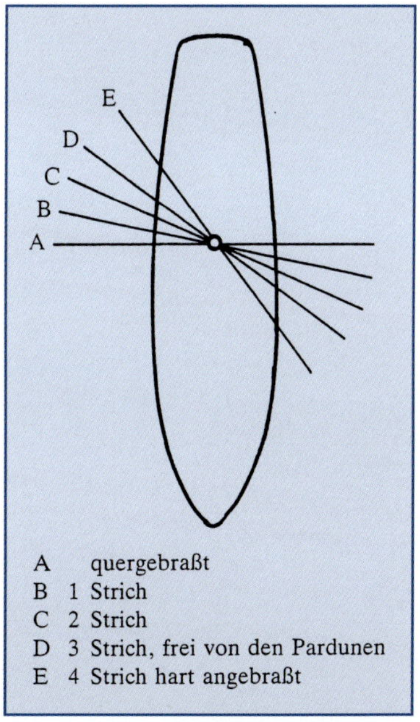

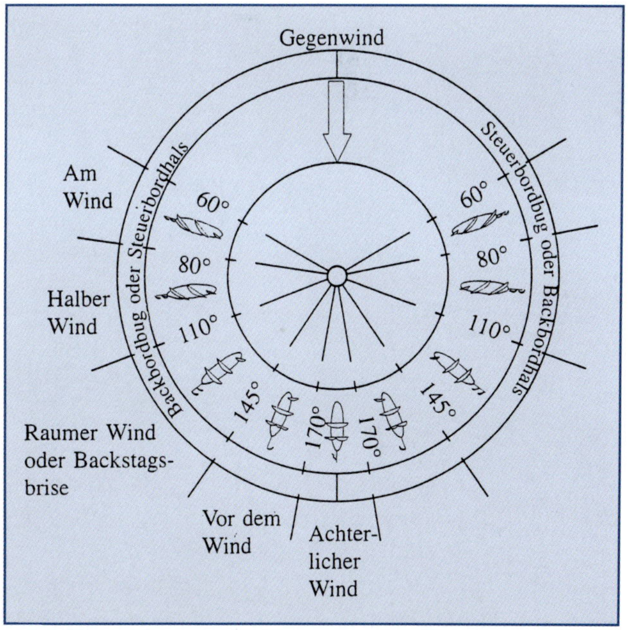

Links: Grafik 29: Verschiedene Stellungen der Rahen

Rechts: Grafik 30: Segeln auf verschiedenen Kursen

kommt, mit »achterlichem Wind«, wenn er genau von achtern kommt. Mit »raumem Wind« oder »Backstagsbrise« wird gesegelt, wenn der Wind schräg von hinten ungefähr in dem Winkel zwischen 110 Grad und 145 Grad einfällt. Kommt der Wind quer, spricht man von »halbem Wind«. »Am Wind« segeln bedeutet, der Wind kommt gut vorlicher als querab.

Das Segeln auf den verschiedenen Kursen wird entweder nach den Halsen benannt, die ausgeholt sind, oder nach der Seite, nach der das Schiff überneigt. Man sagt also z. B.: »Ein Schiff segelt mit Backbord Halsen oder auf Steuerbord Bug«.

Gewöhnlich läuft ein großer Rahsegler nur etwa bis zu 60 Grad am Wind; dabei halbiert die unterste Rah ungefähr diesen Winkel. So hoch am Wind ist die Geschwindigkeit nicht sehr groß. In dem Maße, in dem der Wind nach achtern dreht, werden die Rahen langsam zurückgebrasst, so dass der Anstellwinkel immer gleich bleibt. Dadurch kann der Wind weich am Segel entlang streichen und es entstehen die geringsten Verwirbelungen bei einem Maximum an Vortrieb. Aus der Regel, dass die längsschiffs gerichtete Komponente des Winddrucks, die ja den Vortrieb liefert, am größten ist, wenn die Rahen den Winkel zwischen der Mittschiffslinie und der Richtung des scheinbaren Windes halbieren, folgt, dass die Rahen um einen halben Strich gebrasst werden müssen, wenn der Wind um einen Strich raumt oder schralt.

Je mehr der Wind nach achtern dreht, desto weniger ziehen die Stagsegel und desto mehr werden die vorderen Rahsegel durch die hinteren abgedeckt, sodass nicht die theoretisch mögliche Höchstgeschwindigkeit erreicht wird. Beim Segeln genau vor dem Wind werden deswegen die Stagsegel und hinteren Untersegel meist ganz geborgen; in leichten Winden kann man die letzteren eventuell auch nur aufgeien oder ihre Schoten so locker fahren, dass sie nach vorn auswehen und dadurch die Fock mehr Wind bekommt. Bei Backstagskursen kann man die Leeseite der hinteren Untersegel gesetzt lassen, während die Luvseite beschlagen oder bei leichten Winden aufgegeit wird. Die durchschnittlich größte Geschwindigkeit läuft ein Rahsegler bei halbem bis raumem Wind.

Kommt der Wind vorlicher als querab, werden die Rahen oft nicht genau übereinander, sondern fächerförmig versetzt gebrasst. Dabei werden die Rahen nach oben hin immer weiter aufgebrasst. Der Sinn ist dabei, jedes Segel in eine optimale Stellung zum Wind zu bringen: Aufgrund verminderter Reibung mit der Wasseroberfläche nimmt die Geschwindigkeit des wahren Windes mit zunehmender Höhe zu; daraus resultiert eine geringere Ablenkung durch den Fahrtwind; d. h. der scheinbare Wind, der auf die Royalsegel trifft, fällt achterlicher ein als der scheinbare Wind in Höhe der Untersegel, so dass es sinnvoll ist, die Rahen immer weiter nach achtern zu brassen, je höher das Segel ist. Ein weiterer Grund für einen fächerförmigen Trimm der Rahen liegt darin, dass die unteren Rahsegel meist bauchiger geschnitten und schwerer sind als die oberen und deshalb raumeren Wind gebrauchen, um voll zu stehen. Bei leichtem Wind werden die Rahen geringer gefächert als bei starkem Wind und größerer Krängung.

Fächerförmig getrimmte Rahsegel.

Kommt der Wind aus achterlichen Richtungen, nimmt der positive Effekt des fächerförmigen Trimms auf die Geschwindigkeit immer mehr ab und wird schließlich vernachlässigbar klein. Schon wenn der Wind mehr als ein Strich achterlicher als querab kommt, werden die Rahen meist genau übereinander gebrasst.

In böigem Wetter werden die obersten Rahsegel oft sogar noch etwas weiter gefächert, als es für einen optimalen Trimm notwendig wäre. Sie bilden damit den kleinsten Winkel zum Wind. Das hat den Vorteil, dass man am Einfallen der Luvseite dieser Segel sofort erkennen kann, wenn der Wind plötzlich vorlicher kommt und entsprechende Maßnahmen, wie z. B. eine Kursänderung einleiten kann, bevor alle Segel zur gleichen Zeit backschlagen und u. U. dramatische Manöver notwendig werden oder großer Schaden in der Takelage entsteht.

Entscheidend für die Geschwindigkeit eines Segelschiffes ist auch die vertikale Stellung der Rahen. Ohne Trimmen kommen die Rahen schräg zum Horizont, wenn das Schiff krängt. Dadurch streicht der Wind, der normalerweise parallel zur Wasseroberfläche weht, in einem Winkel aufwärts an den Segeln entlang und über die Oberkante der Rahen hinweg; es bilden sich unerwünschte Turbulenzen und die Geschwindigkeit des Schiffes nimmt ab. Um dieses zu vermeiden, werden die Rahen stets parallel zum Horizont gebracht. Da die Rahen über die Lieken und Schoten der Segel miteinander verbunden sind (vgl. Grafik 23), können sie alle zur gleichen Zeit getrimmt werden, indem man die laufenden Toppnanten der unteren Rahen an der Lee-Seite holt und an der Luv-Seite fiert. Da sich dadurch die Rahen in Lee nach oben bewegen, müssen die Schoten und Halsen der Untersegel an dieser Seite wegen der Wegverlängerung gefiert werden, in Luv senken sich die Rahen, d. h. aus den Schoten und Halsen muss die Lose geholt werden. Sind die Segel nicht gesetzt, werden die Rahen zur Vermeidung unnötigen Widerstandes in Windrichtung gebrasst.

Trimmen der Schratsegel

Während die Wirkung des Windes auf die Rahsegel relativ leicht mit Hilfe von einfachen vektoriellen Diagrammen dargestellt werden kann, leiten sich die Kräfte an den Schratsegeln vom aerodynamischen Auftrieb ab, wie er ähnlich auch bei Flugzeugflügeln auftritt. An der gewölbten Leeseite der Segel fließt der Wind schneller entlang als an der aerodynamisch flachen Luvseite (Grafik 31). In Übereinstimmung mit dem Bernoulli-Prinzip, das den Energiesatz für die Strömung einer Flüssigkeit formuliert, entsteht dadurch an der Leeseite ein Bereich mit niedrigerem Druck, der das Segel nach außen zieht. Diese Kraft kann wie bei den Rahsegeln zerlegt werden: eine quer zum Schiff gerichtete Komponente verursacht Krängung und Abtrift,

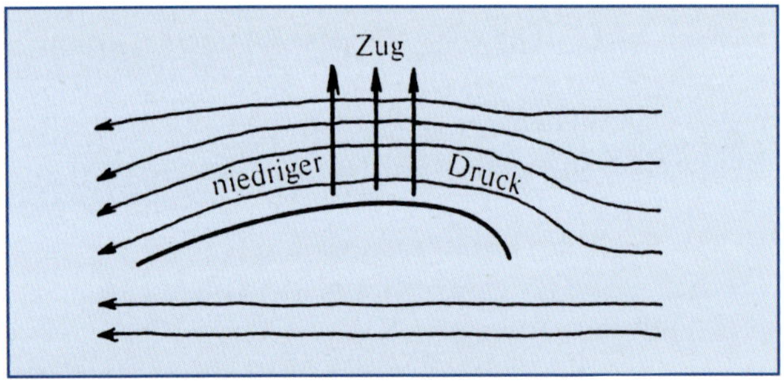

Grafik 31: Trimmen der Schratsegel

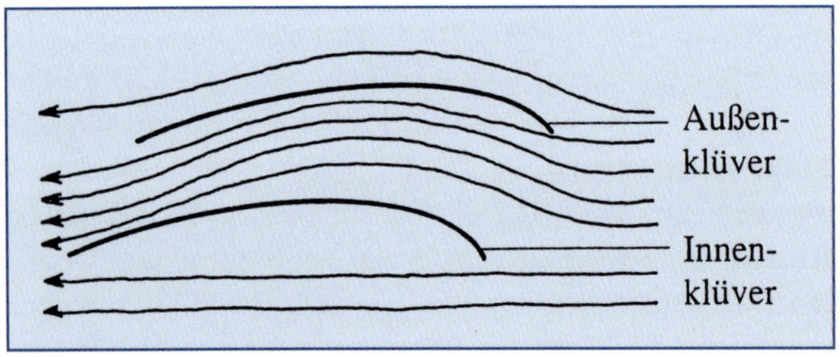

Grafik 32: Düseneffekt

eine in Längsrichtung des Schiffes gerichtete Komponente bewirkt den Vortrieb des Schiffes.

Aus der großen Nähe der Vorsegel zueinander entsteht ein weiterer, für das Trimmen wichtiger Effekt: der Düseneffekt (Grafik 32). Sind die Vorsegel optimal untereinander getrimmt, wird der Wind mit einer weit höheren Geschwindigkeit durch den Raum zwischen ihnen gepresst, als wenn jedes Segel nur für sich allein stehen würde. Diese Geschwindigkeit bewirkt einen stärkeren Unterdruck und in der Folge einen größeren Auftrieb und damit eine größere Vorwärtskraft. Die Achterlieken der Vorsegel sollen bei sorgfältigem Trimm möglichst parallel zueinander verlaufen.

Bei allen Stagsegeln entsteht der größte Teil der Vortriebskraft im vorderen Drittel. Deswegen ist es wichtig, dass beim Segelsetzen das Fall so gut durchgesetzt wird, dass am Vorliek keine Ausbuchtungen mehr zu sehen sind. Diese verursachen sonst Verwirbelungen und beeinträchtigen die gleichmäßige Strömung des Windes entlang des Segels. Die Stagsegel werden mit ihren Schoten getrimmt. Um ihre optimale Stellung zu ermitteln, werden diese gefiert, bis sie zu killen beginnen und anschließend wieder so weit dichtgeholt, dass sie eben voll stehen und das Vorliek nicht mehr einfällt. Die Segel des Besanmastes werden nach den gleichen Kriterien getrimmt.

Die Vorsegel und die Stagsegel zwischen den Masten müssen zusätzlich im Hinblick auf die Rahsegel am jeweils dahinter liegenden Mast ausgerichtet werden. Werden sie zu dicht gefahren, bekommen die Rahsegel Abwind. Der durch diese Turbulenzen hervorgerufene Geschwindigkeitsverlust kann erheblich sein. Oft ist es ratsam, am optimalen Trimm der Vorsegel oder der Besansegel geringe Abstriche zu machen, wenn dadurch die Rahsegel besser stehen und so ihren größtmöglichen Vortrieb liefern.

Gesamttrimm und Segeleigenschaften

Jedes Schiff bewegt sich um drei durch seinen Drehpunkt gehende Achsen, wenn bei seiner Fahrt durch das Wasser die verschiedenen Kräfte auf das Unterwasserschiff, das Überwasserschiff mit seinen Aufbauten und die Takelage wirken. Für die Bewegung des Schiffes haben die Seeleute

Seebeine werden demjenigen nachgesagt, der trotz des Schlingerns des Schiffes fest steht und in die Takelage aufentern kann. Auf einem Arbeitsplatz der ständig in Bewegung ist, braucht man sie, um zu leben und zu überleben.

verschiedene Ausdrücke geprägt: Die Bewegung um die Längsachse nennt man *Schlingern*, die Bewegung um die Querachse *Stampfen*.

Ein Schiff, das im Seegang besonders heftig und schwer stampfte, heißt bei der Mannschaft deshalb auch kurz und bündig »Stampfer«. Schlingern und Stampfen stellt für eine Schiff eine enorme Belastung dar. Alle Verbindungen und die gesamte Takelage leiden. Wenn das ganze Schiff tagelang in der schweren See arbeitet und »an beiden Seiten Wasser schöpft«, kann es im extremen Fall sogar passieren, dass es leck schlägt. Auch Stauchbrüche von Masten können eintreten.

Die Schiffsbewegung um die Vertikalachse wird *Gieren* genannt. Gieren steht also für die Abweichung des Schiffes von der gesteuerten Fahrtrichtung, vom Kompasskurs, nach Backbord oder Steuerbord, die der Steuermann durch häufiges Ruderlegen auszugleichen versucht. Man kann sich leicht vorstellen, dass diese »Schlängelfahrt« wegverlängernd und zeitraubend ist. Wind, Strömung und Seegang verstärken das Gieren eines Schiffes. Manchmal ist die Neigung zum Gieren auch bloße Unerfahrenheit oder Nachlässigkeit der Steuerleute oder das Schiff weist einen Fehler in der Bauart oder der Takelage auf, wie z. B. eine Asymmetrie des Unterwasserschiffes.

So nervtötend das Schlingern, Stampfen und Gieren ihrer Schiffe auch ist, die Bewegungen ließen den Seeleuten die besagten Seebeine wachsen. Sie werden demjenigen nachgesagt, »der trotz des Schlingerns des Schiffes fest stehen und in die Takelage aufentern kann«. Auf einem Arbeitsplatz der ständig in Bewegung ist, braucht man sie, um zu leben und zu überleben. Sie umfassen gleichzeitig solche Eigenschaften wie Gewandtheit, Kraft und Erfahrung. Auf einem gut ausgetrimmten Schiff brauchen die Steuerleute das Ruder kaum zu bewegen, das Schiff bleibt auf Kurs, »es segelt sich selbst«.

Der Drehpunkt des Schiffes ist auf den meisten Segelschiffen nicht mit seinem Mittelpunkt identisch, sondern liegt vor diesem, da die größte Breite vor die Mitte des Schiffes fällt und auch das Vorderschiff voller in den Linien gehalten ist als das Hinterschiff, damit es die See besser nehmen kann. Der Drehpunkt liegt z. B. bei einer Dreimastbark meist kurz vor dem Großmast.

Auf einem gut ausgetrimmten Schiff brauchen die Steuerleute das Ruder selbst bei starkem Seegang kaum zu bewegen, das Schiff bleibt auf Kurs, »es segelt sich selbst«.

Entscheidend für die Segeleigenschaften eines Schiffes ist erst einmal die Bewegung um die Vertikalachse, das oben beschriebene Gieren. Ist die Summe der Kräfte, die vor dem Drehpunkt angreifen, gleich denen, die dahinter angreifen, läuft das Schiff ohne Ruderlage geradeaus und es ist kein Problem, für die Steuerleute, den Kompasskurs zu halten. Das Schiff ist »ausgetrimmt«. Kommt es – durch welche Einflüsse auch immer – zu einem unausgewogenen Trimm, also zu einem Ungleichgewicht dieser Kräfte, entsteht ein Drehmoment, das das Schiff vom Kurs abbringt und durch ständiges Ruderlegen ausgeglichen werden muss. Da das Ruderblatt eines Schiffes in der Regel relativ groß ist, entsteht dadurch eine starke Bremswirkung, die aufgrund des größeren Widerstandes des Wassers gegenüber der Luft leicht die Wirkung von einigen Segeln aufheben kann. Aus diesem Grund sollen die Segel in ihrer Gesamtheit stets so ausgeglichen getrimmt werden, dass man möglichst wenig Ruderlage geben muss, um das Schiff auf Kurs zu halten.

Ein schlecht ausgetrimmtes Schiff konnte früher, als die Schiffe entweder über gar keine oder nur eine kleine Hilfsmaschine verfügten, die Ursache dafür sein, dass eine Reise länger als notwendig wurde. So benötigte die *Herzogin Elisabeth* einmal fast 140 Tage von Australien nach England. Da das Schiff die regelmäßige Reinigung im Trockendock nicht mitgemacht hatte, war es aufgrund des starken Bewuchses am Unterwasserschiff buglastig geworden und infolgedessen luvgierig. Die Segel mussten früher eingeholt werden, als wenn das Schiff richtig im Trimm gewesen wäre. Zusammen mit unbeständigen Winden und marodem, keiner Belastung mehr gewachsenen laufendem Gut der Segel war es diese unglückliche Trimmlage, die die Reise so verlängerte.

Aus Gründen der Sicherheit werden die Segel in der Praxis so getrimmt, dass das Schiff ganz leicht luvgierig ist, d h. es soll sich bei etwa 5 Grad Leeruder leicht am Wind steuern lassen. Dadurch luvt das Schiff in einer plötzlich einfallenden Bö an und verliert an Geschwindigkeit. So werden Schiff und Takelage geschont. Das Schiff darf aber auch nicht zu luvgierig sein. Sind bereits 10 Grad oder sogar noch mehr Leeruder notwendig, um überhaupt den Kurs zu halten, bekommt man das Schiff bei einem Manöver nur sehr schwer oder gar nicht dazu, mit dem Bug vom Wind wegzudrehen, also abzufallen. Besonders beim Einlaufen in enge Gewässer ist deshalb eine ausgewogene, stabile Trimmlage wichtig.

Will man die Segeleigenschaften eines Schiffes beeinflussen, muss man die vor bzw. hinter der Vertikalachse angreifenden Kräfte verändern. Hat das Schiff die Tendenz, von allein abzufallen, sagt man, es sei leegierig. Das bedeutet, dass das Schiff ohne Ruderlage abfallen würde, bis es vor dem Wind segelt. In diesem Fall kann man die Vorsegel verkleinern oder fieren oder umgekehrt die Achtersegel vergrößern oder dichter holen. Ist das Schiff zu »luvgierig« würde es von allein, also ohne Ruderlage, so weit anluven, bis es in den Wind schießt. Damit es nicht dazu kommt, müssen rechtzeitig die Vorsegel vergrößert oder dichter geholt bzw. die Achtersegel verkleinert oder gefiert werden. Beide Maßnahmen können auch jeweils kombiniert werden. Beide Situationen, das unkontrollierte Abfallen wie auch das Anluven können für die großen Segelschiffe eine große Gefahr bedeuten, weil alle Manöver, die die Mannschaft sofort zum Ausgleich einleiten müsste, im Vergleich zu einer kleinen Segeljacht sehr lange dauern und die Schiffe aufgrund ihrer großen Masse und der großen Angriffsfläche der Takelage träge reagieren. Eine miserable Trimmlage bedeutet besonders bei schwerem Wetter für die Leute am Ruder viel zusätzliche Anstrengung und für das Schiff das Risiko von Bruch und Unfällen. Eine kleine Unachtsamkeit des Rudergängers reicht manchmal schon aus, um eine fatale Kettenreaktion auszulösen. So passiert auf der *Star of Russia*: Der steife Wind drohte zum Sturm zu werden und der Erste wollte mit der kompletten Wache vorsichtshalber den Außenklüver einholen, bevor es Nacht wurde. Der Steuermann passte einen Moment nicht auf und das Schiff schoss in den Wind. Es luvte an, weil nicht rechtzeitig Ruder gelegt worden war. Das Vorschiff tauchte tief in die schwere See ein. Ein Schwall grünen Wassers ergoss sich auf das Deck. Der Steuermann und mit ihm seine ganze Wache wurde erbarmungslos über Bord gewaschen. Keiner überlebte. Und dieses Unglück war leider kein Einzelfall.

Der Besan spielt eine besondere Rolle für die Segeleigenschaften eines Schiffes. Als eines der größten Segel und als das Segel, das am weitesten achtern ist, birgt es ein gewaltiges Drehmoment in sich. Deshalb wird der Besan oft vorzeitig gefiert, damit es erst gar nicht zu einer Luvgierigkeit des Schiffes kommt. Der Verlust an Geschwindigkeit, der dadurch entsteht, ist normalerweise bei weitem nicht so groß wie die Bremswirkung durch das Geben von starkem Gegenruder. Bei achterlichen Winden wird der Besan gewöhnlich ganz geborgen, denn er nimmt den

Rahsegeln nur unnütz den Wind weg. Da auch die Stagsegel und Klüver bei achterlichem Wind nicht zu gebrauchen sind, ist überhaupt das Segeln mit achterlichem Wind bei den Seeleuten nicht beliebt.

Manöver unter Segeln

Ein Rahsegler kann nur eine ganz bestimmte Höhe am Wind laufen. Liegt das Ziel des Schiffes in einer Richtung, die auf einem einzigen geraden Kurs, d. h. auf ein und demselben Bug nicht erreicht werden kann, muss es kreuzen, d. h. Schlag für Schlag im Zickzack gegen den Wind nach Luv segeln. Dieses Kreuzen bedeutet für die Schiffe, dass sie einen zwei- bis dreimal so langen Weg zurücklegen müssen, selbst wenn sie es trotz Seegang und Abdrift schaffen, auf jedem Kreuzschlag so hoch wie möglich am Wind zu segeln.

Besonders bei schwerem Wetter kann das Kreuzen zu einer nervenzehrenden Prozedur werden. Die Schiffe, die sich oft in wochenlanger Quälerei rund Kap Hoorn gekämpft haben, können ein Lied davon singen. Wenn der Wind drehte oder der Kurs geändert werden musste, folgte ein Einsatz nach dem anderen an Brassen, Schoten, Halsen und Bulienen, um die günstigste Segelstellung zu erzielen; und aufkommender Sturm oder abflauender Wind erforderte das permanente Bergen und Setzen der Segel. Eine oft wochenlange Tortur für die Mannschaft. So war das deutsche Vollschiff *Susanna* allein 99 Tage unterwegs, bis es endlich das Kap gerundet hatte – immer begleitet von Sturm, Kälte, Nebel, knochenharter Schufterei im Rigg und immer mit der ständigen Angst vor Unfällen und anderem Desaster im Nacken. Halsen und Wenden ohne Ende, oft in stockdunkler Nacht, bei stürmischem Wind und rauer See. Später stellte sich heraus, dass es ein Chronometerfehler war, der die *Susanna* 500 mühsame Meilen mehr West hatte erkämpfen lassen, als notwendig gewesen wären!

Auch die Annäherung an eine Legerwall-Küste konnte für ein Segelschiff gefährlich werden. Unter Einsatz all ihrer Kraft und ihrer Erfahrung versuchten die Leute oft in letzter Minute durch Segelmanöver ihr Schiff zu retten. Einige Schiffe sind unter vollen Segeln gestrandet, weil sie es nicht geschafft hatten, sich freizukreuzen.

Der Schiffsführer eines Segelschiffes musste zu jeder Zeit damit rechnen, vor gewaltige Probleme gestellt zu werden. Gerade das Freisegeln vom Land zu Beginn einer Reise und viel mehr noch der einwandfreie Landfall am Reiseende war immer eine Herausforderung. Das Schlimmste, was einem Schiff passieren konnte, waren dann schwere auflandige Stürme, vielleicht noch gepaart mit Nebel, Regen oder Hagel. Meist reichte der Seeraum nicht aus, um unter diesen Bedingungen das Schiff am Ende eines jeden Schlages auf den anderen Bug zu bringen,

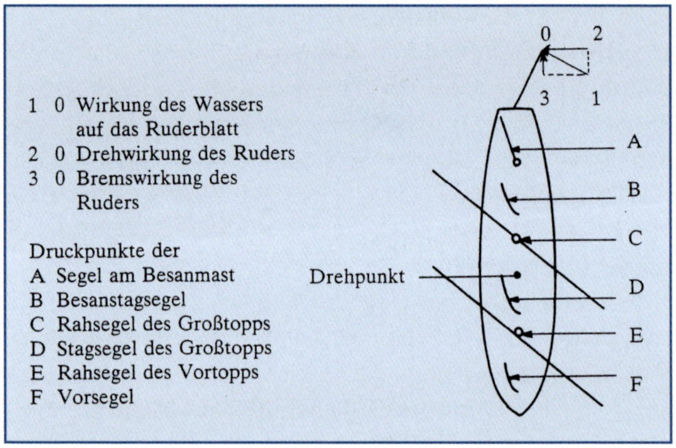

Grafik 33: Drehmomente einer Dreimastbark

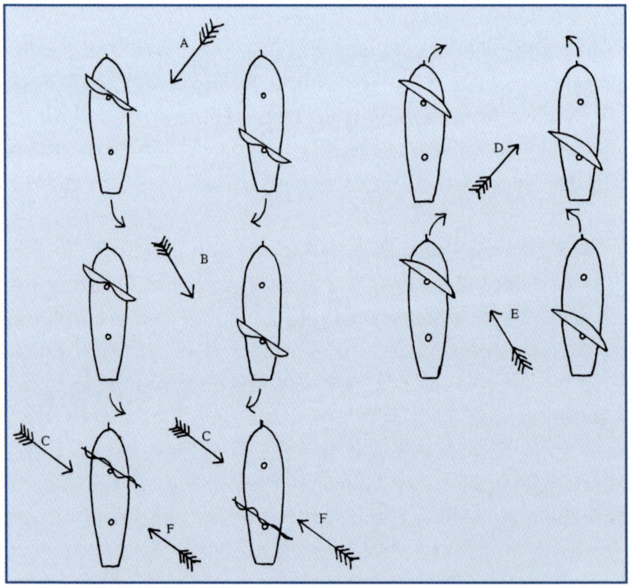

Grafik 34: Die Wirkung des Windes auf die Segel einer Brigg

zumal dieses Manöver meist im Halsen bestand, wenn der Wind für eine Wende bereits zu stark war. Bei einer Halse verliert man aber bei jedem Ablaufen vor dem Wind noch mehr Raum als bei einer Wende. Manch ein Schiff schaffte es nicht, solch einer Falle zu entkommen und den freien Seeraum zu erreichen.

Heute stehen die letzten noch fahrenden Windjammer meist unter einem anderen Zwang: Sie müssen einen Fahrplan einhalten, müssen zu einer bestimmten Zeit in einem bestimmten Hafen sein. Deswegen tun auch sie gut daran, trotz Maschine die gefahrene Strecke nicht über die Maßen zu verlängern und bei jedem Kurswechsel nicht mehr Zeit und Raum zu verschenken als unbedingt notwendig.

Für ein Segelschiff gibt es drei Methoden das Schiff während des Kreuzens auf den anderen Bug zu bringen:

a) *Wenden* oder »über Stag gehen«, indem der Bug oder eben die Stage durch den Wind gebracht werden;
b) *Halsen*, indem das Heck durch den Wind gebracht wird;
c) *Backhalsen*, indem beide Manöver kombiniert werden.

Alle Manöver unter Segeln folgen der einfachen Regel, dass durch Verändern der Kräfte vor bzw. hinter dem Drehpunkt des Schiffes (Grafik 33) ein Drehmoment geschaffen wird, das das Schiff den Kurs ändern lässt. Je nachdem aus welcher Richtung der Wind auf die verschiedenen Segel trifft, verhält sich das Schiff bei jeder der Möglichkeiten zur Kursänderung anders:

Als vereinfachtes Beispiel sind verschiedene Situationen für die Rahsegel am Vor- bzw. Großtopp eines zweimastigen Vollschiffes, einer Brigg, beschrieben; die Wirkung des Windes auf die Schratsegel vor bzw. hinter dem Drehpunkt ist entsprechend (Grafik 34):

A Segel am Vortopp stehen back:
Das Schiff geht zurück und fällt ab.
Segel am Großtopp stehen back:
Das Schiff geht zurück und luvt an.

B Segel am Vortopp stehen back:
Das Schiff geht zurück und luvt an.
Segel am Großtopp stehen back:
Das Schiff geht zurück und fällt ab.

C Segel killen: keine Wirkung

D Segel am Vortopp stehen voll:
Das Schiff geht voraus und fällt ab.
Segel am Großtopp stehen voll:
Das Schiff geht voraus und luvt an.

E Segel am Vortopp stehen voll:
Das Schiff geht voraus und luvt an.
Segel am Großtopp stehen voll:
Das Schiff geht voraus und fällt ab.

F Segel killen: keine Wirkung

Ein Vergleich der verschiedenen Manöver unter Segeln ergibt, dass die meisten Schiffsführer lieber eine Wende als eine Halse fahren: Das Schiff muss bei einer Wende nur ca. 12 Strich herumschwingen bis es auf dem neuen Kurs

Auf dem Weg in die Nacht.

ist, bei einer Halse aber die übrigen 20 Strich der Kompassrose. Außerdem unterstützen die Segel die ganze Zeit das Manöver, während bei der Halse Besan und Stagsegel vorher weggenommen werden und außerdem ein Teil der Segel durch andere Segel abgedeckt wird.

Aus den genannten Gründen benötigt eine Wende mit einer trainierten Mannschaft nur die Hälfte der Zeit wie eine Halse. Der hauptsächliche Vorteil besteht aber darin, dass das Schiff bei einer Wende Strecke voraus macht, also Raum gewinnt, während es bei einer Halse abfällt und einen Teil der oft mühsam gewonnenen Höhe wieder verschenkt. Das gilt vor allen Dingen bei viel Wind, wenn das Schiff, während es vor dem Wind läuft, eine ziemliche Geschwindigkeit aufnimmt und davon stürmt, leider in die verkehrte Richtung. Dennoch gibt es Situationen, in denen ein Großsegler nicht wenden kann und deshalb halsen muss: Beim Wenden kommen die Rahsegel des Fockmastes back, d. h. der Wind fällt von vorn in die Segel. Dadurch wirken sie wie eine große Bremse. In leichten Winden hat das Schiff u. U. nicht genug Fahrt, um diesen Bremseffekt zu überwinden. Bei Starkwind hingegen kann es gefährlich sein, die Rahsegel back schlagen zu lassen, weil die ganze Verstagung der Masten primär dafür ausgelegt ist, dass der Wind achterlich einfällt; schlagen die Segel back, sind es nur die wenigen Stagen, die die Masten dann gegen den gewaltigen Winddruck stützen. Deshalb gilt die grobe Regel: Unter fünf und über zwölf Knoten Fahrt sollte keine Wende gefahren werden. Das hängt aber natürlich auch vom Seegang ab: In ruhiger See mag eine Wende auch bei einer Geschwindigkeit unter fünf Knoten noch gelingen, in rauer See können manchmal sieben Knoten schon zuviel sein. Und immer hängt die Entscheidung für eine Wende oder eine Halse auch von der Größe und Erfahrung der Mannschaft ab, weil es bei einer Wende mehr als bei einer Halse auf eine gute zeitliche Zusammenarbeit ankommt. Wenn es die Bedingungen erlauben, werden große Manöver wie Halsen oder Wenden immer zur Zeit des Wachwechsels durchgeführt, damit die Freiwache nicht extra an Deck geholt zu werden braucht.

»Backhalsen« heißt mit backem Vortopp halsen. Dieses Manöver wird gefahren, wenn nur sehr wenig freier Seeraum zur Verfügung steht oder wenn eine Wende missglückt ist und das Schiff im Wind zum Stehen gekommen ist. Ein weiteres Manöver unter Segeln ist das Backbrassen. Es dient dazu, das Schiff zum Stehen zu bringen oder seine Fahrt zu bremsen.

Der grundlegende Ablauf der verschiedenen Manöver wird im Folgenden für eine Dreimastbark beschrieben, ist aber im Prinzip auf alle Rahsegler übertragbar. Man darf dabei jedoch nicht vergessen, dass die Manöver je nach Segeleigenschaften eines Schiffes unterschiedlich gefahren werden können. Verschiedene Schiffe wollen auch verschieden behandelt werden und ein guter Kapitän bemüht sich, die Eigentümlichkeiten seines Schiffes ausfindig zu machen und zu berücksichtigen.

Wenden

Wenden oder über Stag gehen nennt man das Manöver, bei dem das Schiff hoch am Wind segelnd anluvt, bis der Wind von vorn kommt und dann auf dem neuen Bug so weit abfällt, dass die rundgebrassten Segel wieder voll stehen. Eine gute und schnelle Wende mit einem großen Rahsegler zu fahren, gehört mit zu den anspruchvollsten Herausforderungen an jeden Schiffsführer und sie gelingt nur, wenn während des ganzen Manövers alle auf das Schiff wirkenden Kräfte unter Kontrolle sind. Mit Organisation und Voraussicht müssen die Vorbereitungen getroffen werden, mit Erfahrung und seemännischem Gespür muss der richtige Zeitpunkt für das Einleiten einer Wende bestimmt werden: Einerseits soll das Schiff so hoch wie möglich am Wind segeln, um den Winkel zu minimieren, den es bei der Wende überwinden muss, andererseits muss die Geschwindigkeit hoch genug sein, um mit dem Bug durch den Wind zu kommen und das bedeutet, dass das Schiff vor der Wende eben auch nicht zu hoch am Wind segeln darf. Vielleicht muss das Schiff sogar vor dem Manöver etwas abfallen, um Geschwindigkeit aufzunehmen, um quasi Schwung zu holen.

Auch bzgl. der Ruderlage muss das richtige Maß gefunden werden, damit die Wende gelingt: der Steuermann – und das ist während einer Wende immer ein Mann mit viel Erfahrung – muss genug Ruder geben, um die Drehung des Schiffes einzuleiten, aber nicht so viel, dass das Ruderblatt als Bremse wirkt und zuviel Fahrt aus dem Schiff nimmt. Er tut gut daran, nur langsam Ruder zu geben und stattdessen den Dreheffekt lieber durch die Segelstellung hervorzurufen. Während der ganzen Wende müssen deshalb die Segel so gestellt werden, dass sie zuerst das Anluven, danach das Abfallen des Schiffes unterstützen; dieses gilt natürlich besonders unter erschwerten Bedingungen, wie

Grafik 35: Drehmomente während einer Wende mit einer Bark

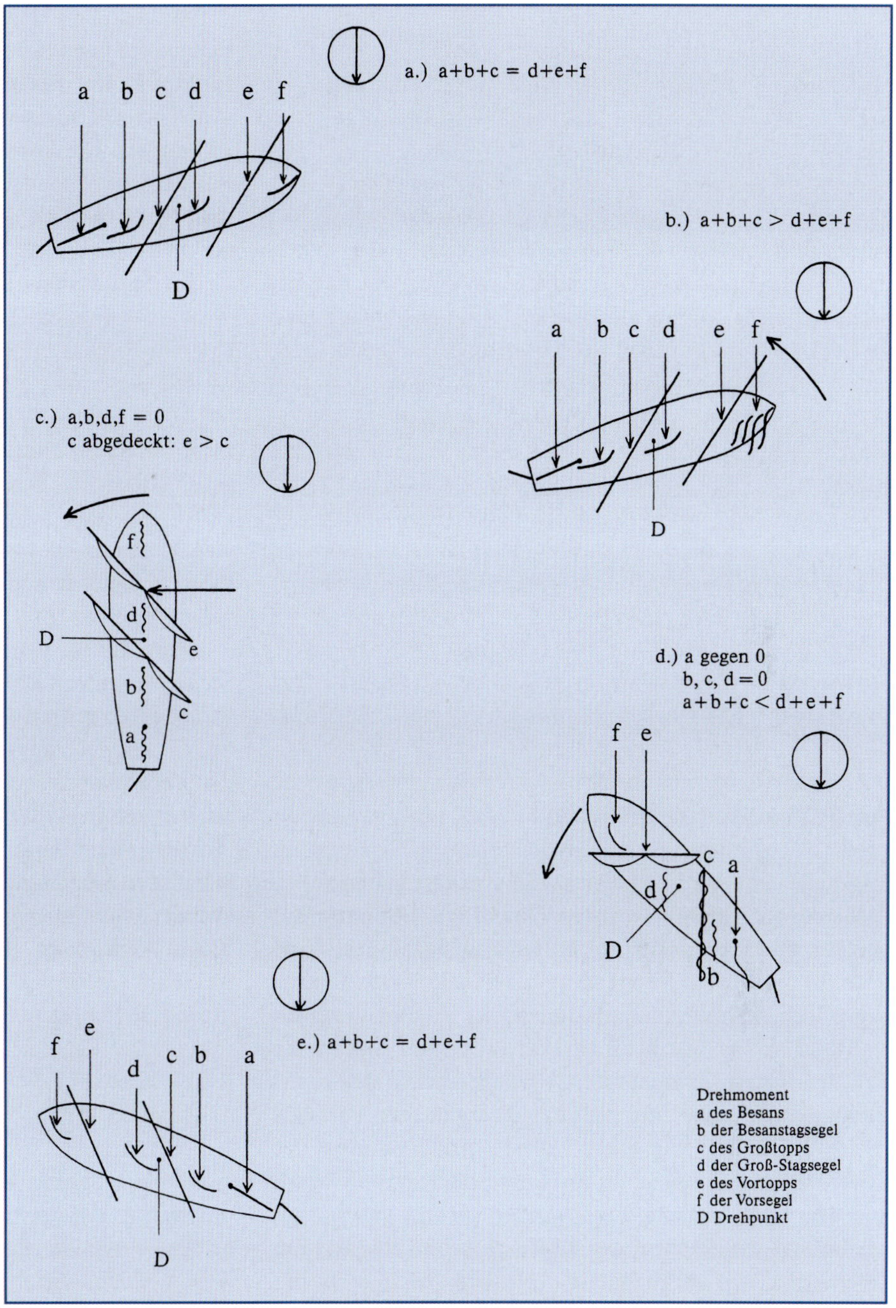

z. B. Seegang, wenig Wind oder böigem Wetter.

Ein Manöver gilt als gut gelungen, wenn das Schiff während der ganzen Wende etwas Fahrt voraus gemacht hat und nicht zum Stillstand gekommen ist. Im Gegensatz zu einer kleinen Jacht wird auf einem Rahsegler eine Wende »gesegelt«. Es wird auch nichts losgeworfen und auf der anderen Seite wieder dichtgeholt wie auf einer Jacht. Auf einem großen Rahsegler wäre es ein riskantes Manöver, die tonnenschweren Rahen unkontrolliert herumschwingen zu lassen. Hier halten die Brassen die Rahen dauernd »fest am Zügel«, damit sie nicht an die Wanten schlagen und Schaden anrichten.

Die theoretischen Grundlagen, die darüber entscheiden, ob eine Wende gelingt oder vielleicht stattdessen im harmlosen Falle in einem wüsten Durcheinander, im schlimmsten Falle mit Bruch von Material endet, sind einfach. Sie ergeben sich zu jedem Zeitpunkt der Wende aus dem Verhältnis der addierten Drehmomente vor bzw. hinter dem Drehpunkt (Grafik 35): Ist ein Schiff gut ausgetrimmt und läuft es geradeaus, sind die Kräfte, die vor bzw. hinter seinem Drehpunkt wirken, gleich groß (a). Erhöht man zum Einleiten einer Wende den relativen Druck auf dem Achterschiff, indem man den Besan mittschiffs holt und gleichzeitig die Vorsegel fiert, dreht der Bug in den Wind, das Schiff luvt an (b). Dabei braucht der Steuermann theoretisch noch kein Ruder zu legen, denn diese Segel sind weit von dem Drehpunkt entfernt und haben deshalb einen großen Einfluss auf die Drehung des Schiffes. Ist das Schiff schließlich im Wind, haben Besan und alle Stagsegel keine Wirkung mehr. Da in diesem Moment aber die Rahsegel des Fockmastes back stehen und der ebenfalls backstehende Großtopp weitgehend abgedeckt ist, überneh-

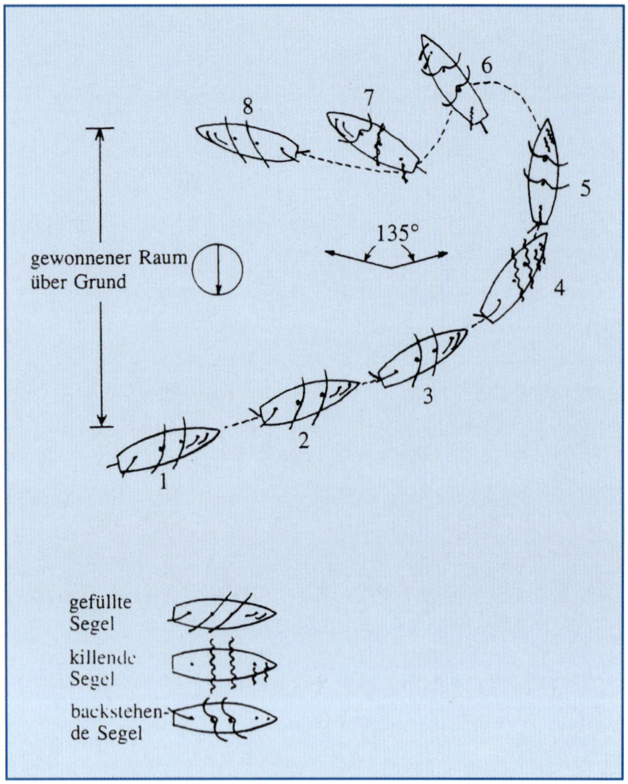

Grafik 36: Ablauf einer Wende

men diese zusammen mit dem Ruder die Drehung des Schiffes durch den Wind (c). Ist der Bug durch den Wind und der Großtopp rundgebrasst, sind die Kräfte hinter dem Drehpunkt nahezu aufgehoben, da der Besan und die Rahsegel des Großmastes parallel zum Wind stehen; die Kräfte vor dem Drehpunkt sind dagegen durch den backstehenden Vortopp und die jetzt dichtgeholten Vorsegel relativ groß: Der Bug dreht weiter vom Wind weg, das Schiff fällt ab (d). Ist schließlich auch der Vortopp rundgebrasst und sind alle Segel wieder gesetzt und ausgetrimmt, ist die Summe der Kräfte vor und hinter dem Drehpunkt wie vor Beginn der Wende gleich groß: das Schiff läuft auf dem neuen Kurs geradeaus (e).

Vor dem Manöver werden alle betroffenen Leinen »klar zum Laufen« an Deck ausgelegt. Das sind vor allen Dingen die Leebrassen, außerdem die Falle derjenigen Stagsegel, die während des Manövers geborgen werden sollen. Die Lee-Gordinge und die Lee-Toppnanten werden gefiert, in die Lee-Geitaue und schoten wird ausreichend Lose gegeben, sodass sie belegt bleiben können und für ihre Bedienung keine Leute von anderen wichtigeren Leinen abgezogen werden müssen.

Wenn alle Vorbereitungen beendet sind, kommt von achtern das Kommando »Klar zum Wenden!« Mit diesem Ruf wird das Wendemanöver (Grafik 36) eingeleitet. Bei dem Manöver sind natürlich beide Wachen an Deck und verteilen sich auf ihre Stationen.

Der Steuermann hält »gut voll«, sodass das Schiff gute Fahrt macht, dann legt er mit dem Kommando »Ree« langsam Ruder, um höher an den Wind zu gehen (1–2). Die Wachen sind auf ihren Stationen, Schoten und Brassen liegen klar zum Laufen. Mit dem Ruderlegen wird gleichzeitig der Besan mittschiffs geholt und die Vorsegel soweit gefiert, dass sie nicht mehr ziehen (3). Der Bug beginnt sich in den Wind zu drehen, das Heck dreht vom Wind weg. Vielleicht werden die Vorsegel geborgen, damit sie nicht schlagen. Die noch stehenden Segel halten das Schiff dabei in Fahrt.

Wenn das Schiff weiter in den Wind dreht, beginnen die Rahsegel von Vor- und Großtopp zu killen (4) und schließlich back zu schlagen (5). Das ist der Augenblick, in dem das Großsegel aufgegeit wird. Es darf nicht back schlagen, denn mit seiner großen Fläche würde es das Schiff viel zu stark bremsen. Außerdem ist die Führung der Schoten und Halsen extrem lang, so dass sie während des schnellen Herumschwingens der Rahen schwer zu bedienen sind. Hat das Schiff schließlich so weit gedreht, dass es mit dem Bug im Wind liegt, wird auf das Kommando »Rund achtern« am Großmast rundgebrasst (5–6). Wird das Kommando im richtigen Augenblick gegeben – und hier zeigt sich, ob der Kapitän sein Handwerk versteht – fliegen die Rahen in Nu auf die andere Seite, andernfalls müssen sie mühsam Hand über Hand herumgeholt werden.

Bis jetzt haben alle Manöverschritte das Schiff anluven lassen bis es genau im Wind steht; die nächsten Schritte müssen jetzt das Schiff auf dem anderen Bug zum Abfallen bringen. Wenn der Bug durch den Wind geht, werden deswegen gleichzeitig mit dem Rundbrassen des Großtopps die Vorsegelschoten geschiftet bzw. die Vorsegel wieder gesetzt und dichtgeholt, um die Drehwirkung des backstehenden Vortopps zu unterstützen; gleichzeitig wird der Besan so weit wie möglich gefiert, sodass er killt (6). Dadurch wird der Druck des Windes auf das Achterschiff aufgehoben und das weitere Abfallen damit unterstützt. Das Ruder wird jetzt wieder mittschiffs gelegt. Das Schiff dreht weiter auf den neuen Bug. Wenn es zwei bis drei Strich abgefallen ist und die Segel am Großmast zu ziehen beginnen, wird auf das Kommando »Rund vorn« am Fockmast gebrasst (7–8).

Ziehen nach dem Brassen auch die Segel am Fockmast, wird das Großsegel wieder gesetzt und kurze Zeit später auch die übrigen Stagsegel. Mit dem Kommando »Besanschot an« wird schließlich als letztes der Besan dichtgeholt (8).

Die größte Herausforderung für die Schiffsführung und die Mannschaft bei einer Wende ist das Brassen des Großtopps (Grafik 37). Wird der richtige Moment nämlich verpasst, geht das Schiff nicht durch den Wind. Brasst man zu früh, werden die Segel vom Wind erfasst, schlagen auf ganzer Breite back und wirken als riesige Bremse (a). Unter ungünstigen Umständen kann dadurch das Schiff auf den alten Bug zurückfallen. Brasst man zu spät, liegen die Segel des Großtopps vollständig im Windschatten des Vortopps und es kostet immense Kraft und viel Zeit, dann noch zu brassen (b). Der richtige Augenblick für das Manöver »Rund achtern« ist, wenn die Luv-Seiten der Segel back schlagen, während der Rest der Segelfläche noch von den Segeln am Fockmast abgedeckt wird (c).

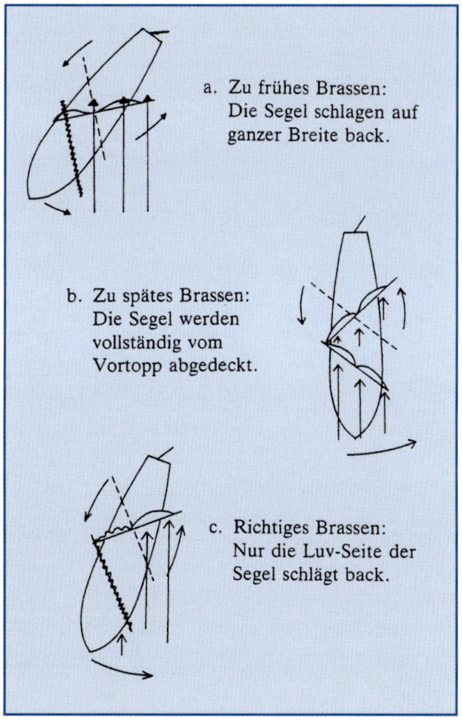

Grafik 37: Brassen des Großtopps während einer Wende

Unter diesen Bedingungen drückt der Wind die Rahen herum, sodass sie mit einem Minimum an Kraft gebrasst werden können. Die Leebrassen laufen schnell bis an ihre Endmarkierungen aus, während aus den Brassen an der alten Luvseite nur die Lose geholt zu werden braucht.

Heinrich Hauser hat diesen Moment der Wende beschrieben: »Wenn der Riesenleib des Schiffes langsam herumzuschwingen beginnt – man merkt das zuerst am Kompass und an den flatternden Kanten der Segel –, werden die Vorsegel losgeworfen. Ein ungeheures Flattern, ein donnerndes Knattern der großen Leinwandflächen beginnt. Wie Vogelschwingen schlagen die Segel. Gespannt beobachtet der Kapitän den Kompass, die Segel und das Kielwasser, das jetzt eine weiten Bogen zeichnet. Liegt das Schiff »im Wind«, dann fällt der Wind genau von vorn ein und drückt die Segel gegen die Masten zurück, ein leichtes Zittern geht durch die ganze Takelage; am Fockmast beginnen die Rahen zu schwanken, unentschlossen wie Balken einer Waage, die sich im Gleichgewicht befindet? Die Spannung steigt: Wird das Schiff durch den Wind drehen? Wird die Kraft seiner Fahrt noch genügen, um den gewaltigen Gegendruck der See zu überwinden? Minuten vergehen, da erhebt sich plötzlich ein Rauschen, als fege der erste Windstoß eines aufkommenden Gewitters über die Wipfel eines Waldes: Die Rahen am Fockmast schwingen in mächtiger Bewegung um den Mast herum. Das ist ein Anblick, so überraschend und erstaunlich, als drehe sich der Kirchturm unserer Heimatstadt, der hundert Jahre fest auf seinem Platz gestanden hat, plötzlich um seine Achse. Nun folgt ein Mast auf den anderen; in fieberhafter Arbeit werden Rahen und Segel auf der anderen Seite festgemacht. Der Rudergänger lässt sein Rad herumschwingen, er 'stützt' den Kurs, damit das Schiff nicht zu weit abfällt, und steuert so, dass die Segel eben voll stehen. Das Manöver ist beendet. Es dauert – wenn alles gut geht – etwa 20 Minuten. Es ist die härteste und konzentrierteste Arbeit, die ich kenne. Zweihundert Flaschenzüge müssen geholt werden. Dutzende von anderen Arbeitsgängen gehören dazu, die man nicht im einzelnen aufzählen kann. Und alles nur mit zwölf bis fünfzehn Mann.« *(Hauser, H.: Pamir. Die letzten Segelschiffe)*.

Übrigens: Wurde früher eine Wende unter besonders schwierigen Verhältnissen gefahren, wurde nach Beendigung des Manövers an die Mannschaft Rum ausgeschenkt. Aus dieser Zeit hat sich die Redewendung »Besanschot an« oder auf englisch »Slice the main braces« als Aufforderung zum Schnapsempfang erhalten, wenn die Mannschaft bei einer schweren Arbeit Bestes geleistet hatte. Auf dem Achterschiff erhielt dann jeder Seemann einen ordentlichen Schluck aus der Buddel, streng nach Dienstgrad und Alter.

Halsen

Halsen heißt, ein Schiff mit dem Heck durch den Wind auf den anderen Bug zu legen. Dabei macht das Schiff immer Fahrt voraus und beschreibt einen großen Bogen. Der Vorteil einer Halse ist, dass man sie auch unter Bedingungen segeln kann, in denen das Wenden entweder zu gefährlich ist oder mit großer Wahrscheinlichkeit nicht gelingt. Da während des Wendens der Wind zeitweise genau von vorn kommt, schlagen die Segel bei diesem Manöver back; dieses strapaziert die gesamte Takelage, so dass man bei stürmischem Wind und hohem Seegang keine Wende wagen kann. Umgekehrt wird bei leichtem Wind die Geschwindigkeit des Schiffes nicht ausreichen, um den Bug durch den Wind zu bringen. Auch bei starkem Seegang misslingt eine Wende oft, weil die See das Vorschiff immer auf den alten Kurs zurückwirft. In allen diesen Fällen wird eine Halse gefahren statt eine Wende. Wenn auch eine Halse leichter als eine Wende und selbst mit einer relativ kleinen oder untrainierten Mannschaft gefahren werden kann, so sind trotzdem auch bei diesem Manöver Voraussicht und Organisation die Grundlage zum Gelingen. Da eine Halse bei schlechtem Wetter nur unter kleinen Segeln ausgeführt wird, muss die Mannschaft größte Vorsicht walten lassen, um Havarien und Unfälle zu vermeiden. Sobald das Schiff während der Drehung quer zum Wind liegt, beginnt es unbarmherzig zu rollen und nimmt vielleicht sogar Brecher über die Reling. Auch beim Anluven nach der Drehung ist schon manch einer über Bord gewaschen worden. Außerdem ist das Vierkantbrassen eine viel schwerere Arbeit als das Anbrassen, denn notwendigerweise sind die Leute dabei länger an Deck. So kann sich auch das Halsen zu einer wirklich unerfreulichen Angelegenheit entwickeln, in stockdunkler Nacht, bei stürmischem Wind und rauer See sowieso.

Der Nachteil einer Halse ist, dass sie mehr Zeit als eine Wende benötigt und dass meist mühsam ersegelter Raum in Luv verloren geht, weil das Schiff einen größeren Bogen als bei der Wende beschreibt, nämlich einen Kreisbogen von ungefähr 220 Grad, bis es wieder Wind von der anderen Seite bekommt. Das heißt, eine Halse braucht freien Seeraum. Beim Halsen müssen die Halsen besonders aufmerksam bedient werden, und spielen eine so große Rolle, dass nicht verwundert, dass das ganze Manöver nach ihnen benannt ist.

Die Vorbereitungen für eine Halse sind einfach: Die Stagsegel werden weggenommen; die Schoten, Geitaue, Gordinge und Toppnanten werden in Lee gefiert bzw. losgeworfen; Leinen, die während des Manövers auslaufen, werden vorbereitet.

Wie bei einer Wende muss man auch bei einer Halse die Segel zur Unterstützung der Drehung nutzen (Grafik 38). Dabei ist das Verfahren genau umgekehrt wie bei der Wende: Besan, Gaffeltoppsegel und Besanstagsegel werden weggenommen (1–2), damit der Winddruck hinter dem Drehpunkt vermindert wird. Durch gleichzeitiges Ruderlegen wird das Schiff zum Abfallen gebracht (3). Das Großsegel wird aufgegeit, um das Brassen zu erleichtern und damit die Fockmastsegel mehr Wind bekommen und den Bug herumdrücken, wenn das Schiff abfällt. Die Drehung des Schiffes wird solange durch »lebend Brassen« des Großtopps unterstützt bis dieser vierkant steht (3–4). Damit ist gemeint, dass die Rahen laufend so gebrasst werden, dass die Segel leicht killen, d. h. die Rahen werden

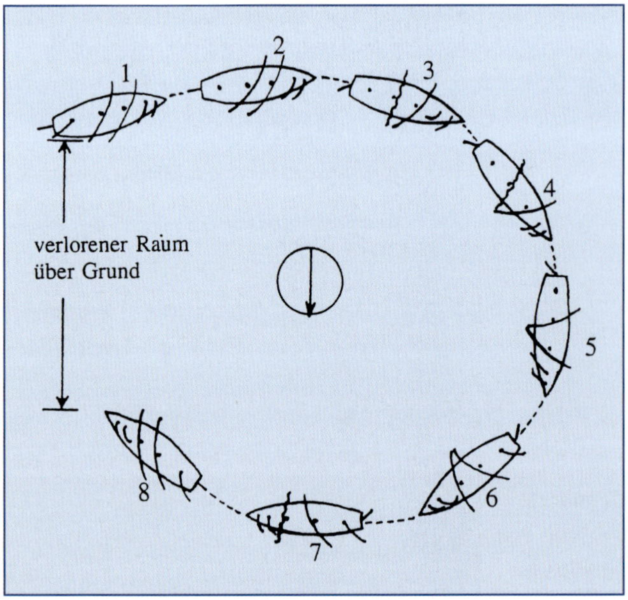

Grafik 38: Ablauf einer Halse

entsprechend der Drehung des Schiffes parallel zum Wind mitgebrasst. Wenn das Heck schließlich durch den Wind ist, werden die Vorsegelschoten geschiftet und der Besan wird wieder gesetzt (5–6). Sein großes Drehmoment zwingt das Heck weiter zum Abfallen und bringt damit den Bug an den neuen Kurs. Kommt der Wind etwa zwei Strich von achtern, wird schließlich der Vortopp lebend gebrasst (6–7), damit der Druck vor dem Drehpunkt vermindert wird und damit das Anluven des Schiffes unterstützt wird.

Das Brassen der Rahen an beiden Masten darf nicht zu schnell geschehen, weil sonst die Gefahr besteht, dass die Segel back schlagen. Der Großtopp wird hart an der neuen Leeseite angebrasst, um das Anluven zu unterstützen. Sobald schließlich auch die Rahen am Fockmast angebrasst sind, werden die Stagsegel und das Großsegel wieder gesetzt und alle Segel für den neuen Kurs getrimmt (8).

Backhalsen

Hat ein Schiff den relativ großen Seeraum, den es zum Halsen benötigt, nicht zur Verfügung und kann aufgrund der Wetterverhältnisse auch keine Wende fahren, muss es backhalsen (Grafik 39). Wird dieses Manöver gut ausgeführt, ist die Position des Schiffes nach dem Backhalsen

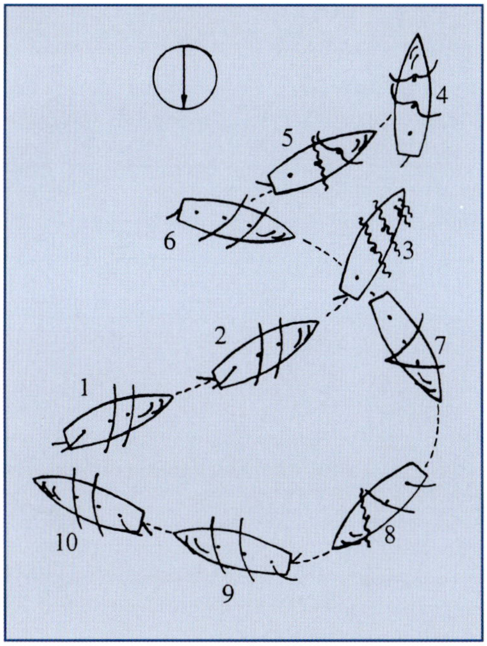

Grafik 39: Ablauf einer Backhalse

fast die gleiche wie vor dem Manöver, das Schiff liegt aber auf dem anderen Bug. Der erste Teil des Backhalsens entspricht einer Wende (1–4), der zweite einer Halse (6–10); deswegen kann das Backhalsen auch als eine Art Notmanöver durchgeführt werden, wenn das Schiff nach einer missglückten Wende auf keinen Fall auf den alten Bug zurückfallen soll.

Beim Backhalsen luvt der Steuermann durch beherztes Ruderlegen als erstes kräftig an, um die Fahrt aus dem Schiff zu nehmen. Wie bei einer Wende wird gleichzeitig der Besan mittschiffs geholt (2) und die Vorsegel werden gefiert (3). Die Stagsegel zwischen den Masten werden geborgen und das Großsegel wird aufgegeit, sobald es anfängt, Wind von vorn zu bekommen. Liegt das Schiff dann mit dem Bug im Wind (4), wird der Vortopp mit back stehenden Segeln so gebrasst, dass er quer zum Wind steht (4–5) und die Vorsegel werden in Lee dichtgeholt. Dadurch erhöht sich der Druck auf das Vorschiff, das Schiff nimmt leichte Fahrt rückwärts auf und dreht fast auf der Stelle mit dem Heck in den Wind. Zur Unterstützung dieser Rückwärtsdrehung wird gleichzeitig der Druck auf das Achterschiff verringert, indem die Mannschaft schnell den Besan und die achteren Stagsegel wegnimmt. Damit außerdem der Großtopp die Wirkung des Vortopps nicht beeinträchtigt, kann er während der Drehung »lebend« gebrasst werden, sodass die Segel keinen Wind bekommen (5); dabei ist das Ruder immer noch nach Luv gelegt.

Steht das Schiff schließlich mit dem Heck im Wind, muss es wieder Fahrt voraus aufnehmen. Dazu werden die Rahsegel an beiden Masten so gebrasst, dass der Wind sie füllt (5–6). Gleichzeitig wird Leeruder gegeben (6) und das Manöver wie eine normale Halse beendet, d. h. der Großtopp (6–7) und anschließend der Vortopp werden rundgebrasst und der Besan und die achteren Stagsegel werden zum schnelleren Anluven wieder gesetzt (8–9). Ist das Schiff auf dem neuen Kurs, werden die Segel getrimmt (10).

Hier noch einmal die beschriebenen Manöver zusammengefasst:

- *Wenden*: Das Manöver geht schnell, versagt aber unter bestimmten Wetterverhältnissen; es beansprucht die Takelage stark durch Backfallen der Toppen, benötigt aber nur einen kleinen Drehkreis von durchschnittlich 135 Grad und gewinnt etwas Raum nach Luv.

- *Halsen*: Das Manöver dauert lange, gelingt aber sicher; es erfolgt keine außergewöhnliche Beanspruchung der Takelage; der Drehkreis ist mit durchschnittlich 225 Grad relativ groß und das Schiff verliert erheblich Raum nach Luv.
- *Backhalsen*: Das Manöver dauert lange und gelingt sicher, beansprucht aber durch das Backfallen der Segel die Takelage; der Drehkreis ist relativ klein bei mittlerem Verlust an Raum nach Luv.

Die Manöver Wenden, Halsen und Backhalsen decken alle Kurse der Kompassrose ab und eine Mannschaft, die diese Verfahren und ihre vielfältigen Kombinationen beherrscht, wird die verschiedensten Situationen bewältigen, in die ein Rahsegler kommen kann. Einerlei für welches Manöver sich der Wachhabende entscheidet, immer ist es neben der Erfahrung auch eine Probe der Kraft und der Nerven. Man bekommt eine Ahnung von der hohen Kunst dieses Segelns, wenn man bedenkt, dass die Schiffe in früheren Zeiten unter Segeln sogar gegen den Strom in Flussmündungen eingelaufen sind, eine Situation, in der heute – auch aufgrund des dichter gewordenen Schiffsverkehrs – entweder die Maschine angeworfen wird oder Schlepper zur Hilfe gerufen werden. »Backen und Füllen« nannte man dieses eindrucksvolle Zeugnis hoher Seemannschaft (Grafik 40).

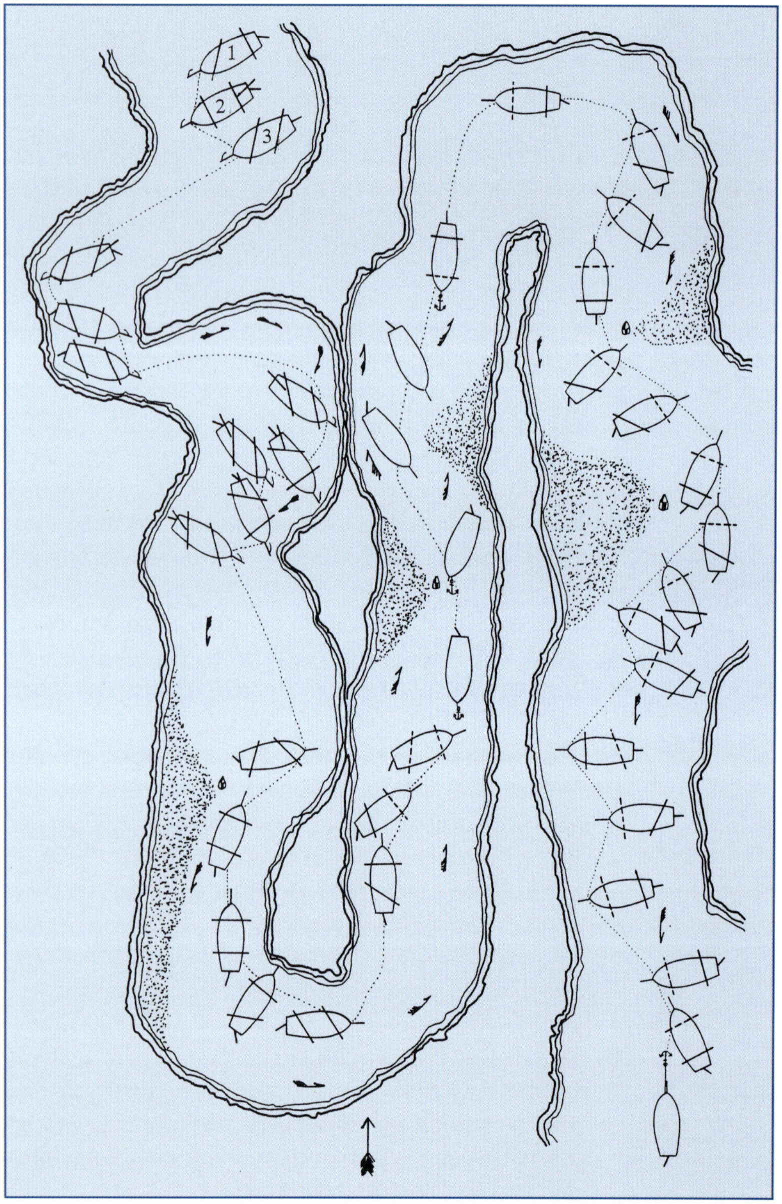

Backbrassen

Will man das Schiff unter Segeln zum Stehen bringen, also sozusagen eine »nautische Vollbremsung« hinlegen, um z. B. einen Lotsen aufzunehmen, ein Boot zu Wasser zu bringen oder in früheren Tagen auch eine Seebestattung durchzuführen, muss man einen Teil der Segel backbrassen, auch »backholen« oder »backlegen« genannt. Die Segel wölben sich dabei nach achtern und drücken gegen den Mast. Rahsegel können auf diese Weise ein Schiff wirklich stoppen, aber es gehört immer eine eingespielte Mannschaft dazu.

Das Manöver hat in der heutigen Zeit, in der fast jedes Schiff eine mehr oder weniger starke Maschine hat, an Bedeutung verloren, dennoch gehört das Backbrassen zu den Manövern, die ein Führer eines Großseglers immer noch beherrschen sollte. Genauer

Grafik 40: Geschicktes Manövrieren eines Segelschiffes im Strom durch Backen und Füllen

Will man das Schiff unter Segeln zum Stehen bringen, also sozusagen eine »nautische Vollbremsung« hinlegen, um z. B. einen Lotsen aufzunehmen, so wie auf dem Gemälde abgebildet, muss man einen Teil der Segel backbrassen. Rahsegel können auf diese Weise ein Schiff wirklich stoppen, aber es gehört immer eine eingespielte Mannschaft dazu. Vollschiff *E. F. Gabain*, 1858 in Quincy/USA gebaut, 1877 bei einem Seebeben bei Kap Hoorn gesunken.

gesagt heißt backbrassen, die Segel eines Mastes back zu legen, sodass sie bremsen, während die Segel des anderen Mastes weiterhin ziehen. Durch diese Segelstellung treibt das Schiff im rechten Winkel zum Kurs ab, solange die Fahrt voraus null ist; macht das Schiff noch Fahrt, treibt es in einem mehr oder weniger spitzen Winkel zum Kurs. Backbrassen ist sozusagen ein »Beidrehen für schönes Wetter«.

Meist wird der Großtopp back gelegt, weil die Mannschaft das Schiff dann besser manövrieren kann als wenn der Vortopp back steht. Sie können zum Beispiel jederzeit die Fock setzen, um Fahrt voraus aufzunehmen, wenn die Abtrift zu groß wird. Da durch das Backschlagen der Segel die Takelage ziemlich beansprucht wird, werden vor dem Manöver meist die oberen Rahsegel geborgen, um den Winddruck zu vermindern.

Das Backbrassen geschieht durch hartes Ruderlegen nach Luv, Bergen der Stagsegel und Aufgeien der Untersegel. Der Besan wird mittschiffs geholt und der Großtopp rundgebrasst; der Vortopp wird entsprechend der Drehung des Schiffes mitgebrasst, so dass er immer voll steht.

Der back stehende Großtopp und der voll stehende Vortopp bilden jetzt quasi einen Trichter, in den der Wind hineinweht und nach dem Anluven schnell die Fahrt aus dem Schiff nimmt. Mit Hilfe der Vorsegel und des Besans wird das Schiff, das jetzt hin und her giert, quer zum Wind gehalten: Dem Anluven wird durch Fieren des Besanbaumes oder Dichtholen der Vorsegelschoten entgegengewirkt, dem Abfallen durch Dichtholen des Besanbaumes oder Fieren der Vorsegelschoten. Das Schiff macht jetzt keine Fahrt mehr voraus und treibt nach Lee ab.

Will man das Schiff besonders schnell zum Stehen bringen, können beide Masten gleichzeitig rundgebrasst werden. Bevor das Schiff in diesem Fall Fahrt über den Achtersteven aufnimmt, wird der Vortopp wieder zurückgebrasst.

Will man nach dem Backbrassen wieder Fahrt aufnehmen, werden einfach die back stehenden Segel wieder vollgebrasst.

Das Manöver des Backbrassens wurde immer dann angewendet, wenn es darum ging, die Fahrt aus dem Schiff zu nehmen, vielleicht sogar über den Achtersteven zurückzutreiben, um sich z. B. von einer Untiefe frei zu segeln. Durch das Manöver des Backbrassens war es für einen großen Frachtsegler mit einem erfahrenen Kapitän auch kein Problem, mit seinem Schiff unter Segeln vor Anker zu gehen. Auf der langen Reise über die Weltmeere hatte er die Eigenschaften seines Schiffes genügend kennen gelernt und die Mannschaft war gewöhnlich aufeinander eingespielt, sodass er das Manöver auch ohne Schlepper wagen konnte. Gerade in engen Flussläufen oder einer vollen Reede kam es dabei darauf an, das Schiff genau an der geplanten Stelle zu stoppen. Beim Ansteuern des Ankerplatzes ließ der Kapitän gerade so viel Segel aufgeien, dass das Schiff eben noch steuerbar blieb. Dann legte der Steuermann das Ruder mittschiffs und der Besan wurde schnell mittschiffs geholt, damit der Bug in den Wind drehte. Die restliche Fahrt wurde durch schnelles Backbrassen eines Topps aus dem Schiff genommen und in dem Moment, in dem es langsame Fahrt über den Achtersteven aufnahm, wurden die letzten Segel aufgegeit und der Anker fallengelassen. Perfekt ausgeführt war es ein spektakuläres Manöver, das die Zuschauer auf anderen Schiffen zum Staunen brachte.

Backbrassen war auch die einzige Möglichkeit ein Segelschiff auf hoher See »anzuhalten«, um ein Boot zu Wasser zu lassen oder gefahrvolle Situationen zu überbrücken. Ein Seemann berichtet: »Kap Hoorn führte uns klar vor Augen, dass die christliche Seefahrt in dieser Gegend ein Kampf auf Leben und Tod ist!. Die *Hera* wurde weit nach Süden versetzt. Dann flaute der Wind rasch ab, es wurde neblig. Eis musste in unserer Nähe sein. Wir geiten die Segel auf und brassten back, um bessere Sicht abzuwarten. Das Schiff trieb auf der Stelle. Endlich nach dreitägigem Treiben in der eisigen, unheimlichen Stille, lüftete sich der Nebel. Da stellten wir fest, dass die *Hera* den Mittelpunkt eines riesigen Eisgürtels bildete, der aus großen und kleinen Schollen und sogar Eisbergen bestand. Am nächsten Vormittag meldete der Ausguck von oben, dass sich eine Spalte im Eisgürtel zeigte. Der leichte Wind nahm rasch zu und die *Hera* beeilte sich, aus dieser eisigen Gegend wegzukommen …« *(Brustat-Naval, F.: Die Kap Hoorn Saga. Göttingen 1975).*

Auf einem Windjammer zu segeln, lässt begreifen, dass der Mensch, als er diese Schiffe entwickelte von mehr als menschlichem Geist erfüllt gewesen sein muss.

Abschließende Worte

Auf einem Windjammer zu segeln lässt begreifen, dass der Mensch, als er diese Schiffe entwickelte, von mehr als menschlichem Geist erfüllt gewesen sein muss und es ist wenig wahrscheinlich, dass er jemals wieder ein ähnliches Meisterstück liefern wird. Spätere Generationen werden die letzten großen Segler, schön und mächtig wie Adler, zu den reichsten Schöpfungen unseres alten Europas zählen. Sie waren Kunstwerke schlechthin und als solche Geschöpfe der Freiheit. Freiheit fragt nicht nach dem Nutzen, sonst müsste sie sich selbst verleugnen.

Diese Schiffe aber sollten sterben, weil sie keinen Nutzen mehr brachten. Wer seine Stimme erhebt und fordert, dass wenigstens die letzten dieser Adler erhalten bleiben, gilt als Romantiker. Man kann es schon nicht mehr begreifen, dass ein solcher Verlust uns noch ärmer machen würde, als wir es schon sind. Gehen sie aus der Welt, geht ein Stück unserer schönsten Überlieferungen mit ihnen, ein Stück unserer zu jeder Stunde gefährdeten, zu jeder Stunde neu zu erringenden Freiheit.

Eine Zeit, die um so lauter nach Sicherheit ruft, je mehr sie sich von allen Seiten durch unheimliche Gewalten bedroht sieht, muss das untrügliche Gefühl dafür verlieren, dass Sicherheit nur dort gegeben ist, wo man bereit ist, ein Wagnis auf sich zu nehmen. Seefahrt kann nur bestehen, wenn ein solches Wagnis Selbstverständlichkeit ist – das gilt gerade jetzt, da wir vereinzelte Seeamtssprüche kennen, in denen gesagt wird, dass sich dieser und jener Unglücksfall ereignet hat, nicht obwohl, sondern weil das Radar oder dergleichen benutzt worden sind.

Nur derjenige kann für die See mit all ihren oft genug unvorsehbaren Risiken erzogen werden, der schon in jungen Jahren lernt, auf das trügerische Gefühl einer scheinbaren Sicherheit zu verzichten und sich damit die echte Sicherheit erwirbt, die das Wagnis möglich macht. Sicherheit gewinnt ein Seemann nur im Umgang mit den Elementen, die Technik wird er dann spielend beherrschen und für sich und sein Schiff zu nutzen lernen.

Segelschulschiffe – ja oder nein? Die Entscheidung sollte nicht schwer fallen. Lasst doch die Adler fliegen – es sind ihrer nur noch wenige in dieser armen Welt.

Ich hoffe, mit diesem Buch Interesse und Begeisterung für die letzten großen Segelschiffe geweckt zu haben, bevor vielleicht auch sie dem technischen Fortschritt oder staatlichen Sparmaßnahmen zum Opfer fallen. Wir alle können zum Erhalt der noch fahrenden Schulschiffe unter Segeln beitragen, indem wir ihnen einen Teil unserer Zeit und unseres Engagements schenken und viele internationale Freundschaften mit ihren Mannschaftsmitgliedern schließen.

Das gilt zur Zeit besonders für die Schiffe aus den osteuropäischen Staaten, deren Kapitäne, Reeder und Freunde mit allen in ihrer Macht stehenden Mitteln darum kämpfen, ihre Schiff sicher durch die schweren Zeiten der politischen und wirtschaftlichen Veränderungen zu bringen, sie für die Kadetten aus dem eigenen Land und die Mitsegler aus dem Ausland zu erhalten und so vor einem Ende zu bewahren, das schon so viele andere vor ihnen genommen haben: Stillgelegt in irgendeinem Hafen bestenfalls als Schauobjekt für ein kleines Häufchen Wehmütiger und Romantiker zu dienen, Menschen, die trotz aller Neugier und vielleicht Liebe zu diesen Schiffen niemals werden nachempfinden können, was es damals hieß »Rund Kap Hoorn zu gehen«: Reisen von mindestens dreimonatiger Dauer, eintönige Nahrung, meist außerordentlich harte Arbeit in Kälte und Nässe, Kameradschaft, friedliche Gedanken, Freiheit von den Sklavereien an Land, die sich die Menschen selber zufügen, und schließlich die Größe der See, des Himmels, die Schönheit des Schiffes unter vollen Segeln – das war das Leben auf einem Windjammer.

Seemännisches Glossar

A

Abbacken: seemännisch für Geschirr abräumen und säubern.
Abfallen: mit dem Bug eines Schiffes vom Wind abdrehen; Gegenteil von anluven.
Abreiten: einen Sturm abreiten, d. h. vor Anker oder Treibanker liegend einen Sturm überstehen.
abschlagen, Segel: Segel von dem Rundholz, an dem es befestigt ist, losmachen und abnehmen.
abtakeln, ein Schiff: die Takelage eines Schiffes, d. h. die Segel und sein gesamtes stehendes und laufendes Gut, abnehmen. Gegensatz: ein Schiff auftakeln.
Abtrift, die: der Winkel zwischen der Kielrichtung eines Schiffes und dem Weg, den es unter dem Einfluss des Windes durch das Wasser zurücklegt (auch Leeweg).
Abwettern: einen Sturm auf See durch geeignete Maßnahmen überstehen.
Achter-: vorgesetzter Begriff für alle Teile des Rumpfes, des stehenden und laufenden Gutes sowie der Segel, die den hinteren Teil des Schiffes betreffen, z. B. Achterschiff, Achtersteven, Achterliek.
Achteraus: hinter dem Schiff.
Achterholer, der: allgemeine Bezeichnung für jede Leine, die zum Achterausholen z. B. eines Schothorns o. ä. dient.
Achtern: hinten.
Achtknoten, der: Knoten in Form einer Acht.
All hands on deck: Kommando mit der Bedeutung »Alle Mann an Deck«, wenn augenblicklich ein Manöver mit allen zur Verfügung stehenden Mannschaftsmitgliedern gefahren werden soll.
am Wind segeln: das Segeln mit dem Wind schräg von vorn.
anbrassen: Rahen aus der Querrichtung brassen; speziell holen der Leebrassen.
anholen: mit Kraft an einer Leine ziehen, dichtholen.
Anker, der: Hauptstück des Anker- oder Grundgeschirres; der Anker, eine schwere, hakenförmige Vorrichtung meist aus Eisen, dient dazu, das schwimmende Schiff an einer bestimmten Stelle auf freiem Wasser zu halten. Die Haltekraft des Ankers gegen Seegang, Strömung und Winddruck entsteht durch Eingraben des Ankers in den Gewässergrund und wird durch die Ankerkette auf das Schiff übertragen.
Ankerarm, der: aus dem Ankerschaft hervorgehender Teil des Ankers (auch Pflug).
Ankerball, der: kugelförmiger, schwarzer Signalkörper; Tagessignal eines ankernden Schiffes, wird erhöht auf dem Vorschiff gesetzt.
Ankerboje, die: kleiner Schwimmkörper, der mit dem Bojereep am Anker befestigt ist und dessen Position auf Grund angibt.
Ankerdavit, der: Kran, um den Anker an Deck zu nehmen.
Ankergeschirr, das: neben dem Anker alle Vorrichtungen, die bei den Ankermanövern benötigt werden, z. B. Ankerkette, Ankerspill, Kettenstopper, Kettenkasten usw. (auch Grundgeschirr).
Ankergrund, der: Meeresboden, der so beschaffen ist, dass auf ihm geankert werden kann.
Ankerkette, die: starke Kette zwischen Anker und Schiff.
Ankerklüse, die: Öffnung in der Außenhaut, durch die die Ankerkette läuft.

Ankerkreuz, das: Stelle des Ankers, an der der Schaft sich in die beiden Arme teilt.
Ankerlicht, das: weißes Rundumlicht, Nachtsignal eines ankernden Schiffes, wird erhöht auf dem Vorschiff gesetzt.
Anker lichten: Anker aus dem Grund hieven.
Ankerschaft, der: gerader Teil des Ankers.
Ankerspill, das: Hilfsmaschine an Deck zum Einholen der Ankerkette, ausgerüstet mit einer an die Form der Kettenglieder angepassten Kettennuss.
Ankerstock, der: oben durch den Schaft gehender Stock aus Holz oder Metall, bildet mit den Armen des Ankers einen rechten Winkel und dient zum Kanten (Drehen) des Ankers auf dem Grund, sobald Zug auf die Kette kommt.
anluven: das Schiff mit dem Bug zum Wind hin drehen, Gegenteil von abfallen.
anschlagen, Segel: Segel an den Rahen, Stagen usw. befestigen.
arbeiten: im Seegang heftig stampfen und schlingern.
Aufbau, der: Bau oberhalb des Freiborddecks, der von Bord zu Bord reicht bzw. dessen Seitenwände bis maximal 4 % der Schiffsbreite eingerückt sind, z. B. Back, Poop, Brücke.
aufbrassen: das Holen der Luvbrassen.
aufdrehen, vor dem Anker: das Drehen des Schiffes mit dem Bug in die Richtung des Ankers, sobald dieser gefasst hat und Zug auf die Kette kommt.
aufentern: in die Takelage hinauflaufen.
auffieren: fieren; das Nachlassen einer Leine, einer Leine Lose geben.
auffrischen: das Zunehmen des Windes an Stärke.
aufgeien, Segel: Segel mit Hilfe von Geitauen und Gordingen an die Rah ziehen.
aufklaren, das Deck: an Deck Ordnung machen, z. B. nach einem Manöver alle Leinen aufschießen und an ihre Belegnägel hängen, so dass sie für den erneuten Gebrauch bereit sind.
Aufklotzung, die: Verband von Hölzern auf dem Kielbalken zur Verstärkung der Steven.
auflaufen: mit dem Schiff auf Grund geraten.
aufschießen: eine Leine in regelmäßigen, übereinanderlaufenden Buchten an Deck oder in der Hand aufrollen.
auftakeln: ein Schiff mit der Takelage, d. h. dem gesamten stehenden und laufenden Gut sowie den Segeln, versehen.
auftuchen: ein Segel in Falten legen und an der Rah festbinden.
Augbolzen, der: Schraubbolzen, an dessen Kopf ein Auge oder ein Ring zur Aufnahme eines Schäkels, eines Endes o. ä. ist.
Auge, das: runde Öffnung, Ring oder Schlinge aus Tauwerk o. ä.
Augspleiß, der: Spleiß zum Bilden eines Auges in einem Ende.
aus dem Ruder laufen: ungewolltes Ausscheren des Schiffes, wenn das Ruder keine Wirkung mehr zeigt.
Ausguck, der: Posten auf dem Vorschiff mit der Aufgabe, alle für das Schiff eventuell gefährlich werdenden Dinge zu sichten und zu melden.
auslegen: auf der Rah nach außen gehen, Gegenteil von einlegen.
ausplüsen: alte, unbrauchbar gewordene Tauenden in Stücke schneiden, aufdrehen und auseinander zupfen; es entsteht Werg.
aussetzen, Boote: Boote mit Hilfe der Davits über die Bordwand schwingen und neben der Bordwand auf das Wasser fieren.

B

Back, die: von Bordwand zu Bordwand reichender Aufbau auf dem Vorschiff, meist für Lager- und Werkstatträume.
Back, die: rundes, muldenförmiges Gefäß für Essen; seemännischer Ausdruck für Tisch.
back: zurück; ein Segel steht back, wenn der Wind von der falschen Seite in das Segel fällt.
backbord: links auf einem Schiff mit Blickrichtung nach vorn.
backbrassen: das Holen der Luvbrassen, bis der Wind von vorn in die Rahsegel fällt.
Backe, die: Außenseite eines Blocks (auch Wand).
Backhalse, die: Manöver unter Segeln, um das Schiff auf den anderen Bug zu legen; Kombination aus Wende und Halse.
Backstag, das: Stag zum Abstützen von stehendem Gut nach seitlich-achtern.
Backstagsbrise, die: Wind schräg von achtern (auch raumer Wind).
Bändsel, das: kurzes, dünnes Stück Tauwerk.

Bagienrah, die: Unterrah des Kreuzmastes.
Ballast, der: Material mit hohem Gewicht (z. B. Sand, Eisen, Wasser) im Rumpf eines Schiffes, um dessen Stabilität zu erhöhen.
Balkweger, der: dicke Längsplanke an der Innenseite des Schiffes, auf dem quer die Decksbalken ruhen.
Bark, die: Segelschiff mit mindestens drei Masten, von denen die vorderen Masten vollgetakelt, der hintere gaffelgetakelt ist.
Barkentine, die: Segelschiff mit drei Masten, von denen der vordere vollgetakelt, die beiden anderen gaffelgetakelt sind (auch Schonerbark).
Barometer: Luftdruckmesser.
Bauch, der: gewölbtes Mittelteil eines Segels.
Baum, der: Rundholz, an dem ein Gaffelsegel mit seiner unteren Kante, dem Unterliek, befestigt ist.
beidrehen: ein Segelschiff unter kleinen Segeln so legen, dass es den Wind schräg von vorn bekommt und nach Lee abtreibt ohne Fahrt voraus zu machen.
Beifangleine, die: Leine zum Führen einer Bootstalje, damit sie nicht unkontrolliert schwingt.
beiliegen: Dauerzustand des Beidrehens.
bekleeden: Leinen mit Schiemannsgarn umwickeln, um sie vor dem Durchscheuern und vor Witterungseinflüssen zu schützen (auch kleeden, bekleiden).
bekneifen: das Festklemmen einer Leine durch die eigene, unter Druck stehende Part.
belegen: kreuzweises Herumführen einer Leine um einen Poller, eine Belegklampe oder einen Belegnagel.
Belegnagel, der: starker, an den Enden abgerundeter Dorn aus Holz oder Metall zum Belegen einer Leine; der Belegnagel steckt herausnehmbar in dem Loch einer Nagelbank, ein Wulst in der Mitte des Nagels verhindert das Durchrutschen (auch Koffeynagel).
bergen, die Segel: das Wegnehmen und Beschlagen der Segel.
Besan-: vorgesetzter Begriff für Teile des stehenden und laufenden Gutes sowie der Segel des Besanmastes.
Besanbaum, der: Rundholz, an dem das Unterliek des Besansegels ausgespannt wird.
Besandirk, die: Toppnant des Besanbaumes, dient zum Auftoppen, d. h. zum Hochziehen der Baumnock.
Besanmast, der: letzter Mast auf Barken, Barkentinen und Brigantinen, trägt Gaffelsegel.
Besanschot, die: Talje zum Dichtholen und Fieren des Besanbaumes.
Besansegel, das: hinterstes Gaffelsegel bei allen mehrmastigen Schiffen (auch kurz Besan).
Beschlag, der: allgemeiner Begriff für ein Teil an Bord, das in irgendeiner Weise zur Benutzung des stehenden und laufenden Gutes sowie zur Verbindung zweier Teile verwendet wird, z. B. Schäkel, Block, Augbolzen, Klampe usw.
beschlagen, Segel: Segel mit Beschlagzeisingen festmachen.
Beschlagzeising, der: kurze Leine zum Festmachen der gepackten Segel an der Rah, dem Mast o. ä.
Block, der: Gehäuse mit einer oder mehreren drehbar gelagerten Scheiben zur Führung von Ketten oder Tauwerk, Einteilung nach der Zahl der Scheiben, der Form des Gehäuses oder der Verwendung.
Bodenwrange, die: Querträger im Schiffsboden zum Versteifen der Außenhaut.
Bö, die: plötzlicher Windstoß.
Boje, die: am Grund verankerter Schwimmkörper zum Festmachen eines Schiffes oder zur Markierung einer bestimmten Stelle im Wasser.
Bojereep, das: Ende, mit dem eine Boje an einem Anker befestigt wird, um ihn bei Verlust wiederfinden zu können.
Bolzengatt, das: Querbohrung in den Backen eines Blocks zur Aufnahme des Bolzens, der die Scheibe festhält.
Boot, das: Bezeichnung für alle Fahrzeuge mit Riemen und/oder Hilfsmaschine, die ein Segelschiff mit sich führt.
Bootshaken, der: lange, hölzerne Stange mit Spitze und Haken aus Metall zum Fortstoßen und Festhalten.
Bootsmann, (Ober-), der: Besatzungsmitglied, dem die Aufsicht über die Takelage, die Anker und die Boote zugeteilt ist; Decksoffizier.
Bootsmannsnaht, die: Naht zum Nähen von Rissen in Segeln.
Bram-: vorgesetzter Begriff für Teile des stehenden und laufenden Gutes sowie der Segel, die mit der Bramstenge, der zweiten Verlängerung des Mastes, in Verbindung stehen.
Bramstenge, die: Teil des Mastes, Verlängerung der Marsstenge nach oben.
Brasse, die: Leine an der Rahnock, mit der die Rah gebrasst, d. h. horizontal vor und zurück bewegt werden kann.
Brasswinde, die: von dem schottischen Kapitän J. C. Jarvis entwickelte, aus drei konischen, geriffelten Walzenpaaren bestehende Winde zum gleichzeitigen Brassen der unteren drei Rahen.

Spätestens bei seinem ersten handfesten Sturm wird jedem Matrosen klar, dass alle zusammenarbeiten müssen. Kadetten der *Sedov* beim Packen eines Stagsegels.

Bratspill, das: Spill mit waagerecht liegender Achse.
brechen: Reißen eines Endes.
Brigantine, die: zweimastiges Schiff mit vollgetakeltem Fockmast und gaffelgetakeltem Großmast (auch Schonerbrigg).
Brigg, die: zweimastiges Segelschiff, beide Masten sind vollgetakelt.
Brise, die: leichter Wind.
Brücke, die: Decksaufbau, in dem sich die nautische Führung des Schiffes befindet; Aufenthaltsort des Wachoffiziers; von hier werden gewöhnlich alle Manöver kommandiert, da die Brücke gute Sicht über das ganze Schiff bietet.
Bucht, die: Ring, Bogen einer aufgeschossenen Leine, Tauschlinge.
Bug, der: spitz zulaufendes Vorderteil des Schiffes.
Buggording, der: Leine, mit der beim Aufgeien das Unterliek des Rahsegels an die Rah geholt wird (auch Bauchgording).
Bugspriet, das: Rundholz, das in schräg aufsteigender Richtung über den Bug hinausreicht, Auflage für den Klüverbaum.
Bullentalje, die: Talje, die von der Baumnock nach vorne-seitlich geschoren wird, um ein ungewolltes Überkommen des Baumes zu vermeiden (auch Stützschot).
Bulleye, das: rundes, wasserdicht schließendes Seitenfenster im Rumpf oder Aufbau eines Schiffes, Sicherung von innen durch Seeschlagblende (auch Bullauge).

D

Davit, der: seitlich an Deck aufgestellter galgenartiger Kran zum Aussetzen von Lasten nach außenbords, wie z. B. den Booten.
Deck, das: Deckenkonstruktion zum oberen Abschluss des gesamten Schiffsrumpfes oder einzelner Räume.
Decksstringer, der: in Längsrichtung verlaufender Unterzug zur Unterstützung der Decksbalken.
Dempgording, der: Geitau des Besans, holt beim Segelbergen den Besan an den Mast.
Diana, die: Name für die Morgenwache von vier Uhr ab.

dichtholen: Ausdruck für das harte Anholen einer Leine.
Dirk, die: laufendes oder festes Ende, in dem der Baum mit seiner Nock hängt.
Dollbord, das: oberer Rand eines Bootes.
Dolle, die: gabelförmiges Eisen auf dem Dollbord eines Bootes zum Hineinlegen des Riemens.
Drehpunkt des Schiffes, der: übliche Bezeichnung für die Achse, um die sich das Schiff bei Kursänderungen dreht.
Drehreep, das: starkes Tau, an dem eine Rah, namentlich die Marsrah, geheißt und gefiert wird.
Dreiinselschiff, das: Schiff mit den drei Aufbauten Back, Brücke und Poop.
Ducht, die: Sitzbank in offenen Booten.
Dünung, die: nach Stürmen oft noch tagelang andauernde Wellenbewegung der See trotz Windstille und veränderter Windrichtung.
durchdrehen: »das Schiff dreht durch«, wenn durch Unachtsamkeit des Rudergängers oder durch eine unvorhergesehene Winddrehung der Wind von vorn in die Segel fällt und diese back schlagen (auch »eine Eule fangen«).
durchsetzen: ein Ende stark durchholen und belegen.
dwars: quer, rechtwinklig zum Schiff.

E

einlegen: auf der Rah nach innen gehen, Gegenteil von auslegen.
einsetzen, die Boote: heißen und an Deck nehmen der Boote.
eintörnen: Drehen des Schiffes mit dem Bug in den Wind, sobald der Anker gefasst hat.
Ende, das: allgemeine Bezeichnung für ein Stück Tauwerk.
entern: in die Takelage hinaufgehen bzw. sich aus dieser wieder an Deck begeben (auch auf- und niederentern).
Eselshaupt, das: hölzerner oder eiserner Beschlag zur Verbindung von Mast und Stenge oder von zwei Stengen.
Etmal, das: der im Verlauf eines Tages effektive Gewinn an Seemeilen, also die Distanz in Seemeilen zwischen den Mittagsbestecken zweier aufeinanderfolgender Tage.
Eule fangen, eine: Durchdrehen des Schiffes.

F

fahren: in der Seemannssprache fahren Leinen durch Blöcke, die Stenge fährt durch das Eselshaupt usw.
Fahrtwind, der: die scheinbare Luftbewegung, die auf einem bei völliger Windstille Fahrt durchs Wasser machenden Schiff als Wind von vorn wahrgenommen wird.
Fall, das: jedes Tau, das zum Aufziehen und Herunterlassen von Segeln Rahen, Booten usw. dient.
Fall, der: Neigung aus der senkrechten Linie, z. B. der Masten.
Fallreep, das: Tau an der Gangway zum Festhalten.
Fancy Work: Sammelbegriff für Knoten und andere Tauwerksarbeiten, die der Zierde dienen.
Fangleine, die: Leine, die einem Boot zum Festmachen zugeworfen wird.
Festmacher, der: starke Trosse zum Festmachen eines Schiffes.
Fidd, die: Stahlpfriem mit Holzgriff zum Spleißen dünner Drähte.
fieren: einem unter Zug stehenden Ende Lose geben.
Fitt, der: großer, stumpfer Holzkegel zum Ausweiten von dickem Tauwerk.
Flagge, die: Fahne; farbiges, viereckiges Tuch bestimmter Größe; Unterscheidung in Staats-, Reederei- und Signalflaggen des Internationalen Signalbuches.
Flaggenleine, die: dünne Leine zum Heißen einer Flagge, meist geflochten, damit sie sich nicht verdreht (auch Flaggleine).
Flaggenstock, der: Spiere am Heck des Schiffes, an dem eine Flagge gesetzt wird.
Flaute, die: Windstille.
Flögel, der: Sack, der die Windrichtung anzeigt, wird üblicherweise aus weißem und schwarzem Flaggentuch genäht.
Flunke, die: flächenartig verbreitertes Ende eines Ankerarms (auch Hand oder Spaten).
Fock, die: Untersegel am Fockmast von rahgetakelten Schiffen.
Fock-: vorgesetzter Begriff für Teile des stehenden und laufenden Gutes, die mit der Fock bzw. dem Fockmast in Verbindung stehen.
Fockmast, der: erster Mast von vorn auf mehrmastigen Schiffen, auch Vortopp genannt.

Freibord, das: Höhe der Bordwand über der Wasserlinie.
Fußblock, der: an Deck befestigter, einscheibiger Stahlblock zur Änderung der Zugrichtung von laufendem Gut, meist mit aufklappbarer Backe, in die das Tauwerk eingelegt werden kann.
Fußpferd, das: unter der Rah verlaufendes starkes Drahttau, auf dem man während der Arbeit an den Segeln steht. Der Wortteil -pferd ist niedersächsisch und kommt von petten im Sinne von treten, hat also mit Pferden nichts zu tun.

G

Gaffel, die: Rundholz, das mit seinem vorderen Teil am Mast befestigt ist und an dem ein Gaffelsegel mit seinem Oberliek angebracht ist.
Gaffelsegel, das: an einer Gaffel befestigtes Schratsegel.
Gaffeltoppsegel, das: leichtes Schratsegel über einem Gaffelsegel.
Gangspill, das: Ankerwinde mit senkrecht stehender Achse, angetrieben von einem Motor oder manuell mit Handspaken.
Gangway, die: Zugang zum Schiff vom Kai oder von einem Boot (auch Landgangssteg).
Gatt, das: kleiner Raum auf einem Schiff z. B. Kabelgatt; Abflussloch im Schanzkleid oder in der Bordwand (auch Speigatt); kleines, mit Segelgarn gesäumtes oder mit einem Metallring eingefasstes Loch z. B. in einem Segel oder in einer Persenning (auch Gat, Gattchen, Gatje).
Gast, der: angehängte Bezeichnung für eine Person, die an Bord eine bestimmte Funktion ausübt, z. B. ist ein Vortoppsgast eine Person, die bei Segelmanövern die Segel am Vortopp bedient usw. (Mehrzahl Gasten).
Geer, die: Leine zum seitlichen Festsetzen von Gaffeln, Davits usw.
Gegenruder, das: Ruderlage, die der Drehbewegung des Schiffes entgegenwirkt.
Geitau, das: Leine zum Hochholen der Schothörner der Rahsegel an die Rah beim Aufgeien.
Gien, die: fünf- oder sechsscheibiger, schwerer Flaschenzug (auch Takel).
gieren: seitliches Ausscheren eines Schiffes um die Vertikalachse aufgrund schräg von vorn oder achtern kommender Seen.
glasen: das Läuten mit der Schiffsglocke zur Angabe der seit Beginn einer vierstündigen Wache verstrichenen Zeit: 1 Glas (Schlag) = 1/2 Stunde, 2 Glas = 1 Stunde, 3 Glas = 1 1/2 Stunden usw. bis 8 Glas = 4 Stunden, d. h. Wachwechsel; die Glasenschläge jeweils zur vollen Stunde werden zu einem Doppelschlag zusammengefasst.
Gösch, die: viereckige Flagge, die während der Hafenliegezeit eines Schiffes am Bugspriet gefahren wird, meist mit dem Stadtwappen des Heimathafens.
Gording, die: Leine zum Aufholen des Segels an die Rah beim Aufgeien; mit den Bauchgordingen wird das Fußliek, mit der Nockgording das Seitenliek hochgeholt.
Gräting, die: Gitter aus Holz oder Metall.
Groß-: vorgesetzter Begriff für Teile des stehenden und laufenden Gutes sowie der Segel, die mit dem Großmast in Verbindung stehen.
Großsegel, das: Untersegel des Großmastes.
Großmast, der: auf dreimastigen Schiffen der Mittelmast, d. h. der Mast hinter dem Fockmast; auf Briggs der hintere Mast.
Großtopp, der: andere Bezeichnung für den Großmast.
Grundgeschirr, das: neben dem Anker alle Vorrichtungen, die mit den Ankermanövern zusammenhängen (auch Ankergeschirr).
Gut, das: gesamtes Tauwerk eines Schiffes; man unterscheidet stehendes Gut (Wanten, Stage, Pardunen usw.), das im täglichen Schiffsbetrieb nicht bewegt wird, und laufendes Gut (Schoten, Geitaue, Gordinge, Falle usw.), das zur Bedienung der Segel und Spieren dient und deshalb bewegt wird.

H

halber Schlag, der: Knoten zum Sichern eines anderen Knotens und zur Erhöhung der Griffigkeit eines Endes.
halber Wind, der: Wind, der quer auf das Schiff trifft.
Hals, der: bei Schratsegeln die vordere untere Ecke, bei den Untersegeln die Leine, mit der das Schothorn nach vorne geholt wird.

Halse, die: Segelmanöver, bei dem das Schiff mit dem Heck durch den Wind geht.
Hand, die: flächenartig verbreitertes Ende eines Ankerarms (auch Flunke oder Spaten).
Handstag, das: oben auf der Rah entlanglaufendes Rundeisen zum Einhaken der Sicherheitsleine und zum Befestigen der Beschlagzeisinge, nachdem sie um das gepackte Segel geführt wurden.
Heck, das: achterster Teil eines Schiffes.
Heckleine, die: Leine am Heck zum Festmachen eines Schiffes z. B. an einer Pier.
heißen: Gegenstand (Segel, Boote, Rahen, Schiffsgüter usw.) mit Hilfe einer einfachen Leine oder eines Flaschenzuges nach oben ziehen (auch vorheißen).
Herzblock, der: Block mit zwei nebeneinanderliegenden Scheiben.
hieven: mit Kraftübertragung holen, eine Last heben.
Hoftau, das: vorderstes Wanttau jedes Mastes.
Hüsing, die: zwei- oder dreikardeeliges Garn zum Segelnähen und zum Anbringen von Taklingen (auch Takelgarn).
Hundewache, die: Wache zwischen Mitternacht und vier Uhr.
Hunterstek, der: Knoten zum Verbinden zweier Leinen.

J

Jackstag, das: oben auf der Rah entlanglaufende Rundeisenstange, an der ein Rahsegel mit seinem Oberliek angeschlagen ist.
Jakobsleiter, die: Strickleiter mit Sprossen aus Holz.
Jollentau, das: einfache Talje mit einem einscheibigen, festen Block (auch Jolltau oder Jolle).
Jungfer, die: runde Holzscheibe mit Keep an der flachen Seite und mehreren Löchern zum Scheren eines Taljereeps, dient zum Festsetzen der Wanten und Pardunen; zu jedem Wanttau gehören zwei Jungfern.

K

Kabelgarn, das: aus Fasern hergestellte einzelne Garne, aus denen die Kardeelen geschlagen werden.
Kabelgatt, das: Raum an Bord eines Schiffes, in dem Tauwerk, Blöcke usw. zur Reserve aufbewahrt werden.
kalfatern: Nähte zwischen den Decksplanken mit Werg vollstopfen und mit Marineglue, einer Art Teer, ausgießen.
kanten: das Drehen des Ankers; trimmen von Segeln.
Kappbeil, das: zur Ausrüstung jedes Rettungsbootes gehörendes Beil zum Kappen von Leinen.
kappen: das Durchtrennen, Durchschlagen einer Leine oder Kette, um Havarien, Unfälle oder Schaden zu vermeiden, z. B. kappen der Fangleine eines Rettungsbootes mit dem Kappbeil, um von dem sinkenden Schiff freizukommen.
Kardeele, die: aus Kabelgarnen geschlagener Bestandteil von Tauwerk; mehrere Kardeele werden zu Tauwerk geschlagen.
Katttalje, die: Talje zum Katten des Ankers (auch Katt).
katten: den vor der Klüse hängenden Anker unter den Kranbalken oder Kattdavit heißen.
Kausch, die: Ring aus Metall, um dessen Umfang eine Leine gelegt oder gespleißt wird, um ihr Durchscheuern zu verhindern.
Keep, die: Rille zwischen den Kardeelen eines Endes, in einer Kausch oder einer Jungfer zum Einlegen des Tauwerks sowie in einer Blockscheibe oder am Blockgehäuse.
kentern: das Umschlagen eines Schiffes.
Kettenkasten, der: Stauraum der Ankerkette unterhalb des Ankerspills, für Backbord- und Steuerbordkette unterteilt.
Kettenkranz, der: der Form der Kettenglieder angepasstes Rad des Ankerspills, das die Kraft des Spills auf die Kette überträgt (auch Kettennuss).
Kettenstopper, der: kurzer, starker, an Deck angebrachter Stropp mit einem Schäkel, an dem die Ankerkette befestigt wird, um während der Ankerliegezeit das Spill vom Zug der Kette zu entlasten.
Kiel, der: unterster, mittschiffs verlaufender Längsverband eines Schiffes.
Kielschwein, das: in Längsrichtung über den Bodenwrangen verlaufender Balken zur Versteifung der Bodenkonstruktion von Schiffen.

Kielwasser, das: durch die Fahrt in Bewegung gebrachtes Wasser, das sich hinter dem Schiff als Streifen abzeichnet.
killen: das Schlagen der Segel, wenn der Wind längs der Segelfläche weht.
Kink, die: von selbst entstehende, ungewollte Windung in einem drall gedrehten bzw. schlapp werdenden Ende, die u. U. das Durchlaufen durch einen Block o. ä. behindern kann.
Klampe, die: an Deck oder an den Spieren befestigter Beschlag zum Belegen von Leinen.
Klappläufer, der: Jollentau mit laufendem Block, einfache Talje mit zwei einscheibigen Blöcken.
klar: an Bord allgemeiner Ausdruck für fertig, gut, betriebsbereit; Gegenteil von unklar.
Klardeck machen: das Deck aufräumen, z. B. die Leinen aufschießen, damit sie für erneute Manöver bereit sind.
Klau, die: gabelförmiger Beschlag von Gaffeln und Bäumen, mit dem sie um den Mast herumgreifen; vordere obere Ecke von Gaffelsegeln.
kleeden: Leinen mit Schiemannsgarn umwickeln, um sie vor dem Durchscheuern und vor Witterungseinflüssen zu schützen (auch bekleeden, bekleiden)
Kleedkeule, die: Holzwerkzeug zum Kleeden von Tauwerk.
Klinkerbeplankung, die: Beplankungsart, bei der die Planken dachziegelförmig übereinander liegen.
Klote, die: durchbohrte Holzkugel oder Holzring zum Leiten einer laufenden Leine (auch Klotje).
Klüse: Öffnung bzw. Vorrichtung zum Führen von Leinen, Trossen und Ketten; zur Verstärkung und zum Schutz vor Schamfilungen mit einer Stahlwulst umkleidet.
Klüverbaum, der: Verlängerung des Bugspriets.
Klumpblock, der: Block mit starken, halbrunden Backen und kleiner Scheibe.
Knoten, der: Maß für die Geschwindigkeit eines Schiffes. 1 Knoten (kn) = 1 Seemeile/Stunde.
Koffeynagel, der: herausnehmbarer Dorn aus Holz oder Metall zum Belegen einer Leine an einer Nagelbank (auch Belegnagel).
Kombüse, die: Küche auf einem Schiff.
Kontrebrasse, die: nach vorn gerichtete Brasse der Großrah.
Kopfschlag, der: Knoten beim Belegen eines Endes, bei dem das lose Ende unter dem letzten Törn liegt, sodass es bekniffen wird.
koppeln: gesegelte oder gefahrene Kurse und zurückgelegte Distanzen nacheinander in die Karte eintragen.
Kranbalken, der: ein am Bug außenbords angebrachter starker Balken, der das Gewicht des Ankers beim Fallenlassen und Hieven aufnimmt.
Krängung, die: seitliches Überlegen des Schiffes, verursacht durch Seegang, Ladung, Winddruck usw.
Kragen, der: am Mast befestigtes und bis auf das Deck gezogenes, starkes Stück Segeltuch zur Abdichtung der Decksdurchführung.
Kraweel-Beplankung, die: Beplankungsart, bei der die Planken längsseitig stumpf aneinander stoßen.
Kreuz-: vorgesetzter Begriff für Teile des stehenden und laufenden Gutes sowie der Segel, die mit dem Kreuzmast in Verbindung stehen.
kreuzen: auf wechselndem Bug im Zickzack gegen den Wind segeln.
Kreuzknoten, der: Knoten zum Verbinden von zwei gleich starken Enden.
Kreuzmast, der: letzter rahgetakelter Mast eines Segelschiffes, somit letzter Mast auf Vollschiffen.
Kreuzpeilung, die: Verfahren zur Bestimmung des Schiffsortes.
Kreuztopp, der: andere Bezeichnung für den Kreuzmast.
Kronenspleiß, der: Rückspleiß, spanischer Takling.
Kurs, der: Richtung, in der ein Schiff fährt.
Kurzspleiß, der: Spleiß zum Verbinden zweier Enden, bei dem eine Verdickung an der Spleißstelle entsteht.
kurzstag: Stellung des Ankers, bei dem dieser so weit gehievt ist, dass er das Schiff gerade noch hält.

L

labsalben: Tauwerk zum Schutz gegen Witterungseinflüsse mit Teer bestreichen.
längsseits: an der Schiffsseite; längsseits gehen, kommen.
Läufer, der: durch einen Block geschorene Part einer Talje.
Langspleiß, der: Spleiß zum Verbinden zweier Enden, bei dem nur eine geringe Verdickung an der Spleißstelle entsteht.

Last, die: Vorratsraum für Proviant, Tauwerk, Farben, Lampen usw.
Lateinersegel, das: dreieckiges Segel, das an einer unsymmetrisch am Mast befestigten und schräg nach oben stehenden Rah gefahren wird.
Laufstag, das: starkes Tau längs des Bugspriets.
lebend brassen: die Rahsegel so brassen, dass sie killen.
Leck, das: Beschädigung der Außenhaut eines Schiffes, sodass Wasser eintritt.
Lee, Leeseite, die: dem Wind abgewandte Seite des Schiffes; Gegenteil von Luv.
leegierig: ein Schiff ist leegierig, wenn es die Tendenz hat, mit dem Bug vom Wind wegzudrehen.
Leeweg, der: Abtrift eines Schiffes.
Legel, der: brillenförmiges Metallauge, das ein Stagsegel mit dem Stag verbindet; Stagreiter.
Legerwall, der: Küste an der Leeseite des Schiffes; bei Sturm gefährlich, wenn es nicht gelingt, sich von dieser Küste freizukreuzen.
Lehnigkeit, die: Biegsamkeit, Weichheit von Tauwerk.
Leine, die: festes Tauwerk in verschiedenen Stärken.
Leitklote, die: durchbohrte Holzkugel oder Holzring zum Leiten eines laufenden Endes.
lenzen: mit ganz kleinen Segeln vor Wind und See mit geringer Fahrt laufen.
lichten: Hochziehen, Heben, z. B. einen Anker.
Liek, das: Mehrzahl Lieken, die; Kante eines Segels, je nach Lage Unterscheidung von Unter-, Ober-, Seiten-, Vor-, Achter-, Baum-, Gaffel-, Rahliek.
Liektauwerk, das: spezielles Tauwerk, mit dem die Lieken der Segel eingefasst sind.
Log, das: Instrument zum Messen der Geschwindigkeit eines Schiffes.
loggen: das Messen der Geschwindigkeit eines Schiffes. Die alte, primitive Art bestand darin, ein Stück Holz über Bord zu werfen und die Zeit zu messen, während es die Länge des Hochdecks entlangt treibt.
Lotung, die: Messung der Wassertiefe.
Lose, die: ein nicht unter Last stehender Teil einer Leine.
Luke, die: Öffnung im Deck eines Schiffes, zum Teil als Auf- und Niedergang benutzt.
Luv, Luvseite, die: dem Wind zugewandte Seite des Schiffes; Gegenteil von Lee.
luvgierig: ein Schiff ist luvgierig, wenn es die Tendenz hat, mit den Bug an den Wind zu drehen.

M

Manntau, das: am Verbindungsstander der Davits angebrachtes Tau, an dem sich die Bootsbesatzung während des Fierens und Heißens der Boote festhalten kann.
Manöverrolle, die: Plan zur Organisation der verschiedenen Manöver an Bord.
Mantel und Takel, das: Flaschenzug aus mehrscheibigen Blöcken mit sehr großem Kraftgewinn.
marlen: das Befestigen der Leinwandumwicklung beim Kleeden einer Leine mit speziellen Knoten, den Marlschlägen.
Marlleine, die: dünne Leine zum Marlen.
Marlspieker, der: konisch zulaufender Dorn aus Eisen oder Hartholz zum Arbeiten mit Tauwerk.
Mars-: vorgesetzter Begriff für Teile des stehenden und laufenden Gutes sowie der Segel, die mit der Marsstenge in Verbindung stehen.
Mars, die: halbkreisförmige Plattform, die auf die Saling eines Mastes gelegt wird, um die Stengewanten zu spreizen.
Marsstenge, die: Verlängerung des Mastes.
Mast, der: mittschiffs auf freiem Deck stehender, die Segel tragender Teil der Takelage, zusammengesetzt aus dem Untermast und den Stengen; ein kompletter Mast mit seinem stehenden und laufenden Gut sowie den Segeln wird auch als Topp bezeichnet.
Mastgarten, der: Nagelbank zum Belegen von Leinen um den Mast herum.
Mastkopf, der: oberes Ende eines Mastes.
Mastkragen, der: zusammengenähtes Segeltuch, das ein Eindringen von Wasser zwischen Mast und Deck verhindern soll.
Mayday: im internationalen Sprechfunk benutztes Wort für den Seenotfall.
Mist, der: seemännischer Ausdruck für Nebel; man spricht auch von mistigem Wetter.
mittschiffs: in der Mitte des Schiffes auf seiner Längsachse.
Mondstenge, die: dritte Verlängerung eines Mastes nach Mars- und Bramstenge.
Morgenwache, die : Wache von vier bis acht Uhr morgens (auch Diana).
Musterrolle, die: Liste, in der die Mannschaft eines Schiffes aufgeführt ist.

N

Nagelbank, die: horizontal angebrachte Holz-, seltener Eisenbohle mit Löchern zum Hineinstecken der Belegnägel.
Naht, die: Zwischenraum zwischen zwei nebeneinander liegenden Decksplanken, wird mit Werg ausgefüllt und mit Teer ausgegossen.
niederentern: sich aus dem Mast an Deck begeben.
Niedergang, der: Treppe zwischen zwei Decks.
Niederholer, der: Leine zum Niederholen der Stagsegel, Gegenstück zum Fall.
Nock, die: äußerstes Ende einer Rah, eines Baumes, einer Gaffel usw.; obere Ecke eines Rahsegels.
Nockbund, der: Metallring um die Rahnock zum Befestigen von Beschlägen und des Rahsegels.
Nockgording, der: Leine zum Hochholen des Seitenlieks eines Rahsegels an die Rah.
Nockpferd, das: Fußpferd an der Nock einer Rah.

O

Oberdeck, das: oberstes durchlaufendes Deck eines Schiffes.
ösen: Wasser ausschöpfen.
Ösfaß, das: kleine, runde Schaufel mit kurzem Handgriff aus Holz oder Metall, mit der das Wasser aus einem Boot geschöpft werden kann.

P

Pall, das: Mehrzahl Pallen, die; eiserne Sperrklinke an einer Winde bzw. an einem Spill, um ein Rückwärtslaufen der Welle zu verhindern.
Palstek, der: Knoten, der eine Schlaufe bildet.
Pardune, die: Abspannung einer Maststenge nach achtern.
Part, die: Mehrzahl Parten, die; Teil der Leine in einer Talje; der Teil der Leine vor den Blöcken heißt feste oder stehende Part, der Teil zwischen den Blöcken heißt laufende Part und der Teil, an dem gezogen wird, heißt holende Part.
Patentanker, der: stockloser Anker mit drehbaren Pflugen, die sich bei Zug auf die Ankerkette in den Grund eingraben.
peilen: Richtung eines Objektes feststellen.
Persenning, die: Bezug aus behandeltem Segeltuch für Segel, Boote, Luken usw. zum Schutz gegen Witterungseinflüsse.
Pflug, der: Mehrzahl: Pflugen, die; Teil eines Ankers, der aus dem Ankerschaft hervorgeht und sich in den Ankergrund eingräbt (auch Ankerarm).
Piek, die: achteres Ende einer Gaffel; obere achtere Ecke eines Gaffelsegels.
Pier, die: Anlage zum Anlegen von Schiffen, Hafenmole.
Pink, die: dreimastiges Segelschiff von der Größe und Bemastung einer Bark, jedoch zusätzlich mit Toppsegel und Bramsegel am Besanmast.
Planke, die: Bohle.
Plankengang, der: mehrere aneinandergesetzte Planken, die in gleicher Breite vom Vorsteven bis zum Achtersteven laufen.
Plattfußwache, die: Wachen von vier bis sechs und sechs bis acht Uhr (kurz Plattfuß).
Platting, die: schmales Geflecht von Kabelgarnen; wird zum Schutz von Segeln und Tauwerk gegen Schamfilungen verwendet.
Poller, der: direkt an Deck oder auf einem flachen Fundament befestigte, starke Vorrichtung zum Belegen von Enden, auf denen viel Kraft steht; Unterscheidung von Kreuzpoller und Rundpoller.
Poop, die: Heckaufbau von Schiffen oberhalb des oberen durchlaufenden Decks, teilweise bis zur Mitte vorgezogen.
Porteurleine, die: kurze, starke Leine oder Kette, in der der Anker nach dem Katten außenbords hängt.
Positionslaterne, die: vorgeschriebenes Licht mit bestimmter Tragweite, das ein Schiff bei Nacht und unsichtigem Wetter führen muss.
Pottlot, das: Mittel zur Konservierung von Blöcken.
Pütting, die: an der Außenhaut oder den Rüsten angebrachtes und bis über das obere Deck reichendes Flacheisen mit einem Auge zur Befestigung einer Want oder einer Pardune (auch Wantschiene oder Rüsteisen).

Püttingswant, das: schräg nach unten laufende Kette oder Stange zwischen dem äußeren Rand der Saling und dem Mast bzw. der Stenge.
purren: das Aufwecken.

Q

querab: rechtwinklig zum Schiff (auch dwars).

R

Rack, das: feste oder heißbare Vorrichtung zur Befestigung einer Rah am Mast.
Rah, die: Rundholz, das mit seiner Mitte horizontal und drehbar vor einem Mast oder einer Stenge befestigt ist und ein Rahsegel trägt (auch Raa).
Rah-: vorgesetzter Begriff für Teile des stehenden und laufenden Gutes sowie der Segel, die mit der Rah in Verbindung stehen.
Rahnock, die: äußerstes Ende einer Rah.
Rahsegel, das: mit seinem Oberliek an der Rah befestigtes, viereckiges Segel.
raumen: das Drehen des Windes nach achtern relativ zur Kursrichtung des Schiffes; Gegenteil von schralen.
raume Wind, der: Wind schräg von achtern (auch Backstagsbrise).
rauschen: schnelles Auslaufen eines losgeworfenen Endes durch einen Block oder eine Klüse; rauscht das Ende ganz durch, ist es »ausgerauscht«.
recht: genau, exakt, z. B. recht voraus.
recken: Tauwerk oder Segeltuch strecken, ausdehnen.
Reede, die: offener Ankerplatz.
Reep, das: Leine oder Kette von bestimmter, durch den Verwendungszweck bedingter Länge, wird nur in zusammengesetzten Begriffen verwendet wie z. B. Bojereep, Fallreep, Taljereep.
Reepschläger, der: kurz Reeper, der; Handwerker, der aus Hanf oder anderen Fasern Taue, Trossen, Leinen und Garne aller Art fertigt.
Reeperbahn, die: lange, gerade Bahn, auf der die Reeper Tauwerk herstellen.
reffen: das Reduzieren der Segelfläche.
Reling, die: offenes Geländer als Begrenzung von freiliegenden Decks.
Reservegut, das: alle an Bord befindlichen Gegenstände, die aus Vorsicht mitgenommen werden, um die durch Sturm oder sonstige Notfälle verlorengegangenen oder beschädigten Teile zu ersetzen, z. B. Segel, Rahen, Blöcke, Tauwerk usw.
Riemen, der: langes Rundholz, dessen eines Ende flach ausgearbeitet ist; dient zur Fortbewegung von Booten.
Rigg, das: gesamte Takelage eines Segelschiffes.
Rippe, die: Spant eines Schiffes.
Rolle, die: Verteilung der einzelnen Mannschaftsmitglieder eines Schiffes auf die verschiedenen Stationen während eines Manövers.
Roring, der: Ring am Ende des Ankerschaftes zum Einschäkeln der Ankerkette (auch Röring, Röhring).
Rossbreiten, die: Gebiete mit Windstillen bzw. schwachen Winden im Bereich der subtropischen Hochdruckgebiete.
Royalrah, die: Rah oberhalb der Bramrah, auf vielen Schiffen die oberste Rah.
Royalsegel, das: Rahsegel an der Royalrah.
Rückenpferd, das: starkes Drahttau entlang der Rah zum Einhaken der Sicherheitsleine beim Aus- und Einlegen.
Rückspleiß, der: Spleiß, bei dem die einzelnen Kardeelen in dem Ende selbst zurückgearbeitet werden (auch Kronenspleiß, spanischer Takling).
Ruder, das: flächenförmige, um die vertikale Achse drehbare Vorrichtung am Heck zum Steuern des Schiffes.
Rudergänger, der: Mitglied der Besatzung, das das Schiff steuert (auch Rudergast).
Rumpf, der: Schiffskörper ohne Aufbauten und Takelage.
rundbrassen: Rahen über mittschiffs herumbrassen.
Rundholz, das: Sammelbegriff für alle zylinderförmigen Teile, die oberhalb und außerhalb des Schiffsgebäudes zur Führung der Segel und Befestigung der Takelage dienen, z.B. Masten, Stengen, Rahen, Bäume, Spieren.
Rundtörn, der: einmaliges Herumlaufen einer Leine um einen Gegenstand.
Rüste, die: Mehrzahl Rüsten, die; starke, an der Außenhaut angebrachte Bohlen zum Spreizen der Unterwanten.

S

Saling, die: Konstruktion aus Längs- und Querhölzern am Mast zum Spreizen der Stengewanten, Träger für die Mars.
Schäkel,der: Beschlag zum Verbinden zweier Teile, bestehend aus einem U-förmigen Bügel aus Metall, der durch einen Bolzen zum Stecken oder Schrauben geschlossen wird.
schamfilen: seemännischer Ausdruck für scheuern, durch Reibung beschädigt werden.
Schandeckel, der: waagerechte Planke zwischen der senkrechten Beplankung der Bordwand und der Reling, deckt bei Holzschiffen die Spanten ab.
Schanzkleid, das: Verkleidung der Relingstützen als Fortsetzung der Außenhaut nach oben; soll verhindern, dass Personen über Bord fallen und Seen überkommen.
scharf anbrassen: hart anbrassen; die Rahen soweit brassen, dass sie an den Wanten anliegen.
Scheibegatt, das: Längsöffnung in einem Block zur Aufnahme der Scheibe.
scheinbarer Wind, der: Luftbewegung, die als Komponente zwischen Fahrtwind und wahrem Wind wahrgenommen wird.
scheren: das Durchziehen des Läufers durch die Blöcke einer Talje.
Schiemannsgarn, das: aus zwei bis drei Kabelgarnen gedrehtes Garn, meist aus geteertem Hanf.
Schiffbruch, der: Verlust oder Untergang eines Schiffes.
schiften: Schratsegel von einer auf die andere Seite bringen.
Schlag, der: Drehrichtung bei der Tauwerksherstellung.
schlagen: Tauwerk drehen oder allgemein herstellen.
Schlappskiste, : Vorrat an Tabakwaren, Getränken und Ausrüstungsgegenständen, die an Bord geführt werden und von der Mannschaft gekauft werden können.
schlingern: das Bewegen eines Schiffes um seine Längsachse.
schmarten: Tauwerk mit Segeltuchstreifen umwickeln.
Schmarting, die: altes, geteertes Segeltuch zum Umwickeln von Tauwerk.
Schoner, der: gaffelgetakeltes Schiff.
Schonerbark, die: Barkentine.
Schot, die: am Schothorn befestigte Leine zum Dichtholen und Fieren eines Segels.
Schothorn, das: Ecke eines Segel, an dem die Schot angeschlagen ist.
Schotstek, der: Knoten zum Verbinden von zwei ungleich starken Enden.
Schott, das: wasserdichte Wand im Schiffsrumpf.
Schottendeck, das: Deck, bis zu dem die Schotten hochgezogen sind.
schralen: das Drehen des Windes nach vorn relativ zur Kursrichtung des Schiffes; Gegenteil von raumen.
Schratsegel, das: in Längsrichtung des Schiffes gefahrenes Segel.
schricken: stückweises Fieren einer Leine.
Schweinsrücken, der: Halterung an Deck für den Anker, speziell für seine Hand.
schwojen: das Drehen eines Schiffes um seinen Anker oder eine Boje, hervorgerufen durch Wind oder Strom.
See, die: allgemein das Meer, aber auch eine einzelne Welle der See.
seefest: so befestigt, dass die Verbindung im Seegang keine Lose bekommt.
Seekiste, die: Truhe zum Verstauen der persönlichen Habe des Seemanns
Seele, die: dünne, meist gefettete oder geteerte Schnur im Zentrum von schwerem Tauwerk, vor allem Drahttauwerk.
Seemannschaft, die: Sammelbegriff für alle Kenntnisse und Fertigkeiten, die für Seeleute und Schiffsführer erforderlich sind; praktischer Teil der Schiffahrtskunde.
Seeschlag, der: durch Seegang, besonders durch an Deck stürzende Brecher hervorgerufene Kraft, die Schaden am Schiff und seinen Ausrüstungsgegenständen anrichtet.
Segel, das: drei- oder viereckige Tuchfläche, die Segelschiffen durch Windkraft einen Vortrieb liefert.
Segelalarm, der: Alarm zum Ausführen größerer Segelmanöver.
Segelboden, der: Werkstätte des Segelmachers.
Segelgarn, das: Garn zum Nähen von Segeln.
Segelhandschuh, der: Hilfsmittel zum Segelnähen, lederner Handschuh ohne Finger mit einer Metallplatte über dem Daumenballen.
Segelnadel, die: dreikantig geschliffene Nadel zum Nähen von Segeltuch.
Segeltuch, das: Stoff, aus dem die Segel genäht werden.
Shanty, das: in der großen Zeit der Schifffahrt unter Segeln entstandenes Arbeitslied der Matrosen, die die schweren Manöver an Bord, wie das Heißen und Brassen

der Rahen, das Ankerlichten, das Bedienen der Pumpen usw., durch den gleichmäßigen Krafteinsatz vieler Männer zu erleichtern versuchten.
Sicherheitsrolle, die: Plan zur Organisation der Sicherheit an Bord; in ihr sind jedem Besatzungsmitglied Aufgaben zugeteilt, die es im Notfall auszuführen hat; wird vor Antritt der Reise aufgestellt und an mehreren Stellen des Schiffes öffentlich ausgehängt.
slippen: plötzliches Lösen der Befestigung von Leinen oder Ketten während Kraft darauf steht.
Slipstek, der: Knoten, bei dem das lose Ende als Bucht ausgebildet ist.
Spake, die: Speiche aus Holz oder Eisen, die als Hebebaum oder Hebelarm benutzt wird, z. B. Spillspake.
spanischer Takling, der: Rückspleiß, Kronenspleiß.
Spann-Want, das: je zwei zusammengehörige Wanttaue, die als ein Stück gefertigt werden, sodass die Bucht um den Topp des Mastes liegt.
Spant, der: Quer- oder Längsrippe eines Schiffsrumpfes.
Spaten, der: flächenartig verbreitertes Ende eines Ankerarms (auch Hand oder Flunke).
Spiere, die: Bezeichnung für ein Rundholz oberhalb und außerhalb eines Schiffskörpers, z. B. Klüverbaum, Rah, Besanbaum.
Spill, das: Hilfsmaschine an Deck zum Einholen von Ketten und Trossen; diese werden im Gegensatz zur Winde nicht aufgewunden, sondern durch Reibung bzw. Formgebung des Spills mitgenommen und laufen auf der anderen Seite lose ab; bei senkrechter Welle ist auch ein Handbetrieb mit sog. Spillspaken möglich.
Spillkopf, der: bis auf die Back verlängerte Achse einer Ankerwinde.
Spillspake, die: Hebelarm für den manuellen Betrieb eines Spills.
Spleiß, der: feste Verbindung zweier Tauenden durch Ineinanderflechten der Kardeele.
Springstropp, der: senkrecht von der Rah herabhängendes, kurzes Ende aus Drahttauwerk, dient zum Einhalten eines festen Abstandes des Fußpferdes zur Rah.
Spur, die: Verklotzung, in der der Fuß eines Mastes auf dem Kiel bzw. in einem der Zwischendecks steht.
Stag, das: Mehrzahl Stage oder Stagen, die; Tau zum Abspannen eines Mastes oder einer Stenge nach vorn.
Stagreiter, der: am Vorliek eines Stagsegels befestigter Beschlag als Verbindung zwischen Segel und Stag (auch Legel).
Stagsegel, das: Segel, das an einem Stag gefahren wird.
stampfen: das Sich-Bewegen eines Schiffes um die Querachse.
Stampfstag, das: Abspannung von Bugspriet oder Klüverbaum schräg nach unten.
Stampfstock, der: senkrecht vom Ende des Bugspriets nach unten stehender Stock zum Spreizen der Stampstagen.
Stander, der: Seil mit bestimmter Länge, das an den Enden durch gespleißte oder gemuffte Augen begrenzt ist.
Stek, der: angehängter Begriff bei vielen Knoten; ursprünglich in der Bedeutung von »Stich« als leicht zu lösender Knoten.
Stenge, die: Verlängerung eines Mastes.
Stengestag, das: Tau zum Abspannen einer Stenge nach vorn.
Stengewant, das: Tau zum seitlichen Abspannen einer Stenge.
steuerbord: rechts auf einem Schiff mit Blickrichtung nach vorn.
Steuerrad, das: stehendes Rad zum Bewegen des Ruders.
Steven, der: Bauteil, das den Schiffsrumpf vorn und hinten abschließt; Unterscheidung in Vorsteven und Achtersteven.
Stockanker, der: Anker mit senkrecht zu den Armen, durch den oberen Teil des Schaftes gehendem Stock; bei Zug an der Ankerkette bewirkt der Stock ein Kippen der Pflugen, sodass sie sich in den Ankergrund eingraben können.
Stopperstek, der: Knoten zum Abstoppen einer Leine, auf der Kraft steht; dient auch zum Befestigen einer Leine an runden Gegenständen bei seitlichem Zug.
Strich, der: 32. Teil der Kompassrose, entspricht 11,25 Grad (auch Kompassstrich).
Stringer, der: längsschiffs verlaufendes Bauteil, z. B. zur Unterstützung der Decksbalken.
Stropp, der: durch einen Spleiß hergestellter Ring aus Tauwerk.
Sturmbesan, der: kleines, aus besonders starkem Tuch angefertigtes Besansegel.
Stützschot, die: Talje, die von der Baumnock nach vorne-seitlich geschoren wird, um ein ungewolltes Überkommen des Baumes zu vermeiden (auch Bullentalje).
Südwester, der: traditionelle Kopfbedeckung.

T

Takel, das: fünf- oder sechsscheibiger, schwerer Flaschenzug (auch Gien).
Takelage, die: allgemeine Bezeichnung für Masten, Stengen und Rahen eines Schiffes; auch Sammelbegriff für das dazugehörende stehende und laufende Gut inklusive der Segel.
Takelgarn, das: zwei- oder dreikardeeliges Garn zum Segelnähen und zum Anbringen von Taklingen (auch Hüsing).
Takelwerk, das: Sammelbegriff für alle Beschläge, die zur Handhabung der Leinen eines Schiffes nötig sind.
Takling, der: Umwicklung eines Tauendes mit dünnem Garn, um ein Aufdrehen zu vermeiden.
Talje, die: Verbindung zwischen Blöcken und Leinen (auch Flaschenzug, Takel).
Taljenreep, das: Verbindung zwischen zwei Jungfern und einer mehrfach durchgeschorenen und anschließend festgesetzten Leine zum Durchholen von stehendem Gut, z. B. von Wanten und Pardunen.
Tampen, der: Ende einer Leine.
Tausendfüßlerplatting, der: aus Tauwerksresten hergestelltes Geflecht zur Umkleidung von Tauen.
Tauwerk, das: Sammelbegriff für alle Leinen eines Schiffes.
Topp, der: Bezeichnung für einen kompletten Mast mit stehendem und laufendem Gut sowie den Segeln, in Verbindung mit dem Namen des jeweiligen Mastes gebraucht, z. B. Vortopp, Großtopp.
Toppnant, der: von den Nocken der Rah schräg nach oben zum Mast oder zur Stenge verlaufendes Tau, das die Rah in der Horizontalen hält und ihre vertikale Ausrichtung beim Trimmen ermöglicht.
Toppsegel, das: allgemeine Bezeichnung für ein oberes Rahsegel.
Treibanker, der: trichterförmiger Segeltuchsack, dessen vordere große Öffnung durch einen Metallring offen gehalten wird; wird am Steven des Bootes befestigt und verhindert aufgrund seines großen Wasserwiderstands ein zu starkes Treiben des Bootes oder Schiffes.
trensen: die Keepen eines Endes mit dünnem Garn ausfüllen.
trimmen: das Segel in eine Stellung bringen, in der sie die Windenergie in ein Maximum an Antrieb umsetzen.
Trompetenstek, der: Knoten zum Verkürzen eines Endes.
Trosse, die: besonders dicke Leine mit mehr als 7 cm Umfang.
Trossenstek, der: Knoten zum Verbinden von Trossen.

U

über Stag gehen: mit dem Schiff eine Wende fahren.
unklar: unfertig, durcheinander; Gegenteil von klar.
unklar laufende Leine, die: durch Blöcke fahrende oder um ein Spill gehende Leine, die sich irgendwo reibt oder bekneift, verwickelt oder Kinken bildet.
Untermast, der: eigentlicher Mast ohne seine Stengen.
Unterrah, die: Rah des Untermastes.
Untersegel, das: erstes Rahsegel an einem Mast über Deck.
Unterwant, das: Tau zur seitlichen Verspannung eines Untermastes.
Unterwasserschiff, das: im Wasser liegender Teil des Schiffskörpers.

V

Verband, der: Verbindung einzelner Teile des Schiffsgebäudes, bestimmt die Schiffsfestigkeit; Unterscheidung zwischen Quer- und Längsverband.
verholen: ein Schiff mit Hilfe von Leinen fortbewegen.
Verklicker, der: drehbar gelagerte kleine Fahne im Masttopp zur Anzeige der Windrichtung.
Verkürzungsstek, der: Knoten zum Verkürzen eines Endes.
vierkant brassen: Rahen quer zur Längsschiffsrichtung brassen.
Violinblock, der: Block mit zwei übereinanderliegenden Scheiben.
voll brassen: Rahen so brassen, dass die Segel voll stehen, d. h. nicht killen.
vollgetakelt: ein Mast ist vollgetakelt, wenn er Rahsegel trägt.

Vollschiff, das: Segelschiff mit mindestens drei vollgetakelten Masten.
Vor-: vorgesetzter Begriff für Teile des stehenden oder laufenden Gutes, die zum Fockmast oder Vortopp gehören.
vor dem Wind segeln: mit dem Wind aus achterlichen Richtungen segeln.
Vorleine, die: Leine am Bug zum Festmachen des Schiffes, z. B. an einer Pier.
Vorschiff, das: vorderer Teil des Schiffes bis zum Fockmast.
vorschoten: Schothörner eines Rahsegels an die nächstuntere Rah holen, bevor die zu diesem Segel gehörende Rah geheißt wird.
Vorsteven, der: vordere Begrenzung des Rumpfes (auch Vordersteven).
Vortopp, der: andere Bezeichnung für den Fockmast.
vor Topp und Takel lenzen: ohne Segel vor dem Sturm laufen.

W

Wache, die: Zeitraum, während dessen ein Teil der Mannschaft auf Deck ist und Dienst tut. Auch Bezeichnung für Teil der Mannschaft.
Wachrolle, die: Plan zur Regelung der Wacheinteilung.
wahre Wind, der: tatsächliche Luftbewegung, wie sie auf einem Schiff wahrgenommen wird, das keine Fahrt voraus macht.

Kieler Hafen 1929: Das Eis hat die *Bremen* fest im Griff.

Alle Segel müssen so beschlagen werden, dass die letzte Lage Tuch das Segel faltenfrei umschließt.

Wahrschauen, das: Zuruf mit der Bedeutung: warnen, aufmerksam machen, im Sinne von »Achtung« oder »Pass auf«.
Want, das: Tau zur seitlichen Abspannung von Masten und Stengen.
Warpanker, der: kleiner Hilfsanker zum Verholen eines Schiffes.
Wasserlinie, die: Linie, bis zu der ein Schiff im Wasser liegt.
Wasserstag, das: Verspannung von Bugspriet und Klüverbaum zum Vorsteven.
Webeleine, die: Ende, mit dem die Wanten in gleichmäßigen Abständen verbunden werden, um die Möglichkeit des Aufenterns zu schaffen.
weben: Webeleinen an den Wanten befestigen (auch ausweben).
Webeleinenstek, der: Knoten mit zwei Törns, die sich gegenseitig bekneifen.
Wende, die: Segelmanöver, bei dem das Schiff mit dem Bug durch den Wind geht.
Werg, das: unbrauchbar gewordene, aufgedrehte und auseinandergezupfte Taureste.
Wetterseite, die: Luvseite eines Schiffes.
Williamson-Turn: Mann-über-Bord-Manöver unter Maschine, das besonders bei schlechter Sicht und bei Nacht gefahren werden kann.
Wind, der: durch Luftdruckunterschiede hervorgerufene, fühlbare Bewegung der Luft.
Winsch, die: Winde.
Wuhling, die: seemännischer Ausdruck für »heilloses Durcheinander«
Wurfleine, die: dünne, an einem Ende beschwerte und mit dem Festmacher oder der Schlepptrosse verbundene Leine, die geworfen wird, um frühzeitig eine Leinenverbindung, z. B. mit einer Pier oder einem Boot, herzustellen.

Z

Zahn, der: Spitze der Hand eines Ankers.
Zeising, der: kurze Leine zum Festmachen eines gepackten Segels.
zurren: einen Gegenstand festbinden.
Zurring, die: Befestigung eines Gegenstandes.
zurückbrassen: scharf angebrasste Rahen an den Luvbrassen holen.

Literaturverzeichnis

- Allen, O. E.: Die Windjammer. Amsterdam 1980
- Andersch, R.: Die weißen Schwingen. Tübingen 1958
- Bankhofer, H.: Schiffs- und Seemannsheilkunde. Herford 1987
- Bark, A.: Kollisionsverhütungsregeln. Bielefeld 1991
- Bobrik, E.: Handbuch der praktischen Seefahrtskunde. Leipzig 1848. (Reprint Kassel 1978)
- Brennecke, J.: Windjammer. Hamburg 1996
- Brommy, R.; von Littrow, H.: Die Marine. Wien und Leipzig 1878
- Brustal-Naval, F.: Die Kap Hoorn Saga, Göttingen 1975
- Conrad, J.: Der Spiegel der See. Frankfurt am Main 1973
- Dana, R.: Zwei Jahre vorm Mast. Hamburg 1981
- Dobermann, C.: Das Wörterbuch vom Wassersport. Bielefeld 1987
- P. M. Regan; P. H. Johnson (Bearbeiter): Eagle Seamanship. Annapolis, Maryland 1979
- Eckardt, G.: Vollschiff »Schulschiff Deutschland«. Bremen (ohne Jahr)
- Goedel, G.: Etymologisches Wörterbuch der deutschen Seemannssprache. Kiel und Leipzig 1902
- Gruppe, H. E.: Die Fregatten. Amsterdam 1980
- Gulas, S. et al.: Segelschiffe. Hanau 1987
- C. Dick und O. Kretschmer (Bearbeiter): Handbuch der Seemannschaft (2. Teil). Berlin 1902
- Harland, J.: Seamanship in the Age of Sail. London 1984
- Hauser, H.: Pamir. Die letzen Segelschiffe. Eine Reportage. Frankfurt/Main 1984
- Herjett, C.: Durch Passate und Taifune. Kassel 1983
- Hildebrandt, O.: Praktisches Lehrbuch für junge Seeleute. Danzig 1872
- Hin, F. et al.: Knoten, Fancywork und Spleiße, Bielefeld 1988
- Jensen, J. K.: Handbuch der praktischen Seemannschaft auf traditionellen Segelschiffen. Kiel 1989
- Karlsson, E.: Die See Mein Leben. Bielefeld, 1965
- Laas, W.: Die großen Segelschiffe. Berlin 1908
- C. Dick (Bearbeiter): Leitfaden der Seemannschaft. Berlin 1927
- von Littrow, H.: Handbuch der Seemannschaft. Wien 1859
- Mühleisen, A.: Handbuch der Seemannschaft. Bremen 1893
- Pedersen, P.: Strandung und Schiffbruch. Hamburg 1998
- Reich, K.: Pagel, M.: Himmelsbesen über weißen Hunden. Rostock 1991
- Röding, J. H.: Allgemeines Wörterbuch der Marine. Hamburg 1793. (Reprint Leiden 1969)
- Rosenberger, E.: Auf großer Fahrt, Tagebuchblätter einer Kapitänsfrau aus der großen Zeit der Segelschifffahrt. Minden i. W., Berlin, Leipzig, 1929
- Rosenthal, M.: Volkskunde und Brauchtum der Schifffahrt und des Schiffes. Schönbeck 1937
- Schäuffelen, O.: Die letzten großen Segelschiffe. Bielefeld 1990
- Schmidt, F.: Von den Bräuchen der Seeleute. Hamburg 1962
- Seemannschaft, Handbuch für Segler, Hg. Deutscher Hochseesportverband »Hansa«. Bielefeld und Berlin 1965
- Segelanleitung für das Segelschulschiff Gorch Fock, Herausgeber Bundesministerium der Verteidigung. Bonn 1967

- Sicher Arbeiten und Leben an Bord, Hg. See-Berufsgenossenschaft. Hamburg 1982
- Svensson, S. et al.: Seefahrt unter Segeln. Bielefeld 1984
- Ulffers, F.: Leitfaden für den Unterricht in Seemannschaft. Kiel 1868
- Ulffers, F.: Handbuch der Seemannschaft. Berlin 1872. (Reprint Kassel 1981)
- Unterrichtsheft für die Segelschulschiffe der Kriegsmarine. Kiel ca. 1936 (ohne Jahresangabe)
- Villiers, A.: Auf blauen Tiefen. Hamburg 1955
- Villiers, A.: Kap Hoorn. Hamburg 1988
- Villiers, A.: Rund Kap Hoorn. Wiesbaden 1953
- Wätjen, H.: Weißes W im blauen Feld, Die bremische Reederei und Überseehandlung D. H. Wätjen und Co 1821–1921. Wolfsburg 1983
- Werner, R.: Die Schule des Seewesens. Leipzig 1866
- Weston, P. M. et al.: Square Rig Sailing Simplified, Jubilee sailing trust. Carlisle, Cumbria 1990
- Whipple, A. B. C.: Die Klipper. Amsterdam 1987
- Wossidlo, R.: Reise Quartier in Gottesnaam. Rostock 1988

Die Autorin

Die Liebe zur See und zur Seefahrt hat Lore Haack-Vörsmann von ihren Eltern geerbt. Schon seit ihrer frühesten Kindheit ist die Autorin auf dem Wasser zu Hause. Neben dem weltweiten Fahrtensegeln war es immer schon ihr Traum, auf einem großen Windjammer zur See zu fahren. Seit 1987 erfüllt sie sich diesen Traum, zuerst auf der norwegischen Bark *Statsraad Lehmkuhl*. Mit diesem Schiff hat Lore Haack-Vörsmann mehrere weite Reisen unternommen, anfangs als Trainee, später auch als Mitglied der Mannschaft. Zwischendurch legte sie die Sicherheitsprüfung der Deutschen Seeberufsgenossenschaft ab. Durch die tiefgreifenden politischen Veränderungen Anfang der neunziger Jahre wurde es ihr dann auch möglich, auf dem russischen Schulschiff *Sedov* anzuheuern.

Viele herzliche Freundschaften zur Mannschaft ziehen die Autorin immer wieder auf dieses Schiff, auf dem sie wiederholt Gruppen deutscher und ausländischer Mitsegler geleitet und ausgebildet hat. Fast 30.000 Seemeilen hat Lore Haack-Vörsmann seitdem auf verschiedenen Windjammern zurückgelegt. Ein Törn nach Spitzbergen und die Teilnahme am Columbus-Race anlässlich der Jubiläumsfeiern der USA im Jahr 1992 gehörten zu den Höhepunkten der vielen Reisen.

Lore Haack-Vörsmann wurde 1953 in Walsrode geboren. Nach dem Abitur studierte sie Sport und Geschichte und anschließend Psychologie. Sie ist verheiratet und hat vier Kinder. Zusammen mit ihrer Familie wohnt sie heute in Vollbüttel, einem kleinen Dorf nördlich von Braunschweig. Neben der schriftstellerischen Tätigkeit arbeitet sie in der psychologischen Gesundheitsförderung mit Kindern und Erwachsenen.

Hochspannung bis zur letzten Seite

Gernot Firsching
Die Tränen Mohammeds
Eine illustre Gesellschaft hat sich an Bord der »Star Cradle« eingefunden. Doch das Schiff erweist sich als nicht sicher und als auch noch ein Terrorkommando das Schiff entert, ist die Ausflugsstimmung an Bord dahin.
448 Seiten
Bestell-Nr. 50383 **€ 23,–**

Hellmut Hintermeyer
Schiffskatastrophen
Die Seefahrtkatastrophen aus dem Zeitalter der großen Segelschiffe – von den in Nordatlantikstürmen verheerten Schiffen der »Spanischen Armada« bis Untergang der deutschen Viermastbark »Pamir«.
192 Seiten, 27 Bilder, 49 Zeichnungen
Bestell-Nr. 50308 **€ 22,–**

Tristan Jones
Treibgut
Weil Tristan Jones die Einfuhrsteuer nicht bezahlen kann, wird seine »Sea Dart« vom Zoll beschlagnahmt. Damit sitzt er buchstäblich auf dem Trockenen. Um sein Schiff zu befreien, ist er gezwungen, jeden Job anzunehmen, den er kriegen kann.
280 Seiten
Best.-Nr. 50382 **€ 23,–**

Tristan Jones
Die unglaubliche Seereise
Unglaubliche Abenteuer auf dem Weg zum Höhenrekord für Segelschiffe. So prickelnd und stürmisch, wie die See.
312 Seiten, 32 Bilder, 19 Zeichnungen
Bestell-Nr. 50346 **€ 22,–**

Tristan Jones
Abenteuer eines eigensinnigen Seemanns
Dieses Buch ist ein echter Jones: lebendig, aufregend, bissig und frech.
304 Seiten, 4 Karten
Bestell-Nr. 50358 **€ 22,–**

Tristan Jones
Himmel, Sturm und Takelgarn
Der eigensinnige Seemann widmete dieses Buch all den Typen, die an Land keiner mehr haben wollte.
288 Seiten
Bestell-Nr. 50370 **€ 22,–**

Hellmut Hintermeyer
Die See war ihr Zuhause
Dieses Buch ist eine Hommage an Kapitäne, die in den letzten 1000 Jahren die Weltmeere befuhren.
224 Seiten, 91 Bilder, dav. 7 in Farbe
Bestell-Nr. 50354 **€ 22,–**

IHR VERLAG FÜR MARITIM-BÜCHER
Postfach 10 37 43 · 70032 Stuttgart
Telefon (07 11) 210 80 65 · Telefax (07 11) 210 8070

pietsch

Stand Februar 2002
Änderungen in Preis und Lieferfähigkeit vorbehalten